U0156739

现代日本家与居

〔美〕乔丹·桑德　著

刘珊珊　郑红彬　译

HOUSE AND HOME
IN
MODERN
JAPAN

建筑、家庭空间与
中产文化

北京大学出版社
PEKING UNIVERSITY PRESS

著作权合同登记号　图字：01-2011-2203

图书在版编目（CIP）数据

现代日本家与居：建筑、家庭空间与中产文化 /（美）乔丹·桑德著；刘珊珊，郑红彬译 . —北京：北京大学出版社，2021.7

ISBN 978-7-301-30437-2

Ⅰ.①现…　Ⅱ.①乔…　②刘…　③郑…　Ⅲ.①住宅 — 文化研究 — 日本 — 现代　Ⅳ.① TU241

中国版本图书馆 CIP 数据核字（2019）第 073668 号

HOUSE AND HOME IN MODERN JAPAN: Architecture, Domestic Space, and Bourgeois Culture, 1880–1930
by Jordan Sand
Published by arrangement with Harvard University Asia Center
Through Bardon-Chinese Media Agency
Simplified Chinses translation copyright © 2021 by Peking University Press
ALL RIGHT RESERVED

书　　　名	现代日本家与居：建筑、家庭空间与中产文化 XIANDAI RIBEN JIA YU JU: JIANZHU、JIATING KONGJIAN YU ZHONGCHAN WENHUA
著作责任者	[美]乔丹·桑德 著　刘珊珊 郑红彬 译
责任编辑	张丽娉
标准书号	ISBN 978-7-301-30437-2
出版发行	北京大学出版社
地　　　址	北京市海淀区成府路 205 号　100871
网　　　址	http://www.pup.cn　新浪微博：@ 北京大学出版社 @ 培文图书
电子信箱	pkupw@qq.com
电　　　话	邮购部 010-62752015　发行部 010-62750672 编辑部 010-62750883
印　刷　者	天津光之彩印刷有限公司
经　销　者	新华书店
	660 毫米 ×960 毫米　16 开本　28 印张　370 千字
	2021 年 7 月第 1 版　2021 年 7 月第 1 次印刷
定　　　价	88.00 元

栖居的真正困境在于，人们必须重新寻找栖居的本真，必须学会如何栖居。

——马丁·海德格尔，《筑·居·思》[*]

当我在思考使我趋于悲观主义的众多原因中哪个最为主要的时候，我想到的答案是：当我意识到我离不开所谓的启蒙的时候，即我彻底意识到这一启蒙不足以使我感到满足的时候。

——夏目漱石，《文学评论》，1909[**]

---

[*]　收录于《诗·语言·思》，Albert Hofstadter 译，Harper & Row 出版社，1971。

[**]　重刊于《漱石全集》，第 10 卷，岩波书店，1967。

目 录

中文版前言

　　《现代日本家与居》一书由刘珊珊和郑红彬担任翻译，我感到非常欣喜。两位译者都是年轻有为的近代建筑史学者，虽然他们的研究重点在于中国而非日本，但他们的学术背景为繁难的翻译工作提供了可贵的专业知识与理解。

　　作为研究日本史的美国学者，我最初是用英文写成此书。当时我心目中的读者属于英美学术圈。如今这部著作被翻译成中文，想象它可能带给中文读者何种别样的意义，自然是一件令人兴奋的事情。然而更令我期待的是，去探寻21世纪的中国读者，会如何阅读这本讨论20世纪初期日本文化的书。正如我在与两位译者交流中发现的那样，中日历史的比较在许多方面都具有重要意义。

　　最初开始这项研究时，我还是一名建筑史研究生。我赞赏日本的传统建筑，想知道日本人为何会放弃传统的住宅和生活方式。最终我发现，答案并非日本人放弃了传统，无所保留地偏爱和模仿西式风格，而是因为20世纪初期日本的精英阶层尝试寻找一种混合的文化形式，从而加入现代全球文化霸权，而非被其打败。这一文化霸权的标准是西方帝国主义势力制定的。因此，本书关注的是亚洲文化在西方化过程中所面临的种种困境，这些困境在很多国家都以不同的方式呈现，绝非日本所独有。

　　1868 年明治维新之后，日本新政府开始对国家进行彻底改造，以求融入帝国主义的世界秩序。日本的国民现代化运动最终导致其陷入野蛮的帝国主义侵略战争，并造成其最终的溃败。这一历史过程可能是读者在阅读一本讨论日本近代史的书时最先想到的。然而在发生这一历史过程的同时，是日本新布尔乔亚精英（或称中产阶级）的崛起，这些精英由世界性的教育体系所造就，影响这一体系的知识主要来自西方。日本这一阶层的成员和晚清民国时期中国城市里的精英阶层有很多共同点，有些甚至彼此有着密切的个人交往。

　　新中产阶级对日本的统治既不是直接的，也不是确定的。为了实现国家的现代化，并确立其在日本社会中统治阶级的合法性，他们确信必须从文化上改造自己，包括改造他们的家庭和家居生活。这一改革意味着重构本土传统，接纳外来习俗。这让日本卷入到资本主义世界的经济和大众消费文化之中。

　　20 世纪初的日本人，是亚洲最早拥有财富，并能自由选择生活方式的一代人：他们可以选择自己居所的样式，尝试全新的家庭和社区组成形式，并创造新的性别角色。这种自发的文化再造过程中的许多情节，即使到了今天，仍然在中国和世界上的其他许多地区持续上演。希望本书对日本现代化早期经验的讨论，能够引发全球各地的读者继续思考，在现代化进程中应如何做出美学、伦理和个人方面的选择。

乔丹·桑德

2014 年 5 月于东京

现代日本的居住与空间

　　房屋是一处场所，是家庭的庇护所，是社区的边界与核心。同时它又是一件工艺品，是人类的造物，是居住者生活的物质延伸。本书即在这两重意义上关注日本的房屋——作为场所，亦作为工艺品，并借此探索现代社会中与之相关的空间、商品以及社区概念。

　　德川时代的日本，对富农、武士和城市中的商业精英来说，财产与家庭都是相对稳定的，寓所赋予了长久以来维系家庭的标准以实际形态。而对缺乏长期稳定生活的无产者来说，德川时代首都江户的大片出租房屋和单独的住宅本身或许意义甚微，但由周边住户组成的地方社区，则在家庭生活中扮演着重要角色。然而在现代，关于房屋和家庭的这些广为人知并被广泛接受的规则开始分崩离析。现代化过程在社会的各个层面动摇、重置并再造了社区。它将物质与实践的形式从本土语境中抽离出来，并将其投放进市场中。地域与社会的流动性对多代同堂家庭的稳定造成了威胁，同时也使得此前一直被视为天经地义的住宅内部特征受到质疑。国家权力则侵入了地方社会与家族曾拥有至高权威之处。因此，即便房屋内外社会划分的传统标签依然存在，也已经成为装了新酒的旧瓶，因为居住体本身已经在新的关系网中重新获得了自我定位。

房屋本身被看作工艺品，房屋内的工艺品亦受此影响。社会流动性增强后，房屋的构造与装饰不再是居住者社会地位的稳固标记。不仅如此，正如生活中人们开始穿梭在不同的社群之间，他们身边的物品也逐渐变为在国内外市场上流通的商品。基于同样的原因，现代城市居民的创造性活动，也倾向于围绕着选择所获取和消费的物品进行[1]。在此情形下，与乡民社会的民族志研究不同，当代家居的社会学研究大多建立在将家看作是个人表达途径的概念之上[2]。只有在依照消费活动的整体形态重设居住行为之后，住宅才能够成为这种独特的创造性工程。

这种双重转变引起一个表面上的悖论。我们本可预期，当居住的传统意义崩溃与现代社会的流动性增加时，住宅的重要性在内部和外部意义上都会大大减弱，然而事实常常恰好相反。这不仅因为商品种类的增多使住宅在物质上更加精致化，而且住宅本身也成为受到特别关注的对象，其重要性在相关著述中被反复强调，在政治上被倡导，又在建筑设计中被清晰地表达出来。在传统的延续性开始瓦解之处，总能听闻突然出现的过多的言论。在日本，居住史上的这一转折发生在明治晚期与大正时代，这正是日本单民族国家体制成熟并全面参与全球帝国主义竞争的时代。家庭空间和住宅设计，在建立民族国家的过程中，首次成为知识分子关注的热点并非意外。构想近代家庭空间是具有高度政治性的工程，尽管这点常被个人生活的理想主义面具所掩藏。

围绕住宅与家庭展开的激烈探讨，是布尔乔亚文化的产物，它产生的前提是身份制度的废除。这些言论由国家将其植根于包括国立学校体

[1] Sack, *Place, Modernity and the Consumer's World*, 3.

[2] 参见 Csikszentmihalyi, Rochberg-Halton, *The Meaning of Things*；Hummon, "House, Home and Identity in America"；Putnam, "Regimes of Closure", 195—207。

系、博物馆和博览会，以及皇室本身在内的一系列新机构中，同时在社团、志愿组织、改革协会和大众传媒中蔓延扩散。通过这一整套社会渠道传递出的意识形态，催生了关于个人与社会身份的新概念。资本主义国家允许并鼓励自由追求财富与社会地位的提升（众所周知的"立身出世"），而那些在财富和社会地位角逐中的获胜者，不仅获得了剥削他人的权力，而且占据了道德高地，成为世人的楷模。

　　本书旨在展现居住问题逐步成形的这一文化特征。由于诸多原因，在建立阶级文化的过程中，住宅占据特殊地位。住宅是灌输与表现屋主阶级气质的最初地点，尤其是在那些以女性的职责为主导之处，同时它们也清晰地展示了屋主的社会地位。人们早就发现，通过购买或建造住宅，将屋主与财产联系在一起，会导致保守的政治和社会行为方式[3]。而且无论拥有财产会对主人的生活习惯产生怎样的影响，住宅通常都是人生最重大的一笔投资。这使得它无论作为个人选择，还是作为社会价值的体现都有着重大意义。

家作为现代空间

　　家，仅是 19 世纪末基于政治目的想象或重构出的诸多空间之一。随着日本港口贸易的开放、西方商品与观念的流入，以及明治政府的建立，19 世纪晚期的日本在抽象与现实双重领域都迈入了新空间。明治时期的前三十年，见证了一系列新空间的创建：民族国家的政治空间，在此领域内政府统治无差别地扩展到国家的各项事务中；乡土景观的意识

---

[3]　参见 Friedrich Engels 在 *The Housing Question* 一书中对 Proudhon 的 "petit bourgeios socialism" 的评论文章。

形态空间，试图将血脉植入土壤的作家和艺术家在其中构想出了民族的自然发源地；遍及全国的铁路与电报网组成了科技空间，通过消除地区间的物理障碍，让统一的国家更为坚实稳固；而土地私产的法律经济空间，被资本主义变成了可转让的商品，解除了本地使用权和个人义务施加的层层禁锢。尽管这些空间的转变各自经历了漫长的过程，但其最终实现还是依靠明治政府颁发的诸多特别法令或自身已趋成熟的发展条件[4]。

　　对知识分子来说，现代化的政治、思想、技术和经济等元素，与各方的努力紧密相连，力图孕育出一个国民群体，或称为"社会"。社会是由言论建立的空间，在大量发行的出版物中，通过语言讲述和文字书写成为真实存在。自19世纪60年代报纸开始发行以来，阅读报纸的民众数量在明治天皇统治时期逐渐壮大起来。20世纪最初的十年，主流报纸相互联合，内容也日趋一致，报纸读者数量达到了一个较高的稳定值[5]。与报纸同时发展的还有日本国内的杂志市场。各色杂志将读者结合为不同的社会群体，由读者（和与杂志通信者）组成的无形群体所共享的公共空间，在每一位读者的意识中日渐巩固。"社会"（日文"shakai"）这一现代词语，以前曾被不加区别地用于任何企业团体，直到明治最初的十年，它逐渐被专用于翻译英文"society"一词。此后很长一段时间，这个词在19世纪的英文中保持着模棱两可的含义，有时代表着所有国民，有时又特指同一阶级的小群体。这种模棱两可表明，19世纪的国家建设是政府和布尔乔亚互相成就的工程，在造就国家公民的同时，也确立了新的阶

---

[4]　若要全面研究日本近代化的相关方面，参见李孝德的著作《表象空間の近代：明治"日本"のメディア編制》。

[5]　James L. Huffman, *Creating a Public*，325。Benedict Anderson 关于"印刷资本主义"的讨论，很明显是任何对阅读和民族意识的相关讨论的论据，尽管他本身并无意强调其重要性。

级文化 [6]。

　　民族国家空间同质化的过程，同时催生出诸多独特的异质化空间。它们以新的建筑类型为表现形式，如校舍、军营、火车站、办公楼、医院等，还有林荫道、公园和市郊住宅区 [7] 等新的城市景观。其结果是，当民族国家在抽象意义上日趋同质化的同时，现代首都的形象与以前相比则全然异质化了。江户的建筑看上去高度一致，早期的东京亦是如此。曾于 19 世纪 80 年代访问日本的爱德华·莫尔斯（Edward Morse），便形容东京的城市建筑低矮而单调乏味 [8]。众所周知，明治政府通过引进西方建筑而与本土的建筑传统决裂。事实上新政府引入了更为本质的东西，使得西方建筑在某种意义上仅被视为工具，即全新的基于功能的建筑与空间类型体系，正是该体系在近代城市中划分出不同的建筑空间 [9]。

　　"家"并非公共空间建构与分化的直接产物，而是其副产品。它具有双重异质性，不仅是布尔乔亚社会内部诸多机构中的一个，同时也是被称为"社会"的政治性空间之外的一处空间。现代人类活动在异质化空间内的分布，使得家庭成为一个以亲缘为基础的重要机构，它限定了家庭隐私的领域，并创造出一处既是远离尘嚣之处，又是统治的基本单元的至关重要的场所。在这里，隐私首次成为住宅和城市平面图上的空间，其图形和物质的边界也同时获得了新的意义。正如尤尔根·哈贝马斯（Jürgen Habermas）在谈论欧洲的相似情况时所指出的，这种新形式的隐私，是建立在自由市场交换中对于个人自主权的信念之上的。在布尔乔亚社会中，对小家庭庇护所的保护，是男人在竞争激烈的职场中得到

---

[6]　Balibar, *The Nation Form: History and Ideology*, in Balibar, Wallerstein, *Race, Nation, Class*, 90.

[7]　参见成泽光，《现代日本的社会秩序：歷史的起源を求めて》；以及 LeFebvre, *Production of Space*，91. 关于公园，参见白幡洋三郎，《近代都市公園史の研究：欧化の系譜》。

[8]　Morse, *Japanese Homes and Their Surroundings*.

[9]　关于近代以前中国城市建筑语汇的相关思考，参见 Bray, *Technology and Gender*。

自由与成功的证明。由于家庭号称与公共社会适用的运行准则不同，这也常常掩盖了家庭本身是立足于家长制的政治机构这一事实[10]。在布尔乔亚理论家眼中，家中的世界是哈贝马斯所称的"纯粹人性的疆土"，是自主组成的"爱的团体"。同时，由空间界定的、以家人为中心的家庭，成为日本近代国家的基本工具，它从整个国民人口的生产与再生产能力中汲取能量，并将小家庭视为制造公民的机制。

家庭生活的国际言论

以往的研究曾经揭示，家庭生活实际上是西方现代化的一个特殊的思想建构。自菲力浦·阿利埃斯 (Philippe Ariès) 的《儿童的世纪》出版后，社会历史学家逐渐抛开小家庭是亘古不变、举世皆然和自然而然的观念[11]。维多利亚时代的"家庭狂热"，已是 19 世纪英国和北美历史的一个主要课题。人们通常认为这一现象是由家庭成员之间不断加深的感情，或是对居家生活与母性职责的情感化，以及对童年的浪漫化造成的。而新家庭道德的产生，则被归因于资本主义的发展、工业化、新教改革运动和"少子化"浪潮。

现代家庭产生的故事如今令人如此耳熟能详，以至于或许有必要对这种自然状态本身进行质疑，日本的情形正为此提供了一种途径。日本现代的家庭生活自最初就被认为是舶来品——事实上其舶来性正是其重要性的组成部分，并与本土家庭生活相对立。日本的现代化狂热分子迅

---

[10] 这已经成为女权主义政治理论的一个中心议题；更明晰的讨论，参见 Okin, "Gender, the Public and the Private"；以及 Olsen, "The Family and the Market"。

[11] Ariès, *Centuries of Childhood*，此书中文版已由北京大学出版社在 2013 年出版。

速理解了加之于"家"的道德意义，但尽管他们欣然接纳这一点，仍产生了许多亟须回答的基本问题：家中有谁居住？在家里他们都有什么活动？家应当是什么样的空间？与邻居的关系又该怎样？"家"在日本就是这样于夹缝中挣扎求生，不断将传统和外来的模型有意识地拼凑在一起。值得再次强调的是，对现代家庭生活的特殊的形式和实践来说，没有任何东西是与生俱来的，没有什么是在工业化的社会条件下不可避免地产生的。这些形式和实践都必须经过吸收、改造或重制。19 世纪 80 年代到 20 世纪 20 年代，日本家庭生活的历史，使我们得以一窥其被有意识地引入的过程，以及在融入过程中出现的种种问题[12]。

西方家庭文学作家已注意到 19 世纪文学作品中对家庭美德的全新强调。但令 19 世纪关于家庭的言论显得特别"现代"的原因，并非仅仅是充斥其中的诸多家庭道德观（毕竟它们中的大部分都有着更早的起源），还有随之而来的大量发行的文本。大部分研究 19 世纪家庭生活的历史学家所依赖的文献的来源，揭示了女性识文断字和廉价书籍、报纸期刊市场发展的关键意义[13]。到 20 世纪初，关于家和家政管理的作品，已经像国际市场上的其他商品一样，可以轻而易举地流通到国界之外，唯一的阻碍仅仅是翻译成本。国际博览会和国际会议更加速了货品和理念的全球流通。国际博览会为家政学这一新的女性学科大做宣传，使得它在许多国家激发了布尔乔亚女性组织的组建，并由此进入了高等教育的殿堂[14]。自 19 世纪 90 年代起，美国营养科学的权威性得到德国专家的肯定，而美国营养科学对食品市场和厨房炊事工作起到革命性作用。与之相反，

[12] 关于具有煽动性的从另一视角质疑家庭生活文学目的的研究，参见 Marcus, *Apartment Stories*。

[13] 参见 Ryan, *The Empire of the Mother*，"for a critique of the earlier historiography"。

[14] 关于家政学和房屋设计，参见 Wright, *Moralism and the Model Home*，150—170。

20 世纪最初十年和 20 世纪 20 年代 [15]，由美国家政专家克莉丝汀·弗雷德里克 (Christine Frederick) 创立的改良泰勒主义理论，又从美国传入德国和日本。20 世纪初，瑞典作家爱伦·凯 (Ellen Key) 关于母性的作品，在 1895 年的哥本哈根妇女大会首次发表之后被译为多国语言，在女性运动 (其本身具有高度的国际性) 中引发了激烈的讨论，并在海外获得了比在瑞典本国更多的拥护者。日本随后根据 1902 年德文版爱伦·凯《儿童的世纪》翻译出版了一部节本，并陆续引进了她的其他作品。在 20 世纪最初十年中，爱伦·凯的理念在日本女性主义者"母性保护"（日文写作"母性保護論争"，Bosei hogo ronsō）的论战中发挥着核心作用 [16]。

拥护近代化的精英分子发起了保护家庭机构，并将其神圣化、合理化或美化的运动。日本并非在西欧和北美之外掀起此类运动的唯一国家，芬兰 [17]、土耳其 [18]、孟加拉 [19] 和非洲英属殖民地 [20] 都发生了类似的事件。共同的词语和话题在大致相近的时间出现在迥然相异的环境中，尽管它们在各地的含义和物质表现大不相同。这样的巧合促使我们将现代家庭生活更多地视为由帝国主义和日益加速的文本与图像的全球贸易带来的

[15] 柏木博，《家事の政治学》，183，147。又见 Wright, *Moralism and the Model Home*；及 Dolores Hayden, *The Grand Domestic Revolution*，两本书都局限于美国本土。相反，柏木博同时追踪美国、德国和日本的运动发展，对三者给予了同样的重视。与英语研究的这种对比，似乎揭示了日本知识分子曾经拥有，以及在现代知识经济全球化中还将继续保有的独特地位，即并非作为"借来文化"的保管者，因为所有文化都是由借来的成分组成的，而作为被边缘化的世界公民，远较研究日本发展的西方知识分子更洞悉西方的发展。

[16] 关于凯 (Key) 的言论在日本传播的情况，参见三宅美子，《近代日本女性史の再想像のために》，收录于《神奈川大学评论丛书》（第 4 卷），94—121。お茶の水書房出版，1994。关于母性保护论争，参见 *Rodd*, "Yosano Akiko and the Taishō Debate over the 'New Woman'"，189—200。

[17] 参见 Saarikangas, *Model Houses of Model Families*，53—84。

[18] Duben and Behar, *Istanbul Households*, 194—238.

[19] Chatterjee, *The Nation and Its Fragments*, 116—134.

[20] 参见 Comaroff and Comaroff, "Home-Made Hegemony"，37—74。

阐释与再阐释话语集的一部分，而非在各自孤立的不同地区和民族语境下反复出现的对新社会环境的反应。

日本对关于家的意象与理念的全球交流的主要贡献是在美学领域。1876 年在美国费城世博会后，美国的室内装修开始流行"日本风"。正是在这次展会上，日本的展品和集市引起了建筑师、美学家、木匠和主妇们的关注。此后，刊载在建筑期刊和主流杂志上的游记与装修指导杂文都开始宣传这种风格。日本建筑和工艺品的意象在催生建筑现代主义的美学运动中发挥了至关重要的作用，这一运动既具有国际性，又紧密关注家庭空间的重构。美学上的影响初看似乎仅是独立的现象，但正如家务、保育、卫生保健等家庭话题的其他方面一样，建筑和室内的美学也被认为具有强大的道德作用，而特定的主题或母题也和家庭理想的启迪紧密相连。[21] 即便在这种联系不明确之处，近代家庭的美学和家政管理的实用性也常常经由同一批大众媒体传播开来。

一批较早期的有关居住的传统文献，在日本近代国家建立和外来新理念传入之后，被有预见地长久保存下来。德川时代一些深受儒家影响的家政管理和妇女教育书籍，如《女子大学》（日文写作"女大學"，Onna daigaku）等，尽管受到现代批评家恶评，但在明治时代仍然广泛流行，甚至在 1903 年日本国家课本审查制度建立之前，仍不时被用于学校教育。此后它们的影响持续了很长时间。那些依据中国方术设计和布置家居的风水小册子，被反复重新包装以紧随时代潮流。20 世纪 20 年代，这些书被披上了现代的外衣，并开始被用于西式房屋的建筑；而在 20 世纪晚期，风水类图书拥有了国际市场。新的家居、新的指南也持续不断地出现在日本。绘有木工纹样的图集，从德川时代早期开始被相继印制出版，而为茶艺爱好者创作的茶室设计装修指南和数寄屋风格的室内装

---

[21] Brown,"Fine Arts and Fine People", 121—139.

修也流传至 20 世纪。

　　家是围绕理想家庭模式塑造出的空间，而这一概念正是这些纷繁的传统文本所缺乏的。因此，那些鼓舞了明治时代晚期改革者的关于家和家庭的言论是非常新的，在过去的日本没有先例。这或许并不令人意外，因为生产和宣传这些概念的机构很多是新生的。明治维新后陆续产生了大量新的改革组织，既有国家领导的，也有私人发起的。而对重塑物理空间最有影响力的建筑师们，从一开始就在工部大学校接受西方导师的教导，他们是史无前例的新教育的产物。日本第一代建筑师毕业于 1879年。而在家居空间改革事业中可与职业建筑师分庭抗礼的另一个现代机构的产物，则是职业家庭主妇，她们的角色同样是由近代教育系统造就的。在明治时代的最初三十年，接受中等教育的女性仍然很少，但进入20 世纪后，这一数字以指数级增长。第一次世界大战前以女子高校学生为主要读者的女性杂志，也有着相似的发展轨迹，它们的内容补充和扩展了女子学校的课程。尽管家居书籍的作者大多为男性，建筑设计职业与市场也是男人的领地，但女子教育和出版业这两块得到认可的领域，使得女性能够广泛参与到家庭和日常生活的公共建设中。

　　家庭生活的言论塑造了既有界又无界的现代家庭。充满道德意味的家庭同居空间，成为现代家庭建立的基础；同时，现代家庭的功能又被输出到学校等外部机构中，家庭生活也完全依照来自外界的理念和信息进行组织。女性教育专家与公共卫生权威联手，致力于将家政学塑造成一个专门学科，并调整抚养儿童的方式，以适应国家教育的目标；在这件事情上，现代家庭的双重性表现得尤为明显。而与之相似的新道德确立并从原有社会关系抽离的过程，也影响到了男性的社会角色、劳动与闲暇分配和住宅设计美学。因此 19 世纪和 20 世纪日本家庭生活的构建，不仅应被看作以文本为媒介产生的过程，而且还是更广泛的、对私人领域的公共建设。

中产阶级修辞与布尔乔亚文化

19 世纪所有这些关于家庭的讨论所掩盖的，是社会地位的生产与再生产，尤其是从那个时代起在日本以各种名词的形式出现的社会地位，比如"中产阶级"。和"家"这个词一样，"中产阶级"不应被简单地理解为社会现实，而应当被看作一个话语概念，并且是一个因时而异的话语概念。用皮埃尔·布迪厄（Pierre Bourdieu）的话说："社会阶级并不存在……存在的只是社会空间，具有差异的空间，其中阶级在某种意义上以虚拟的状态存在，并非给定之物，而是有待被实现之物。"[22] 这并不是说所有关于阶级的讨论都是纸上空谈：在皮埃尔·布迪厄描绘的社会空间中，个人和群体都依据资本的真实形态，争取政治和文化权益，无论是经济的（传统意义上的资本）、社会的（例如家庭纽带），或者文化的（通过正式与非正式教育获得的各类能力）；而如其定义所示，资本主义社会对这些资源的分配并不平均。

马克思对资本家和无产者两个阶级二分系统的论断，源于每种社会地位都注定与生产资料相对应的现实。而另一方面，将社会以上层、中层、下层三分的系统，让阶级界定具有了相对性，确立每个人所属的阶级时，也暗示了其他人的地位。紧接着则会既迅速又无可避免地出现一种可能性，即将社会按照中上层、中下层、中上上层等进行无限的细分 [23]。允许"中层"的存在，使得阶级区分丧失了确定性，并成为历史学家或历史参与者的修辞技巧。这就是为何历史学家（且不仅仅是历史学家）对于谁是而谁不是中产阶级的问题总有不同的见解。

---

[22] Bourdieu, "Social Space and Symbolic Space", 637.

[23] De Tocqueville 描述了一个市民被分为 36 个阶级的小镇，一些阶级中仅有 3—4 人（引自 Pilbeam, *The Middle Classes in Europe*, 4）。

　　尽管如此，阶级修辞和中产阶级的界定值得历史学家关注，因为它们本身就是资本主义社会的基础。而阶级修辞的种种形态，远远超出直白的语言表述，包括了微妙的措辞、行为举止、服饰、个人物品以及品位的各种表现方式。即使阶级分类规避了单一的社会科学公式，阶级语言也毫无疑问地产生于对某个沉重包袱的系统性转化过程中，那就是如何废弃之前那个社会地位世代沿袭、清晰明确且不容置疑的社会结构[24]。

　　我将那些接纳并得益于中产阶级理念的人称为布尔乔亚，并非在严格意义上依照马克思主义者对资本所有者的定义，而是按照欧洲历史写作时更普遍的用法，这个词首先属于城市，其次隶属于资本的管理方面，即同时包括资本占有者和职业人士双方[25]。不可否认的是，这一类别也面临着两极分化的危险：一端是在经济上处于边缘的职业人士——境况不稳的小资产阶级，以明治—大正时代的小学教师为典型代表；另一端则是那些新兴贵族（artificial aristocracy），他们大部分人依靠财产、军功和与政府的政治纽带，而非传统的血统和领地来获得社会地位。尽管在经验上具有不确定性，并且背负着史学上的争议，"布尔乔亚"这一术语仍具有两方面的优点：既可在资本主义体系中辨明阶级特征的基础，又可

---

[24]　关于将阶级理念转化为修辞的理论公式，又见 G. S. Jones, *Languages of Class*。Furbank, *Unholy Pleasure*，是关于阶级理念的有力反击，他强调阶级无非是一种修辞。但同时 Furbank 强调产生了现代阶级修辞的社会变化的深刻性，并针对人类学家称之为"本位类别"（emic category）的阶级天性，发表了深刻洞见。Wahrman 在 *Imagining the Middle Class* 一书中采取了和 Furbank 近似的立场，将中产阶级理念作为 19 世纪英国政治言论的一部分。

[25]　参见 Blackbourn, Evans, *The German Bourgeoisie*, xiv—xvi。这是许多可能重叠的术语之一，其中每个都有细微的差别。一些作者更倾向于使用"职业管理阶层"的说法（如 Ohmann, *Selling Culture*），但这并不能完美契合明治日本的情况，在那里管理体系刚刚萌芽，学者或像医生之类自己开业的职业人士，在确立阶级自我认同时占据了突出地位。其他人采用了 Gramsci 的包容观念，将"知识分子"看作"社会上认为是依靠拥有和运用知识工作"的群体；参见 Frow, *Cultural Studies and Cultural Value*, 90。这一定义对许多书中的讨论都很有用，但是不符合大部分消费者的自我感受，特别是女性。

避免"中产阶级"一词潜在的社会经济与伦理混淆不清的问题。尽管如此，我并不会死板地使用它，因为它毕竟是一个外来词，而且我也十分关注经营资本的人们是如何看待自己的。

自 19 世纪 80 年代开始，布尔乔亚知识分子认定自己在本国社会中处于"中流"（日文写作"中流"，chūyū）。这一认知在确认其身处资本主义初期国家政治结构中心地位的同时，也宣告了他们与其他国民的关系之间的道德立场。由于家庭改革家和宣传家都来自这一集团，关于家庭生活的修辞的关注点，一直是"中产阶级"或"中流家庭"（日文写作"中流家庭"，chūyū katei）。这是阶级声明，但同时也是修辞上的托词。正如安东尼·吉登斯（Anthony Giddens）所注意到的，认为社会由独立个体组成，而否认阶级体系的影响或现实，是布尔乔亚自身倾向的一部分[26]。因此，尽管新的日本布尔乔亚理论家称自己为"中流"，但通常避免提到"阶级"（日文写作"阶级"，kaiyū）这个词，而代之以"中流"或"中等社会"（日文写作"中等社会"，chūtō shakai）。

将贵族与这一阶级全然分离是不可能的，即使该阶级的代言人极力促使我们这么做。自 1890 年日本第一次参议院选举以来，政治期刊的作者经常抨击新贵们的特权与奢侈的生活方式。这些作者呼吁权贵们以身作则，为社会福利做出更多贡献。然而评论家并非共和党人，无论谴责的语气多么强烈，他们从未放弃让贵族们切实为国民做出表率的期待。尽管贵族将财富挥霍在赌博、情妇，或"巨厦华服"上的反面教材常常被呈现在读者面前，但财富本身从未成为禁忌[27]。权贵们最好简单地采用

[26] Giddens, *The Class Structure of the Advanced Societies*, III.

[27] 永谷健，《近代日本における上流階級イメージの変容 – 明治後期から大正期における雑誌メディアの分析》，《思想》36（812）193–210，1992。我从这篇优秀的论文中得到了这些观点，但并不同意作者有关"由于记者频繁谴责贵族的财富，日本上层未能成为道德典范"的结论。

正确方式来展示财富，也就是说，遵守布尔乔亚的道德规范，注重工作，关心家庭，提高品位，并为国家的进步做出贡献。倘若能遵守这些准则，他们的家庭和住宅就可以出现在女性杂志上[28]，他们的书法或半身像会被用在改革社团出版物的扉页上以彰荣耀，而他们甚至还会被奉为家庭事务的权威。比如德川达孝伯爵作为前朝后裔，常常为明治晚期的家居杂志撰写文章[29]。特别是一些大名的子嗣，因为曾参加日俄战争而深受赞誉，许多贵族成了布尔乔亚行为方式的时髦榜样[30]。频繁出现在杂志和报纸上，意味着这些人拥有一些值得仿效的美德，但事实上出版者是在显摆他们的名流地位——对旧贵族来说是来自世袭的财富和特权，对新贵族来说则单纯源自财富。正如马克·琼斯（Mark Jones）所言，明治家庭理论家对金钱怀着矛盾的心理，他们强调道德品质高于物质财富，但却无法摆脱"金钱决定阶级"的事实[31]。

南博等 20 世纪早期的文化史学家，将一战期间日本城市出现的职业白领称为"新中产阶级"（日文写作"新中間層"）[32]。当时出现了一批词汇，包括工薪阶层（日文写作"俸給生活者"）、脑力劳动者（日文写作"精神的劳働者"）、プチブル（法语"petit bourgeois"的简略音译，小布尔乔亚），和一直保留至今的名词"サラリーマン"（英语"salary man"的音译，上班族）[33]。我有时会依照南博的说法，将这部分人同前代的少数布尔乔亚精英分子和"旧中产阶级"店主区分开。尽管以经验标准区分阶级多少有些武断，但我们在处理阶级语言变迁的同时，临时采用一些资

[28] The Ladies' Graphic（《妇人画报社·创刊号》，1906）几乎会在每期刊首登载贵族家庭的照片。

[29] M. A. Jones, "Children as Treasures", 42—43.

[30] 横山源之助，《明治富豪史》（1910），107。

[31] M. A. Jones, "Children as Treasures", 42.

[32] 参见南博，《大正文化》。

[33] 除了プチブル外，这些标签都是由职业产生的，因此都是以男性为中心的。

本主义体系内部广泛认可的社会等级仍是有益的。在资本所有者和管理者的严格意义上，明治时代"新中产阶级"的继承人大多并不能被称作布尔乔亚。尽管如此，我仍希望本书的后续章节能明确体现：虽然存在内部斗争，但延续两代人所演化出的这一文化，符合布尔乔亚文化的一般准则。

受过中等教育、身为白领，是户主成为"中流"社会家庭不可或缺的两个首要因素。日本现代布尔乔亚家庭的两个深层特征是：第一，阶级身份主要建立在官僚或职业身份之上，而并非源自对地产的占有；第二，阶级成员大多是刚刚来到城市，对东京来说尤其如此。明治政府从地方征召了大量新人，中等和高等学校如磁石般持续不断地吸引着年轻人来到城市，这使得江户城的旧居民及他们的后裔在城市人口中所占的比例逐渐降低。

在教育和职业之外，布尔乔亚身份最为醒目的标志是家。家的基本元素是从过去传承下来的。拥有花园与大门的独栋住宅本是武士家庭的特权，而明治维新之后则成为布尔乔亚的普遍标志。1915 年，一位英国观察家在评论日本住宅时说，无论财富多少，商人和农民"看起来属于不同的阶层"[34]，通过他们的住宅可以区分出来。另一方面，德川社会的富贵之家普遍蓄养仆役，现代布尔乔亚亦是拥有仆人的阶级，但与以前不同的是，仆人的性别几乎全是女性。正如艾瑞克·霍布斯鲍姆（Eric Hobsbawm）笔下的 19 世纪的欧洲："就这一点而言，中产阶级还是一个主子阶层……或者说是可使唤几名女仆的主妇阶层。"[35] 这其中的转变是重大的，但中产阶级代言人却倾向于看到其中的延续性。

本书的前半部分讨论了自明治第二个十年开始新出现的，构成日本布尔乔亚文化的四个元素，它们全都与居住有关："家"的概念本身、家

---

[34]　" The Japanese Middle-Class House", 13.

[35]　Hobsbawm, *The Age of Empire*, 180.

政职业的形成、住宅建筑和室内布置的品位与风格的概念，以及在近郊购房定居的理念。与城市工人阶层开放、公共化的生活和农民生产劳动与消费尚未分化的世界相比，布尔乔亚家庭与公众领域、市场相隔绝，它更像是为休养生息而进行的情感投资。布尔乔亚女性作为职场人士，在她们的领域里管理这项资产，她们的专业知识源自书本而非家庭教育。正规教育将她们与工人阶级妇女和传统妇女区分开来。布尔乔亚在房屋设计和室内装修的个人品位上的素养，使他们有能力做出选择，并将住宅当作一项美学工程来建设。业主自居的市郊住宅是这种家庭价值观的商品形式，是布尔乔亚对家庭私生活投资的实体化。男主人不仅通过购买近郊住宅使家庭与世隔绝，而且由于他所投资的庇护所位于城外，家得以成为浪漫乡村景观的一部分，远离了城市的危险与诱惑。

所有这一切需要兼有金钱、高等教育以及某种只有少部分人能够负担得起的自我修养，它们都是工人阶级无法获得而又极少去寻求的。所有这些构成了布尔乔亚社会与家庭相关的那一半文化，其中的一切只有在布尔乔亚社会空间中存在外部对应物时才具有价值：公众领域对应家庭，男性职业对应主妇的职业，市场，尤其是百货公司，对应室内家居布置，男性从事工作与娱乐的城市对应近郊住宅区。

表达这些价值的著作、演讲与设计，不可避免地依赖于知识分子中的精英。在新闻界、俱乐部、读书会与政治社团中，在巡回演讲和其他各种宣传方式或联盟中，都可以看到一个广为人知的明治时期知识分子集团，他们致力于构建和扩大布尔乔亚的公众领域[36]。这些人被卡罗尔·格卢克（Carol Gluck）称为"民间理论家"（日文写作"民间"），作为政治批评家，这些作者和记者自称代表"民意"（日文写作"世

---

[36]　参见 Habermas, *The Structural Transformation of the Public Sphere*，30，36—37。

論")^[37]。也正是这批人在忙于<u>重塑私生活</u>，出版"家庭期刊"，在报纸上开设女性专栏。他们演讲和写作的主题包括，改革夫妻关系之迫切性、儿童保育、仆役雇佣、卫生保健、饮食习惯、家庭文艺、住宅设计，以及其他初看似乎与公众政治毫不相关的问题。传播布尔乔亚私生活的理念，是实现他们整体社会理想不可分割的一部分^[38]。一战后，那些没有太多特权的知识分子加入了这个群体，形成了扩大与分裂的言论领域。我将这些知识分子统称为"文化媒介"，这里借用了皮埃尔·布迪厄的术语，但将在更宽泛的意义上加以使用。^[39]无论是否具有精英背景，他们将自己置身于正统的统治阶层与受过教育的公众之间，为他们的见解与文化特长寻求听众。

被翻译的现代化与大众市场

自格奥尔格·齐美尔（Georg Simmel）开始，社会学家都将他们的理论建立在 19 世纪西欧和北美的经验之上，认为由工业化大生产制造的丰富产品是现代化的基础^[40]。但由于信息的流通往往比货品便捷，所以在世界大部分地区，工业化成果在本国最终实现之前，就作为其他地区的整

---

[37]　Gluck, *Japan's Modern Myths*, 9—10.

[38]　关于日常家庭活动的道德言论，绝非是这些明治理论家发明的。比如德川晚期的本土主义者与学者平田笃胤，就曾建立起一套以日常行为为基础的民族身份理论，包括饮食习俗等家居事务。（参见 Harootunian, *Things Seen and Unseen*）

[39]　Bourdieu（*Distinction*，325，360—366）将这一术语限制于那些边缘知识分子之内，经济困境迫使他们出卖所有可能的专业技能。我则在更广泛的意义上使用它，其中包括那些将精英知识引入大众市场的人。

[40]　Miller, *Material Culture and Mass Consumption*, 69—82.

套环境出现了 [41]。明治时代的日本正是如此。

就日本住宅和住宅里收藏、消费的物品而言，现代商品的印刷品和图像的大众市场的出现，要比商品本身的大众市场更早，这正是日本现代转型的首要特征。因此，在走向以机械化大生产为基础的消费变革的道路上，日本首先完成了表达领域的变革 [42]。但即使是这种形式的大众消费主义也并未涉及国民的主体，媒体对布尔乔亚家庭形象的宣传主要针对城市居民，而且其文化词汇是以东京为中心。如果我们将大阪繁华城区的新兴中产阶级（这里指那些受过中等教育的人和白领群体）作为这些媒体可能的受众，1920 年日本的成年人中仅有 5%—8% 的人可能成为其读者或购买其广告商品 [43]。尽管如此，大众市场不应简单地通过数量来衡量。进入 20 世纪以后，百货公司和女性杂志的出版商先后勾勒出与家庭相关的商品及出版物的大众消费者的形象——通常被设想为女性——并订制接近她们的策略。从商品展示技术、平面广告到出版物的语言文字和外观，都抛弃了从前那个阶级分明的封闭世界的消费习惯，商家使出浑身解数来吸引新的购买者，即使他们所展示的住宅和日用品对多数人来说仍是可望而不可即。对于 20 世纪 20 年代生活在城市里的日本人来说，以大众传媒为中介的现代化体验在营销手段和影视录音技术影响下形成了，这使人们更强烈地意识到自己正生活在商品和鼓励消费的世界 [44]。

在受过教育的布尔乔亚统治之下，社会层面最有价值的商品是从西方世界翻译而来的知识。这一事实使得很多人在讨论日本现代化的时候，

---

[41] David Bromfield 对澳大利亚的佩斯也提出这一观点，另外 Arjun Appadurai 就世界大部分地区也持同一观点。（关于 Bromfield，参见 Morris，"Metamorphoses at Sydney Tower"，385；Appadurai，*Modernity at Large*，9）

[42] 甚至对于英国也有类似的意见，参见 Richards，*The Commodity Culture of Victorian England*。然而西方历史编纂学曾假定，廉价的大生产商品是一切消费文化的基础。

[43] 南博，《大正文化》，187。

[44] 报纸和大众娱乐出版商更早开始建立大众市场。（Richter，"Marketing the Word"）

将现代化简单地等同于西方化。明治晚期和大正时期的出版物，为读者提供了不计其数的关于欧洲各地风景人物的图像、有时听上去不太可靠的西方专家的说法，或是关于西方神话或英雄人物的奇闻逸事。日本出版界对西方图像、典故和观点的使用，反映了知识分子的一种心态，其产生源自日本作为崛起较晚，且是列强中唯一的非白种人国家的脆弱地位，而众多日本知识分子又将这种脆弱地位内化。尽管如此，日本出版界辩证地从国内外两方面吸收了西方的知识和表达，这个复杂的过程不能简单地以"西方化"来概括。由于现代化是舶来品，日本人持续不断地从两个方面同时做调整：一方面将本土融入以西方为基础的现代环境，另一方面则将西方融入本土的文化战略中。

对参与其中的第一代知识分子来说，打造布尔乔亚家庭生活是一项国家工程。第一次世界大战后，大众社会逐步形成，国家工程已经不可能保持单一进程。随着更多的人参与到对家庭生活的定义中，与家庭生活相关的条件逐渐在一场关于品位的竞赛中变得物质化而易于操作。而亲密家庭的理想，一旦脱离了宣传家和道德模范的狭隘藩篱，就揭示出可能令布尔乔亚知识分子感到不安的新含义。20 世纪 20 年代布尔乔亚内部的冲突是围绕着"文化生活"展开的——这是本书后半部分的主题。战后的文化媒介发展出一种新的世界性语言，构想出一个乌托邦，在那里日本人既不会被本国传统禁锢，也不会受到处于西方压力下的文明（夏目漱石曾在 1911 年称之为"外力激发的文明"[45]）的束缚。我的关注点是市郊新规划的"文化村"和"文化住宅"所含理念的物质层面。这项工程在 20 世纪 20 年代的拓展是由明治思想家发起的，随后他们将其重构为一个都市乌托邦幻梦。在此过程中，他们将本地的住宅模式变成瞬息万变的商品，又为建筑师创造了大众市场的影像提供者这个全新角色。

---

[45]　Soseki, "Civilization and Modern-Day Japan", 273.

改善日常生活

　　如果说家庭生活的历史、中产阶级修辞和大众市场揭示了现代日本和西方布尔乔亚民族国家之间广泛的共性，那么将这几样事物联结在一起的民族文化改良的张力，也许是日本现代化的一个引人瞩目的特征[46]。众所周知，明治政府曾以"文明开化"的名义推行礼仪改良。为了塑造可被西方人接纳的大众群体，政府禁止了男女混浴、暴露肢体、穿着异性服装和女子断发等一系列行为。明六社[47]中启蒙知识分子的倡议更加激进，甚至提出废除日语这种极端倡导。1883 年，有人倡议，通过通婚（特别是日本男人与西方女人）来"改良日本人种"[48]。个人提出的改良议题数量众多，足以成为文章讽刺的对象。1888 年，讽刺杂志《团团珍闻》（日文写作"团团珍聞"）以《当世流行的改良竞赛》（日文写作"当世流行改良競"）为题，列举了 32 个此类倡议[49]。

　　当时人们对文化改良多抱有怀疑，尤其是当改良对象针对他们的日常生活习惯之时。如讽刺文章所言，对民族习俗进行改良的热情，如同时尚一般朝生暮死，瞬息万变。但在怀疑论者眼中，问题不只这些，他们认为这是一种会威胁日本民族文化的"西方热病"（日文写作"西洋気触れ"）。改良者则努力强调，他们并非仅是鼓吹模仿西方。在此过程中，

---

[46]　参见 Garon, "Rethinking Modernization and Modernity in Japanese History"；及 idem, *Molding Japanese Minds*。

[47]　日本明治初期由新型知识分子组成的具有启蒙性质的思想团体，因发起于明治六年，故称明六社。（译注）

[48]　关于 1873 年颁发的"违式诖违条例"中新规定的公众行为规范条例，以及关于人种改革计划，参见小木新造，《解说 I》，参见小木等，《日本近代思想大系 23：风俗，性》，466—469，471。

[49]　同上，470。

他们通过对国内外具体理念的确认，加上国家鼓吹的民族主义思想，将民族文化的言论加以扩大。事实上，要将实际的文化改良与虚无缥缈的民族精髓同帝国神话的宣传相结合，简直轻而易举。关于进步和民族的霸权主义言论数量众多，足以使其融为一体[50]。

如谢尔登·加龙（Sheldon Garon）的论述所揭示的那样，国民言论的融合和对日常生活的积极干预，是日本 20 世纪公共生活长期不变的特征，其倡导者是自封为"中产阶级"的宣传家，内务省、文部省、农林水产省和其他机关的官员[51]。在一战期间的一系列分水岭事件之后，这些协同作战的活动家，开辟出政府干预的新前线，试图将日本女性培养为消费者和家政管理人。1919 年是国家和家庭关系登上新台阶的标志性节点，这一年社交官员将建筑师、医疗工作者和女子教育家编入统一的联盟。这个联盟的志向不算远大，非鸿鹄之志，只是"生活改善"，不过被召集参与其中的专家把他们的工作看得相当现实。大部分专家早在多年前就已经在出版物或教室中散播布尔乔亚家庭的愿景了，这场官方运动正好成为他们个人努力和国家目标一致的明证。

通过对生活改善和其他被其称之为"社会管理"的改革进行分析，谢尔登·加龙为现代日本国体的性质提供了新的视角。长久以来，人们认为战前的政府既冷漠又专制，而人民或被视为被动的受害者，或被视为英勇的抵抗者[52]。然而谢尔登·加龙揭示了公民团体在当时的社会活动中所起到的重要作用，并以此驳斥了上述观点。20 世纪 90 年代之后，日本的历史学家也用类似方法，改变了对战前日本的刻板描述，拒绝将日本现代化视为"畸形的"或"不完整的"，转而对现代政府创造国家主体意识，并通过五花八门且通常是无形的渠道来控制日常生活的方式持

---

[50]　参见土肥真人，《江戸から東京への都市オープンスペースの変容》等。

[51]　Garon, *Molding Japanese Minds*, 231—233.

[52]　同上，7，17。

批判的态度。这种重新释义为全新的现代制度史开辟了道路，其中包括家庭，它代表了私人生活的政治属性[53]。

我相信，如果深入挖掘社会管理和文化改革中阶级修辞背后的战略，此类重新阐释还会取得新的进展。为何这些"中产阶级"的男男女女如此热衷于投身国家民俗改革大潮？正如谢尔登·加龙所言，改革者希望看到国家占据现代化的立场，就像1868年明治天皇宣誓维新的《五条御誓文》所展现出来的那样。这种立场与他们个人的利益一致，鼓励着他们利用国家的力量将国民生活方式变得与他们的布尔乔亚理念相合[54]。然而，至少在20世纪30年代之前，推行布尔乔亚改革的人仍然占少数，因此改革者成为"中产阶级"代表的主张必须被看成是政治战略，他们声称代表了国家的核心利益。此外，自诩为中产阶级的人群内部也有分界。尽管总的来说，受过教育的职业人士通常有诸多共同利益，但鼓吹改革的人却是依照不同的具体标准和方式改善日常生活。

一些改革政策在政府内外都更得人心。出于一些现代政府运动或许无法直接作用的理由，一个世纪以来，日本人不断感受到崇尚节俭的压力[55]。当生活改善深入消费行为和物质选择的细节时，舆论并不是轻易就获得成功。在对新型家庭生活、家政管理或住房形式的宣传中，城市与乡村，不同年龄与性别，以及拥有不同背景和资本形式的布尔乔亚参与者与野心家之间的鸿沟暴露无遗。

即使能够以教科书、展览、海报和宣传文章等方式，通过国家传达讯息，改革者从未曾拥有强迫施加影响的能力，也从未获得全社会的文化霸权。因此改革言论和实践之间的因果关系，既非简单，亦非单向。

---

[53] 参见这一新民族国家历史的里程碑之作，西川长夫、松宫秀治编，《幕末·明治期の国民国家形成と文化変容》中的文章。

[54] Garon, *Molding Japanese Minds*, 20.

[55] 同上，175—177。

布尔乔亚文化媒介和他们的受众带入这一领域的经济文化资源，决定了改革者可能实现的愿望——能够"出售"的改革，且是以消费者能够利用的方式。因此，历史学家的任务变成确定改革模式的波及范围，以及确认此范围内特定代理人的地位。

本书将分两个阶段呈现日本现代化的过程：其一为国家建设阶段，其中知识分子构建了现代布尔乔亚文化，并借此寻找日本在帝国秩序中的位置；其二为全球大众传媒消费主义阶段，其中知识分子重构了这一文化，使其适应更广泛的大众，以求确立一种国际化身份与生活方式。这两个阶段大约可以第一次世界大战为界。它们甚至可以被称为两种现代化：布尔乔亚现代化和大众社会现代化。然而，对日常生活新方式的不断寻求，在两种现代化之间架起一座桥梁。19世纪80年代到20世纪20年代，日本统治阶级谈论、设计和使用住宅的方式，明确展现了他们在现代世界所取得的地位。此后多年，他们设定的布尔乔亚模式饱受质疑，却从未被取代。

第一章

家庭生活的本土化

一处抽象空间

在 19 世纪的许多国家，家庭是政府内外关注的新的社会热点，明治时期的日本也是如此。明治政府建立起各种国家机构，以替代从前幕府与大名松散的统治体系，同时开始培养国民的民族感情，而这一切都取决于如何重新定义家庭这一社会基本单元的范围与功能。1871年，引入国家户籍制度后，日本开始制定与家庭相关的法律。1898 年民法中婚姻法和继承法的颁布，建立了一种全国单一的模式，这种以血缘和严格的父权体制为特征的模式后来被称为"日本家庭制度"。19世纪 70—80 年代是民法的酝酿期，在此期间，法学家在意识形态上赋予这一结构特殊的分量，称其为建立在祖先崇拜之上、独特而悠久的本土制度，并重新将其与尊天皇为国民家长的国家神话联系起来 [1]。

---

[1]　关于"家"或称"家制"有大量文献。这些英文著作的评论，参见 Uno 的 "Questioning Patrilineality"。

当政治领袖和法学家忙着围绕家庭建立现代国家组织时，为日渐重要的大众媒体撰稿的男女作家则为家庭构建了意义框架。该框架是以日常活动为基础，并以同居生活为纽带。尽管家庭生活的基本形式本身并不新鲜，但将"家"看作是以父母子女为中心、与社会相隔离的私人空间的概念，则是与以前全然不同的。19世纪的日本家庭形式各异，家庭成员亦不固定，富贵人家的成员往往包括了大量的家仆、学徒和门客，他们都是大家庭的组成部分。各个阶层的父母通常会在子女幼年时将其送出家门，孩子在婴儿时期就由乳母或养父母抚养，之后被送入寄宿学校或送去当学徒。家庭的社会与物理边界常常与村落社区、职业团体和家臣集团互相渗透。最为重要的是，在19世纪80年代以前，无论是政府、宗教团体，还是文学界，都没有人将家庭生活的物理地点当作具有道德意味的特殊场所。

从英美文献和传教士的布道词中，明治时期的社会改革家接触到维多利亚时代关于家庭生活的丰富语言，而这些语言是日本从未有过的。由于相信家庭对西方资本主义国家有着重要意义，改革家从本国国情出发，创造了一套关于家的概念和行为准则。在日语中，"家"最初被称作"ホーム"（hōmu），作为直接音译的外来词汇，它明白无误地表明了自身的英美渊源。由此可见，"家"也是在明治维新以后与西方的接触过程中才产生的新理念之一。西方提供了可被采用、阐释并重新融入新语境的各类理念和影像；但与此同时，由于日本并没有可与维多利亚的中产阶级家庭相匹配的物质形式和道德标准，改革者不得不大批量地进行发明创造。

日本本土的家庭制度和家庭现代理念是同一历史运动的产物，它们都产生于18世纪80年代起草明治民法典的论战之中。法学家穗积八束在为武士阶层的族长权威辩护时，热烈拥护"家制"这一家庭制度[2]。为

---

[2]　鹿野政直，《戦前・"家"の思想》，51。

反驳他的观点，新教徒社会改革家引入了"ホーム"的提法，从此"ホーム"成为对抗"家制"，乃至成为反对保守观念的武器。在这两种概念最初形成时，"家"和"ホーム"看起来互相对立，分别代表着本土与外来、封建与现代，然而事实上两者并非完全互斥。尽管如此，法律上"家"的核心是世袭，是一个与时间有关的概念，而"ホーム"则意味着一处有着确定边界的空间。在此后数十年间，这两个术语都表现出足够的适应性，以求能够毫无冲突地共存。尤其是"家"这一概念，抛弃了它的争辩意味并逐渐融入日本关于女性、家庭和居住的探讨中。[3]

那些在世纪之交宣传家庭生活的少数进步先锋人士，在对他人的家庭提出改革意见之前，急于首先确立他们自身的社会地位。在明治建构中，家庭的理念完完全全属于"中产阶级"，代表着记者、教育家和建筑师一类人在社会上的地位；正是这些人在撰写文章、发表演讲、设计房屋，以确立自身及其受众的地位。新的性别角色被创造出来，新的道德意味也被引入物质生活和日常活动之中，为中产阶级的形象提供了实质性的内容。随之而来的是新的房屋设计和室内装修，提供了通过物质的拥有和品位来塑造布尔乔亚身份的途径。如此一来，那些为日本的家庭生活制定规则的人，在定义家庭的同时，也定义了他们自身。

最早关注家庭形式和习俗的改革家都是新教徒，他们的参照点和他们的信仰一样，全都源自英美。他们首先批评由传统家庭责任强加在这一代人身上的社会束缚，并从中发现了渗透着整个过时的"封建制度"[4]的基本准则，即被广受欢迎的人权活动家植木枝盛称之为"一种独特的

---

[3]　关于家（ie）和家庭（katei）的双双出现，参见西川祐子的"住まいの変遷と'家庭'の成立"和"The Changing Forms of Dwellings and the Establishment of the Katei (Home) in Morden Japen"。我从西川的作品中获得了不少关于家庭和明治家庭空间概念的见解。

[4]　植木枝盛，《日本人，家の思想》，《土阳新闻》，1886年9月9日。转引自《家庭改革·妇人解放论》（1971），43—46。

家庭思想"的普遍原则。不过在描述英美差异的时候，似乎连新教徒改革家也更关注实际有形的方面，特别是那些他们在西方和熟识的传教士家中看到的，或在伦理文学作品中读到的家庭形态、活动，以及家庭成员的行为举止，而非宗教哲学。岩本善治作为明治女子学校校长兼日本最早的重要女性杂志《女学杂志》编辑，是新教徒家庭理念的首席发言人，他骄傲地宣称是自己发现并普及了"home"这一英文单词。岩本善治认为，日本家庭之所以缺乏和谐与欢乐是因为收养制度，他还认为家中居住着父母、亲戚、侍妾和门客会妨害夫妻之间的感情，而且会使孩子的生活环境变得恶劣。他宣称，除非终止收养制度，并将这些闯入者逐出家庭，否则日本将不可能出现"ホーム"[5]。与岩本善治相应和，植木枝盛呼吁在物理形式上隔离老少两代人。对他们二人来说，如何让家庭具有合适的成员构成是最重要的问题[6]。

在东京的妇女戒酒联合会上发言时，内村鉴三宣称基督徒家庭最具有高效管理的特征。在挑选一个能够表达"home"精髓的日本词语时，内村鉴三选择了"故乡"——它是一个人的父母与兄弟姐妹之所在，是衣食之源和庇护之所，是人在世上最向往的地方。然而这个"家"（ホーム）并非只用语言就能形容，一个人必须进入它并"呼吸它的空气"。内村将自己近期访美的心得分享给听众：美国人家中每天都有固定的作息，随仆人敲钟的声音进行；主妇教导女儿们恪守日常的清洁程序；所有家人一同进餐，随后一起欣赏音乐或交谈；室内总是整洁而又朴素；养育子女是家中的头等大事；"幼儿园中普遍使用 10—15 种不同的用具"来

[5]　《社説：日本の家族，第 1 卷：一家の和楽団欒》，《女学杂志》，no. 96（1888 年 2 月 11 日），1—4；《社説：日本の家族，第 2 卷：日本に"幸福"なる家族少なし》，《女学杂志》，no. 97（1888 年 2 月 18 日），1—4。

[6]　植木枝盛，《子婦は舅姑と別居すべし》，《国民の友》，no. 33（1888 年 11 月 2 日）；转引自，《家庭改革・婦人論》（1971），367—379。

教育幼童。相较之下，日本家庭做事效率低下，而且仆从过多[7]。内村鉴三的读者能够从本土传统中找到丰富的思想基础来支持他的理论，即重视保持日常作息和整洁简朴。此外，内村鉴三还认为，规律的日常作息能够提高家庭凝聚力——日常作息不仅包括家务劳动，还包括一同进餐、消遣和教育子女等。

在第一代关于家庭生活的日文著作中，夫妻关系的地位十分暧昧。岩本善治和他的基督徒教友认识到，夫妻之间的浪漫爱情是英美家庭理念的核心，因此最初他们提倡将家庭成员精简为夫妇和子女，以培养日本夫妻间的亲密感情。他们的主张在当时是很激进的，因为多代同堂的家庭才是当时的正统（或在数量上占绝对多数），而且之前的伦理文学作品中从未给夫妻感情以如此重要的地位。《女学杂志》曾持续坚持宣传夫妻相互之间的责任，但不久岩本善治便放弃了拥护核心家庭的主张[8]。关于家庭生活的作品开始重新阐释本土传统，让夫妻变成新的核心（比如其中一部作品在卷首便将神话中日本列岛的创造者伊邪那岐和伊邪那美视为婚姻之神的始祖）[9]。无论如何，日本明治时期的公共道德对夫妻爱情的私人乐趣并不感兴趣，强调家庭作为子女教育环境的重要性则相对容易，这符合人们晋升发迹（明治时期流行的"入仕"理念）的普遍愿望；或者也可以将现代主妇描述为家政管理者和伦理导师，这可以在不动摇父权制的基础的同时为女性提供合适的新角色。

此外，最初的改革者在写到"家"这一词语时，极少以其指代物理上的住宅。他们认为家是环境，是家庭成员的团体，是一系列实践而非一座房屋。至少对城里人来说，之前的经验还不能让他们将住宅与由感

---

[7]　内村鉴三，《クリスチャンホーム》，《女学杂志》，no.125（1888年9月1日）：4—8。

[8]　参见岩本善治，《东西女学比观 I》，《女学杂志》，no.403（1894年10月27日）：10—11；和山本敏子在《近代日本における〈家庭教育〉意識の出現と展開》中对岩本之转变的讨论。

[9]　柄泽照觉，《家庭组织宝鉴：吾家宪法》（1908）。

情维系的家庭联系在一起。事实上，拥有住宅的人实在太少。因此早期的改革者甚少从建筑方面谈及新的家庭生活。不过，人们已经发现在这方面有所欠缺。家庭空间为社会改革提供了舞台，在这里，改革者能够对家庭生活所涉及的特定物品施加影响。家是一个亟待被塑造为物质实体的抽象空间。

家的观众

要将新的家庭生活扩展到基督徒改革家的圈子以外，第一步是语言上的植入。尽管支持者警告说，英语中的"home"一词是无法翻译为任何一种语言的（内村鉴三称这是俾斯麦的见解），但日语中新造出的"家庭"一词逐渐代替了这个英文词汇。和"ホーム"不同，它也可被用作修饰语，如"家庭教育"和"家庭卫生"，它能够将某种特殊的价值赋予其后的单词，而非仅仅限定其所在地为住宅。"家庭"是一个女性化的修饰语，它也暗示着这只是公式的一半，与之相对应的另一半则是新的公共机构和初现雏形的社会公共空间。这个词就是借助这一公式开始被普遍使用的[10]。

如果说"家庭"这个词带有女性意味，那么它在印刷品中的频繁出

[10] 严格地说，"家庭"只能算是 1880 年代的一个准新词，因为在德川时代这个词曾偶尔被用作一些道德书刊的标题。1876—1877 年间，福泽谕吉出版了一份名为《家庭丛谈》的杂志。尽管其标题对在知识分子之间推广这一术语可能有一定影响，但"家庭"这个词很少出现在这份杂志的其他地方，其含义也从未被讨论过。直到世纪之交，"家庭"一词都没有进入词典。参见中泽洋子，"Katei, uchi, kanai, hōmu"。关于"家庭"一词的含义在明治时期的六种期刊中的综合调查的论述，参见牟田和惠，"Images of the family in Meiji Periodicals"。

现，则意味着一个日益增长的女性读者市场的存在。出版商德富苏峰[11]最先将此词作为开拓这一市场的利器，他在 1892 年创办了《家庭杂志》，作为自己的月刊《国民之友》的姊妹刊。创刊号中的栏目包括家政管理、烹饪和日用品报价，还登有一篇关于女性教育趋势的文章，以及加里波第夫人的传记。[12]1896 年，大众杂志《太阳》开设了"家庭"专栏，次年该专栏在岩本善治的主持下有所发展。1898 年，《大阪每日新闻》成为第一家设立"家庭"专栏的重要报纸，1900 年，《读卖新闻》也紧随其后开设了"家庭"专栏。在 20 世纪的头几年，市场上至少有五份杂志的标题中带有"家庭"字样。《日本之家庭》的第一期发行于 1905 年，并刊文试图解释这一发展的原因：

> "家庭"一词最近在社会各个阶层传播，它仿佛带来了新的福音。毋庸赘言，日本早有"家庭"一词。那么为何现在它就像一个新生事物一样，吸引了所有人的注意，并产生了巨大的社会影响呢？也许是因为女性文化教育的兴起，而与此同时，一方面女性已经认识到她们的天职并不轻松，另一方面国家财富在急速增多。国内外都在呼吁女性方面的重大举措。如此一来，人们认识到了关注家庭的必要性，而那里本来就是女性的领域。[13]

文章作者把握住家庭的道德重要性忽然大获关注的两个主要原因：

---

[11] 德富苏峰，日本作家、记者、历史学家和评论家，二战甲级战犯，创办《国民新闻》。（译注）

[12] 同《家庭杂志》相比，《女学杂志》不仅面向女性读者，而且内容也是关于女性的。除了以建立日本家庭理念框架为主要职责外，在 1890 年代以前，杂志的内容以小说和基督教训诫为主，而非针对女性读者的实用信息和建议。《家庭杂志》第二卷中的一篇书评将《女学杂志》称为以"女性化的男人（女性的男子）"为读者的杂志（永原和子，《平民主義の婦人論》，63）。

[13] 大村仁太郎，《日本の家庭》（1905 年 8 月）；转引自《教育丛书》，193—194。

一是女子教育的扩展，二是日本政府实力的延伸。在日本帝国战争时期，民族主义传媒渴望影响每个受过教育的日本国民，无论男女。正是在其助力下，"家庭"被推至民族大业的高度。

甲午战争之前，"家庭"一词在报刊间传播的同时，其语义发生了变化，这也使其更容易被大众接受。首先，"家庭"淡化了它的基督教意味。岩本善治的观念对德富苏峰创办的《家庭杂志》有非常大的影响，但宗教信仰并非该杂志的显性主题。德富苏峰用所谓"平民主义"的"平民信念"来替代基督信仰。在德富苏峰的杂志和《女学杂志》之后诸多杂志中逐渐发展成型的"家庭"图景中，都没有岩本善治所强调的夫妻间的浪漫感情，以及排除所有可能的干扰以保证家庭环境纯净的主张，而是常常被单纯的对妻子或母亲的关注替代。同时，在杂志对家庭生活的描述中又出现了公婆的身影——然而，侍妾和养子却都没有出现。

《太阳》比《家庭杂志》更关注贵族，它在杂志上刊登大隈重信伯爵及其母亲的照片、传统礼仪课程和由贵族女子学校教师下田歌子所教授的室内装修规则。然而无论作者的社会地位如何，德富苏峰之后的"家庭"报刊全都声称自己属于"中等社会"。德富苏峰的平民家庭是完美的"乡绅"之家，反映了出版人的乡村武士出身，并展现出德富苏峰的"民友社"所构想的中产阶级与传统都市布尔乔亚之间的重要区别。无论来自乡村还是城市，明治晚期文献中的典型家庭绝大多数以公司董事长、精英官僚、大学教授和军官等全新的职业阶层的成员为主导。尽管"民友社"的作家批评过政府对18世纪80年代出现的新贵的偏爱，然而他们自己也更偏向于贵族，这些人中为"家庭"提供典范的也不在少数。杂志频繁报道某些家庭，内容事无巨细，包括室内布置、家中的日常生活甚至家庭预算的细节。对读者来说，此类报道提供了标志阶级身份的商品与举止的清单。

1904年，《女学世界》出版了名为《社会百态》的特刊，将"中产阶级"家庭归入不同社会类型的谱系之中。特刊中描述了 22 种家庭，还附有一张阶级结构图。图中显示日本（与英国和德国一样）是健康社会，有 65% 的人口属于中产阶级。图旁附有注释，列举了上层、中层和下层阶级的品质，其中所有的美德都属于中产阶级，它被称为"生产的阶级"，相对应的，上层阶级是"不事生产的阶级"，而下层阶级则是"生产力低下"的阶级（图 1.1）。[14]

特刊中的个别报道进一步阐释了这一论点，并在新职业人士和旧的商人资产阶级的区别中增加了道德层面的内容。《大阪商人之家》一文通篇充斥着带有侮辱性的刻板印象，以此强调普通大阪家庭与公认标准之间的差别：不重视教育、家中的男孩被教导得女性化、家庭成员之间毫无感情——而且彼此在任何情况下都无话可说[15]。相反，一些文章通过采访主妇和登门访问，介绍了几个东京职业人士的家庭。比如一篇名为《海军士官的生活》的报道，开篇就描述了会客室的装饰细节，包括阿拉伯式样的地毯、皮革座椅、一对狩野派的卷轴、九谷陶瓷花瓶、狮形香炉，以及床间壁龛上玉制小型加农炮模型，还详细描述了屋中的其他六个房间，并记录了一段晚餐时的对话，还有一个月的菜谱和男主人的薪水[16]。

这些家庭财产和家庭生活的细枝末节，为一种生活方式做了广告，

---

[14]　《〈女学世界〉周期增刊：社会百生活》，《女学世界》4, no.12（1904 年 9 月 15 日）：144。图中所绘的"日本社会在 19、20 世纪之交已由中产阶级主导"的说法，可能会使那些在 1970 年代争论日本是否成为"中产阶级社会"的辩论双方都感到惊讶。但是由于在 1970 年代对"中产阶级由哪些人组成"这一关键问题的争论已经结束，1904 年的怪异统计可以提醒我们，"中产"作为一个客观分类具有多大的随意性。关于中产阶级社会的讨论，参见村上泰亮、岸本重陈、富永健一的文章，刊发于 *Japan Interpreter: A Quarterly Journal of Social and Political Ideas* 12, no. I（Winter 1978）：I—II 上。欧洲政治经济学家如 Adam Smith 和 Emile Guizot 也将"多产的"中等阶级和"非生产"阶级做了区分。（Bauman, *Memories of Class*, 37）

[15]　岸本柳子，《大阪商家の家庭》，《〈女学世界〉周期增刊：社会百生活》，65—72。

[16]　《海軍士官に生活》，同上，85—96。

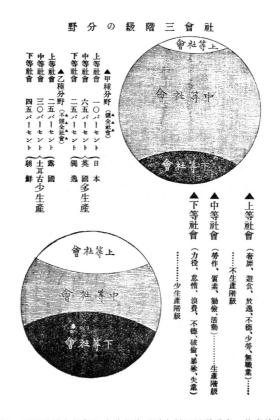

图 1.1 不同的社会根据三个阶级的不同比例而区别开来：健康社会（右上），其中 65% 的国民属于中层，而不健康的社会（左下），中层的人数仅占 30%。（《社会百态》，《女学世界》，1904）

这种生活方式至少从某种程度上说是选择的产物。这位军官的住宅并非继承自父亲，而是租来的，会客室中的家具则很可能是在婚后购买的。《社会百态》和世纪之交的其他女性杂志中的模范家庭的故事，描述了家中的次子或三子在既无住宅又无财产的情况下和妻子开始婚后生活，并不得不购买住宅及所需的故事。这些家庭属于职业家庭阶层，他们享有决定进步社会中的品位标准与文明举止的特权。这一时期的官僚、公司精英和军官是新的一代，他们多是城里人，而且大多没有旧住宅的包袱。

1888 年，植木枝盛认识到，为了让进步的青年夫妇离开他们保守的父母独立生活，需要建造大量"方便又完善"的出租住宅[17]。事实上，随着东京年轻人日益渴望逃离传统的家庭责任，新的住宅市场开始形成。1890年 9 月，东京最早的房屋租赁专业出版物——《贷家扎》开始发行[18]。

家庭演出

和"家庭"一样，"一家团聚"或称"家族团聚"是另一个在 19 世纪80 年代通过家庭改革宣传而大行于世的词语。"团聚"暗示着存在一个与"家庭"或"家族"连在一起的圈子或小团体，意思就是"家族圈"。各种文章如念咒般重复这一短语，把"家庭"称作生活的"乐园"，而家族圈则是"人生的最大幸福"之所在。他们还强调团聚的道德影响，将其置于"家庭教育"的中心地位。岩本善治为家庭成员间的对话大唱赞歌，认为即使是围绕火盆闲聊，也具有无与伦比的道德价值[19]。但由于家庭生活的道德概念是外来的，其他人并不满足于让家族团聚的形式如此随机。为了使其道德价值能够自证，"家庭"斗士让家族圈具有仪式意味，便为其设计了一套礼仪，并赋予其象征意义 (图 1.2)。

《家庭的和乐》是与《家庭杂志》同时发行的民友社《家庭指南丛书》第一辑中的一本，书中有一章专讲适合家族圈的消遣娱乐，特别提倡音乐欣赏。但日本家庭缺少道德适宜的音乐，成为又一个引起社会改革家关注的问题。另外，自由主义政治家板垣退助悲叹日本缺乏"家庭音

---

[17] 植木枝盛，《子婦は舅姑と別居すべし》，同著者，《家庭改革・妇人论》(1971)，378。

[18] 转载于《东京市史稿・市街篇—3》，卷 80 (1988)：410—442。

[19] 《火鉢の畔》，《女学杂志》，no.435 (1897 年 2 月 10 日)：5。

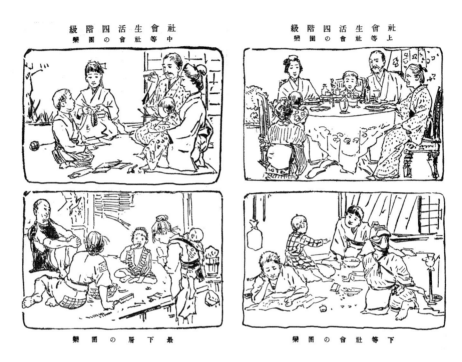

图 1.2 四个社会阶级的家族圈：上等社会（右上）、中等社会（左上）、下等社会（右下）和最下等社会（左下）（摘自《社会百态》，《女学世界》，1904）。通过家庭成员就座的姿态和朝向他人的方向，画家将四个家庭区分开。上等社会的家庭成员坐在椅子上，而保姆跪坐在地上。中等社会家庭是显得最为正常和平等的。上等和中等家庭围坐成一圈的样子，以及个人的仪表，在下等社会的家庭中都消失不见了。只有中等社会的图中出现了母亲抱着孩子的场景，这微妙地显示出，由母亲亲自照顾孩子是该阶级的特征之一。

乐"，他发现除了在剧场演出的能乐外，日本所有的音乐都已堕落为妓院的娱乐。因此他呼吁建立学校，以编制出一种可以在家中欣赏的音乐样式[20]。这位民友社作家还特别指出了哪些新乐器更适合家庭，"但由于家庭娱乐的要义"，板垣退助总结说：

―――――――――

[20] 板垣退助，《风俗改良意见》（1903），450—452。"家庭音乐"在 1910 年代成为音乐杂志的主要关注点。（见细川周平即将出版的专著）

是为了让家里的每一位成员，无论是老人还是年轻人，丈夫还是妻子，主人还是仆人，能够欢聚一堂，人们应该选择普通、简单、人人都能欣赏，而且便宜的消遣方式。这并不难做到。每天晚餐后在家里组织一次一两个小时的（茶）话会能够促进家庭团结，还可以让人们在一天的劳动后，感受到彼此间爱与善意的慰藉。给彼此讲讲你在这一天的有趣见闻，讲些富有教育意义的故事，或是从报纸杂志上读一段轻松有趣的文章，盯着婴孩可爱的脸庞一起微笑，或者听听孩子们用天真的声音叙述他们在学校学习的功课或德育课程[21]。

文章附有名为"一家团聚的茶话会"的插图。它对这一活动的教育价值的强调似乎迎合了文部省的喜好，九年后整篇文章几乎一词不改地（甚至包括新词"茶话会"）出现在国家统编的小学高年级道德课本上[22]。

有些人则建议每周举办一次家庭聚会，而非每晚举行。狩野久信子爵家每周六晚举行"家庭座谈会"，据说会上他经常发表演讲[23]。日本女子大学教师松浦政泰则在一本家庭百科全书上描述了自己家中的"星期六聚会"，为读者提供了一则范例。他的活动日程和民友社的茶聚相似，只是增加了音乐和才艺表演环节，其重要特征是家中的所有成员都轮流

---

[21] 民友社，《家庭之和乐》，98—101。

[22] 万福直清，《国定教科書に見えたる家事教授資料》（1906），77—78。1890 年代，术语"茶话会"可能是由英语"tea party"翻译而来，它同时也代表国会的政治派系。除了宣传茶话会，这些道德文章也展示了这一时期其他重新界定家庭关系的迹象。牟田和惠书中（《日本近代化と家族》，78—83）所附的插图，展示了 1890—1900 年代教科书关于孝道和父母对子女的恩惠，以暗示父母与子女之间应当加强情感联系的段落。在早期的插图中，孩子们在房间内外向父母鞠躬；而在后来的插图中，他们则处于同一空间中。1911 年的小学道德课本包括了以《家庭の楽しみ》为题的插图，图中描绘了父母、祖父母和孩子们围坐在餐桌旁的景象。

[23] 大滨彻也，《理想の家庭と現実》，34。

表演、朗读或给大家讲故事[24]。

1901 年大阪出版的《家庭之乐》一书，描写了一个包括亲戚和仆人在内的十二口之家，对家庭的舞蹈艺术给予了更大关注。作者宣称书中描写的家庭是真实存在的，它属于"中层家庭"，以前是拥有一百石津贴的武士之家。家族聚会在周六下午三点开始。主人的房间里备有茶水，主人和妻子陪伴他的父母进入房间，其他的家庭成员跟随其后。在向长者行礼后，每个人到指定的位置就座。然后主人在屋中踱步，并讲述"报纸上不寻常的事情之类的故事"。首先是讲给他的父母听，然后是年轻的弟妹，最后是他的孩子们。接着他让妻子为父母倒茶，同时孩子们也会得到糖果蜜饯。喝完茶，奶奶让她的女儿弹奏日本筝，还在上幼儿园的男孩开始唱国歌，其他孩子则和爷爷奶奶玩耍[25]。在这个家庭的例子中，还未兴起多久的夫妻二人之家的剧情，让位于保守的法学思想家所提倡的父权理念的仪式性呈现 (图 1.3)。

即使没有这些十分拘泥于形式的家族圈模范可供效仿，日本家庭也早就有聚会交流，而且毫无疑义彼此间存在感情。农舍中开放的火炉是家里唯一的热源，冬季所有室内活动都不得不在同一个房间进行。事实上，正是这一家庭团聚图景的逝去，令民俗学家柳田国男十分忧虑，1930 年他写道，农舍的改进使得"分火"成为可能，其鼓励了个人主义，也使家庭成员彼此疏离。脱离了家长的监视，年轻人能够自由阅读和思考自己喜欢的东西，拥有一个柳田国男称之为"心灵的起居间"的私人世界[26]。

明治改革狂热分子确信家族成员聚会具有道德意义，这为柳田国男

---

[24] 松浦政泰，《主婦の卷》，引自大日本家政学会，《家庭之乐：妇人文库》(1909)，267。

[25] 场錀之助，《家庭の快楽》(1902)，4—7，47—49。这里给出的释义中，我特意保留了日文原文中的使役动词结构。它指明了每一个动作都是由一方发出命令，另一方服从。

[26] 柳田国男，《明治大正史·世相篇》(1931)，79。

图 1.3　包括男仆和女佣在内的十二口之家的家族圈。家长和妻子坐在床之间壁龛前的榻榻米座垫上，他们之间有一个火盆。大儿子和妻子坐在右侧，主持聚会。(的樽溪道人场铇之助，《家庭の快楽》，1902)

的怀旧之情创造了条件。不过与柳田国男不同的是，他们更倾向于强调以前的住宅在道德上如何落后。仪式场景的设计是为了用实际的方式来巩固同一屋檐下的家人的关系，并确定个人的思想和谈话有公共的价值，尤其是要对小孩子有教育意义。这些文章所展示的一系列活动的人为特征，与福泽谕吉首倡并在 19 世纪 70 年代的民权运动中被推广开来的演讲内容极其相似，私人家庭团聚是精心塑造的明治习俗，并且和公共演讲一样带有政治目的 [27]。

---

[27]　关于餐桌上的谈话，参见 M. A. Jones，"Children as Treasures"，58—60。

家庭用餐

从上述文献中描绘的家庭布置来看，虽然无需特别的开销，但这些家族圈似乎仍主要出现在富有大族中。而针对来自各个阶层的读者的，还有不那么隆重，更适合小康之家，应用于人类基本需求的仪式——日常用餐。问题的关键在于协调一致，因为确立家庭进餐的方式意味着要协调吃饭的时间，还要共享吃饭的地点，这对许多家庭来说，意味着要彻底改变以前的习惯。武士和精英平民家庭中的地位之别，普遍存在于家庭成员分开用餐的习俗中，而这些习俗在明治维新之后仍然保留着。在某些家庭，孩子、学徒和仆人必须和主人夫妇分开用餐，而且只能在主人用餐完毕之后；在另一些地方，主人用餐的房间不允许他的妻子进入。即使是在生活没有这么多地位禁忌的现代职业人士家里，人们也并不指望能和父亲一起吃晚餐[28]。

然而许多改革者认为，仅仅让大家简单地聚集在一处用餐还不够。要让聚会成为"生活的极乐"，需要引入一个核心支撑，他们认为，家庭无法享受一同用餐的乐趣是因为没有餐桌。堺利彦是日本社会党的创始人之一，他的社会活动始于大力支持中产阶级家庭改革，他在1903年创办了《家庭杂志》。在1901—1902年创作的《家庭的新风味》系列文章中，堺利彦用简洁的语言阐述了自己的理念："家庭聚会是在用餐时进行的。所谓家族圈最常出现在用餐时。鉴于此，必须同时在同一餐桌上

---

[28] 关于这些例子的私人传记，有吉田昇的《自伝による家庭教育の研究》，256—257。吉田小林是一位在大仓贸易公司工作的高级商务人员的妻子，根据她保留的日记，大多数日子里她丈夫在家庭用餐时间之后才回家，其中还提到了为她的丈夫送餐。如果是一家人一起吃饭，她就会特意记录。（小林信子，《明治の東京生活：女性の書いた明治の日记》[1991]）该书出版了她的日记并由其儿子点注。

用餐。我所说的餐桌，指的是或圆或方的大桌面——可以称之为'テーブル'（table 的音译）或'卓袱台'。我认为，无论在何种情形下，都应摒弃从前的日式餐几。"[29] 当时大部分日本家庭是用各自独立的餐几就餐的，家庭成员各自使用餐几和器皿。德川时期各社会阶层家中都采用这种方式用餐。"卓袱台"是在长崎的宴会中颇为流行的来自中国的新鲜事物，其异域风情在于，有一个可供多人同时就餐的桌面。堺利彦认为，同桌吃饭可以让家中的每一个人吃到同样的食物，这就打破了丈夫在家像个"小领主"的封建习俗，而正是这一习俗阻碍了"平民主义的美好家庭"[30] 的发展。历史学家也是如此看待独立餐几的，他们认为这是封建制度的产物：在日本这个身份社会中，每个人的地位或低或高，因此让不同地位的两人同桌共食是不得体之事[31]。

就在堺利彦创作这些文章的时期，许多城市里的男性职员——那些堺利彦笔下的"小领主"——习惯于傍晚时从当地的饭店订餐，并独自在主人的房间就餐，那房间常常是住宅里最好的房间之一。家中的女人（通常包括女主人和女仆）则会在靠近厨房的房间一同用餐。而据说，在堺利彦极端进步的家庭中，女仆跟男主人、主妇和孩子同桌吃饭——这在布尔乔亚的家庭里是绝对不会发生的。

不仅仅是像堺利彦这样的社会自由主义者提倡同桌进餐。一份出版于 1907 年的以《家》为标题的道德教育和家政管理建议汇编，在卷首将

---

[29] 堺利彦，《家庭の新風味》（1901—1902），51。

[30] 同上。

[31] 例如，小泉和子，《家具と室内意匠の文化史》，318。由独立餐几向公用餐桌的转变过程，从比较视角来看十分有趣，该过程与欧美地区的情况恰恰相反。随着餐桌礼仪的完善和餐具种类的增多，公用的锅碗被独立餐盘所代替（Bushman, *Refinement of America*）。日本 20 世纪以前分餐制大为流行的原因，可能是防止污染以及对食物严格进行分配。当女性杂志在大正时代推广寿喜烧、鸡肉海鲜火锅等在同一个锅中分享菜肴时，它们是一种新鲜事物。（熊仓功夫，《円卓としての食卓》）。

"家"称之为国家的基石，并在开篇几个章节讨论了如何祭祖和长辈在家中的角色。然而书中仍指出，"中产阶级社会之家应该养成尽可能全家聚餐的习惯"，人们应在家中最好的房间吃饭，要鼓励餐桌上的聊天，并且"应当尽最大可能地用餐桌替代独立餐几"。晚餐聚会为家长提供了听取家中一天的工作进展汇报并给予指示的时间[32]。显然，"家庭"一词同幸福家庭生活的浪漫辞藻一道被分隔在"家"之外。但堺利彦原始社会主义的"家庭"，以及这位作者眼中的理想住宅，都将共同的餐桌变成了在家庭欢聚时引入新制度的工具，并且至少在表面上催生了一个欢宴的家庭群体。

与家庭集体用餐相关的新习惯也因卫生、道德方面的进步以及增强家庭纽带等种种原因而受到鼓励。用餐迅速而安静曾被当作美德，现在却被认为这不利健康[33]。支持餐间交谈的人们认为交谈有助于消化，但很多人还是认为在吃饭时讲话很粗俗。20世纪80年代，民族志学者在对明治晚期出生的女性的调查中发现，她们中大部分人记得小时候被禁止在吃饭时说话，而那些没有被禁止说话的人大多会回忆起父母的训诫。与小时候用独立餐几用餐的女性相比，跟家人共用餐桌的女性之中表示自己可以讲话的人数是前者的两倍；但很明显，人们对餐间交谈的矛盾态度是广泛而且不易克服的[34]。对这类规矩的坚持，也许是一些改革者建议家族圈聚会避开用餐时间的原因，民友社出版的《家庭的和乐》的作者就建议聚会应当在晚餐后进行。然而没有一个关注新用餐时间的道德家认为快速进食是种美德，他们全都赞同聚集一堂固有的道德重要性。

---

[32]　图师庄一郎，《家》（1907），289—292。

[33]　在井上十吉的 *Home Life in Tokyo*（63—64）中，这被描述为一种传统美德。而在糸左近的《家庭卫生讲话》（123）中，则被认为是不卫生的习惯。

[34]　井上忠司，《食卓生活史の量的分析》，以及石毛直道等，《现代日本における家庭と食卓》，79，115—118。

图 1.4　三代人在同一张餐桌上吃饭。用来聚会的客厅没有床之间的壁龛，也没有其他标明身份的物品。妻子从身边的米桶里盛饭，屋里没有仆人。（三轮田真佐子，《新家庭训》，1907）

　　大多家政管理书中关于家族圈的描述或插图都展现有孩子、父母在场，有时也有祖父母，却将其他家庭成员忽略，至多会偶尔出现一名在旁伺候却不会一同就餐的女仆。一些家庭每周团聚并不是围坐在桌旁，这展示出严格的父权威严，而这却是一个开放结构，因为这样的空间能够容纳所有在场的人。与之相反，一张共用的餐桌创造了一个封闭且亲密的小家族圈，在暗示着内部更为平等的同时，也与外界划清了界限（图1.4）。那些次要的家庭成员，尤其是仆人，被排除在外[35]。

　　那些为明治家庭手册提供范本的富裕布尔乔亚的住宅中通常有摆着桌椅的西式餐厅，但多数抛弃了餐几的家庭则是围着矮桌席地就餐。这一情形的出现与一个被称为"卓袱台/ちゃぶ台"的发明有关。这种木

---

[35]　例如夏目漱石《门》中对三口之家的描述。丈夫和妻子一起在一张小餐桌上吃饭，女仆则用分开的餐盘和器皿。

桌宽通常不足一米，桌脚可以折叠[36]。尽管直到 20 世纪 20 年代晚期，日本大部分家庭还在使用独立餐几[37]，而制造业的资料表明，这类折叠小桌自 1910 年前后就开始流行。然而早在 1889 年，一些家政管理书刊就已经劝告读者用矮桌代替餐几用餐了[38]。进入 20 世纪之后，许多书刊里都有这类场景的插图，同时刊登着对主妇的劝诫和对餐间适宜举止的说明（图 1.5）。

　　由于"卓袱台"用起来很方便，工人阶级家庭很可能比他们的布尔乔亚邻居更早使用这种桌子。内政部 1921 年的调查发现，东京四个贫民区中有 89% 的住宅使用某种形制的餐桌。"餐桌"这一词语有些模棱两可，但鉴于它是被当作寝具之类大家具进行统计的，所以有很大可能其所指的是折叠桌而非小餐几[39]。20 世纪最初十年到 20 世纪 20 年代是国民大流动时期，居住在城市小型独立住宅中的人数迅速增长，尤其是白领家庭。当大多数日本人从使用独立餐几就餐转向使用公共餐桌就餐时，一系列相互交织的社会因素也经历了变化，包括主妇厨房劳作和服务责任的增加、卫生观念的传播，以及膳食的改变等[40]。从 19 世纪 90 年代开始，家族圈作为家庭生活的集中体现，将所有这些社会变化的线索编织在了一起。

---

[36] 这个名称的词源不是很确定，但是可能与在日本通商口岸为外国人服务的饭店被称作"卓袱屋"有关。这是源于食物和饮料的一个拟声词，或是粤语"炒杂碎（chop suey）"的英语化。（石毛直道，《食卓文化论》，石毛直道等，《現代日本における家庭と食卓》，24—25）

[37] 农商务省山林局，《木材の工芸の利用》，323—325；井上忠司，《食卓生活史の調査と分析》，石毛直道等，《現代日本における家庭と食卓》，70。

[38] 参见函授课本通信教授，《女子家政学》，（通信讲义会，1889）；转载于田中ちた子、田中初夫，《家政学文献集成续编》，65。

[39] 中川清，《日本の都市下層》，137。小泉和子，《台所道具今昔建议》（25）中认为"卓袱台"应当更快被应用于工人阶级家庭，因为他们更倾向于平等主义。

[40] 关于调查揭示的一系列因素，参见井上忠司，《食卓生活史の調査と分析》；石毛直道等，《現代日本における家庭と食卓》，72—74。

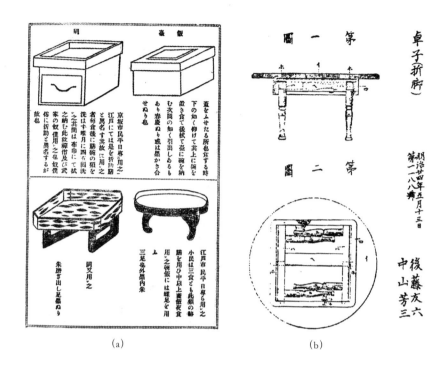

(a)　　　　　　　　　　　　　　(b)

图 1.5　餐盘几(膳)和用餐小桌(卓袱台)

a. 上左。19 世纪早期江户、大阪、京都居民常用的"膳"。(喜田多川守贞,《近世风俗志:守贞谩稿》,室松岩雄编辑,1908, 2: 412—413)从图中看,这种盒式的餐盘几,内部能够存放餐具,被大阪和京都的平民、僧人以及武士家中的仆人普遍使用。而下部所绘的带腿的餐盘几,则是在江户地区被普遍使用。

b. 上右。专利申请号 II88,带有折叠腿的小桌。1891 年,两个日本桥地区的居民申请了这一专利,该地区为东京中心商贸区域。桌腿的长度有些尴尬,对于搭配椅子的餐桌来说太短了,相对于标准的卓袱台来说又太长。

c. 下页上。摄影师影山光洋与妻子在东京公寓的卓袱台旁吃早餐,摄于 20 世纪 20 年代。此时卓袱台已经是大部分东京客厅中的标准配置,这与小型核心家庭的增多是同一过程。照片中的卓袱台让场景变得更加亲密,同时,也显示出夫妻两人的现代特征:他们用西式茶杯喝英式茶,吃烤面包(面包烤在前景地上的小炉上)。(影山光洋摄,感谢影山智洋提供)

d. 下页下。一户新潟县的农家在用"膳"用餐,1951 年。20 世纪 70 年代以前,在房屋尚未经过改造并取消房屋中心的火炉时,一些乡村人家仍在用餐几盘吃饭。(中俣正义摄,感谢中俣卜シヨ提供)

(c)

(d)

义之国和美之国

尽管世纪之交的家庭改革发展迅速，但在以男性为主导的建筑领域，家的定义仍有待进一步明晰。精英住宅的建筑自然已经有了很多变化，但学术界还未开始讨论如何重新设计住宅以适应新时代的要求。文人墨客最早提出关于适宜家庭的建筑形式的问题。1897 年 10 月，小说家幸田露伴发表了名为《住宅》的文章。他在文中倡议，对"人与住宅的关系"进行改革，以使住宅的发展跟上国家的脚步。在简述了日本住宅发展的历史后，幸田露伴总结说，在德川幕府时代的平静统治下发展而成的住宅，"如同扶手椅一样舒适，但却容易令人懒散"，它也许适合德川时代的人，但身处激烈竞争时代的明治人，则需要工作和休息相分离的"专门化住宅"。两者不相区分的住宅，既不能让日本人在其中有效率地工作，也不能让他们明白家庭的乐趣。幸田露伴强调，有些有钱人已经为自己建造了两座住宅，以示分别，社会其他阶层也应当仿效。用来工作的住宅会成为"义之国"，而另一个则是"美之国"[41]。

1898 年，《时事新报》刊载了一系列文章，更详细地列举了日本住宅的缺点。作者宣称，日本住宅既原始又不卫生，比爪哇国的"土著棚屋"好不到哪里去。其中榻榻米垫被视为罪魁祸首之一：它不干净，对身体有害，还会培养懒惰习气，因此不宜在这类住宅中工作。但是拥有两栋分离的住宅这种奢侈得可怕的建议，对中产阶级来说没有实际意义，他们必须在同一栋建筑中解决问题。另一个亟须广泛改革的问题，是房屋室内布局：房间没有依照各自的功能设计，而且缺少适当的分隔。作者强调，家庭成员应当有各自的卧室，而且应当设有一间餐厅[42]。

---

[41]　幸田露伴，《家屋》（1897）。

[42]　土屋元作，《家屋改良谈》（1898），2、90—125 各处。

　　这篇争鸣文章可能是最早出现的公开言论，当时仍是女性教育首要报刊的《女学杂志》和建筑学会的官方期刊《建筑杂志》这两大刊物都刊引了此文，并进行了讨论。两方都称赞了文章的作者，不过《建筑杂志》强调这篇文章批评较多而缺少建议，这就将皮球踢给了建筑师。《建筑杂志》认为，人们早就认识到日本住宅是"不完善"的，但解决这些问题，是"我国唯一建筑师协会"的责任[43]。

　　事实上，协会中的建筑师已经为幸田露伴提到的有钱人设计过许多"专门化的住宅"。明治时代早期，日本的一些国家首脑就曾在各自住所旁建立"洋馆"（图1.6），这类房屋最早是政治家和贵族建来接待明治天

图1.6　洋馆：为正式招待访客而建立的西式住宅。1874年前大名黑田长溥在东京赤坂区建造的住宅，此宅号称是最早作为日本人私宅而建造的洋馆。1875年1月，曾在此观见接待天皇。图中右侧的两层洋房，带有上下推拉的玻璃窗和漆成白色的外墙板，与左侧原有的日式住宅之间以走廊相连。（《建筑杂志》no.150，[1899]）

[43]　T. A.，《日本家屋改良談に付いて》，《建筑杂志》，no.142（十月，1898）：321。

皇的 [44]。从这方面看，它们是礼仪建筑的一种，类似于大名为将军屈从建立的"御成门"凉亭。随后，其他高官和富人也建造洋馆来接待正式访客，尤其是外国访客。这些房屋代表着幸田露伴的"义之国"，它们的特点是房屋大小与装饰皆源自欧洲课本（并受到英国人约西亚·肯德尔［Josiah Conder］的指导，他在政府开办的日本工部大学校里教授建筑学），而且地板上都不铺设榻榻米。另外，这些房屋中的佳作与本土住宅最大的区别在于，它们是建筑师的作品，而"建筑师"本身也是新职业，只有日本工部大学校的毕业生能够以此自称。房主的家人通常仍旧住在由传统匠人设计的住宅里。

1898 年以前，《建筑杂志》从未刊登过传统木构住宅的平面图。但紧随《时事新报》的系列文章之后，有两篇文章开始提倡将住宅的西方特征和日本特征相结合。建筑师北田九一提供的建筑平面图，代表了当时职业建筑师对此基本形式的看法（图 1.7）。在该设计中，公共入口前廊的两侧分设一套铺放榻榻米的传统房间，以及一套由会客室和书房组成的西式房间。这一平面设计并没有什么根本上的革新——事实上，许多本地城市居民的住宅已经采用了北田九一称之为"和洋折中式住宅"的构建方式。北田九一的目的是要证明这样的住宅"对 20 世纪的中产阶级来说"不可或缺，他们能够负担得起，而且值得职业建筑师进行设计。很明显，他的关注点在于那些西式房间 [45]。

其他建筑师迅速在理论上充实了这一改革框架。1903—1904 年间，学会中三位最重要的建筑师在《建筑杂志》上讨论了家庭改革相关问题，重申了此前《时事新报》的许多观点，并特别指出，榻榻米妨碍工

---

[44]　内田青藏，《日本の近代住宅》，16—23。术语"洋馆"是日本人对"西方"的印象和以英国为中心的明治建筑教育的合成品。当时所认为的"西式"的本质特征，是不暴露柱子的实墙、高大的门窗，以及室内不使用榻榻米而设桌椅。

[45]　北田九一，《和洋折中住家》，《建筑杂志》，no.144（十二月，1898）：377—379。

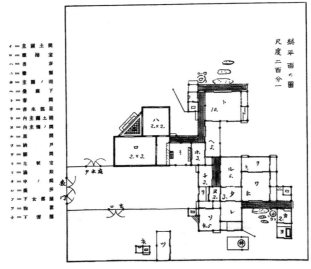

图 1.7　建筑师北田九一设计的和洋折中式住宅，包括书房（图中八）和室外门厅（イ）入口一侧的接待室（ロ）。图中西式房间的测量单位是"间（大概 1.8 米）"，和式房屋则按照榻榻米数计量。北田在西式房屋和室外门厅廊间设置了一个小门庭，与另一侧的玄关相对应，这在当时的城市住宅中是一个标准配置。他希望客人进入门厅前，能在此脱鞋，像在位于另一侧的和式房屋那样在此脱鞋。（《建筑杂志》no. 144，[1898]：379）

作和室内缺少适当划分。他们用英语单词"隐私"（privacy）和"保密"（secrecy）对后者进行了表述，并在使用这两个单词的同时提出了日语翻译的建议。由此可见，这两个词当时都不常用[46]。自文艺复兴起，西方就开始使用走廊，日本房间与房间彼此连通的做法被认为比西方落后了450 年。推拉门的隔音性能不好，经常让客人感觉不快，主人也为此而尴尬。不过，他们并未谈及家庭成员的私人空间问题。这些建筑师认为，

---

[46]　"隐私"一词之前在《建筑杂志》上出现过一次，有趣的是，它被翻译为"被深深隐藏的事（奥まりたる事）"。（内田青藏，《明治期の住宅改良に見られるプライバシーの意識について》）

隐私是三个群体之间的问题：家庭成员、仆人和外人。家庭相对于邻居和客人，家庭成员则相对于家中的仆人[47]。

1908年，文部省拨款为全国的小学老师新建住宅，这是明治政府参与住宅项目的罕见案例[48]。政府急于打造各地教师形象来代表国家形象，这不仅要重视教师课堂上的表现，还应让他们拥有合适的住宅。文部省样本住宅的设计图集下发到各县，并要求将图集和设计说明一同印成手册。这些住宅很简朴，带有三到四个铺设榻榻米的房间和大厨房——用文部省的话说，属于"田舍风"。但手册还是规定，每栋住宅至少要有两个主房间带有独立的入口。副部长在评论中承认："尽管以前也建过一些小学教师住宅，但很多人都怀疑，住在其中能否保持师道尊严。我们要尽量避免在将来的建设中出现这种情况，至少让居住区和客房相隔足够的距离，以便在有客人的时候，家里的家族圈仍能正常生活。"[49]在文部省看来，小学教师（在此文中被假定为男性）的责任不仅仅在于他的个人言行和外表，还在于能够恰当安排自己的家庭生活，并有能力恰当地隐藏它。

尽管住宅改革已经在影响学术界之外使建筑发生了实际改变，但学界内的建筑师还远不能担负起创造新的国家典范的领导重任。1903—1904年间，为《建筑杂志》撰写文章悲叹本国住宅状况的建筑师，并没有为他们的批评文章配上新的住宅设计方案。北田九一先前的提案已经规划好行业内一半的解决方案，即将会客室和男性户主的书房独立出来，放置在入口前庭的一侧，以营造出不设榻榻米的区域，并将家庭成员和

---

[47]　滋贺重列，《住家（改良の方針に付いて）》，《建筑杂志》，nos. 194，196，199，201，202；塚本靖，"住家の話"，《建筑杂志》，no.199；矢桥贤吉，《本邦における家屋改良談》，《建筑杂志》，no.203。

[48]　明治政府未曾设置管理公共住宅的机关，与幕府和藩政权不同的是，其在住宅建设方面少有规定。

[49]　文部省学务局，《小学校教员住宅图案》（1908），8。

客人分隔开。作为上等社会正式会客厅的简约版，人们认为此空间对绅士保持与社会的适当关系是必要的。对北田九一和他的布尔乔亚同人来说，这一空间必须是西式的，因为在"社会"——道义与工作的世界中，是要穿着西裤皮鞋坐在椅子上的。建筑师们普遍强调在政府机关和公司里没人会席地而坐。

　　会客室是男性空间，而这一定位不仅仅是通过桌椅，还通过其他室内布置清晰体现出来。在《社会百态》中提到的海军军官家中，主人在租来的房子里布置了一间差强人意的会客室。他们仅仅是在榻榻米和床之间设置了壁龛的房里铺设了地毯和椅子，但在房内摆满与军官相关的物品来完成这一转换。墙上贴满了战舰照片、海军科技图书，还悬挂了一幅写着"壮志凌云"字样的中国书法作品，壁龛里摆放的都是精选出来的符合男性气质的物品。而在其他任何一间房里都没有类似的装饰。

　　既然建筑改革除了设置这一男性领域之外，就只剩下缺乏内部空间划分的问题，那么剩下的一半的解决方案自然是在房间之间设置走廊。"内走廊式"平面是其中一种解决方案，1910 年后该样式频繁出现在样式集和杂志中。此前的住宅常设置外部走廊或称外廊（缘侧），人可以在不经过其他榻榻米房间的情况下进入所有的房间；但由于夏天通向外廊的房门经常敞开着，所以私密性不好；外廊也不便于将家人和仆人分开。按新设计方案建造的住宅有木地板铺的走廊，一般宽约一米，贯穿整栋房子。厨房和仆人的房间在走廊一侧，家人的生活区则在另一侧。而当完全采用这种样式时，会在入口一侧布置西式的会客室[50]。

　　"内走廊设计"是较晚出现的词语。尽管并非所有被打上这个标签的房子都具备其全部特征，但在 1910 年前后，这种新的设计样式的确已经

---

[50]　"中廊下设计"这一类型，最早由木村德国在《日本近代都市独立住宅样式》中提出。

出现。而且此后这种设计在有三个以上房间的独立住宅中非常流行，尤其是在东京地区，直至二战后才被弃之不用，但这种房屋很多至少保存到了 20 世纪 80 年代。建筑史学家曾经为这种"内走廊设计"的确切起源争论。一些人认为这是本土创新的产物，是工匠们为适应新的家庭需求而做出的反应；另一些人则认为这是精英设计，是建筑学界在革命冲击下进行的改革：一方面，它的广泛传播和相对保守的特点（因为除了增加走廊和一个新房间之外，没有太大改进），暗示着其本土演化的属性[51]；另一方面，在内走廊平面中分隔家庭成员和非家庭成员，则很明显是在其广泛传播之前、世纪之交，具有革命思想的建筑师所关注的问题的表现。创造这一词语的建筑史学家木村德国认为，内走廊是建筑师对非日式平面的一种适应性改造，随后进入到大众市场中[52]。

辩论双方都假设了一个特殊的谱系，它必然能够追溯到某个由精英建筑师或无名工匠创造的具体类型。他们都误读了近代时期本土制造和精英制造的关系。关于家庭生活和对家庭空间态度的现代言论，是通过多重途径进入住宅设计领域的。20 世纪最初十年间，日本出版的住宅设计图集越来越多。由学院派建筑师品评的设计竞赛的作品，在报纸等各种媒体上随处可见，而内走廊设计逐渐胜出。客户和识字的工匠都能够接触到这些材料；同时，家庭的需求也在改变，布尔乔亚家庭正在重新构想适宜的居家生活，并将注意力转向该如何塑造自己所处的空间之上[53]。

---

[51] 青木正夫和他的学生们认为，内走廊设计是工匠对现代家庭需求的回应。（青木正夫等，《中流住宅の平面構成に関する研究》）
[52] 特别是 1908 年《建筑杂志》引入了澳大利亚式住宅设计。
[53] 青木和木村都利用了来自设计图集、杂志和公开竞赛的设计，却忽视了这些新媒体自身的重要性。

建筑和礼仪

打造出主人与外界交流的空间，并在住宅内部创造出功能区域的过程，净化了房屋中铺设榻榻米的主要区域，使家庭成员能够避开社会，隐居于此。不过室内仍然无法成为夫妻二人的庇护所，因为住宅还需要用于许多公共事务，包括婚礼、葬礼，以及对死者的悼念等。在这些情况下，住宅会对更多的亲戚、邻居，或行会同人开放。为了在这些情况下能够招待更多的人，采用内走廊设计的住宅至少保留了两间相邻的榻榻米房间，以供组合使用。这些房间一般被设计为"居间"（娱乐或起居室）和"客间"（客房，与西式会客室或客厅相区别）。平时这些房间可作为家庭的居住空间，但在有重要聚会的场合，就会摘除它们之间的推拉门，组成一个大"座敷"（铺榻榻米的聚会空间）[54]。

只要婚礼和葬礼仍然在家中举行，家中就会挤满客人，榻榻米房间就仍要偶尔承担正式的接待功能[55]。直到 20 世纪 20 年代，"座敷"组合设计仍存在于现代住宅的设计模型中（而且仍常被用在后来修建的内走廊式房屋中），但改革派作家和建筑师很少明确提到这种组合房间在实际生活中的必要性。

不过，改革倡议者对待不时上门的客人就没有这么宽容了，他们认为这种接待是种浪费，是家庭不必要的负担。女子学校课本和女性杂志不鼓励未经预约的拜访，认为不应为这些不速之客提供茶和糖果之外的任何东西。他们极力主张，这种情况下的交谈更应该尽可能止于事务。

[54] 大河直躬，《住まいの人類学》，178。青木认为这一设计源自下等武士住宅，但是大河称两个面向庭院的相连的房间具有农舍的特点。

[55] 关于丧葬习俗逐渐从东京的家庭和社区中消失的有趣讨论，参见村上兴匡，《大正期東京における葬送儀礼の変化と近代化》。

日本家政科学协会的手册《家庭手册：妇人文库》中，有一章题为"主妇与社交"，文章开头便谈到，"很不幸"，日本不像西方那样有确定访问时间的习惯，在"无所事事"的封建时代也许无所谓，但在 20 世纪，每时每刻都是金钱[56]。另一篇文章则讲到，"十五到三十分钟"已经是礼貌的极限了[57]。与客房相连的候客室，在封建时代烦琐的接待礼仪中就被认为是不必要的，而在改革后的房屋设计中则被直接省略掉了。

尽管有种种要求理性化走访的呼吁，但相互走访的传统和经常互赠礼物的习俗并不能被轻易消除。除了家庭生活圈的重要事件和诸如新年之类的节日，还有无数的小事需要登门拜访。在还没有电话的时代，即使是鸡毛蒜皮的小事也必须写信，或亲自访问。由于有预约的来访会使主人不得不特意准备接待，不告知就前去拜访反而比事先确定日期、时间显得更有礼貌。除了商贩和陌生人，大部分人还是会邀请客人进屋，奉上茶水食物，甚至还会挽留客人饮酒用膳[58]。

德川时代晚期，中下级武士住宅的布局在很大程度上是由正式和非正式的待客需求决定的。这些住宅中，主人的区域通常由从大门到"座敷"客房的两到三个房间构成，这通常也是主人的起居空间。这一空间序列组成了在接待正式访客和举行家庭庆典时能够严格展示地位的舞台，而且由于这部分住宅主要用于特殊场合而非日常使用，其室内装修

---

[56] 大日本家政学会，《家庭の栞》（1909），299。

[57] 塚本浜子，《新编家事教本》，2：145。

[58] 关于以人类学文献为广泛调查基础的对日本赠与礼物行为的比较研究，参见伊藤干治，《赠与交换の人类学》；另见 Harumi Befu, "Gift-Giving in Modernizing Japan"。小林信子的日记描述了世纪之交时一个社交关系良好的资产阶级家庭中频繁的互相走访（留存下来的部分写于 1898—1899 年）。赠送小礼物以示敬意的习俗是如此普遍且理所当然。事实上，她曾记下了一次意外的访问，某个家中没人认识的陌生人出现在门口，很可能是因为走错门了。他赠送了一张名片、一盒红豆饭和价值 25 钱（日本辅币单位）的鲣鱼片礼券，这些礼物都被接受了。此人在意识到他的错误之前就离开了。（小林重喜，《明治の東京生活》[1991]，96）

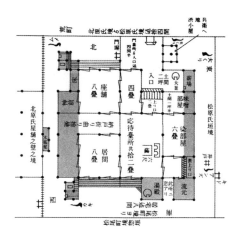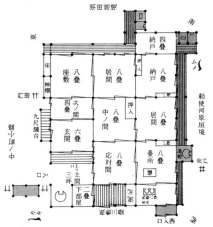

图 1.8 1858 年以前建造的饭田藩中等武士之家。三个相连的房间：主人带有"床之间壁龛"的"座敷"，一个前厅以及玄关，限定了正式待客的区域。其他部分用于家庭生活和招待非正式的访客（大河直躬，《住まいの所的人類学》）。左图中住宅入口在右上侧，主人的"座敷"在左上侧。右图中住宅的入口在左下侧，主人的"座敷"在左上侧。

往往更豪华、光线更充足，并有更好的园林景观。相对应的，未经通报的日常访客一般在由女主人负责的区域接待。比如在饭田藩保存下来的平面图上，厨房会紧挨一间大房或者两间房，并被标示为"台所"（意为"有火炉的房间"）和"应对"（"接待"，但与"座敷"相比，暗示较为随意的接待），它们组成了与正式接待空间平行或垂直的第二块空间区域（图1.8）。[59] 不过，明治改革家很少承认这种区分，因为对客人的重新定义，实际上反映了他们对家人的重新定义。明治后期的住宅平面反映了保留可扩展的"座敷"空间的实际需求，但包括那些既不在前也不在后的，用于接待非正式访客的中间区域的本土分级则消失了。家庭理论家所说的客人是指外人，接待他们被认为是主人事务工作的一部分，应尽可能在西式会客室进行。

---

[59] 大河直躬，《住まいの人類学》，170—171。

柳田国男发现，在有些农舍中，用来接待非正式访客的"出居"同样有所减少。他对这一变化的时代相关性表述得很含糊，但指出了其社会意义：

> 外来者被分为两类：不得不迎进"座敷"并作为客人接待的人，和尽可能在门口打发掉的人。一些人认为日本礼仪过于隆重，而另一些人则认为过于冷漠，我想其原因也许正是"出居"作用的弱化[60]。

这是一个微妙但意味深长的变化。这个房间并未从标准的四间农舍的平面图上消失，但是在柳田国男看来，人们已经不再理解这个房间原来的用途。柳田国男指出，现代住宅在同样的位置上设置了会客室，它"保留了许多客房的元素"，却缺少"出居"那种舒适的随意性[61]。

比起男性的正式待客空间，家庭改革家更关心家庭理念中与女性相关的那一面。他们呼吁将客房放置在北侧，而将家人的房间设置在更为健康的南向房间，以此来进一步强调住宅乃是一处家庭空间。改革文章开始将这一理念简称为"家族中心说"，或者"家族本位住宅"。由于大部分中产阶级的住宅仍有一间铺设榻榻米的"正房"，为正式的宴会和留宿客人之用，这成为改革者攻击的目标。他们认为尊重客人没有过错，但住宅中最好的房间不应当为了让外人使用而时常闲置。针对这个问题，人们提出了不同的解决方法，而且无论是在现实中还是文章中，并非所有的平面图都将"客房"降级[62]。由于榻榻米的可适应性，每种房屋布局

---

[60] 柳田国男，《明治大正史·世相篇》（1931），88。"出居"是众多地方词语之一，指的是一个大前室，通常铺设木地板并面向院落。

[61] 同上，89。

[62] 实际做法各异。尽管此评论暗示人们牺牲了舒适，以维护他们"最好的房间"，但一些家庭其实会在平时使用这个房间作为卧室。（井上十吉，*Home Life in Tokyo*，51）将这个房间称为"起居室"，并指出一些没有单独卧室的家庭会在这里睡觉。

图 1.9　对访客行礼的姿势，分别为晚辈（左）、平辈（中）和长辈（右）。摘自女子学校使用的礼仪课本（高桥文次郎，《小学女礼式训戒》，1882）

都可满足多种生活需求，因此人们提出的解决方案并不重要，重要的是他们提到此事时都使用了相同的词汇，其遣词造句反映了家庭作为住宅设计标准的作用。

　　这些告诫很容易被解释为是一种减少正式礼仪的努力，从大处看来，这一转变基本也是存在的。现代女子行为规范的课本中满是中世纪时期小笠原学校里讲授给武士的礼仪，女子学校也教授按照不同等级接待上级、平级和下级客人的繁缛礼节，包括在哪里下跪行礼，以及行礼时手应该放置的位置等，课本中绘有演示这些礼仪动作的年轻女子[63]（图1.9）。以前作为男性文人消遣的茶道也很受女子学校青睐，被用来当作培养优雅举止和待客礼仪的工具[64]。

　　当时能够在女子学校学习礼仪课程的女性很少，但杂志和其他媒体将相同的理念传达给了更多读者。即使是一些进步作家和教育家，也将小笠原学校里的教条作为礼仪的基本准则。传统礼仪师傅也专门针对女性读者写了不少适合大众消费的教材或指南。女性杂志中关于接待客人和拜访礼仪的文章，假设了一系列的空间和活动：首先是在前庭入口（玄

[63]　高桥文次郎，《小学女礼式训戒》（1882），是这类带插图的课本中较早的一部。

[64]　参见熊仓功夫，《文化としてのマナー》，125—157。

关或者玄关之间），由一名仆人或家人代表负责开门问候客人，并将其引至"座敷"内；进入"座敷"后，两人再次互相行礼，并让客人在里面等待。男主人或女主人要根据访问的类型和客人的地位计算进入"座敷"的时间[65]。有时仆人和其他中间人要在其中扮演与从前相比更为重要的角色。一位小笠原学校师傅向《家庭女学讲义》（《妇人之友》杂志前身）的编辑羽仁元子解释说，现在礼仪不那么严格了，因为"当今的普通家庭"都认为，可以让仆人代替主人去应门，"除非要接待地位很高的客人"[66]。

由于最为重视这些社会礼节的现代布尔乔亚阶层尚在成长阶段，所有这些规则本身也被改造得更加顺应现代需求。名片被吸纳进武士礼仪中，还发展出另一套适合身着西装的接待礼仪。在这两个例子中，姿态和举止都是在严格的等级制度中定型，这也是为了匹配各自的社会地位。应当注意的是，学习和实践这套礼仪的并非都是从小耳濡目染的武士后人。女子学校、女子杂志，以及家庭指南中的此类课程是必要的，因为无论是规则本身，还是执行规则的阶级都在变化，两者相辅相成。

如果说驱逐随意而来的访客，让家庭成员获得了更多的居住空间，那这一好处也并非不需付出代价。正如无所不包的精英礼仪准则和家族圈表演指南所揭示的那样，女性教育家和记者们打算像为家人改造客厅一样为客厅改造家庭成员。对接待客人的正式场合和家人日常聚餐来说，这都是实在的。改革者强调盛装打扮与健康有益的话题，"西方"成为本土习惯的参照。家人应当在客厅用餐，这里被认为是女性的专属空间。男主人主持非就餐时间的家庭聚会，而就餐时间则由主妇来安排，这些主妇都希望看到那些标准能够得到保持 (反例见图 1.10)。

希望为小家庭重新设计住宅建筑的改革者和美国早期家庭改革文学

---

[65]　明治时代晚期杂志上的例子，参见青木正夫等，《中流住宅の平面構成に関する研究 I》，89。

[66]　小笠原清务访谈，《来客に対する礼儀》，《家庭女学讲义 9》，（1907 年 3 月 10 日）：80。

图 1.10 小杉未醒，"家"。通过为混乱的家庭生活场景，简单地贴上"Katei"这个新词的标签，艺术家嘲笑了当时这个词通常所包含的美好理想。在这个讽刺版的家族圈中，屋里所有人，包括猫，都将脸从他人那里撇开。壁龛床之间墙上的挂轴写着"瑟兮赫兮，僴兮喧兮（译注：为《诗经》中词句，原句为：瑟兮僴兮，赫兮咺兮）"。（摘自《方寸》，1909 年 2 月 2 日）

的作者有许多共鸣。例如美国建筑师卡尔福特·沃克斯（Calvert Vaux）就曾批评把公司安设在家中的传统，他认为最舒适的房间应当供日常使用[67]。另一个相似点是他们都希望能够通过建筑改革改变住户的行为习惯。日本改革家倾向于将英美改革家撰写的规范当作西方标准的证据，但实际上西方的改革家也和他们一样，是在对当地现实的不满中制定出理想范式。

尽管如此，与英国、美国形成的家庭理念不同，日本的住宅中仍然保留了一小块与户主工作相关的区域，不过这部分被实墙隔开，并以"隐私"为由放置在入口附近。幸田露伴的两种住宅样式就与英美布尔乔亚想要拥有的郊区住宅或城里的办公室样式不同。在 1898 年幸田露伴撰写住宅相关文章时，日本的郊区住宅还没有开始兴建。直到第一次世界大战后，东京实际的景观才开始向言论中的景观看齐。然而日本中产阶级的典

---

[67] 引自 Bushman，*Refinement of America*，270。

范不仅将"义之国"和"美之国"放在同一地点，而且将两者安置在同一屋檐下，这反映了日本的家政管理作家和职业建筑师与众不同的特点。即使在明显的基督教精神已经从文学作品中消失之后，以家庭为神圣港湾并以主妇作为家的精神中心的形象，仍然存在于家庭文学中，但是夫妻关系的神圣天性，已经不再在日本的家庭生活中扮演重要的角色。在明治时期课本中显见的对童年的新认知，之后会涌入对母性的崇拜中，这一点也可与西方相比较 [68]。不过，家庭理论家并未要求让夫妻统领整栋住宅，属于特定性别的区域仍被保留在同一片屋檐下，与家庭港湾和平共存。

建筑师改革纲领中的部分内容呼应了女性教育家所关注的问题。他们意识到本土住房既关系到建筑样式，也是一个社会问题，因此他们会在设计中设立关于功能和社会群体的内部区域。无论这些分区设计更倾向于客人还是更倾向于家庭，它们都试图通过将两者隔离来强化用以家庭生活的场所之作用。同时，建筑改革大背景中的主要矛盾，表现在本土建筑传统和欧式建筑的巨大区别上，欧式建筑已经成为所有现代社会机构的选择，并成为衡量国家进步程度的标准。对一些人来说，当公共生活出于卫生、效率和美学的原因转变之后，日式建筑仿佛愈发显得原始。正是在这一背景下，榻榻米饱受非议。但更多的建筑师认为，尽管榻榻米不够卫生，也不能一下子将其从日本住宅里剔除。他们就此给出了许多理由，如有些人喜爱席居的舒适；还有些民族主义者为殖民主义语境中的本土文化传统辩护，认为虽然文明开化最终会波及家庭，但作为家庭主要成员的女性，还不能够如此迅速地走进摩登时代。对本土形式的这种模糊态度，为住宅改革设置了第二重筛选条件，使得这个问题不仅仅停留在道德和家庭福祉层面，还上升到国家文明开化程度的层次。它使得明治时代的建筑师无可避免地选择了"和洋折中式样"的方案，

---

[68] 参见小山静子，"The Good Wife and Wise Mother' Ideology in Post-World Wall I Japan"，49—50。

在其中，建筑师会尽可能小地调整自己对文化认同、性别等级以及恰当的家庭角色的认识，以满足文明开化所需要的条件。

家庭生活的共同基础

　　1898 年民法典颁布后，"家"踏上了独立发展的道路。同时，"家庭"与上一辈人（许多时候仍和他们的孩子们一起生活）妥协了，并和自称为社会"中流"的布尔乔亚先锋一起获得了自我定位，开始成为改良主义和新生的消费文化之间的结点。明治改革者以"家庭"之名构建的"家"，是以空间为界的人群，夫妇被假定为它的中心，但也并未与宗族相对立。这一由人构成的空间结构，以及被设计来培育、维持这一结构的一系列实践，都是为国家利益服务的，这也是为什么德富苏峰等主要关注公共领域的国家建设理论家，将其视为应为之奋斗的事业之一。但家庭并非政府的发明，它的物质和日常内容是由众多男女共同造就的，他们通过流行杂志和其他的消费媒介，提供了个人的道德智慧和对西方家庭生活的经验，而且这只是他们制定规范的强大力量的一部分。而根据读者接受这些建议的程度看，他们大概相信自己正在购买的是标志其阶级地位的必要组件。

　　在某些情况下，一些物质元素与其他国家流行的家庭生活概念不同（比如榻榻米就是日本特有的）；有些表面看来相同，在本土意义上却全然相异（和西方国家不同，日本的餐桌有着重要意义）。但和其他国家一样，在日本，现代家庭生活是布尔乔亚文化生长的沃土。到第一次世界大战时，一套新的布尔乔亚家庭标准以及与之对应的空间实践已经形成，"家庭"则指代这些标准和实践的空间。住宅建筑姗姗来迟地加入了理论建构的过程之中，为更广泛地再造家庭空间和日常生活搭建了舞台。

第二章

主妇的实验室

学校里的家政知识

对女性来说，和睦的家庭也是她们的工作场所。布尔乔亚理论家在按照新的家庭结构重构居所的同时，也重新定义了女性的工作性质。女权主义历史学家和理论家已阐明，"主妇"和"家务"——即现代日语中的"主婦"和"家事"这类词语，乃是通过与听起来自然而又持久的力量发生联系，来掩盖其真正的历史起源的理论建构[1]。在这类词语的用法改变之时，正是审视性别意识如何发挥作用的良机。在日本，这样一个关键时刻出现在19世纪末。

正是那些塑造了家庭生活的明治时期的机构和媒体，为家务劳动的诞生提供了社会和言论工具，并在此过程中定义了"家庭主妇"这一新职业。作为围绕住宅出现的新专业领域的参与主体和目标消费者，主妇并不只是在丈夫通勤时单纯地留守家中，而是融入被重新定义了的社会空间的新角色中。即，现代家政并不是丈夫工作的对应物（男人—工作，

---

[1]　对于这类词汇在日语中简明的理论性阐述，参见上野千鹤子的《資本制と家事労働》。

女人—家庭），而是作为一门专业学科出现的，它与儿童心理学、医学、卫生学、营养学、工业管理，以及建筑学等学科相对应。尽管从表面上看，女性生活并没有发生巨大的改变，但事实最终将证明，她们对现代职业形态的参与、对劳动角色与实践所起到的改造作用，如同现代资本主义对男性劳动和休闲的调整一样重大。

学校是传播家政管理这一现代学科的最早途径。明治时期发展出了被称为"家事"（家庭事务）或"家政"（家庭管理）的新课程，它将一整套事务和职责从日本家务活动中剥离出来，集合成为家庭主妇这一新职业。烹饪、清洁和儿童保育等由现代主妇负责的各类事务，自古以来就是生产与消费、男性与女性职责在其中相互交错的大系统中的一部分。现代国家的普及教育将男孩和女孩从家务劳动的束缚中解放出来，还训练了女孩回归家庭，但在这一过程中赋予了她们能够为国家和现代布尔乔亚家庭理念效力的新价值。

在小学和中学，女孩都会接受家政课程教育，而专为女生开办的"女学校"，又称女子高校，则成为职业主妇的真正孵化器。在这类学校中，那些家庭条件优越、不必劳作的少女转而学习艺术和礼仪，以求对日后的幸福婚姻有所助益。她们在这里学到的家务整理习惯也和以前不同，这将她们与母辈、祖母辈以及受教育程度较低的同龄人区分开来。女子高校这类机构通过让特权阶级中的年轻女性远离各自的家庭到城市中共同生活，从而形成一种凝聚力极强的阶级意识。对就读于此类学校的女性来说，这种共同经历使她们有了深厚情谊，并在同学与校友间组成了跨区域的社会群体。这一群体随即因女性杂志的作用得到促进与扩展。在这些布尔乔亚文化的新型社会机构塑造女性的同时，这些受过教育的妇女团体共同持有的家庭理念和现代家政专业知识，也对布尔乔亚阶级认同感的形成起到了显著作用[2]。人们通常认为战前的日本女性教育

[2]　广田昌希，《ライフサイクルの諸類型》，263；川村邦光，《オトメの祈り》，204—223。

是传统守旧的，但这些社会机构本身却是极其反传统的。家政管理作为一门现代学科，一直被改良主义者不断进化的理念推动。为了与国家及资本风云变幻的势力、需求相适应，女性中等教育被纳入科学与经济的新话语中。

不可否认，19 世纪晚期到 20 世纪早期的大部分家政工作和女性以前一直负责的工作大都是相同的。女性与家务劳动的联系并非现代发明，几千年来儒家都在不断重复"男主外，女主内"的说教。尽管维多利亚时代的著作从新的角度赞美了女性天生对居家事务的爱好，但初步看，明治时期女性的主要职责毫无改变。早在烹饪成为女子学校的一门课程之前，在大部分家庭，厨房就一直是由女性主导的空间。而剪裁、缝补衣物自古便是已婚女性最耗费精力的工作，在现代也是如此。现代女子教育中，缝纫课程时长超过其他课程的事实正是这一状况的反映。

尽管如此，和前人不同的是，明治时代的教育者认为女子教育的目标应当同男子一样，即为国家的需求服务。这不仅意味着如今女子应当为军队缝制麻袋和制服，还意味着开设的其他课程除了要具有女性教化功能，还要符合实用性的普适原则。在 19 世纪 70 年代最初采用新体系的几年里，学校开始专为女子开设被称为"手艺"和"经济学"的实践教学课程。后来"家事"课程采用的某些课本最初就被用在这里。1881 年颁布的小学课程规范特别为女子高小设置了"家事经济"课程，并将"服装、洗濯、住宅、家具、饮食、烹饪、美发、预算和其他关于家庭经济的科目"定为课程内容。1882 年由政府开办的女子高校刚刚成立时，"家政"就出现在课表上 [3]。此后，高等学校一直教授相关课程；但在小学，家政课仅是间或出现的独立课程，直到 1914 年它才成为女子课程中的固定内容。1947 年，家政课与 19 世纪 70 年代以来一直单独授课的缝纫班

[3]　常见育男，《家庭科教育史》，120—121，126。

合并，组成"家庭班"[4]。

从19世纪70年代初创办国立女子学校开始，文部省和遵循文部省教学大纲的个体出版商出版了各种各样与家政管理相关的课本。这些课本起初只是将从前靠口头和实践传授的家庭知识编辑成册，后来越来越技术化。这些教科书是教育家的成果，他们试图将国家标准强加到地方习俗中，同时又不愿显得抛弃了民族传统。因此"家事"，或者说"家庭事务"，如通常所知，是一门兼收并蓄的学科。早期家政指南的素材来源包括德川儒家的道德训诫、商人家庭的家训，以及大量英美作品的译本或改写本。直到19世纪末，课程设置不停更改，而整个教育系统也是一样。尽管如此，到19世纪90年代，当关于"家"的探讨在教育界之外热烈起来，女子学校的教师还是与不断膨胀甚至即将把家庭生活吞没的思潮始终保持着一致。由于教育家经常为女性杂志和流行出版物撰写专栏，同时又教授和编写课本，因此家庭改革报刊与女子学校教育之间并没有明显的界限。

卫生与效率，这两个典型的现代执念逐渐将新的家政知识与旧的习俗分离开。这两种观念都可以在日本本土找到源头：现代卫生可追溯到被称为"养生"的传统养生科学，而"效率"在某种程度上则可视作从前"经济"观念的变体。然而它们的现代形式却是从外界进入家庭的，就像国家与市政当局以及工业上的表现那样。出版市场为女性读者提供了专家的忠告、典型富裕布尔乔亚生活方式的影像，以及其他有文化的女性的经验。如此一来，这些理念经由包括学校在内的诸多渠道渗透到日常生活中。

文部省最初指定的教科书是英文著作的译本或改写本，但在增设新课程的前十年中，女子学校的学生大多也选读了本土书籍。有时并非仅

---

[4]　常见育男，《家庭科教育史》，1995年，"家庭班"成为初中男女学生都必须学习的强制课程。

为女性读者撰写的书籍也被当作女校教材使用。学校将德川时期商人的家训定为教材，这些家训混合了道德规范与对金融、家用开支和主仆关系等事务的详细建议。明治时代的一些学校仍然在使用 17 世纪晚期首次出版的贝原益轩《家道训》，其他学校则使用以这些早期流派为基础改版的课本。

　　雄心勃勃的作者和出版商，根据仍有待明确的性别化产品的需求调整了各自的策略。如一本用简单语言为小学生编写的《男女普通家政小学》（1880）在 1882 年重新发行，书名被改为《普通家政小学·修订版》，省略掉了原书名中的"男女"；并为了与 1881 年文部省发行的女子课程大纲相适应，增加了烹饪、洗熨和美发章节[5]。在 19 世纪 80 年代出版的一本廉价家政手册中，作者认为有必要向读者说明这一变化，他强调："近年来风气有所改变，研究被分成许多不同的学科，如今男子和女子的教育在目的和方法上都已有所不同，而与家庭经济相关的研究成为专由女性从事的领域。"[6]

　　通俗家政指南以行文中大量使用日文注释汉字为标志，而且标题常常以"通俗"二字作为前缀。在 20 世纪最初十年，这类由非专业人士撰写的指南陆续出版，其内容混杂有各种新旧观念和图像，做成适宜非精英人群阅读的廉价小册子。不过，到 1910 年，男孩和女孩进入小学读书的比例都已接近百分之百，女子高校学生的数量也快速攀升；许多传递家庭新知识的杂志和其他出版物都明确地将女性作为目标读者。在这一背景下，那些杂糅而成的旧书逐渐退出了市场。

　　尽管早期由日本作者撰写的书重塑了年轻女性家政训练的过程，但这些书少有讨论女人的天性本身或这种天性是否适于家庭角色，也从未

---

[5]　小林义则，《普通家政小学》，参见田中ちた子和田中初夫，《家政学文献集成·续编》（明治期 I）。

[6]　伊东洋二郎，《絵入り日用家事用法：通俗经济》（1886），22—23。

将家庭理想化。这使得它们与比彻姐妹（the Beecher Sisters）等英美作家所写的家政管理图书形成鲜明对比，对后者来说，居于核心地位的主题是女性天生的仁慈性情对家庭的道德影响，而日本作者则强调妻子对家庭机构的责任。1883 年出版的日下部三之介的《小学家事经济训蒙》，开篇便列举了文部省教学大纲中指定的家政课程主题，并向读者解释了"为何家政是专为女子设置的科目"。作者声称，女孩长大后，需要"管理住宅并保护家产"，同时协助她们的丈夫"确保家庭繁荣"。后续章节还谈到她们要操持"家业"，并为家庭独立打好基础。在这一阶段，"家庭"一词还未广泛传播就消失了。英美著作的译本通常在经济意义上使用"家政管理"一词（多被译为儒家词语"齐家"），但并非将家庭看作商业机构。早于日下部三之介两个世纪之前，贝原益轩便著有《家道训》。而日下部三之介的这本明治时代教科书，其内容与贝原益轩描绘的家庭世界是一致的。不同的是，德川时代的课本中尚有男子行为准则，而之后则不再传授这些内容[7]。

19、20 世纪之交，新的女子高校课程逐步确定，新一代教育者也同时成长起来，这其中有很多女性，她们撰写课本，并在课堂上使用。家事发展成为家政学，成为专业学科之一。新的教学大纲先后公布于 1895年和 1901 年，并最终在 1903 年公布了更为细化的版本。在这些大纲的

---

[7] Sharon H. Nolte 和 Sally Ann Hastings 在其影响深远的文章——"The Meiji State's Policy Toward Women，1890—1910"中，对比了明治时期日本和维多利亚时期美国的女性在意识形态上的立场，提出以"生产力崇拜"代替美式"家庭崇拜"的观点。这些课本印证了 Nolte 和 Hastings 的论文的看法，这些书将家庭看作生产单位，并期待家庭主妇为其效力。然而，19 世纪日本和美国的家庭文学的最大不同，并非在于女性在家中的角色，而在于对家庭所赋予的不同意义。凯瑟琳·比彻（Catharine Beecher）等美国作家强调女主人作为家庭管理者的生产者角色，并且再三激励读者们独自去处理更多家务。尽管很多维多利亚时期的男人将女人描述为"弱者（weaker sex）"，但美国和英国的家政经济作家们却像他们的日本同行那样，不再把女性看作是软弱的或被动的。

指导下，家政训练扩展至儿童保育、护理病人，以及传染病预防。烹饪课程之前出现在小学的大纲中，但高校中并未普遍教授，如今则获得了新的重视，设置了十三个专题和二十多种食材的详细食用办法等课程[8]。

1899 年，文部省规定每个县至少要成立一所女子高校。在接下来的十年中，入学人数倍增，1912 年是 75128 人，仅为同时期上小学的女子数量的 2% 或 3%，但之后人数增长越来越快，1910—1926 年之间，数量上涨了六倍。到 1926 年，女子高校学生的数量接近小学女子数量的 10%，仅略低于男中学生的数量。这说明女子受教育水平与相应的男子情形几乎持平。因此，在 20 世纪最初十年之后结婚的夫妇中，夫妻都受过中等教育的情况越来越普遍，这是布尔乔亚阶级意识形成的一个关键元素[9]。

与 19 世纪 80 年代的课本不同，第二代女子高校使用的两本标准教材：《家事教科书》(1898) 和《家事课本》(1900)，均在开篇点明，女子与生俱来的温和敏感性情使其特别适合管理家政。《家事教科书》将住宅描述为"夫妻子女及至亲起居作息、互助互爱"之所，男主人"终日离家公干"，疲惫不堪地回到家中，在家人的帮助下调养。因此解除男主人的家务劳动是较为明确的，这类课本很少提及为"家业"和"家庭繁荣"工作的是家中女性[10]。

"家事"课本借用英美家庭文学中的比喻来夸大居家工作的重要性，它们将主妇与外部男性世界中有权势的角色进行类比：主妇是家庭的

---

[8] 田中ちた子和田中初夫，《解说：制度史的明治家政教育小史》，引自田中和田中《家政学文献集成·续编》(明治期 VIII)，6—7。

[9] 数据来自小山静子，《良妻賢母という規範》，98；和大浜彻也，《大江スミ先生》，101—103。

[10] 后闲菊野和佐方镇子，《家事教科书 (1898)》；转引自田中ちた子和田中初夫，《家政学文献集成·续编》(明治期 VIII)，3—4；塚本はま子，《新编家事教本》，I：2—3。

"首相"，或者是以家为"战场"的战士[11]。同时，描述家务和主妇的现代术语，反映了家政及女性角色正在界定其范围。"家事"在现代词汇中仅指家务，而在贝原益轩《家道训》等德川时期的作品中，它的应用范围更广，指代事实上所有的"家庭相关事务"，包括商务和农事。《家道训》的目标读者事实上是一家之主，而一家之主通常被假想为男性[12]。商务和农事都被从现代"家事"中分离出去，现代"家事"缩小到现代英语称之为"家务"的一系列工作。

与之相似，指代家中女性的名词在 19 世纪后期也发生了一些微妙的变化。主妇是"主"和"妇"两个词的结合。在中国正统文化中，这个词被用来区分家中的妻与妾。而在明治时期的日本，它的意思是"（家里的）女主人"。但在通俗文学中，这一称呼的使用并不普遍，使用更多的是"妇女"和口语中的"妻子"等词。从 19 世纪 80 年代开始，主妇逐渐成为一个独立的标签，这反映了其词义从表明家中地位变为普通的职业类别称谓。《家庭之友》杂志于 1903 年开始发行，这一杂志在有关家政建议的专栏里发表的信件，通常署名为"一名主妇"。（作者或编辑所选的）这一称谓可能仅仅代表着"家庭主妇"是作者或编辑对社会地位的一种粗略区分，特别是当它们和署名"一名工人""一个年轻的父亲"之类的信件并置的时候[13]。尽管"主妇"一词曾经同样适用于女户主或酒店老板娘之类的女业主，但在 20 世纪早期，它不再具有这些含义，而是成为婚后除持家外没有其他职业的女性的普遍称谓[14]。

据鹿野政直的观察，家政是许多女性向往的工作，因为它意味着可

---

[11]　参见后闲和佐方《家事教科书》，转引自田中ちた子和田中初夫，《家政学文献集成·续编》（明治期 VIII），4。类似的话语同样频繁出现在家庭专栏和杂志关于妇女角色的重要性的讨论中。例如岩本善治，《家庭は国家なり》，《太阳》2, no. 5 (1896): 145—148。

[12]　常见育男，《家庭育男》，29。

[13]　《家庭の友》I, no. 3 (1903 年 4 月): 82; 2, no. 6 (1904 年 9 月): 181。

[14]　参见 Imai Yasuko, "The Emergence of the Japanese *Shufu*"。

以免于在农田和商店劳作，而且通常还有一名女仆来做自己最讨厌的杂务，并被尊称为"夫人"[15]。即使没有女仆以显示她们高人一等的社会地位，职业主妇也远比嫁入多代同堂的农家的新媳妇地位高，毕竟职业主妇只需要照顾自己的丈夫，而那些新媳妇往往必须务农[16]。与大部分媳妇相比，她们父母一辈深受严酷礼教束缚，成为一名主妇则使女性上升为当权阶级，虽然事实上她们的权力范围十分狭小。

《主妇之友》于 1917 年创刊，很快便获得了比以前同类杂志更为广泛的读者群。它的创刊标志着"主妇"一词获得了它在现代语境中的地位：主妇不再是除家庭之外的任何机构的女主人，虽然她通常仅仅是一个小厨房和起居室的主人，却是得到承认的职业身份。尽管受到劳苦大众的追捧，但当主妇成为一种得到广泛承认的社会地位的标志，其身份内涵便失去了至高无上的意味。后来据出版人回忆，在这本杂志开始发行的时候，"主妇"一词事实上地位已经低于较为文雅的"妇人"，后者是对女性或贵妇人的统称[17]。

变革厨房

在这一新职业的教材中，厨房成为住宅内部最受瞩目之处，正是在这里，现代主妇成长为专家。与此同时，担心教育不能鼓励年轻女性外出开创事业的家政理论家发现，与厨房相关的知识细致复杂到使他们可

---

[15]　鹿野政直，《战前·"家"的思想》，117—118。

[16]　农村对待家庭新媳妇的这种态度持续到 1970 年代，西蒙·帕特纳（Simon Partner）在 *Assembled in Japan* 一书中记录了战后岁月里，因为老一辈认为不应为了减少年轻女性的劳动量而毫无理由地花钱，所以先进生产工具的推广遇到阻碍。见该书，142，181—82。

[17]　鹿野政直，《战前·"家"的思想》，127。

以宣称，和其他技术性工作一样，家务劳动也是脑力劳动。《女学杂志》主张，厨房事实上是主妇的"实验室"，女人应当认为自己是在厨房中从事"研究"工作。《女学杂志》还强调，那些抱怨终日在厨房里劳作、生活单调乏味的女校毕业生，应当想一下科学家，他们也是在斗室中经年累月、任劳任怨地重复着相同的工作，始终不知他们会在何时，甚至是否能够"发现新的细菌或是发明新的疫苗"，因而拯救成千上万人的生命[18]。女子高校为职业主妇设置了研究日程，并力图在她们身上培养出坚韧、严谨等适合独立开展研究工作的习惯。

　　与此同时，受过教育的女性投身厨房既是阶级身份的体现，也是对国家教育的响应。布尔乔亚先进分子急于将自己的生活方式与旧"封建"或旧"贵族"精英区分开，课本中主妇为确保家庭幸福而努力的形象正迎合了她们的这一需求。同时，女性流行传媒也与高校课本相呼应，坚持认为家里的女主人应当为了家人的健康亲手制备食物。卫生观念以新的方式扭曲了阶级问题。主妇的责任不仅仅局限于照顾家人，还要保护他们免受那些看不见的疾病的威胁；为此她将与医学专家结成联盟，一同对抗经手家中食物的仆人和商贩等劳动阶层的愚昧和疏忽。

　　布尔乔亚关于食物制备的概念出现于19世纪末，作为显著的现代、城市特征的一部分，这些概念首先着意于新奇的食谱与配料。对新奇性的需求源自大众传媒期刊的思路，即通过引入烹饪专题来吸引并留住女性订阅者。因此报刊专栏协助学校将"厨房是属于主妇的特殊领地"这一理念变得理所当然，同时又强调了每日发明创造和花样翻新的重要性。

　　这种关于食物制备的新观念，特别是卫生意识，在上过女子高校的主妇与大部分仅接受了四到六年小学义务教育的女仆之间划出深深的鸿沟。19、20世纪之交出版的第二代课本，深入细化了对卫生学的阐释。

---

[18]　《台所ラボラトリー》，参见《女学杂志》，no.515（Aug. 31, 1901）：20—21。

高校毕业生和女性杂志的读者接受了大量的卫生观念，在她们的世界里，"变革厨房"是当务之急，而愚昧的仆从常被当作首要阻碍。

城市家庭结构的变化重构了女主人与仆人的关系，也加深了由教育差距造成的种种矛盾。城市里新组建的职业人士小家庭的数量不断增多，这些家庭往往雇一到两名住家女仆。与之对应，在传统的富裕人家，通常由男女仆人协同工作，还会有佃农、学徒或家族企业的下属一起帮忙。1910 年，井上十吉在对东京生活的记述中，主要描绘了上层布尔乔亚的家庭生活。书中谈到了三名女仆——厨娘、保姆和贴身侍女，有时还有奶妈或女管家。在提到女管家时，井上十吉指出，她管理所有仆人，仆人对她的尊敬"不亚于对女主人"。[19] 然而那些女性杂志经常收到的信件和刊发的有关"仆人问题"的文章显示，许多受教育程度较高的女性手下仅有一名女仆，而且常常为如何安排工作和对待女仆的事困扰。1909 年，《妇人世界》开设了一系列关于女仆的专栏，征集来自雇主和用人双方的信件。编辑和发信人在谈到家庭角色差异时，仅将其分为女主人和女仆，指代女仆时使用了更为中性的"女中"，而非"下婢""婢仆"和"下女"之类暗示地位低下的传统用语。选取的信件示范了何为忠诚的"模范女仆"，以及雇主顺利安排工作的方法[20]。除了因工厂和其他新出现的机会造成的就业市场竞争加剧之外，在安排工作和对待女仆方面出现的新的忧虑也反映出家庭组成和机能的改变所造成的身份地位的不确定感。在小型布尔乔亚家庭里，家中女主人新角色的建构意味着事实上如今厨房中有两个女人，她们的基本职责相同，其中一位有薪水，而另一位没有。

在厨房变革成为受过教育的女性广泛关注的问题之前，她们首先得

---

[19] 井上十吉，*Home Life in Tokyo*，159—161。

[20] "《家庭に於ける主人と女中の新関係》和《女中栏》，《妇人世界》4，no.6（1909 年 5 月）：102—105. 这个专栏后来不时出现。

对烹饪产生兴趣。在 19 世纪大部分家庭中，女性都毫无疑问地比男性更多地参与到制备家庭食物的工作中。但正如其他工作一样，厨房劳务的分工与性别、社会地位皆有关联。在日本乡下，盛饭是家中女主人特权的广为人知的象征，它表示主妇有权分配食物，但并不是非得她亲手准备食物不可 [21]。19 世纪 80 年代的课本常常呼吁妇女遵从她们的"职分"，去管理厨房，而不是将全部工作都留给仆人。这些呼吁常常被人提起，也暗示着在许多有仆人的人家，制备食物确实都是仆人的工作。模范主妇在厨房里是督查，而非厨师。以前给女仆取的绰号大多与饭食有关，如"御三、炊事""做饭的""掌锅的"等，因为一般来讲做饭是她们的首要职责 [22]。在厨房中工作的也不仅限于女仆，德川时代的著作中的插图多有表现男人参与厨房工作，尤其是干体力活的场景。1886 年出版的实用知识年鉴中，即使看到示范泡菜腌制方法的图片中既有男人也有女人，读者也不会感到奇怪 (图 2.1—2.2)。[23] 在上等家庭中女主人极少下厨，以至于 1881—1885 年间，当东京女子师范学校校长那珂通世将烹饪指导列入课程时，富裕家庭出身的学生家长强烈抗议 [24]。

自 19 世纪 80 年代中期起，新涌现的女性报刊开始呼吁在女子学校中引入更多的烹饪课程。文部省在 1895 年便规定了家事课应包括实习环节，但四年后的一次杂志调查发现，大部分学校都没有烹饪实习。杂志试图通过自身的努力来弥补这一不足，开始刊登由职业大厨提供的菜谱。最先致力于此的是《时事新报》，它在 1893 年开设了一个名为"我

---

[21] 坪井洋文，《生活文化と女性》，21。

[22] 山口昌伴，《台所空间学》，388。

[23] 石桥中和，《诸物制法妙术奇法》(1886)，216—217。

[24] 三宅米吉，《文学博士那珂通世君传》。引自常见育男，《家庭科教育史》，132—133。这篇文章明显写于 1920 年之前，那珂雇了一名餐馆的女业主去授课，女业主在文中被称为"料理店の主妇"。日语"主妇"一词后来仅指家庭主妇，在之后的日语里她会被称为"妇人经营者"或"女主人"。

图 2.1　（左）一个鱼贩蹲在厨房院子的地面上杀鱼（《女寿蓬莱台》，1819）。（右）前景木地板上的男仆用大研钵杵捣，女仆们跪坐在榻榻米垫子上舀米和舀水（《女用千寻滨》，1780）。

图 2.2　选自科普知识集《诸物制法妙术奇法：万民之实益》（1996）的两页插图。一页是一个男人在准备腌鸡（上），另一页是一男一女在腌瓜和茄子（下）。

该做什么"的烹饪专栏。编辑在介绍这一专栏时写道："既然每个家庭的主妇都被同一问题困扰——'今天我该做什么饭呢？'我们决定在《时事新报》专设一角，介绍家常菜肴，以为之解忧……由于这些菜谱是由例如新桥著名餐厅霞月楼的大师推荐的，我们对制作的方法和准确性有十足的信心。"[25] 以女性为对象的烹饪班和专业示范也在这一时期出现，以前正式的食物制备课程仅面向那些即将以此为业的男女[26]。对于城市中的消费者，饭店和鱼贩会为他们提供用于特殊场合或日常所需的预制食品，比较简单的烹饪方法通常由家中女性长辈传授给晚辈。[27]《时事新报》上的菜谱并非舶来品，大多使用日本常见食材，关键在于它们是由专家提供的，并且是专为"各家主妇"提供参考，其潜在的假设是读者希望每天都能烹饪一种新菜肴。大城市家庭和乡村家庭一样，家里的厨房作为一个制造厂，其制备、保存食物的过程以季度或年度为单位循环，而非每日更新。报纸上刊登的食谱不仅给这一系统带来了更多样的烹饪方法，也增加了每日多元化的潜在压力。

　　尽管很久以来烹饪实习实际上在课堂教学中处于边缘地位，但最初两代女子学校的家事课本仍反映了人们对厨房功能以及炊事节奏的看法的变化。19 世纪 80 年代的课本《家事经济学》以相对认真仔细的态度对待食物制备，书中有将食物按类型区分的图表，并将食物制备法按不同季节分别罗列[28]。相比而言，1903 年之后出版的高校课本则根据营养成

[25]　小菅桂子，《にっぽん台所文化史》，87—88；材料引自 88 页。

[26]　关于明治时期最著名的烹饪学校的论述，参见 Cwiertka，"Minekichi Akabori and His Role in the Development of Modern Japanese Cuisine"，68—80。

[27]　小菅桂子，《にっぽん台所文化史》，90—91，另见山川，《水户藩的女性》（Women of the Mito Domain），60—61。

[28]　青木辅清，《家事经济学》（1881）；转引自田中ちた子和田中初夫，《家政学文献集成・续编》（明治期 I），232—235。

分将食物分类，并为每顿饭提供菜谱样例。[29]20世纪最初十年到20年代营养学日趋重要，1911年日本成立了首个营养学研究机构，1920年又成立了一个专门的国家机关。[30]在这个时期为课本提供食谱的，除了大厨，还有来自国家营养学研究院的医师。[31]在20世纪最初十年，厨房本身在教材中变得更受瞩目，时常有插图表现厨房现代化的室内装修和新设备。烹饪课程最初被列入师范学校课程时曾招致家长们的抗议，但在一代人之后，家事课程的考试内容已经基本都是有关食物制备和营养学的问题了。[32]

卫生和家的空间边界

家庭中对家族理念的空间化，使人们进一步认识到应当保护家庭周边无形的边界。卫生制度明确了住宅有抵御外界入侵的堡垒般的功能。老鼠、苍蝇、街尘，以及井水都携带着细菌侵入家庭，威胁着家人的健康[33]；其中厨房是受威胁最大的地方，这里是将边界内的家庭空间暴露于外部世界的一个缺口。

天野诚斋的《家庭宝典：厨房改良》出版于1907年，该书乃是明治晚期此类厨房改革论调的集大成者。书中引言告诉读者，厨房是家人健

[29] 样例参见佐方镇子和后闲菊野，《高等女学校用家事教科书》（1912），2nd ed., I：72—73（图表），95—96；塚本はま子，《新编家事教本》，44—52。

[30] 半田たつ子，《大正期の家庭科教育》，84。

[31] 近藤耕藏，《新编家事教科书》（1930），1：193。

[32] 在1912—1924年间的考试中，与食品相关的问题比其他问题多出两到三倍。参见大元茂一郎，《文检家事合格指针》（1925），27。

[33] 参见田中聪，《衛生展覧会の欲望》。文中有关于文部省卫生展上对家庭所面临的这些威胁的讨论。

康与疾病的源头。天野接下来讲到，"天保时期阴暗肮脏的厨房"，不可能做出健康、符合卫生标准的食物，但在人们建造或租赁房屋时，"妻子们常为了获得设备齐全的客厅，甘愿忍受阴暗肮脏的厨房，而往往忘记了在不卫生的厨房中做出的带有可怕病菌的食物会侵害家人的身体"。[34]《家庭宝典：厨房改良》的主旨是教导女主人该如何武装自己，保护厨房免受这一威胁（此威胁不久被重新表述为"一种叫作病菌的害虫，会引发各种恶疾"[35]）。然而这场战斗因仆人的参与而变得复杂了。尽管书中也提到了西方国家的主妇没有仆人，并敦促主妇全面参与厨房工作，但作者在整本书中都假设了厨房中有一个或一个以上的女仆，每幅插图中都有一个女仆，而且卷首插画描绘了三个厨娘和一个客厅女侍布置餐桌的场景，画中没有女主人的身影。

在家庭之内，女仆是外来者。厨房的门是为家庭提供物资的商贩和运送井水、柴堆木料的马车的必经之处。这里不仅是那些看不见的细菌的滋生地，也是女仆进入家庭的通道。她既出入于主人的房屋，也来往于文明开化的女主人无法直接掌控的屋外社区。对女仆来说，厨房的门同时连接着她的社交圈，不仅供她本人来去进出，也是商贩、邻家仆人、朋友和亲戚前来拜访她的必经地。[36]

在描述安全卫生的厨房需要哪些必需品的过程中，《家庭宝典：厨房改良》列举了女仆的劣根性，将她视为外来闯入者，因其与内外均有交流而成为危险人物：她没读过书，举止粗鲁，不注意个人卫生，很可能

---

[34]　天野诚斋，《家庭宝典：厨房改良》(1907)，1—3。天保时期 (1830—1844) 以封建落后而著名。

[35]　同上，12。

[36]　夏目漱石写于 1905 年的小说《我是猫》，描述了一个女仆在小家庭厨房的进进出出。小说中的房子是以作者居住的房子为原型设定的。关于夏目家厨房的论述，参见高桥昭子和马场昌子，《台所のはなし》，52—56。

患有疾病，还可能是个盗贼；她在井边说主人的坏话，浪费时间结交商贩，而商贩本人又因毫无卫生常识而对家人造成威胁[37]。《家庭宝典：厨房改良》将女仆看成罪犯，肮脏而又不可靠，她威胁家人健康的方式多种多样：任由灰尘落入酱油中，将垃圾倒在地板下，将擦碗布和擦地的抹布放在一起；她在没有意识到自己染上了伤寒的情况下到井边清洗衣服，让脏水滴入井里，因此感染了家人并威胁着整个地区的安康（图2.2）。[38]

之前也有人指责仆人的粗心大意，然而在这一时期，细菌的发现对日本人来说还是新认知，在卫生改革的大背景中，仆人的罪行变得前所未有的严重。疾病会在人与人之间传播，而仆人又往来于家中和街上，这意味着愚昧的女仆不仅令人生厌，而且可能是看不见的细菌的携带者。正因此，即使女仆的生活习惯比大多数人好一些，她的无知仍使得女主人不得不为了守护家人而严密监视厨房。

消毒的需求也源自这一考虑。《家庭宝典：厨房改良》花费了相当大的篇幅，用举例的方式来解释什么是消毒，以及在消毒时女性该如何操作。作者推荐用一个镀铜的锅来给擦碗布消毒。杂志采访介绍了四间"模范厨房"，并讲述了主人的改革措施。在著名的鼠疫专家家里，北里柴三郎医生展示了用来消毒的铜锅，他们训练女仆每天将擦碗布在锅中消毒一次[39]。擦碗布必须保持"纯白"，要每天用肥皂清洗[40]。作者解释

[37] 天野诚斋，《家庭宝典：厨房改良》(1907)，78，118，180，187，196，200—202。

[38] 同上，10—11，42，76，99。

[39] 同上，123—124。关于北里，参见 Bartholomew, *Formation of Science in Japan*。

[40] 同上，54—57。对此类净化家庭行动的推广，是由于当时对城市和国家空间混杂情况的忧虑提高了。1899年，鼠疫通过神户港进入日本时引起了恐慌，这使得市政当局匆忙制定了一批有关公共卫生的规范。东京发起全市清洁运动，卫生检查员和警察一起挨家挨户视察，并在门上张贴检查证明（参见山下重民，《東京市掃除法実行の景況》，《风俗画报》no. 202 [1900年1月10日]：11—13）。同年，开始允许外国人在指定口岸以外的日本内陆居住。杂居是一个被激烈争论的话题，反对者认为这是对领土和民族团结的威胁。

说，和西方相比，日本的毛巾很少是纯白的，人们将使用肮脏的灰色或褐色擦碗布视为寻常之事。

随着实践教学的逐渐增多，以及科学观念影响下的课程转型，保持物品洁白在家事教学中变得愈发重要——白色不仅代表纯洁，还是公共卫生和实验室白大褂的颜色。1912—1923 年间，家事教师资格考试的题目包括：如何正确漂白儿童围嘴、调配白棉布洗液最为经济有效的方法、肥皂的特性与漂白粉的正确用法，还包括如何改良日式寝具（正确答案包括使用白色的床单），以及国家传染病消毒法规在家中的应用等。[41] 在 19 世纪晚期的日本，肥皂还是一个新事物，它的普及与卫生教育的发展是同步的。"Homu"是最早的洗衣皂品牌之一。在第一次世界大战后的繁荣时期，这项产业迅速发展，国内销量与出口量都大为增长。1912—1919 年间，日本的肥皂产量增长了五倍。[42]

作为家庭卫生工作者，主妇最终也穿上了白色制服。在 19 世纪，围裙和所有其他日常服饰一样，用蓝色棉布制成，穿戴者多是店员，通常是系在腰部。当时，除了用来将长长的和服袖子绑在身后的绳子外，并没有专门在厨房做活时穿的服装。羽仁元子的《家庭之友》（1908 年改名为《妇人之友》）杂志的一则广告中首次出现了围裙，读者可以给成立于 1906 年的杂志营销部写信订购。围裙被当作"家居工作服"，兼有成人和儿童尺寸。这种围裙是杂志的赞助者之一笹木幸子设计的，它是用一块绘有浅色花样的棉布遮住和服前襟，碍事的和服袖子则由半袖束在肘部之上。在《家庭宝典：厨房改良》插图中（图 2.3），模范厨娘便穿着

[41]　大元茂一郎，《文检家事合格指针》（1925），4—26 各处。

[42]　落合茂，《洗う文化史話》，148，172，177。在工业上的应用是肥皂在一战期间迅速发展的部分原因，同时日本家庭对肥皂的消费也增加了。一个重要的家用品牌的销售业绩在此七年间，以每年 20%—40% 的速度增长。肥皂市场详见罗宾芬（Rubinfien）著，*Commodity to National Brand*。关于花王（Kaō）品牌的销售业绩，见上书，402—403。

图2.3 《家庭宝典：厨房改良》里的女主人和女仆。（上左）女仆使酱坛里的灰尘进入食物中。（上右）女仆将垃圾倒在地板下。（下左）女仆毫无察觉地将洗和服的水溅入井中，而和服上带有伤寒病菌。（下右）女仆从雇主手中接过白色的"炊事服"。

围裙（与之形成对比的是不卫生且危险的厨娘）。谈到在厨具上做了哪些改良，一位主妇接受采访时对记者说："大家好像都在改良厨具，但我要求我的女仆在厨房工作时须穿戴炊事服。"[43]作者极力劝告读者一定要让

[43] 天野诚斋，《家庭宝典：厨房改良》（1907），118。

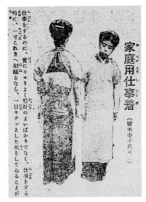

图 2.4　（左）《妇人之友》中"家居工作服"的广告。（1913 年 9 月）（右）"樱田夫人的家政管理"（《妇人画报》no.145，[1918 年 4 月]）。樱田夫人在左侧记账，她的侍女穿着《妇人之友》中的"工作服"。

女仆穿"纯白"的围裙。[44]

　　随着布尔乔亚女性承担起更多的厨房劳务，围裙从女仆身上穿到女主人身上。1918 年，上层阶级导向的《妇人画报》刊登了一张照片：厨房女仆仍然穿着《家庭之友》里的"工作服"，而女主人则穿着黑色羽织（图 2.4）。[45] 同期杂志刊登的两张烹饪学校的照片中，女学生们（未来的主妇）穿着同款的工作服，除了一个人之外，所有人的围裙都是白色的[46]。到这一时期，主妇更多是穿有袖子的新式围裙，甚至在厨房之外也是如此。20 世纪 20 年代的广告和课本中的主妇都穿这种围裙，说明在这一时期它已经成为主妇而非女仆的标志。此后，它一直是日本主妇的标准制服，直到 20 世纪 60 年代大部分女性都不再穿和服为止。在规范化过程中，"烹饪服"的叫法听起来更具吸引力，代替了"工作服"和"炊事服"，纯白色仍是其标准色。

---

[44]　天野诚斋，《家庭宝典：厨房改良》（1907），203。

[45]　《桜田婦人の家事整理》，《妇人画报》，no.45（1918 年 4 月）。

[46]　"お料理"援引同上。

穿着白色围裙这一行为也许算不上是一个革命性改变，但 1931 年柳田国男强调了它在文化上的深刻含义。当时这一转变刚刚发生："白色原本是属于禁忌的颜色，但在今天甚至被用于烹饪围裙。以前除了祭礼或丧礼上的长袍，日本人从不穿白衣。"他将这一转变归因于现代时期对特殊与日常场合的混淆，以及对"不常发生之事的兴奋感"报以轻视的倾向[47]。但穿着白衣的主妇却在无意中代表了一种相反的趋势：厨房工作的日常已经由现代卫生制度变为充满特殊危险与禁忌的领域。

家庭烹饪与市场

《美食之乐》是一部关于厨艺的杰出且大受欢迎的连载小说。1903—1904 年间，这部小说在《报知新闻》上分 360 期连载。此前作者村井弦斋曾在报上连载过数部作品。《美食之乐》的体裁是小说，但作者为提高其教化功能，内容涉及各种主题，特别是如何制备与享用美食。这一连载意外地大获成功。连载期间，陆续出版了四卷平装本，其中第一卷在六个月内便加印了三十次。1905 年，《美食之乐》被搬上舞台；1906 年，《妇人画报》出版了配套影集。直到 20 世纪 20 年代，最初的平装本仍在不断加印[48]。

村井弦斋小说的教育主旨，是他所称的"家庭料理"在道德与生理方面的重要性和乐趣。"家庭料理"一词的前缀"家庭"限定了其意义，尤其是对女性而言。在详述"家庭料理"时，村井弦斋批评了那些依赖外卖或在做饭时偷懒的妻子，以及在外就餐，或从外面订餐与家

---

[47]　柳田国男，《明治大正史・世相篇》（1931），II。

[48]　山口昌伴，《ガス灯からオーブンまで》，引自中根君郎等，《ガス灯からオーブンまで》，163。

人分开吃的丈夫。在他看来，家庭料理不仅仅意味着在家中自制食物，它还是一种独特的烹饪风格，有着独特的道理与技巧。如果做法得当，家庭料理的乐趣能够成功地帮助家人抵抗其他食物的诱惑。"一旦你吃惯了家庭料理"，村井弦斋写道，"你就很难吃得下饭馆的食物了"。[49]这一理念将家庭幸福的重担，直接压在负责膳食的女性肩头，她们应当掌握家庭料理的技艺，以此击败她的职业对手。

家庭料理综合了让烹饪成为主妇的特殊职责的两种观点，即将烹饪当作一门需要不断创新的艺术，以及厨房是家人健康的源头。《美食之乐》的主要情节是寻找完美的妻子[50]。女主角登和的一言一行，无不体现出进步主妇日常的聪明才智；为了尽可能直接地为读者提供参考，书页天头列出了六百多种食谱，均为正文中提到的配置品。许多食谱包含西方食材，书中还反复强调西餐并非仅供偶尔食用，它能补充必需的营养，应当与日本食物结合食用。最关键的是要种类多样，家人每天应当吃不同的食物，而父亲和孩子需要的营养不同，应当分开供应[51]。

登和的哥哥中川是作者的代言人，他是一位社会评论家，常喜欢做漫长的独白。中川确立了小说中与浪漫的爱情故事、对无数菜肴的描述互相交织的第二主题，他教导读者，营养、卫生和居室设计三者的关系错综复杂，真正的家庭料理与三者的改良密不可分。为了解释他的"料

[49]　佐藤健二，《明治国家の家庭イデオロギ》，84—91。本书对《美食之乐》的分析实际上主要是基于佐藤的文章。

[50]　作为家庭意识形态的工具，《美食之乐》可与汉娜·摩尔（Hannah More）的传教小说 Coelebs In Search of a Wife 进行一个有趣的对比。大约一个世纪以前，这本小说在英国出版。在日本烹饪宣传的故事里，烹饪能力代替了基督教美德，成为模范妻子最重要的品质。对 Coelebs In Search of a Wife（最早出版于 1808 年）的讨论，参见 Hall，"The Early Formation of Victorian Domestic Ideology"，9—14。

[51]　佐藤健二，《明治国家の家庭イデオロギ》，91。

理之法"，为耗时费力的菜谱正名，他声称文明的水平是由在制作食物过程中所投入的精力展现的，为制备食物而投入的精力能够相应地节省食客消化食物时投入的精力[52]。而实现这一文明开化步骤的关键地点即是厨房，这里是"家的中心"。中川批评说，有太多人将钱花在装修客厅上，却任由厨房变得昏暗肮脏[53]。

村井弦斋之"家庭"理念的阶级特征，表现在中川对现实的抨击之中。这些特征使受过教育的布尔乔亚理想典范与其他阶级的陈规陋习形成鲜明对比。比如，在中川看来，厨房里擦碗布太少，不仅暴露了日本不卫生的陋习，同时也是缺乏阶级差别的恼人表现："那些住在月租十日元，面积七八平方米小公寓里的人有两到三条白色洗碗棉布。而您拥有一栋这样的大宅，每月开销两百到三百日元，同样仅有五到十条白色洗碗棉布，这未免太不相称了。小公寓里租客的洗碗布是灰色的，您的洗碗布也是灰色的，这看起来似乎也不太合适。"[54]这段话的重点并非是要改善穷人的卫生条件，而是在责备那些受过教育的中产阶级，他们理应更明白事理。在受过教育的人看来，贵族的不可容忍之处在于，他们惯于将个人的奢欲凌驾于家人的福祉之上。上文所批评的是一位子爵，这位子爵邀请中川参观自己的新豪宅、茶室和精美的花园。而中川作为作者的代言人，批评了主人，并提出他的"风流亡国论"。

小说所描述的乡下人，与粗枝大叶的贵族或愚昧的小公寓租客相比，简直更加无可救药；他们不仅毫不重视良好的卫生习惯，而且还对日本民族本身造成威胁。一个乡下富农打算强迫自己的长子和表妹结婚，这给了作者机会宣传近亲结婚的危害，并提倡"婚姻自主"

[52] 村井弦斋，《增补注释〈美食之乐〉》(1903—1904)，"春の卷"，180。

[53] 同上，"夏の卷"，238—239。

[54] 同上，244—245。

（村井弦斋的意思是，年轻男子可以不接受家人的强迫，自己选择新娘）[55]。还有更甚者。农家的女仆被带到城里的厨房，发现她根本不会做饭，因为她早已习惯了使唤下人，从没有亲自下过厨。由此小说在讽刺乡村有产阶级的同时，也嘲弄了传统大家庭中由身份地位决定家中权威的做法[56]。

尽管在《美食之乐》中作者用一个虚构的子爵来引出对奢侈的批评，但对村井弦斋和明治时期的其他新闻界人士来说，拥有头衔的贵族仍然被当作布尔乔亚的典范，帮助作者推销借由新商品改良的家庭制度。小说头两卷扉页的彩色插图展示了两个走在时尚前端的贵族的厨房。大隈重信伯爵的厨房备受村井弦斋推崇，它同样受到诸多畅销杂志长时间的追捧，后来还出现在其他出版物中[57]。《美食之乐》特别提到从英国进口的大铁炉，以及它 250 日元的价签。对于一件厨具，这一价格相当高昂，足以令当时的读者惊叹。当时管道煤气很罕见，在《美食之乐》连载期间，只有东京才有。在村井弦斋小说中，伯爵被劝说参照大隈重信的厨房进行改造，并使用煤气[58]。而对需要采用更经济的方法的读者来说，还有其他需要购买的便利器具。事实上，村井弦斋的家庭料理和卫生厨房，所依靠的正是此类购买行为，因为它们需要特别的食材、厨具和清洗工具，页面空白处还配有部分商品的插图，以及售价和店铺的地址（图 2.5—2.6）。

---

[55] 村井弦斋，《增补注释〈美食之乐〉》（1903—1904），"春の卷"，191—193，200—202。

[56] 同上，209。

[57] 山口昌伴，《台所空间学》，374—376。

[58] 村井弦斋，《增补注释〈美食之乐〉》（1903—1904），"夏の卷"，254。

图 2.5　（上）《美食之乐》扉页中所绘大隈重信伯爵的厨房。后部地面上可以看到从英国进口的煤气炉，价值 250 日元。（村井弦斋，《美食之乐：春の卷》，1903）（下）作者村井弦斋位于平塚的自家厨房。左侧架空的地板上可以看到一个高起的工作台，但炊事用具和水池均放在地板上，或位于较低的地面上。这显示了村井并未将他提倡的卫生和合理调配饮食的改良范围，扩展到将厨房劳动合理化的阶段。（《妇人画报》，1906 年 9 月）

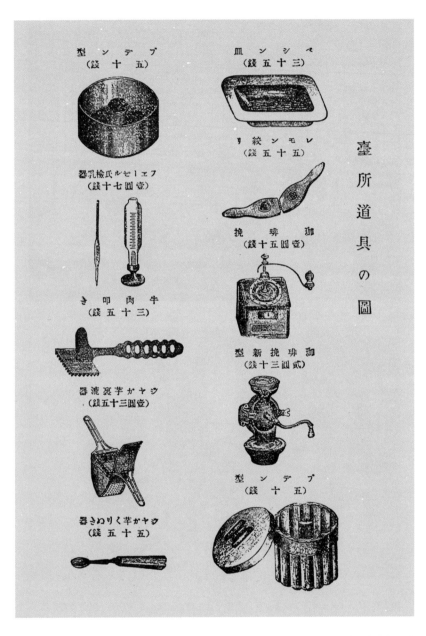

图 2.6《美食之乐》广告中的炊具（由左上至右下）：环形蛋糕模具盘、水盆、费舍尔牛奶检测
计、柠檬榨汁器、肉锤、咖啡磨豆机、土豆漏勺、新型咖啡磨豆机、土豆铲、有盖的环形蛋糕
模具盘。（村井弦斋，《美食之乐：夏の卷》，1903，附录）

煤气烹饪与文明

电、自来水和煤气等基础设施的改进，从根本上改变了家务劳动的原始状况，也改变了住宅的形式。同时，这些东西并非简单地不请自来——它们不得不由住户购买回来。与家庭改革紧密结合的市场宣传，赋予了这些商品便利以外的意义。布尔乔亚改革尤其符合煤气公司的利益，它提供了向受过教育的主妇兜售煤气烹饪的舆论支持。

19、20世纪之交，东京煤气公司开始制造适合日本厨房使用的新设施，以平衡其在照明方面的投资。1904年，首次引入使用煤气的饭煲[59]；同年，还出现了单头的开敞式煤气炉，以作为便携煤炉七轮的代用品，以前用明火做饭基本都用这种煤炉。这些产品可以按已有厨具的用法使用。也有西式大烤炉出售，但销量很少[60]。

在20世纪最初十年，以女性为投放目标的家居用品广告还是新事物，女性杂志的广告主要为化妆品和药品。然而当布尔乔亚女性开始从事烹饪，煤气公司意识到出现了新的潜在市场。1904年，一则报纸广告勾画了一位穿着华丽的女性站在各种厨具之间，画面中有一个煤气锅炉和一个煤气灶，图中广告语是："仅需一根火柴。"（图2.7）对煤气的需求不仅因为使用方便，而且在其清洁。对富裕的主妇来说，煤气公司1910年的产品目录上对煤气烹饪优点的叙述更具吸引力。产品目录称，煤气能让主妇少雇一名女仆。由于煤气不产生煤灰和油烟，厨房可以一直保持整洁。广告强调，"由于它不会弄脏夫人的头发、皮肤或者衣服"，所以（女主人）"您可以毫无顾虑地管理厨房"。其中当然也包括家政改革的理念："一件西式厨具……安装在中产以上的家中"，能够"助您享受

---

[59]　小菅桂子，《にっぽん台所文化史》，63。

[60]　山口昌伴，《ガス灯からオーブンまで》，引自中根君郎等，《ガス灯からオーブンまで》，203—205。

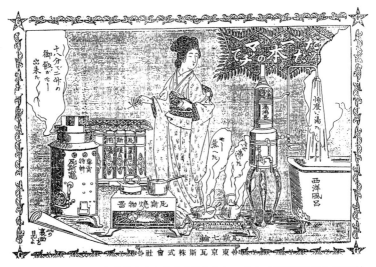

图 2.7 "仅需一根火柴。"煤气烹饪和取暖器的广告，1904。（感谢煤气博物馆提供）

天伦之乐"。[61]

　　同年的《妇人之友》杂志刊登了一则广告，劝告那些有改良思想的杂志读者，"家庭改良始于厨房改良"，"厨房改良必先使用煤气"。广告再次强调使用煤气灶可以少雇一名女仆，声称："人们都将煤气灶称为'不用女仆'。"之前新型燃油炉也曾使用过"不用女仆"的广告语。[62]

　　1907 年，东京使用煤气的家庭比例仅为九分之一，而且大部分仅用于照明；然而到 1922 年，已有三分之一的城市家庭使用煤气[63]。因此在20 世纪最初十年间，市场变化十分迅速。1911 年，千代田煤气公司进入东京市场，宣称能提供更便宜的服务。同年，木柴和煤的价格快速上涨[64]。随着煤气公司开始宣传价格优势和租赁服务，消费者获得了不断变

[61]　小菅桂子，《にっぽん台所文化史》，62，69。

[62]　参见山口昌伴和石毛直道，《家庭の食事空間》，58。燃油炉的广告据说始于 1905 年。

[63]　小菅桂子，《にっぽん台所文化史》，63；中根君郎等，《ガス灯からオーブンまで》，136。

[64]　同上，64—65。

化的各种可供选择的燃料。女子高校课本和妇女杂志也予以回应，给了
这种新技术相当大的篇幅。例如，在1912年的资格测试中，就列举了几
种新式家居用具，以比较不同烹饪燃料的经济性能[65]。20世纪最初十年
后期的课本中则满是煤气灶等不同厨具的插图。

　　1912年1月，羽仁元子的《妇人之友》杂志刊登了一篇关于"燃料
经济性能研究"的文章。这篇文章随即成为管道煤气的软性广告，它同
时也说明，在受过教育的主妇那里，以及她们的厨房中，此时已经有了
新的知识来源。这些女性意识到自己如今已经身处与母亲一辈、19世纪
家事课本的内容全然不同的世界中了。（图2.8）

　　这篇文章主张，应对煤气进行特别的研究，因为它是"文明的燃
料"。文章向一位刚刚从西方考察归国的煤气公司发言人征询意见。专
家解释说，家用煤气在西方发展迅速，并指出法国女子学校二年级的女
生在学校时会学习如何使用煤气。文章随后通过一则逸闻展现了日本所
面临的困境——大众大多并不知晓该如何恰当使用煤气。有一位鳏夫离
家一周，走前嘱托女仆代为照看，回来后发现女仆一直开着煤气炉子，

图2.8　（左）使用烧煤的七轮炉在地板上烹饪。（《妇人之友》，1913年6月，139）（右）使用烧
煤气的单炉头七轮炉在地板上烹饪。（《时事新报》，1910年12月20日）

[65]　大元茂一郎，《文检家事合格指针》（1925），5。

整整一周都不曾关闭。杂志提醒说女仆会浪费煤气，必须接受教育。如果任由女仆折腾，她们会为各种不必要的小事随意用煤气烧开水。段落的末尾总结道，在西方，人们说，如果你浪费燃气，"你的私处会得病"（原文如此）[66]。

技术，即使是以便捷为宣传导向的技术，也总是难免将受众的社会和文化阶层带入其知识中。在这篇文章中，各类角色皆有出场，成为实现家务现代化的适当设定：新商品是文明的化身，欧洲和美国是权威之源；女子学校是权威知识的传播之地；而作为新登场角色的公司，成了带来文明最新产品消息与启示的信使。文章暗示了女主人和女仆间紧张的阶级对立（在这里有些扭曲，因为文中女主人亡故，将问题转移给不在家的男主人）。最后，还有疾病的威胁，夹杂在同样来自西方权威的莫须有的知识片段中，暗示着若是不能很好地适应文明会引发疾病。主妇被现代化的便捷卷入市场之中，而她所购买到的却不仅是便捷本身。

经济、效率与身体

卫生是厨房改良的第一教义，第二教义则是经济。但人们对经济的理解各不相同，而且一个人眼中的经济未必适合另一个人。《妇人之友》从燃料的角度来考虑经济性，计算家里做饭使用不同燃料要花费多少钱；那些杂志劝告读者监督家中烦人的女仆，她们根据费力多少来考虑是否经济[67]。然而村井弦斋的经济观则遵循着另一套逻辑：没有什么比缩短制

---

[66] 《燃料の経済的研究》，引自《妇人之友》，1912 年 1 月；转引自小菅桂子，《にっぽん台所文化史》，66—67。

[67] 这个一直开着煤气炉并因此浪费了一周燃气的女仆所遵循的是使用木材或燃煤时的习惯，使用那些燃料的厨房通常让炉子一直闷烧以便保有火源，并让厨房更加暖和。

备食物的时间并因此而增加人们消化系统的负担更"不经济"的了[68]。

　　传统的"经济"概念植根于家庭管理的理念中，这与现代政治经济学的概念并不相同，明治早期的教育系统中，女性使用的课本所采用的仍是这种旧观念[69]。根据文部省 1881 年大纲编成的两本课本《家事经济训》（1881）和《家事经济论》（1882），均声称自己是为女性读者而作，然而却将住宅的理念等同于股份制企业，将家庭的经济描述为男女均应关心的事务。这两本书中的"经济"包含着维持一个自足系统的意思，即"管理家庭内政"，这首先是女主人的势力范围。她的管理是从更广的领域表现出来的，与早年家庭经济的长链相符。总而言之，这两本书是对节俭的劝告。那些后来分属于不同门类的家庭事务，此时都被理解为经济层面上的问题。《家事经济论》警告说，如果主妇在管理家务时粗枝大叶，厨房里便总会有难闻的气味和害虫，家庭成员的衣服总会很脏，而食物也总会被老鼠和猫糟蹋。这些并不被认为是危害家人健康，而是"从任何一方面来说都不经济"[70]。讲到烹饪时，《家事经济训》称其为"关于食物的经济"，但并非介绍如何经济地采购食物，也不同于《美食之乐》中表述的食物制备成功与否直接与制作过程的复杂程度相关。它关注的是一个人如何充分利用手边的食材原料，而不是从市场或家人健康的角度来看待食物的经济性。

　　在早期的这种理解方式下，有管理钱财的经济学，也有关于烹饪的经济学和关于清洁的经济学，它们都有各自的逻辑。这些不同的经济学，

[68]　村井弦斋，《增补注释〈美食之乐〉》（1903—1904），"春の卷"，181。

[69]　在德川晚期和明治早期关于经济学的著述和译著中，家政管理和经济学暗中相互重合。幕末时期，英文词典将"economy"翻译为"处理家事"。擅长经济事务的福泽谕吉是最早宣扬将"economy"学术著作翻译为"经济学"的人，但他的注释显示出，这一概念在日常生活中仍植根于其思想中："经济学是研究财富的学问……因此，经济学是正确梳理人与物之间已经存在的建构规则的手段"，引自铃木修次，《文明のことば》，77。

[70]　田中ちた子和田中初夫，《家政学文献集成・续编》（明治期 I），260。

随后会被家庭烹饪、营养和卫生等概念代替，仅留下关于管理钱财和经济学领域的稀缺物品的经济学。然而，由于《美食之乐》中推荐的无数不寻常的新商品，以及加诸其上的道德教诲，在严格的金融意义上，新型家居理念的机理也发生了改变。至于厨具和其他家居商品，19世纪80年代的家事经济课本建议读者"使用常见易得的"，避免使用那些新奇的东西[71]。

羽仁元子的家庭经济学中没有价值250日元的炉子这类奢侈品的位置。通过给予读者大量实际的建议，以及对读者提供的家居预算逐条进行批评，羽仁元子的《家庭之友》和《妇人之友》延续着提倡节俭的传统。尽管如此，羽仁元子的努力令主妇的管理工作变得更加理性，这极大地改变着受过教育的女性和她们的家庭，其影响和村井弦斋的言论对家庭烹饪的改变一样巨大。羽仁元子的家庭经济学方法的结晶，及其影响最为深远的遗产，是《家庭之友家庭账簿》。这种精装年鉴在1904年首次出版，内有记录每日及每月家庭收入与开支的图表。羽仁元子打算以此账簿取代简单账簿，与后者相较，这类账簿有两个新特点。首先，除了记录实际开支，羽仁元子的账簿还给每个月度制定了预算，并在记录时比较支出与预算的差额。其次，账目表被分成不同的门类，比如娱乐开支与家庭饮食开支分开，主食又和配菜分开[72]。因此在羽仁元子的报表中，可以提前计划家庭收支，并按照用途分门别类。这种表格无法记录礼物的收支，除非确定知道其价格。家用收支详细到这种程度，说明主妇的工作效率很大程度是建立在其购物技巧上。可以确信的是，菜谱和账簿乃是现代厨房相关著作中长盛不衰的两大类别，前者代

[71] 田中ちた子和田中初夫，《家政学文献集成·续编》（明治期I），276。

[72] 此处编第三版：羽仁もと子，《家庭の友家計簿》（1906）。此账簿内其他支出的类别是：教育、家具、服装、住宅、娱乐、个人修养、工作、特殊和紧急费用。《羽仁もと子家計簿》在日本广为人知，并且每年都出版类似的版本。

图 2.9　按书烹饪。随着越来越多的女性开始独立在厨房中进行实验，不再需要指导和帮助，这一增长的市场催生了详尽介绍烹饪基本技巧的新型烹饪书籍。漫画家生动描绘了身处自己实验室的年轻主妇，手中捧着一本烹饪指南。(《大阪パック》，1917年 10 月) 烹饪书和家庭账簿，一同创造了以现代厨房劳作为中心的量化标准和书面词汇。后墙上的表格看起来像是不同食物的营养表。

表着对新奇事物和花样翻新的长久需求，后者则将消费品管理归入了女性领域 (图 2.9)。

羽仁元子的账簿表明"家庭经济"领域在概念上的精细化，这反映了家庭内部的"经济"传播与交易成为更大的外部经济系统的组成部分。从 20 世纪最初十年开始，羽仁元子创办的杂志和女子课本所宣扬的家庭改革语汇中，许多其他行业的术语也加入进来，成为"经济"一词的补充。1905 年前后，"效率"成为改革者的新目标。1917 年，《妇人之友》发行了名为《提高家庭效率》的特刊。四年前，弗雷德里克·温斯洛·泰勒（Frederick Winslow Taylor）的《科学管理原理》（*The Principles of Scientific Management*）被翻译为日文，而本土的效率运动正将泰勒主义的语言引入日常用语中[73]。然而工业界提供的并不仅仅是术语，提高家里的"效率"，要求从物理上改造家居空间，并且要求人们将做家务的习惯同工业工作方式一同改变。在家庭改革者引入公共舆论中的"效率"时，他们就将厨房当成实现它的关键地点，正如"卫生"一样。

在泰勒主义进入日本之前，最早提倡从物理上改造厨房以提高效率的运动就开始了，这一运动主张重新设计厨房，以方便站立劳作。在关东地区，厨房里的大部分工作是在地板上坐着、跪着或蹲着完成的。矮炉直接放在木地板上，水槽也和地面相平。比木地板低五六十厘米的地面是工作空间的一部分，同时供人进出。与之不同的是，在京都和大阪，水槽和炉子放在架空木地板房屋一侧的地面过厅，需要站着使用，做饭时要在屋里屋外跑来跑去。无论是关东还是关西的厨房，都有地面和支起的木地板（有时是榻榻米）两处操作空间，前者用于储水、进行湿作业，以及收货，后者用来准备碗碟托盘，只是关东厨房的设计让砍柴、清洗和照看炉子等活动都更便于在地面高度进行。

在 20 世纪最初十年，改革者将没有桌子的厨房视为不卫生和低效率家庭的典型标志。他们的观点似乎得到了大众的认同，从那时起，随着管道煤气和自来水的引入，之后几十年，东京的厨房普遍采用了便于站立操作的水槽和料理台[74]。对那些已经习惯了椅子和桌子的人来说，旧厨房

---

[73]　《家庭能率增进号》，《妇人之友》，1917 年 3 月。1931 年的关键词是"合理化"。羽仁的学校主办了一个"家庭生活合理化展览"，同时又发行了一份特刊；参见《家庭生活合理化号》，《妇人之友》25，No.12（1931 年 12 月）。1929 年，滨口内阁已宣布将"工业合理化"作为首要国策。20 世纪家庭改革的词汇由于吸收了工业语言而发生了突变。关于日本的泰勒主义，参见 Tsutsui, *Manufacturing Ideology*。

[74]　江戸のある街上野、谷根千研究会，《新編谷根千路地事典》，171—172。

也许确实效率低下，但它是一处灵活的工作空间，让人能自在舒适地坐在地板上干活。舂米或杀鱼等重体力劳动适合在地板上进行。羽仁元子自 1904 年开始出版装有立式水槽的改良式厨房平面图，因为她意识到这类重活对她的城市读者来说正变得越来越少见了。和家庭账簿一样，她将改良的厨房作为旨在提高主妇劳动成果的实验产品进行推广。但并不是说站着干活会更容易。杂志将关注点更多地集中在了卫生，以及后来被归于效率这一大门类的过程合理化的概念中。东京一位建筑师的妻子片山鉴子在 1903 年的《家庭之友》杂志中提到，她曾听一位用惯了关西式厨房的亲戚讲："做饭时一直站着也许有点累，但你的衣服不会为此而弄脏，而且你身边也更加整洁。"作为一个东京人，她本人并没有亲身经历[75]。到 1913 年，《妇人之友》杂志的邮订部门开始提供一种带有各种抽屉和工具卡槽的厨房高料理台，其卖点是让人可以"整洁有序"地劳作（图 2.10）。[76]

　　这类实际问题似乎在很久之后才引起男性改革者的注意。《家庭宝典：厨房改良》和《美食之乐》都不曾讨论做饭时人的身体姿势，尽管这两本书都在扉页插图中展示了改进式的厨房，以及站在料理台前的仆人。村井弘斋家中厨房的照片刊登在 1904 年的《妇人画报》上，厨房内有一个立式料理台，放在架空的地板上，但炉子和水槽位于木地板下的地面上，做饭时需在上下两层来往，而且清洗时要采用跪或蹲的姿势[77]。他关注的重点是吃饭人的健康，除了饮食卫生和易于消化，他从不考虑劳作的效率。

---

[75]　《家屋改良案》，《家庭之友》1, no. 3（1903 年 4 月）：70。值得注意的是，在很多日本传统职业中，人们继续坐在地板上工作，比如裁缝制作和服。但无论如何，席地而坐的习惯从厨房中消失了。

[76]　《家庭用料理台》，《妇人之友》8, no. 7（1914 年 7 月），0—2（广告）。关于这个料理台的讨论，参见小菅桂子，《にっぽん台所文化史》，182—184。

[77]　中根君郎等，《ガス灯からオーブンまで》，172（照片）。

图 2.10　家用料理台。(《家庭用料
理台》,《妇人之友》8, no.7, 1914
年 7 月)

　　泰勒主义优先选择站立式操作的厨房，是因为它是食物制备过程中
活动流线的一部分。1917 年，《妇人之友》的《效率》专刊展示了两间厨
房，一间全部采用混凝土地板，另一间全铺架空木地板，其中没有地面
上的劳动空间，因此"一切都可以站着流畅操作"。为了"动作高效"，
设计师将所有的工作平面设置在同一高度。他解释说：

　　　　如果这些工具之间存在高差，或者活动过程中有障碍物，虽然
　　在其中劳作惯了的人也能适应，但实际上他在无意识中消耗掉很多
　　精力。在无意识中消耗的这些精力并非毫无代价——积攒久了它令
　　人疲劳，然后自然就会在某些地方犯错误[78]。

---

[78]　《動作経済の上から工夫した台所》,《〈妇人之友〉家庭能率增进号》(1917 年 3 月)：109。

　　将这间厨房与这一时期的大部分模范厨房区别开来的另一个独特之处，是它的面积。常磐松女子高校的校长三角锡子曾是日本女子教育"科学管理"的倡导者，她提倡采用紧凑的厨房以避免同女仆共享厨房空间[79]。她自己新建的住宅带有 1.8×2.7 平方米的厨房，该厨房在《妇人之友》的《效率》专刊及同月份的《主妇之友》上均有介绍[80]。课本和建筑图集里的房屋平面图上的厨房，变成了紧凑而高度精准的空间。1912年出版的佐方镇子、后闲菊野的《女子高校家政教科书》，引用了同时代建筑图集的三个房屋平面，其中厨房的面积分别是 9、12 或 16 叠（分别约 15、20、26 平方米）。其中两个厨房有大面积的地面区域，使得厨房比房子里其他所有单间都大[81]。与之相反，20 世纪 10 年代后期的教科书中很少出现大于 3 坪或 6 叠（约 10 平方米）的厨房。这些课本烹饪篇的插图提倡使用料理台，而且经常出现有料理台、立式水槽和显眼挂钟的厨房内景（图 2.11）。与之相配的课文则强调站着劳作的重要性[82]。住宅设计书籍中也存在类似的转变。到 20 世纪 30 年代，人们已经基本接受在厨房里是要站着工作的，同时，一些家政课本也强调应尽量让水槽、炉子和料理台（"厨房活动的三个中心"）靠在一起，以最大限度地减少纵向和横向的移动[83]。

　　尽管日本厨房的设备仍相对原始，紧凑的实验室样式的厨房依然可

[79]　内田青藏，《あめりか屋商品住宅》：90—91。同时期克莉丝汀·弗雷德里克（Christine Frederick）也在美国宣传将泰勒主义用于厨房中。目前还不清楚三角锡子或其他日本人是否读过她的作品，她的书似乎直到 20 世纪 30 年代才能在日本买到。不过弗雷德里克在欧洲的影响有据可查，其思想对日本的影响可能间接来自欧洲。

[80]　《安价で建てた便利な家》，《主妇之友》，1917 年 3 月，35—39。五月份的杂志报道称，它已接收到了读者对这篇文章的热心回应。

[81]　佐方镇子、后闲菊野，《高等女学校用家事教科书》(1912)，第二版，I：14—15 插图。

[82]　样例见吉村千鹤，《实地应用家事教科书》(1919)，I：II；大江スミ子，《应用家事教科书》，I：15；石泽吉麿，《家事新教科书》(1926)，I：22—23。

[83]　样例见近藤耕藏，《新编家事教科书》(1930)，I：86。

图 2.11 这幅带有立式水槽、料理台、煤气和一个显眼挂钟的厨房图片，曾在数本女子学校教科书中出现。(吉村千鹤，《实地应用家事教科书》，1919)

以让各个公司更方便地推销新产品，因为科学化的管理让厨房精简到只剩下一张用来放置高效厨具的料理台。在 1928 年的一次展会上，一家名为久野木本店的燃油炉厂商推出了"一坪（36 平方英尺）厨房"的模型。他用泰勒主义理论推销它"极端高效"的布局："当人站立在厨房中央时，所有物件恰如其分地围绕在周围，这样不需移动脚步，就能够使用距离很近的架子、炉子和水槽。"[84]

在 19 世纪的厨房里劳作需要采用多种姿势，还要在地板、地面，以及室内外穿梭。除了要给灶或大灶（一种固定的大型黏土炉子，一般有两个或更多灶眼）和一个或几个可移动的七轮炉添煤或添柴，厨房劳作还包括捣年糕、磨豆酱、晒鱼、晒菜和腌菜——这些工作都需要空

---

[84] 引自小菅桂子，《にっぽん台所文化史》，193—194。

间，需要使出浑身解数，有时还需要多人合作。厨房不仅是巨大的开放空间，还是一个社交场所。现代农居中的厨房依然如此。对保健专家来说，这种开放性意味着危险。干净的厨房是一个照明良好而且受到严密监控的地方，绝不能托付给外人。伴随着主妇对厨房整洁程度的要求越来越高，效率学为厨房内的活动设定了一套新的程序，将所有行动都限制在一个类似座舱的封闭空间之中。

技术进步在减少厨房空间方面也发挥了作用。煤气和自来水让厨房劳作得以在封闭空间中进行，不再需要用手推车运送柴火、煤和水，也因而缩减了储藏空间。这些都使得厨房可以变得更小。然而并非是科技从根本上催生了这种转变，这源自两方面原因。首先，新技术一开始会迁就旧的操作习惯。最早为厨房设计的燃气炉仅是简单地放在地上，替代老式的灶和七轮炉，需要蹲着或跪着操作（见图 2.8 右侧）。因此不应认为改用管道煤气灶后，在厨房中的操作姿态就会自动地变为站立。其次，尽管各种媒体（包括课堂教学）都在宣传，但直到 20 世纪 60 年代经济高速增长前，日用电器的市场份额都还很小。20 世纪二三十年代，在杂志和课本中常常出现的摆满方便器具的简朴白色厨房，对大部分日本女性来说仍是一个梦想；到 20 世纪 40 年代晚期，她们仍会神迷于驻日美军宣传电影中所展示的美国家庭里类似的厨房[85]。因此，早在烤面包机和电冰箱真正进入众多日本家庭的数十年之前，关于改良的言论已经改变了厨房和它的空间构成，以及在其中的劳作方式。

现代社会将人类行为区分为休闲和劳动两类，其中以劳动为竖轴。对 19 世纪 90 年代的建筑师来说，缺少功能区分是他们眼中没有分化的家庭空间的主要问题。吃饭、睡觉、工作，以及玩耍都在同一处进行，这样的日本住宅又怎能进入文明世界呢？最初的空间解决方案是将住宅

---

[85] 《台所今昔 1：初めて見る便利な物に唖然》，《朝日新聞》，1994 年 8 月 23 日。

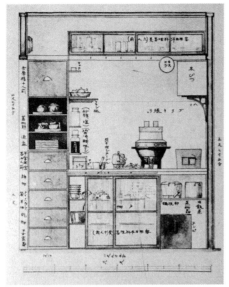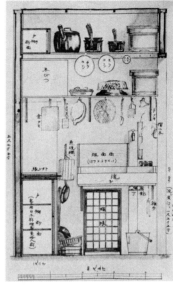

图 2.12　入泽夫人 2.5 平方米的厨房模型，在 1915 年《国民新闻》举办的家庭展览上展示。

中主人活动空间里的榻榻米替换为桌椅，使其更适合于工作；而在随后的二十年间，对厨房这一女性工作空间的重新转换和再造也是这个前提的必然结果。

19 世纪的厨房劳动较之现代厨房劳动无疑更为辛苦。对负责在乡村大宅中制备食物这一繁重工作的女性来说，现代厨房具有巨大的吸引力。但是为了效率，难免要做出牺牲。如同在广泛文化变革进程中产生的许多损耗一样，这些牺牲大半是在毫无知觉的情况下做出的，如身体活动的自由、规定劳动时间之外的付出，以及从前通过在制备食物的环境中劳作形成的在本地女性之间代代相传的繁复知识。有人认为，相对于获得便捷以及能够获得更多厨房之外的时间来说，这些代价微不足道。厨房改革家三角锡子忙于其母辈从未想象过的工作，当然不会回头审视传统的丧失是否值得。而且，宣扬新形式和行为方式的媒体本身的性质，也使得他们很难将新与旧放在同一尺度上来评价各自优点。对三角锡子

图 2.13 "高效与低效的生活方式：吃饭。"泰勒主义同时提供了家务劳动的新理念和
解决老问题的新提法。上图选自《妇人之友》，宣扬一家人应当在同一餐桌吃饭，不是
为了宣传新道德，而是为了节省时间和劳力。(《妇人之友》，1917 年 3 月)

的大部分学生和其他女子高校的毕业生来说，等待她们的并非家庭之外
的一份职业，而是照顾家庭，包括在一个装备了煤气、立式水槽，或许
还有廉价版羽仁元子厨房料理台的紧凑型城市厨房里为家人准备日常餐
饮。而对那些奢侈到拥有一名住家女仆作为助手的主妇来说，她们的所
学将会引发主仆之间无法消解的紧张矛盾。卫生课程告诉她们隐藏在厨
房中的诸多危险，并赋予她们公共健康部门在家中的代理人的职责。反
复的灌输使她们相信厨房不仅是她们每天的职责所在，同时也是她们发
挥创造才能的重要之所。泰勒主义已经缩小了这一职责的空间范围，以
便与为工厂流水线所准备的动作—时间最优化准则相适应。

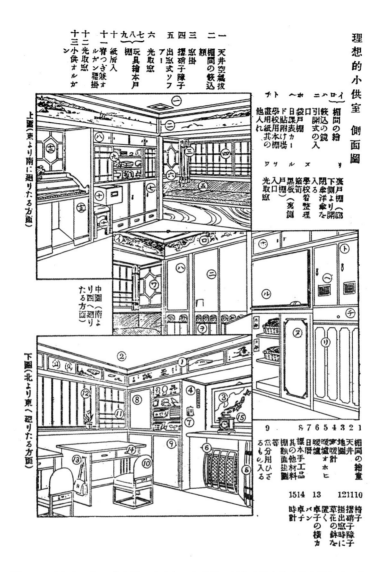

图 2.14　儿童房。在 20 世纪第一个十年，家政管理课本开始宣传儿童房的概念，这是特别为儿童嬉戏和学习设计的房间。随着儿童心理学的兴起，儿童房发展成为女性报刊和女子高校课程的一项重要内容。随着中学升学考试竞争压力的增大，儿童房的形象越来越细化了。1918 年以后，几所女子学校课本的《家庭教育》章节里，都有几幅精密规划的儿童房插图，这些插图原本是《朝日新闻》举办的一次大赛的获奖作品。这些极尽详细的设计中，各种隔断达到极端精细的程度，象征性地反映出当代育儿专业体系的细致程度。（甫守ふみ，《新定家事教科书》，1918，2：80—81）

　　总的来说，通过将"主妇"定义为一个普遍门类，家政管理在反复灌输一个概念，即住宅里所有的保持及再生产任务都直接依附于一个女人。这些任务包括打扫房屋、洗衣、保育，以及准备食物等。我们只需简要回顾一个生活在现代化以前，也许可以被看作是与 20 世纪"中产家庭主妇"有相似角色的女人，即使仅仅是对一个小家庭的女人而言，也可以理解这一改变的意义有多么重大。广岛藩一名下层武士的妻子赖梅飔写于 1785—1843 年之间的日记，为我们提供了一个对照范本。赖梅飔的亲戚不多，家族很小。赖梅飔很勤劳，她在日记里简单称之为"工作"的劳动是编织，这是家中女主人的主要职责。在女主人的指挥下，家人在布料生产上各有分工，这些人包括两名女仆、一名保姆，以及赖梅飔的女儿，另外还有家庭之外的女人做帮手。而打扫，至少周期性的大扫除，是由男性家庭成员负责的。一名男仆打理菜园并负责腌菜。另外，许多工作被外包给定期前来的外人，包括一个负责洗衣和教授编织技术的本地商人的妻子。一个奶妈从婴儿出生就开始过来照顾。赖梅飔的日记中很少提到制备食物，仅在招待客人时提到过几次，也没有暗示

图 2.15　与烹饪同类的家政还有打扫房间。随着女子高校课本日渐将读者假定为主妇，主妇注定要管理一个小家庭，从前可能需要多人协作完成的工作，如今也变成了她一人的职责。到 20 世纪 20 年代，课本中频繁出现一类图片，独自一人的主妇身着平常烹饪服，手持清洁工具。这幅图片对应的文字说："主妇应当每日打扫房间内外，并且每周或每月应有固定的扫除日，春秋换季时还需要有季节性的彻底大扫除。"（井上秀子，《现代家事教科书》，1928）

女主人在其他时间下厨劳作的资料。因此，与主妇相关的所有典型"家务"——烹饪、打扫和洗衣——都由赖梅飔的家人和外人承担[86]。

这一转变当然不能仅靠在学校里教授新知识和流行出版物中大量的劝诫文章来推动。新的食物、厨具，类似煤气、电和自来水之类的能源，以及新的住宅本身——正是这些新商品，让现代生活成为现实。女性很难从曾被推崇的传统工作模式中完全抽离出来，除非家庭自身拥有购买这些新商品的财力。花费了数十年时间，国民经济才发展到与改革的概念相符的程度。事实上，在农村地区，直到20世纪70年代，政府和私人团体赞助的改革者仍在进行同样的宣传，推广立式水槽、消毒、营养均衡的多样食谱等早在世纪之交就已出现在女子学校课本中的东西。[87]然而市场实实在在地发展着，从20世纪最初十年起，先是在城市，新的商品逐步适应了发展中的体制。教育编织起女性角色、布尔乔亚家政改革和耐用品市场之间难解难分的关系。

受过训练的职业主妇以综合全面的知识和对待家务理性科学的态度，获得了布尔乔亚的文化身份认同。理性主义并不仅仅意味着节俭的习惯，极度贫困的农民在这一点上早有足够的动力，还需要知道，当与家庭之外的相关机构联合起来时，女性所掌握的经济管理专业技术具备怎样的实力。综合全面的知识可以将布尔乔亚家庭提升到陈腐陋习之上，让家政管理和国家进步相适应，并且可以明智地分配女性的时间（在布尔乔亚社会里，这也是一项珍贵的商品）。受过教育的女性在这个社会中寻找自己的位置，她们几乎没有其他的施展空间，只能成为家中的科学家，并把厨房变成她们的实验室。

---

[86]　鈴木ゆり子，《儒家女性の生活》，133—151。梅飔是历史学家赖山阳的母亲。

[87]　关于公民组织在促进国家改革进程中所扮演角色的分析，参见 Garon 的 *Rethinking Modernization and Modernity in Japanese History* 和 *Molding Japanese Minds*。

第三章

家居室内"和民族"风格

大众市场与品位思想

　　明治时期关于家的言论以及与之相伴的家政学科，说起来与美学并没有太大关联。与服饰、个人饰品或建筑形式本身相比，室内装修涉及更多的选择和商品组合，传播缓慢。改革家重塑了家庭活动，并且开始对住宅进行改造；但是除了将一个房间变为洋和折中的大杂烩的男性领域之外，家庭室内装修并未受到太大影响。家中的大部分物品仍然来自本地相同的生产体系，并且跟受到改革家干涉之前一样，在家庭中发挥功用。堺利彦为了更好的家庭生活发布了一则宣言，其中提到了家的"新品位"，然而这并未带来设计上的巨大改变。不过，日俄战争（1904）后，建筑师和知识分子将注意力转移到住宅美学方面。同年，日本第一家百货商店开业，这并非巧合，在未来很长一段时间里，它将对家庭室内装修产生重大影响。

　　和"ホーム"（homu）或"家庭"（katei）一样，"趣味"这个与"品位"相对应的词语，在19、20世纪之交出现在日常用语中。1906年6月开始刊行的《趣味》杂志是这个词语的传播源头之一，它受到以日本文学元老坪内逍遥为首的各界名流的大力支持。[1]尽管《趣味》并不是第一本使用这一词语的杂志，但它集合了与各种事务相关的专家意见——从欧洲绘画到被称为"浪花节"的本土说书表演，以期凭空召唤出一个与品位相关的自足的世界（作者称为"趣味界"）。主编保证说，这本杂志不仅娱乐大众，而且会推动艺术的发展，并"必将"促进"家庭的教化"。在创刊号的篇首文中，坪内逍遥宣称他所关心的主题与个人偏好相关，人各有所好，并且引用卡莱尔（Carlyle）的定义，认为品位（テイスト，"taste"的音译）是"对真实和伟大的洞察力"[2]。其他作者重申了这一主旨，称趣味与生活中的方方面面相关，而且能够从一个人的趣味判断出他的性格。

洞察"真实与伟大"的能力包含了对物品进行选择这一假定。在文学圈之外，那些物品的压迫感——需要被选择及布置的商品——正鼓励人们对品位进行大幅度的重新整理。同一历史时期，在文学及流行语汇中作为新词汇出现的"趣味"成为分辨物品（有时还扩展到人的）价值的一种方法。在日本主要城市的大商场里，新的商品与获取新商品的可能性在等待着民众。尽管当时的杂志多为图书、化妆品和专利药品做广告，而《趣味》却向读者介绍留声机商店、艺术品和古董商、带有皇室艺匠师头衔的金银盘制造商，以及窗框和西式画框方面的专家，许多钻石、巴拿马草帽等个人饰品的经销商也在其宣传推广之列。统领这一系列装饰品的是百货商店，特别是三越百货商店，它成为20世纪早期日本风尚最早的引领者。坪内逍遥一流精英知识分子是三越借以重铸日本品位的中坚力量。

---

[1]　神野由纪，《趣味の誕生》，7—9。

[2]　坪内逍遥，《趣味》，1：1（1906年6月）：1。

1904 年 12 月，位于大阪老金融区日本桥的三井和服店改名为三越，并在新年打出广告，宣称它将扩展商品种类，成为"像开在美国的那种百货公司"。这是几年来一系列铺垫的顶点。五年前的世纪之交，这家商店就采取了首个关键性步骤，将服务对象转向大众市场，取消了由固定店员分别主持交易的传统模式，引进了展示货架。1904 年，三越在沿街一侧的建筑立面增加了展示橱窗。到了 1908 年，东京另外四家大型和服店也随之进行了改造 [3]。

这一转型改变了城市居民的购物空间，此前城里人购物时看不到实物，这种虚空正代表了那种以稀缺为主的经济，如今看得到并可以选择丰富的物品。获得商品的行为也发生了改变，从与个人的交涉中解放出来，成为面向不知姓名的普罗大众的交易。关于百货商店产生以前的商业城市，正如爱德华·塞登施蒂克（Edward Seidensticker）[4] 所言："江户是一个封闭的世界……居民了解他们的商店，商店也了解它的居民。"[5] 在传统和服铺中，店员和顾客间的交易是在铺有榻榻米、宽敞空旷的地面上进行的。商品存储在店铺后面的库房货架上，顾客看不到，由店员（男性）取出他认为适合客户的布匹。早期的一幅木版印刷画展现了正处于转变第一阶段的新商店：妇人们来到楼上，她们也许是第一次看到展示在一排排橱柜中的商品，就像当时政府举办的展览会一样（图 3.1）。三越立即成为一处观光胜地。随后它被重新改建为文艺复兴风格，增加了装饰华丽的餐厅、休息室、游乐场和展示空间，很快这里就成了穿着考究的城市居民带着他们的孩子打发整天时间的场所。三越的经理们尤其重视特殊展示空间，因为日本百货商场的目的不单是最大限度地刺激消

---

[3]　初田亨，《百貨店の誕生》，60，66—69。这则广告援引自《时事新报》，1 月 2 日，1905。

[4]　爱德华·赛登蒂克（1921—2007），美国学者、日本文学翻译家，曾获旭日章、菊池宽奖，所译《源氏物语》广为流传。（译注）

[5]　Edward Seidensticker, *High City, Low City*, 109.

图3.1　三井和服店被改造为百货商店过程中的内景。商店下层延续了传统，店员和顾客在榻榻米上单独交易；同时，顾客也可在商店上层的浏览货架展柜中浏览挑选商品。（感谢三越档案馆提供）

费，增加销量，还包括对潜在客户进行新商品的意义、使用方法的实际传授 [6]。

　　品位是阶级优越性的显著特征，然而明治时期的言论对"品位"一词的关注，更多是关于民族性的确立。坪内逍遥认为，培养日本的品位事关国民性，他认为这些新杂志将通过倡导对日本品位的"发展和保护"

[6]　关于三越的研究越来越多，英语文献有 Aso，"New Illusions"；和 Moeran，"The Birth of the Japanese Department Store"，参见榎并重行和三桥俊明的作品，《細民窟と博覧会》372—379，对这一时期百货公司成长背景下的顾客需求的认识进行了精彩分析。

这一紧要需求,"为国家做出贡献"。[7] 三越的经理人也以类似口吻谈及百货商场所担当的角色,并认为他们在商业上的发展与国家的进步密不可分。为了这一崇高目的,商场资助了数个"研究团体",邀请杰出知识分子就当代流行趋势发表演讲,评价商场设计的织物的图案,分享个人收藏并策划展览。这些团体中持续时间最长的是"流行研究会",它从1905 年开始,在商场雇用的通俗作家岩谷小波的主持下每月集会。三越也因此成为一个经常举办沙龙之地,在这里,新渡户稻造、森鸥外、柳田国男和坪内逍遥等名流与商店的主管、内部设计师,以及岩谷小波之类的中间人聚在一起。商店也因这些名人的光顾和支持得到了宣传,三越的出版物常常提到他们的名字,有时还会加上一个能够唤起布尔乔亚文化精英认同感的头衔,比如"杰出权威""知名专家",以及"当代一流名家"等。作为商店出版的三种出版物之一,《三越》乃是文学短文、时尚观察和商业目录的综合体 [8]。其中会刊载研究团体发表的演说,旁边配上最近的打折信息和新到货品的照片,这些商品通常由这些专家或名流赞助,或被宣传为他们的发明。

作为莎士比亚作品的译者、日本第一部小说研究专著的作者,坪内逍遥很自然地将品位问题首先放在民族文化的语境中来考虑。对大部分被邀请到三越的名流来说也是如此。民族知识分子的社会地位决定了他们总是倾向于寻求民族意义,以符合其阶级利益。商场则是出于全然不同的动机。无论经理人的用词多么高尚,或者说多么充满民族主义,从商业的角度来看,民族性提供了合情合理的手段,但其最终诉求仍是激起消费者的购买欲。布尔乔亚知识分子为以其阶级为基础的民族愿景寻求听众,商家、企业在寻求消费者,而三越的研究团队则将这两种全然

---

[7] 《趣味発行の趣旨》,《趣味》1,no. 1(1906 年 6 月):3。

[8] 初田亨,《百貨店の誕生》,88—90。

不同的欲求结合在一起。

正如布尔乔亚分子被认为是独立自主的，随着被习俗和禁奢法令制约的归属秩序的崩溃，布尔乔亚社会将审美抉择也置于自主境地中[9]。推而广之，布尔乔亚的居室内部也是依照展现房间主人个性这一原则来布置的。也许布尔乔亚的品位仍然受到社会习俗的限制，实在地说，当既定的法度失效，装饰门面的压力比以往更大；然而正如消费者选择商品一般，布尔乔亚社会的家庭和个人也在寻求自我表达。独立自主的个人理想与超越身份地位、实际需求的体现个人品位的理想密不可分。与此同时，布尔乔亚社会将审美洞察力视为不可或缺的文化资产，因此在它纯洁无私的外表下，掩盖着一种阶级策略——在这个意义上，它无疑是非常"实用"的。

受到西方布尔乔亚文化的启发，明治所言品位首要关注民族性的确立。当然，它对增强布尔乔亚分子对家的特殊感情也贡献颇多。因此正像家庭的宣传家一样，趣味的推广者所寻求的受众有着确切的阶级特征，即受过高等教育，在家庭上的投资既感性又实用，了解西方的处世方式。如今这一阶级特征又加上了"为家里挑选新商品"这项新内容。然而，19世纪西方和日本居室在设计和装饰上的巨大差异，使得商品传播问题变得十分尖锐。与紧凑的维多利亚式室内装潢相比，和式房间显得空空荡荡。应对这一矛盾，要么宣称"朴素"这一极简主义是日本品位的精髓，要么就需将和式居室内装饰从封建传统中解放出来，将其看作一张空白的画布，等待着个人艺术冲动的表达。由于没有哪个布尔乔亚理论家鼓吹不加选择的西方化，也没有谁认为事物应当和从前一样无分别，因此寻找到重新设计家居室内以表达出两种立场的方法，就成为这一布尔乔亚工程中的必要部分。

---

[9]　Eagleton, *Ideology of the Aesthetic*, 23.

重构室内

明治布尔乔亚的品位是本土与西方的矛盾综合体,在重新阐释本土审美传统的同时,也融合了外来的审美传统。即使在 19 世纪 80 年代,当西方时尚风靡上流社会时,那些西方时尚的领军人物仍会展现出一些本土冲动,通过凸显本土的风格或艺术形式来表示日本与进步的西方在美学方面至少是势均力敌的。皇室本身是东西合璧的典范——或者更准确地说,是成为民族领袖借以将东西合璧合理化的工具。举例来说,1887 年夏,在参加盛大的鹿鸣馆化装舞会一周后——该舞会由于过分西化而很快招致批评——外务大臣井上馨在他的庄园举办了一场庆典来招待天皇和皇后,内容包括参观他的茶室和欣赏歌舞伎表演。这一事件不仅平息了浮华的西式舞会在前一周造成的不良影响,而且使歌舞伎表演获得了皇室的认同,使其从下九流的都市娱乐场所进入了官方认同的民族剧场。而茶艺也因为与明治布尔乔亚文化的结合,发生了类似的转变,由于官方的认可和日本精英阶层的光顾,茶具商从中获利匪浅[10]。

在西方商品及其介绍使用方法的文本进入日本以前,那些占据统治地位的男性文人所保持的审美传统,与茶道和其他礼法森严的社交应酬,以及艺术品收藏、赏鉴密切相关。上层家庭居住建筑书院造的关注焦点,更多是集中在物品、客厅床之间挂轴的恰当摆放位置。这些室内处理手法通常被称为座敷装饰,留存在一些关于室内的明治文献中。例如,写过多本讲解如何装饰和式房间的畅销书作者杉本文太郎,将这些传统原则编进了统一的体系。他的著作获得了以宫内大臣为首的众多望族的认同。杉本文太郎以"民族传统"的名义将从前各式各样的实践进行了重

---

[10] Guth, *Art, Tea and Industry*, 91—93.

图 3.2   为中国旧历兔年大年初一装点的客厅座敷，选自杉本文太郎的《図解座敷と庭の造り方》(1912)。图片所附文字说明："全年所有节日庆典中的装饰都必须庄重，这需要依照最高等级的礼节行事。"(129—130)。壁龛中的蕨类植物是石松，为古神道教仪式的元素，据作者说当时正在复生。其中包含一些反映了数寄屋风的建筑构件，如未经抛光的壁龛主柱、半圆形开口的薄壁，以及不连续的嵌线等。

组，尽管他将自己定位为审美保守派，但他的建议显然很现代。他认为自己所创的体系是"和式"品位与气质的代表，并在各个方面与洋风进行对比 (图 3.2)。

　　杉本文太郎和其他作家所构建的室内装修的民族风格，教人以缜密详尽的准则来装饰客房。他的书先是援引西方和本土文献，比对两种品位的差异。他认为日本人对"风情"与"多样"的独特喜好，可与国家政体的精髓一同追溯至远古时代；书中随后又罗列出用来装饰各种壁龛、置物架和与书院造书桌等组合的各种物品，以建立起一个无所不包的广泛准则[11]。《日本住宅室内装饰法》按装饰元素对壁龛的处理方式进行了

[11]   杉本文太郎，《図解日本座敷の飾り方》(1912)，2—8。

分类，规定了各种类型的物品、鲜花或绘画题材的处理手法。一切都遵循着同一条无上准则，即创造出与季节和展示环境相匹配的和谐整体。壁龛前装饰柜上的鲜花和饰品的摆放方式，按礼仪分为三个基本等级，并包括六个中间等级[12]。室内装饰被视为文化传统的应用实践。比如，杉本文太郎鼓励在房屋入口和客厅等处放置折叠屏风，但告诫读者在门口的屏风前放置其他装饰物品"不合法度"[13]。同时，这一规则体系仅在主人与客人的社交空间中创造了一种礼仪美学，对私人使用的空间装饰则毫无"法度"限制[14]。

女子家政管理和礼仪教科书在重复杉本文太郎关于壁龛装饰元素规定的同时，也展示了明治晚期那些持有维多利亚观念的教育家的一种普遍思想，即环境会对人的道德产生影响。与将室内装潢看作与正式社交环境的传统完全不同，这些观点成为贯穿明治时期关于室内装饰的著作的第二种张力。19世纪，有关家庭的英美文学作品普遍宣扬一种观念，认为房间的装饰会对居住者的道德情操产生影响。如《家庭手册》（1909）所展示的那样，这个概念伴随其自身传统一起进入了日本。作者讲述了一个据说是发生在美国的故事：一位妇人有三个儿子，其中两个先后死于海难，而起因是家中悬挂的一幅画有轮船的画使得他们都渴望成为水手。这个故事被用来说明，如果忽视了家庭环境对易受影响的儿童所起的作用而随意选择饰物，有多么危险[15]。由于家政管理题材的作家已将家庭重塑为由女性统治的道德领域，这一类的故事自然与女性扯上了关系。

[12] 杉本文太郎，《日本住宅室内装饰法》（1910），1—14。

[13] 同上，105。

[14] 杉本文太郎，《図解日本座敷の飾り方》（1912），156。

[15] 松浦政泰，《主婦の巻》，选自大日本家政学会，《家庭の栞》（1909），242。本文以及类似的劝诫文章中的关键词是"感化"，有"影响"的含义，但包含特定的道德内涵。

　　《座敷装饰》的作者与女子教育家的指导没有什么冲突。尽管如此，将室内装饰作为精英女子教育的一门学科本身，与先前的实践是相背离的。杉本文太郎在 1912 年感慨道，明治维新之前，"男人曾将室内装饰当作自己必须履行的义务，就如同妇人将梳妆打扮当作她们首先需要完成的工作一般"。[16] 女子高校礼仪课本《女子作法书》将杉本文太郎礼仪美学的严苛，应用于具有道德说教意味的现代礼节中，并借此融合了两个概念体系。读者学会了如何恰当地布置房间，来庆祝各种节日，比如天皇诞辰和日本建国日这两个源自明治时期的重大节日。书中教导读者要为天皇诞辰布置出一个摆设有天皇、皇后照片的前室，可以在前室表达对天皇、皇后的敬意之后，邀请亲戚和朋友到单独的一间客房进行庆祝。指导说明包括恰当的壁龛装饰与程序，并有一条单独的注释，说明如何在西式房间内进行庆祝：首先应当在会客室中布置一个红木大置物架，上面放置一个牧羊人象牙摆件、一副能剧面具和一把半开的扇子，旁边还要有一只"充分装饰"的座钟，另外还有七种不同的物品，其义一种比一种晦涩难解。对餐厅、门厅和走廊的布置还有进一步的说明[17]。即使是对那些在最高等级的女子机构中学习的女学生来说，该教材中提到的种种复杂配件也并非在家中随手可得。与其说这一指导说明是文字版的设计蓝图，不如说它在告知精英女子，如何将家庭舞台布置得既符合其社会地位，又适应新的民族文化[18]。

　　有些并非明确以典礼仪式为主题的书籍，也会涉及室内装饰话题，并依照不同的原则处理东西方的物品。它们往往将西式房间与本土房间区

[16]　杉本文太郎，《図解日本座敷の飾り方》(1912)，23。

[17]　佐方镇子和后闲菊野，《女子作法书》(1906)，27—35。

[18]　既显示了按杉本的依照传统习俗将客房布置得很正式的方法，又能表明维多利亚式强调房间日常使用装饰的道德影响的装修建议，这一类例子参见星野，《室内装飾の话》，《妇人之友》1, no.10 (1908 年 11 月)，294—297；《妇人之友》2 no.3 (1909 年 3 月)，113—114。

图 3.3　和式房间床之间壁龛的装饰与西式房间壁炉架的装饰。（近藤正一，《家政宝典》，1906）

别对待，并按照对应的程式分别布置。西式房间的装饰通常需要"浓厚华美"，而和式房间则应该"清雅淡泊"[19]。然而它们并非总是刻板地遵循这一原则，把进口物品和本土物品简单地进行区分，分别放入西式房间与和式房间内。一些作者甚至鼓励本土与外来商品的混搭。下田歌子对西式房间的装饰指导，便鼓励使用"独具本国特色的物品"[20]。然而，即使包括这些截然对立的陈设，该课本仍然遵循杉本文太郎作品中的美学逻辑，认为装饰属于如何能够在与社会习俗相符的礼仪范围内创造和谐的问题。西式房间的壁炉常被视为类似于和式房间里床之间的壁龛，壁炉架的装饰也遵循着类似的庄重正式的准则（图 3.3）[21]。如同座敷和茶室一样，西式房间仍然是一个表演空间。教材指示作为客人的读者如何严格地在座椅上就座的礼仪，其严苛不亚于接茶或欣赏展示在壁龛中的物品[22]。

---

[19]　下田歌子，《家事要诀》（1899），263，269。类似的描述也曾出现在许多其他 19 世纪的文本中。

[20]　同上。

[21]　佐方镇子和后闲菊野，《女子作法书》（1906），64；近藤正一，《家政宝典》（1906），98，112。

[22]　例如，《椅子に寄る心得》（《如何坐在椅子上》），岩濑松子，《和洋诸礼式案内》（1905），84—85。

　　这些教材丝毫没有涉及如何表现个人品位。尽管如此，他们仍然期望读者不仅具有识别普遍被认为有价值的物品的能力，而且有办法搞到一堆这样的物品，以便能够从中根据与环境、时间相配合的美学标准进行挑选、搭配。尽管和式客厅的装饰原则是淡雅，而且反复强调装饰和式房间的艺术在于用常见朴实的物品搭配出一种和谐的效果 [23]，但这种简朴的外表乃是一种假象。这种精巧的室内格调至少是建立在拥有足够的空间，可以让一个房间中完全不必摆放不符合美学的日常用品之上的；换言之，即拥有一间仅仅用来展示与接待的客厅。恰如其分的装饰同时也意味着需要储备大量的商品（以及能获得当季的鲜花），以便根据不同季节或场合的正式程度改变房间的外观。杉本文太郎著作中提到的卷轴、花瓶、雕塑、博古架和屏风，即使是其中极小的一部分，也需要有一个储藏室（现代之前的城市财富在建筑上的本质表现）来保存未使用的物品。像下田歌子的著作之类的教科书，更是明确假设有数位仆人来维护这些物品，并且配有用以展示它们的客厅。

　　要维护一个符合"浓厚华美"准则的西式房间的开销则更为巨大。下田歌子甚至指出，这是一个有关物品数量的问题，她指导读者，"在西式住宅中，主人应当布置许多家具物品，即使是一个大房间，也不该让它有太多空闲之处"。[24]《社会百态》（1904）中的一篇文章描绘了一座典型的高等官僚住宅，文章认为即使是年收入 1000 日元的官员也负担不起这样一所布置妥当的西式住宅，除非他还有其他收入 [25]。

　　因此在 19、20 世纪之交，西式住宅及其恰当的配置几乎成了贵族

---

[23]　杉本文太郎，《日本住宅室内装饰法》（1910），54；下田歌子，《家事要诀》（1899），262。

[24]　下田歌子，《家事要诀》（1899），269。

[25]　近藤正一，《高等官吏的生活》，选自《女学世界秋季增刊：社会百生活》（1904），56，64。这位作者与《家政宝典》（见本章图 3.3 注）的作者近藤正一似乎是同一人。他在教授礼仪的机构中担任讲师（礼法讲习会师范）。

与布尔乔亚上层的专利。他们装饰好的房间会时不时被拍照刊登在《妇
人画报》上，以飨读者。一本 1906 年出版的关于室内装修的特刊，刊载
了印有十五个这类显赫家庭的客厅、餐厅和会客室的室内装饰照片，同
时还刊登有三越百货公司和某座皇室住宅的室内图片。这些照片显示出，
无论是在榻榻米房间还是西式房间里，上层社会都出人意料地将西式家
具与和式装饰大肆混搭。为适应重新定义文化的时代精英的需求，这些
住宅的装饰征用了西方与东方（包括非日本地区的东方）的各色物品，在
展示财富的同时也展现了其面向世界的精神。客厅地垫和兽皮出现在不
少榻榻米房间的照片中，这是杉本文太郎非常厌恶的一种新近时尚[26]。
而地毯作为本土保守主义者最讨厌的另一装饰特征，则不加区分地出现
在和式与西式房间内。所有房间都摆设有椅子和地毯，这是让一个房间
"西化"的两个最基本元素。大部分带椅子的房间摆着日本雕塑和作为古
玩展示的瓷器，它们通常被陈列在精美的博古架上。尽管如此，席地而
坐的"和式房间"应当"清雅淡泊"，采用座椅的"西式房间"应当"浓
厚华美"，这个两元论原则仍然以某种形式贯穿始终。一个例子反映了
刻板的本土装饰法是如何被转移到西式房间内的：壁炉上摆着成对的花
瓶、枝形烛台、时钟或小雕像等饰物，作为装饰床之间的真（真行草之
"真"）或正式礼仪的对应物（图 3.4）[27]。

---

[26]　杉本文太郎，《日本住宅室内装饰法》（1910），173—174。

[27]　《妇人画报定期增刊：室内装饰》（1906）。对这些室内设计的深入探讨，参见 Sand，"Was
　　　Meiji Taste in Interiors 'Orientalist'？"严格意义上讲，这种正式的壁炉装饰并不能算作日本
　　　发明。Edward Morse 在 1885 年的著作中（*Japanese Homes and Their Surroundings*，136），批
　　　判了美国壁炉装饰中死板的对称，并将之与日本室内设计中的非对称相比。因此，日本
　　　壁炉的正式化处理明显来自维多利亚式先例。Morse 工艺美术品位促使他讥讽本国人的风
　　　俗习惯。当这些图片发表在《妇人画报》的时候，工艺美术已经促使僵化的维多利亚式
　　　客厅装饰变得更加简化自然了。关于美国的室内设计，参见 Halttunen 的"From Parlor to
　　　Living Room"，157—190。关于工艺美术运动在美国的流行，参见 Wright，*Moralism and the
　　　Model Home*，126—132。

图3.4　明治晚期贵族家中"西式房间（洋间）"内的折中布置。黑田家（上），墙上装裱着圆形和扇面形的日本画，成为墙纸的一部分。与之相似，在金子坚太郎家（下），沉重的维多利亚式家具使得房间具有"西式"功能，但暴露的柱子、房梁装饰与和式推拉门表明，他们仍然坚持采用本土的住宅建筑方法。（《妇人画报》，1906）

大多数家庭的客厅不能给《妇人画报》增光添彩，《妇人画报》也不能给这些客厅带来什么帮助。于是他们追求一种可视为权宜之计的折中风格，就如《社会百态》中描述的海军军官家遵从的方法一样。比起呈现某种统一的美学效果，那些在将租来的住宅中的一间屋子布置为"西式房间"时所使用的物品配置，更清晰地表现了主人所从事的工作与职业。小说家永井荷风是从巴黎回到日本的，习惯了法式室内陈设，具有唯美主义倾向的他，痛骂这类房间不伦不类，称其"堕落而混乱"[28]。永井荷风推崇纯粹欧化，正好与推崇纯粹和风的杉本文太郎针锋相对。然而，这些用于表达形成于 20 世纪初的日本布尔乔亚社会，以及作为现代民族的日本的审美法则，在很大程度上不是由这些审美纯化论者所左右，而是由设计师和讨好大众的营销专家所引导的。

室内的民族风格

日本现代室内设计专业的历史正是从三越百货商店开始的。至少可以说，除宫内厅之外，三越百货最先设立了"室内装潢师"岗位。林幸平是三越百货的第一位室内装潢主任设计师，在三井和服店转型为百货公司之前，他曾是该店的童工学徒。1904 年店铺经理发现了他的绘画才能，将他送到国外学习橱窗设计。他在纽约学习了一段时间，又到伦敦的一家室内装潢公司实习，1906 年学成归来，参与了三越的第一个室内装潢项目——日本驻法国巴黎大使馆[29]。

林幸平为使馆每个房间的外观和家具设计了独立的装饰基调，包括

---

[28] 引自小泉和子，《家具》，转引自太田博太郎，《住宅近代史》，212。

[29] 神野由纪，《趣味の誕生》，95—102。

"秋色""樱""菊""竹"和"武器"等[30]。1908 年工程完工后，使馆的设计在巴黎深受好评，它很好地表达了传统的和式品位。三越在日本国内出版了一本书来宣传其设计，书中借岩谷之口描述了一次虚构的使馆探访。书中强调了设计的新奇以及与传统建筑的不同，岩谷虚构的一位客人说：

> 我认为最值得称道的，是他将纯和式风格的装饰加在纯欧洲风格的结构之上，并将两者巧妙地融为一体，毫无违和之处。如果仅仅要求一切必须是和式的，那就不需要规划和设计了。只要有钱就可以做到……其中既没有艺术设计也没有规划的努力[31]。

在三越看来，林幸平的创新之处在于创造了一种与本国木匠不同的和式风格。在当时欧洲和风流行的环境下，林幸平的建筑与欧洲其他和式建筑的唯一区别也许在于，它是一个真正的日本设计师的作品。然而在日本，林幸平的作品则可视为日本室内美学的引领者，领导其超越本土朴实和无意识的过去，跨入了开明的现代。

得益于林幸平对欧日风格的糅合，如今三越可以将在西式房间内加入"和式风格"看作一种美德，而非面对本土材料、工艺和生活习惯而不得不做出的妥协。东京商场也按照日本驻法国巴黎大使馆"竹屋"的风格装饰了一间休息室[32]。同时，三越开始尝试展示其他国家风格的建筑供日本大众消费：1908 年建立了一间"路易十五"风格的休息室，1912

---

[30] 虽然二战之后"兵器"已从室内设计师的字典中消失，但这种分类模式从这时起，已经成为一种惯用套路，应用在婚宴厅等需要凸显民族或者"传统风味"的日本风设计的公共建筑室内装饰中。

[31] 岩谷小波，《巴里の别天地》（1908）；引自神野由纪，《趣味の诞生》，102。

[32] 初田亨，《百货店の诞生》，157。

年展出了两栋"英国乡村"风格的样板房。1914 年三越又在百货商场新
楼中装设了一间"亚当"风格的书房、一间"路易十六"风格的会客室、
一间"詹姆斯一世式"餐厅和一间"现代英式"卧室[33]。

　　在 1912 年 1 月的《三越》里，林幸平介绍了他"应某位大人要求而
采用折中式装修"的一座住宅的室内设计。所配照片展示了女宾休息室、
会客室、吸烟室、餐厅和书房。像设计日本驻法国巴黎大使馆一样，林
幸平运用一系列装饰基调和材料来装饰家具、墙和房间里的可见外观，
以呈现一种和式风格。然而这些房间是在本土住宅中而非在欧式公共建
筑中，也就是说，林幸平是将一栋日本房屋的内部按照日本风格来装饰。
而在林幸平看来，这项工作与其他工作并无分别，都是要创造出"二十
世纪的日式室内装饰风格"。林幸平写道，折中式室内装饰需求的增长是
一个好兆头，它反映了日本民众"渐渐有了自己的身份意识"。对林幸平
来说，这意味着房间装潢要在使用西式家具的同时，通过装饰来减弱其
西洋感。此外，林幸平的装修将房屋本来的本土风格变为故意矫饰的和
式风格（图 3.5）。

　　尽管林幸平提出应该"用最少的花费获得最和谐舒适的风格"，但他
也会大量使用金银粉、金银板或金银片。如在会客厅桌椅的腿部和角部
包裹樱花与蝴蝶纹样的镂空金属饰件，以赋予其"日本风味"。而在房间
的其他位置，林幸平从不同时代汲取灵感，采用 16、17 世纪建筑风格的
平顶镶板屋顶，并在镜子边框使用"古代纹样"。灯具则采用通常在室外
才使用的灯笼形制。

　　林幸平的作品常使人联想到欧洲"和风"的装饰风格，由于他在欧
洲接受过教育，这也许不会令人感到意外。林幸平在巴黎进行装修设计
时，想必承担着很大的创新压力，后来三越的经理日比形容他希望达到

---

[33]　神野由纪，《趣味の誕生》，90—91。

图 3.5　三越室内设计师林幸平装饰的绅士住宅。(《三越》杂志，1912)

的目标是"展示日本艺术的真实价值",而不能"被讥笑为试图学习欧式装修却财力不足"。[34] 然而要成为国内的专家,林幸平首先需要让自己的作品与本土先辈的作品有所区别。他没有将新折中主义的本土构件交给木匠来处理,而是将木构的书院间——显然已经是"和式"的了——看作是由那些将采用能营造日本风格的装饰基调来装饰的空白表面所构成的空间。毋庸置疑,最后的效果非常华丽,但林幸平仍然批评早期那些富裕的业余人士的折中主义室内设计,在他看来,他们对本土元素的使用缺乏选择性。"迄今为止,许多和式装修风格的西式房间",他写道,"摆设大量雕像,到处金碧辉煌,让人觉得好像置身于日光寺或本愿寺"。这种风格"不宜用在住宅上"。这或许应该归咎于当时的室内装饰手册,它们所刊登的装饰过度的花瓶、贴金箔的屏风和其他西式房间内的东方饰品,显然来自下田歌子的装修指导,比如她劝说读者在他们的西式房间里使用和式物品时以"浓厚华美"作为总体美学准则[35]。

　　林幸平将自己定位为一名艺术家。和下田歌子传统的东西方二元论不同,他的美学融合观点认为,应尽可能日本化,同时将个人品位的表达置于一切之上。从更高的层面来看,室内设计在日本成为一种商业化职业,始于林幸平,其基本出发点与创造座敷装饰准则的传统体系截然不同。日本风格的室内不再轮番更换既有的建筑与装饰物品,而是通过调整不同装饰艺术的装饰基调来营造不同的空间。在他之前的传统是一长串对实践的校订和整理,其中美学的抉择与恰当的行为密不可分。林幸平的有品位的室内装饰概念乃是从室内空间的实际内容出发的美学,从他开始,室内装饰不再受制于季节、场合,以及身份所限定的礼仪。

---

[34] 引自初田亨,《明治・大正期における三越の家具と室内装飾》,1421。

[35] 下田歌子,《婦人常識の養成》,269。

建筑师与风格

同室内装修界一样，建筑学会也感受到了建立民族风格的迫切需求。对许多明治时期的建筑师来说，对这种急迫性的感知始于初到欧洲学习之时。辰野金吾是第一个被送往国外学习的建筑专业学生，1879 年他去了英国，当时邀请他的学者请他讲解日本建筑的历史风格，而他却茫然无措 [36]。在他之后留欧的同学毫无疑问地也经历过同样的考验。"介绍一下你的国家"是个十分朴素而自然的提问，然而日本建筑师在 19 世纪的欧洲所遭遇的关于民族风格的议题，远比这一简单问题的意义更为深刻与混乱——更深刻是由于这个议题背后所包含的独特的民族传统、建筑进化的理念，以及源自殖民文化的风格选择，使得建筑成为激烈的权力斗争的表现；更混乱则是因为欧洲建筑师面对丰富的风格与理论，选择了折中而又千变万化的表达方式。每一种看起来有用的历史形式都可被用在阐述某种民族风格的逻辑之中。正如建筑史学家藤森照信所言，这就像某人"同时打开了风格壁橱的所有抽屉"。[37] 然而尽管风格看起来完全开放，其中却暗含着等级制度。日本建筑师面临着一个两难选择：如果他接受了欧洲同行的折中风格，那么在那些欧洲同行（有时也包括日本同行）眼中，他背叛了他的民族传统；反之，如果他拥护民族风格，则会有跌回欧洲东方主义为他准备好的抽屉中的风险 [38]。

19 世纪 70—80 年代，历史折中主义在欧洲达到发展顶峰，尤其是在英格兰，它与明治和洋折中的折中主义在逻辑、理念上都不相同——

---

[36]　中谷礼仁，《国学·明治·建筑家》，34。

[37]　藤森照信，《日本の近代建築》，1：214。

[38]　关于明治建筑中民族身份界定的问题，参见 Jonathan Reynolds，"Japan's Imperial Diet Building and the Construction of a National Identity"，*Art Journal* 5，no. 3（1996）：538—547。

明治的折中主义源自现实需求，也就是说它需要真正解决实际问题。在这个历史复兴与异国风情纷繁呈现之时，日本建筑学会并未接受欧洲现代化的洗礼，它也许已经走上了一条完全不同的道路。结果日本建筑师带回了两条相互矛盾的信息：一是每一个民族必须有自己的独特风格，其制度与装饰基调有着正统传承谱系；二是在这些谱系划定的界限中，吸取其他民族的风格才是当务之急。如同政治低层一样，他们希望用公共建筑的国民风格在国际舞台上寻找到一条自己的道路，以西洋为功能，以本土为审美之体现[39]。

19世纪末的日本建筑业刚开始在引进国外技术之外建立自我意识。注重形式的欧洲"美术"，在1876年由国家支持的工部美术学校所教授的雕塑课程中，仍是一个外来概念[40]。对学习作为应用艺术的建筑专业学生来说，将形式要素从它们的结构实践中抽象出来，则花费了更长时间。日本建筑学会在成立最初十年里（1887—1897）叫作造家学会，字面意思即"房屋研究学会"，在这期间"造家"一词和"建筑"可以替换使用，后者随后成为"architecture"的正式翻译。在日本第一位建筑史学家、东京帝国大学的伊东忠太的建议之下，学会最终改了名字。伊东忠太强烈建议学术用语的规范统一，他认为日语"建筑"的本质是"依靠线条与形式制造真正的美"，而"造家"这个日语词并不能包括"建筑师"所设计的坟墓、纪念碑和凯旋门，以及佛塔和庙堂这些在他们的管理下建成的作品[41]。因此新的名字申明了学会的工作是设计的艺术，而

---

[39] 将功能与审美相分离的做法，是明治建筑师从英国折中主义中所学到的，参见中谷礼仁，《国学·明治·建筑家》，57—64。正如铃木博之短小精悍的评价所称，英国的折中主义复兴"使得风格成为一层外衣"（引文同上，61）。

[40] 木下直之，《美術という見世物》，21，24。

[41] 伊东忠太，《アーキテクチュールの本義を論じて、その訳字を選定し、わが"造家学会"の改名を望む》，《建筑杂志》87（1894）；引自藤森照信，《日本近代思想大系19：都市，建筑》，406。另见柏木博，《近代日本产业的设计理念》，57—58。伊东忠太反对（转下页）

并非仅仅是建造房屋。

日本建筑学会最早从 1910 年开始讨论民族风格问题，当时举行了一次以"我们国家未来的建筑应是怎样的"为主题的会议。会上伊东忠太重申了他早年提出的建筑"进化论"观点：日本古代佛教建筑的形式要素如果用石材建造，就能够成为日本风格的"法式"。其他建筑师则倡议在日本建筑的"趣味精神"之上，结合外来样式构建新的民族风格 [42]。当年的学会会刊中另有大量文章讨论"和式趣味""东方趣味"和"新折中趣味"，此后的设计竞赛也经常以和式或"东方趣味"作为参赛条件。

参加 1910 年会议的大部分建筑师并不承接住宅建筑项目。他们在提到住宅项目时，多暗示其为沿袭旧习的私人生活空间，因此应当将住宅与"建筑"严格区分开 [43]。所以，相对来说，住宅建筑的日本风格在此时仍是未经开拓的领域。早期《建筑杂志》要求住宅改革的倡议并未涉及审美或趣味。尽管约西亚·肯德尔对建筑师教育的构想建立在"大人文"的范畴内，但是他的工部大学校的学生们明白，他们所接受的训练是为了建造纪念性建筑和国家公共建筑，而非私人住宅 [44]。

（接上页）"造家"一词的部分原因，是它包含了汉字"家"。然而这一词语并非严格意义上指代居住建筑，例如"家屋"一词就并非如此，它几乎指代所有的建造形式。伊东认为，陵墓、纪念碑与宗教建筑并不算作"家屋"。然而，直到几十年后，一些公文中仍以"家屋"指代非居住性建筑。如今，"家屋"与汉字"家"仅指居住建筑。另外值得注意的是，在此文发表时伊东列举的非家屋建筑。伊东的列表中包括纪念碑和凯旋门，均为现代帝国的纯粹建筑表达。当时正是欧洲列强建造纪念性建筑的高峰期。第二年日本建造了第一座凯旋门，是为庆祝甲午战争胜利与帝国的成就所建造的。伊东也提到了寺庙大殿和佛塔的建造是在建筑师的"管理"下进行的。实际上，在伊东之前，并无学院派建筑师直接参与佛教或神道教的建造工程。伊东本人在木工大师木子清敬的协助下，设计复原了平安神宫，建成于本文发表一年后。参见 Cherie Wendelken，"Tectonics of Japanese Style"。

[42]　藤森照信，《日本の近代建筑》，2：12—13。

[43]　西山卯三，《日本の住まい》，2：27。

[44]　藤森照信，《日本の近代建筑》，参见 Don Choi，"Educating the Architect in Meiji Japan"。

第一批探索住宅设计美学表达的日本建筑师对本土传统的重新发现，是通过和欧洲历史主义作斗争的现代设计革命的联系实现的。具有讽刺意味的是，19、20 世纪之交，日本与欧洲的相遇在新艺术运动和同时期的其他运动中，都受到了 19 世纪晚期"日本风"的强烈影响，而这种风潮从日本本土建筑与装饰艺术中所吸取的装饰基调，是从插画书、博览会，以及古董交易商品中得来的[45]。尽管由于欧洲对"日本风"的丰富阐释，其原初的风格来源和传输途径并不总是很确定，但当时日本人对这一讽刺心知肚明。在 1910 年的会议上，民族风格的拥护者三桥四郎对可能的影响途径做了几点猜测：

> 我不知道（新艺术风格）是依据那些来日本旅游的西方人的见闻，还是日本画，不过它确实具有很多日本趣味……比如说，类似于棋盘（市松）纹样、鱼鳞纹样、卷涡纹样或斗升之类物品的都是和式风格。另外，我认为他们将二层的搁栅作为天花装饰露出来，也是从日本商店中学到的[46]。

因此，"日本风"帮助日本建筑师想象出一种本土风格，而该风格是由之前他们所关注的领域之外的各种迥然不同的元素构成的。无论它们与日本的确切关系究竟为何，这些工艺美术运动、新艺术运动和维也纳分离派的装饰基调，仅仅吸引了那些会留意大型公共建筑之外的其他事物的日本建筑师的目光。

在东京帝国大学学习的第二代建筑师武田五一就是这些建筑师中的一位。武田五一后来成为建筑师群体的领军人物，致力于发展住宅

---

[45] 关于这种设计母题之间的循环往复，参见 *Japan and Britain*。

[46] 引自长谷川尧，《都市回廊》，124。

图 3.6 武田五一设计的住宅。（左）福岛宅，1907。（《武田博士作品集》，1933）（右）芝川宅，1912。
这一室内展现了武田对数寄屋风元素与西式结构的结合，如外露的装饰性椽子和墙内、屋顶的竹编与
玻璃、砖和石头。（《武田博士作品集》，1933）

建筑的新风格。1901 年，武田五一抵达伦敦，访问了雷尼·麦金托什
（Rennie Machkintosh）的格拉斯哥艺术学校，之后又沿着新艺术运动的轨
迹访问了布鲁塞尔、巴黎和维也纳，于 1903 年返回日本，并在京都高等
工艺学校得到了日本第一个设计学教授职位。武田五一回国后受到设计
委托的第一项工程是，白木屋百货公司董事长福岛行信的住宅。这座住
宅于 1907 年完工，采用分离派风格建构而成，内部有白色的家具，以及
与奥地利建筑师约瑟夫·霍夫曼（Josef Hoffman）、雷尼·麦金托什的作
品相似的精细线脚[47]，从外部的屋顶轮廓和暴露的半木结构山墙看，像是
德国民居（图 3.6）。

　　武田五一在所有房间中都忠实地模仿了他的欧洲样本，只有一间例
外。他在那一间房里保留了榻榻米，并采用本土民居的元素建造，包括

---

[47] 藤森照信，《日本の近代建筑》，2：32—35。

暴露的柱子、檩条嵌线和带有装饰性的通风窗。不过，与典型座敷不同的是，这一房间面向花园，装设了双向提拉窗，而非使用推拉门和外走廊[48]。另一与本土座敷不同之处是，它仅是单独的房间，并未设置能够用作接待前厅，或是在大型聚会时可与之合为一间的附属榻榻米房间。事实上，武田五一的建筑看起来是将一个标准洋馆连入一栋木工建造的本土住宅，因此房里的这一榻榻米房间更像是建筑实验，而并非为了满足客户的实际需求。

在赴欧洲学习之前，武田五一就对日本建筑中的非纪念性传统感兴趣。1898年，他成为第一个写作论述茶室的现代建筑师[49]。那些精巧、带有乡村野趣风格的数寄屋风建筑的审美源自茶道，它为武田五一提供了设计住宅时所需要的，同时似乎又能够与西方先锋派的设计完美结合的民族词汇。对于日本住宅之间的风格差别，此一时期关注东方的欧洲人只能够分辨清楚很少一点；但在武田五一看来，数寄屋代表了日本一系列本土房屋传统中最具审美性的部分[50]。和大部分依靠传统沿袭的日本建筑不同，数寄屋是一种有意识的风格，其建造准则为各地建造者共同遵守。它有可供建筑师参考以选取装饰基调的设计图集，还有非常著名且广受觊觎的茶室纸样模型。在后来的住宅设计

---

[48] 内田青藏，《日本の近代住宅》，47—49。

[49] 藤森照信，《日本の近代建築》，2：8。

[50] Edward Morse 无疑是 19 世纪对日本居住建筑最审慎的西方观察者，他收录了许多数寄屋风格的样本，并且非常清晰地意识到茶道美学对住宅的深远影响。尽管如此，*Japanese Homes and Their Surroundings* 一书仍然给人一种强烈印象，以作者喜爱的乡村风格室内代表了房屋建造的普遍方式。事实上，这是文人圈子与退休的富人们的领域。19 世纪或许有一些住宅（和旅馆）采用了流行的数寄屋风特征，但是数寄屋远非建造标准。Morse 提到过他所看到的那些屋子的主人，通常是"古玩收藏家"或"京都知名陶艺家"，换言之，这些人都更有可能精通"数寄"的文化规则。他所描绘的榻榻米房间均为客厅或茶室，这些房间都是数寄屋风的最佳体现。

中，武田五一尝试将诸如在墙上或天花板上使用竹编或木条之类的数寄屋装饰基调，与新艺术运动、美式单层别墅，以及后来的西班牙修道院等建筑风格相结合[51]。

数寄屋风与林幸平在日本驻法国巴黎大使馆、东京富裕客户的住宅中使用的漆器、贴金箔片、镶嵌装饰和镂空银饰等组合，大相径庭。林幸平的室内美学多是来自日本大名的装饰艺术，而数寄屋则更多地来自明治以前的商人布尔乔亚。作为一个受过西式教育并试图恢复这种非贵族化民族风格的建筑师，武田五一开启了在日本建筑界建立现代布尔乔亚风格的过程，并将建筑师的角色从国家的建设者拓展到布尔乔亚风尚的创造者。武田五一的客户同样非常富有，而他的设计远非大部分同行所能提供。他的大部分客户来自他曾担任过教职的京都、大阪一带，而数寄屋风在那里也最为流行。他的客户多读过大学，直到 20 世纪 20 年代以前，这都实属稀有；他们中的一些人是公司董事长，还有许多人因财富或对国家的贡献被授予过宫廷官衔。然而他们并非国家领导人或皇室成员，他们希望建筑师依照个人品位而非他们的公职设计自己的住宅[52]。

其他访问过欧洲的建筑师也在设计中吸取了不同风尚。日本设计师认为在英国古典风格中复兴的半木结构与本土风格相似，都常暴露木质梁柱（尽管日本住宅更多是在内部暴露木质构件，而非在外部）。法国新艺术风格的影响虽没有那么深远，但并未受到忽视。当武田五一还在伦敦时，住宅改革的倡导人、三越诸多文化活动的积极参与者塚本靖在巴黎亲睹了法国新艺术运动的盛况。1911 年，这一时期统领公共建筑设计界的辰野金吾与年轻建筑师片冈安合作，建造了一座内部为法国新艺术

---

[51]　石田润一郎，《武田五一》，36—37。

[52]　此结论是根据是博物馆明治村的一系列建筑展品而得出的，武田五一；顾客的传记来自名人录《人事兴信录》，1936。

风格的半木结构宅邸[53]。

　　在日本，这些美学探索没有太多先锋风格在其原生地所具有的社会意义。自 20 世纪 80 年代始，各种信奉反阶级言论并被植入政治内涵的运动，在欧洲设计界沉浮起落的速度越来越快[54]。由于那些年仅有少量日本建筑师间歇访问过欧洲，且停留时间大多较短，未能与他们的欧洲同行充分接触并深入了解其工作的社会背景，因此在这一领域进入日本的过程中，它的社会和政治轮廓不可避免地失去一些棱角。来自欧洲的革命风格之所以失去其革命意义，还因为它们在日本肩负的古典主义责任比在欧洲文化中的责任轻得多。当时日本建筑师都要到英国、德国和美国游学，这就像欧洲建筑教育中的意大利古迹朝圣之旅一样（分离派反对的目标之一）[55]。

　　尽管如此，与新艺术及其相关运动的相遇，在日本建筑师改变居住建筑审美的过程中发挥了重要的媒介作用。这一切不仅仅是装饰的问题，因为武田五一和同时期的一些人融合本土与欧洲形式的终极目标，是创造一种更加亲密的家庭空间。对这些建筑师来说，美学与舒适密不可分，而这归根结底是住宅的真正功能。解决这一难题同样与欧洲的趋势相呼应，因此 1910 年代的日本先锋建筑师们参与到了全世界对新型住宅建筑的追寻之中；在这一过程中，不同时代和地区的建筑都成为解决人类真实需求的参考。

---

[53]　内田青藏，《日本の近代住宅》，49—51。

[54]　藤森照信，《日本の近代建筑》，2：35—36，155。

[55]　兴起于 1898 年的维也纳分离派作为一个正式的艺术运动正式结束于 1903 年，即最后一期 *Ver Sacrum* 出版之时。关于这场 20 世纪初建筑界的革命运动，参见 Frampton，*Modern Architecture*，42—83。关于建筑界的维也纳分离派，参见 Schorske，*Fin de Siecle Vienna*，79—95；以及 Shedel，"Art and Identity"。美学主义运动并未将其政治理念原封不动地输送到国界之外，甚至在欧洲内部也是如此，如 Schorske 指出的关于新艺术运动和主要在英国、法国与奥地利的早期现代主义。

家具成为一个新的商品体系

上文讨论的这些进展，无论是用以取代早期美学习俗的"品位"概念，还是居住美学的重构，实际上都只影响到 19、20 世纪之交日本社会中最富裕的小部分人。而与此同时，如果关于居住建筑和室内的旧观念没有在更为通俗的层面受到公开抨击，这一切对社会的其他层面并无太大意义。

为了教育大众，三越百货公司的样板房和特别展览提供了依照国家和时代划分的室内装饰风格——分门别类地模拟世界各国的历史风格，各有自己的形式、装饰基调和内在准则，为已经存在的日本与西方二元观点提供了更多的细微差别，并为日本民族风格的想象创造了环境。然而，教会百货公司访客各种民族风格的语汇，却并不能让那些家具变得更容易被人们买到。那些标示着"路易十六"或"詹姆斯一世"风格的桌椅属于异国奢侈品。三越早期的样板房事实上只是博物馆式的展览，其中的物品并不用于销售。百货公司是以不那么昂贵奢侈的形式协助"趣味"一词进入大众辞典，并让设计风尚渗透到消费者家庭中的。

三越从 1909 年开始出售家具，翌年成立了家具部，并开始打造自己的品牌[56]。其他西方家具生产商已经进入东京市场，在东京的芝区（Shiba distrct）聚集了一批专家，以经营图书而闻名的丸善书店也开始出售桌椅[57]。芝区主要依照客户的要求定制家具，三越则与之相反，提供成品以及林幸平的设计服务。在制作和出售自己的家具时，三越并未简单地用大生产和大众市场来替代手工业传统。对美国人来说，蒙哥马利·沃德（Montgomery Ward）的商品目录为他们提供了模仿昂贵的手工制作风格

[56] 初田亨，《百貨店の誕生》，158。

[57] 内田青藏，《あめりか屋商品住宅》，35—38。

的便宜家具；但对许多日本人而言，他们在购买《三越》中的商品之前从未拥有过桌子或椅子[58]。

西方成品家具不仅引入了新的用途，也带来了获得家居用品的全新系统。不过，字面意义很明显，日语中的"家具"如今等同于英语中的"furniture"，这一意义是 1910—1920 年代百货公司开始使用这一名称出售商品时才出现的。在这之前，"家具"汉字的意义大约表示"家用品"，包括住宅中所有可以移动的物品，如艺术品、寝具和厨具等。描述座敷或接待室装饰的书籍通常不使用"家具"一词，而采用"工具""器材"和"物品"之类的习语[59]。随着西方家具的流行，"家具"一词开始特指房间的家具而非家中的所有物品，更多人有了进行室内陈设的经验，即购买物品来充实房间。

此前很长一段时间内，传统的日本住宅中都没有什么家具。这并不是说日本家庭缺少财产，除了屏风、卷轴画和其他座敷所需的装饰品，每个家庭都有一些供日常使用的东西，还有一些用于储物的箱子。这些可移动的物品中最重要的部分通常都是以嫁妆的形式带来的。座敷中的装饰品和文具组成了一套属于男主人的物品，而嫁妆中的物品则是座敷之外的女性支配领域的核心[60]。不同阶级和地区的嫁妆规模与内容各异，但其中有一些基本的共同元素，包括一个梳妆台和镜子、一个针线盒、一个带抽屉的轻质木橱柜，以及一个有盖的用来装和服及寝具的长方形

---

[58]　关于美国的大生产时代家具与室内设计的精彩讨论，参见 Miles Orvell, *The Real Thing*，尤其是第 2 章，"A Hieroglyphic World"。

[59]　小泉和子，《和家具》，155—156。

[60]　女性嫁妆中的箱子和其他物品会被装饰得精致优雅，尽管在平常人家里，这些东西往往采用没有上漆的木料制作。这些物品的材质及做工总是尽量在当地风俗和礼制的范围内展示家族财力。

木箱。和服与寝具通常是家庭财产中最值钱的部分[61]。

　　两种不同性别的物品系统，不仅在不同的社会领域流通，还各自占据着不同的家庭空间。在现代社会化大生产和大众市场以前，男人主要通过继承、从手工业者那里定制或在古董鉴赏家、商人那里购买来获得装饰品。座敷装饰的规则要求将艺术品收藏起来，依照季节有选择地进行展示，在此同时也使得鉴赏圈能够长期运作；在这个圈子里，物品的价值由其珍稀性和传承历史决定。而依照嫁妆所遵循的习俗，女性物品体系中最贵重的物品是在家中制作，或是在一生一次的结婚典礼时召集手工艺人制作的。婚后这些物品就进入了住宅的储藏室或私人房间，它们会被保存在那里，直到成为下一代的嫁妆[62]。毫无疑问，对城市居民来说，嫁妆有着房屋所不具备的功能，因为无论家搬到何处都要带着它们（嫁妆被设计为便于携带的形式），而人们又经常搬家（或是在火灾后重建房屋）。

　　为了销售成品家具，百货公司需要运用战略渗透和改变这两种物品系统所构成的世界。三越针对两种系统采取了不同的策略。三越开始扩展和服店的商业功能，从只销售传统纺织品，转为销售包括所有标准嫁妆所需的物品。尽管从大众市场的观点来看，嫁妆的消费频次低是一个弱点，但社会习俗保证了持续需求。三越还采用了广告和邮购的形式，

---

[61]　关于嫁妆，尤其是其区域差异，参见小泉和子，《箪笥》，252—264。井上十吉（*Home Life in Tokyo*，181）描述了他所认为的1910年的"中产阶级"典型嫁妆，他提到的物品与此相似，只是增加了"茶道与花艺所需要的各种器具，日本筝、工具盒，有时甚至是厨具"。花艺器具、茶具，以及日本筝都是受过良好教育的精英女性在结婚之前需要掌握的高雅技艺所用的工具。

[62]　《民事惯例类集》，是1870年代为制定日本民事法典做准备而编制的关于本土法律实践的调查，它描述了各种嫁妆风俗。一个重要的共同点是，采用土地与钱财作为嫁妆受到各种规章与禁忌的限制。这可能是因为自古女性就与物质财产相关联，而男性则与土地与金钱相关联，参见 John Henry Wigmore, *Law and Justice in Tokugawa Japan*, VII: "Persons: Civil Customary Law"。

在全国各地推销更加复杂精美的嫁妆，即使是嫁妆很少发生改变的地区也不放过[63]。三越出版的《时好》在最初几期里刊登了由东京细工木匠制作的全套嫁妆箱的订购广告。1912 年，《三越》展示了为一位富裕的出版巨头之女出嫁所准备的全套嫁妆，满是衣服、寝具、箱柜和其他各类物品[64]。同年，三越搬迁以扩展地盘。商店大量发行的刊物封底上的东京橱柜商店广告被读者订购表代替，各省读者可以直接向东京订购。女性杂志也在宣传三越遍及全国的铁路邮购服务。

三越进军家具制造业，给这个行业带来了更多间接而非直接的影响，如商店广告激起了全国整体嫁妆文化的城市化。更多人依照东京或大阪的标准来置办嫁妆，为高档和服打开了新市场，拉动了对橱柜的更多需求。到 1920 年代末，全国范围内嫁妆习俗的都市化使得橱柜生产形成了统一的标准，地区化的手工业设计被更为朴实统一的"东京风格"取代[65]。

艺术与装饰

开拓男性主宰的艺术世界从某种程度上来说更为复杂。想要让绘画成为和其他家居用品一样简单易得的商品，必须将其驱逐出那个从制造、交换到欣赏都将大众市场拒之门外的封闭世界。而这一世界的卫道

---

[63] 小泉和子，《箪笥》，258。

[64] 由东京细木匠所做的嫁妆箱广告出现在《时好》第 3 期，第 9 号（1903 年 8 月）以及其他地方。出版巨头大桥新太郎为其女富美子准备的丰富嫁妆，以"当店にて調整したる御婚礼調度"为题，附以十张照片的形式与新娘新郎的半身像，一起刊登在第 2 期，第 8 号《三越》上（1912 年 8 月）：6—7。

[65] 小泉和子，《箪笥》，193—199。

士认为，民族品位恰当的表达方式是，将贵重物品收藏起来不轻易示众。1907 年，一位为《趣味》杂志撰写文章的收藏家强调，西方的室内装饰"如同孩童"，因为欧洲人把他们所拥有的物品全部展示出来，而日本人每次只展示一件。据其所见："你可能拥有很多条屏风，但（住宅里）只会摆放一条，其他的则被收藏在仓库。"西方人与日本人对待个人艺术作品的态度也不相同。西方普通家庭大多会悬挂两三幅原创油画，以及若干名作的复制品或照片（写真版）。而悬挂复制品或印刷品的做法在日本是备受谴责的，如果在房里挂了这些东西，通常会被人们指责为"庸俗"或"缺乏品位"[66]。他用高级鉴赏家的欣赏方式来说明这种民族特征："日本人倾向于结合画家、书法家的人格欣赏作品，而非仅欣赏绘画和书法作品本身。因此无论原作有多么伟大，如果是复制品而非出自原作者之手，它就变得粗俗而毫无品位，失去了欣赏价值。"[67] 这里的"日本人"指的是那些有能力获得知名艺术家的卷轴和屏风，并拥有储存仓库的人。这自然令市场变得很狭小。而百货商店的兴趣则正相反，他们关注的是日益增多的通过展览、博物馆、正规教育和大众媒体熟悉了东西方高雅艺术的人，而并非富有的那些人。

同一年，三越的大阪分店开设了绘画部。为了获得尽可能多的受众，销售人员采用了更为亲民的日本品位观点。在商店报刊《时好》看来，"大和民族热爱艺术，绘画是必不可少的室内装饰"：

> 即使在 9×12 平方英尺的后街小巷公寓里，人们也经常看到从报上剪下的图片或杂志印刷品被镶在相框里。而在有着入口接待室

---

[66] 藤井健次郎，《西洋の室内装饰と日本の室内装饰》，《趣味》2，第 11 号（1907 年 11 月）：103，104。

[67] 同上，105。作者没有提及日本流行艺术的木版画，当时大多数的鉴赏家并不认为它们属于艺术领域。

和床之间壁龛的住宅里，绘画就更多了。各处的门框上方都悬有画框，没有一面墙是空空如也不挂画的。且不问这些对艺术的爱深浅如何，整个日本对图画的渴望是一种源于实际需求的社会风俗[68]。

这里又唤起了对民族趣味的追求，然而却起到了反作用，因为精英高度个性化的欣赏方式对商店的目标并不友好。作者解释说，遗憾的是，在渴望艺术的客户和合适的艺术作品之间存在着鸿沟。古画中充斥着赝品。而当人们尝试向当代名家订购作品时，即使画家答应作画，也无法保证何时能够完成。可以找装裱店作为中介，但这些商店收费奇高。新创建的三越画廊为解决这些不便，提供了一条途径。文章保证说，能够立即购买到绘画作品，且商店以自己的声誉担保一定是真迹。另外，由于这些作品都在展出，客户可以选择最吸引他们的画作。三越画廊还给出了近期在三越出售过作品的艺术家名录。作者强调，"自去年九月开放以来，交易的许多画作中，有相当一部分是当代的大师之作"，以此暗示其未来价值。

为了进一步宣传，作者还介绍了几幅新近到货的作品，每一幅都附有具有诱惑力的艺术评论："拥有精妙笔触""笔触轻快，寓意深刻""栩栩如生而非现实主义，运用了所谓理想主义再现手法，极其精湛优雅"。经常刊载在《时好》和《三越》上的照片，既有日本水墨画，也有西洋油画，每幅画都标明了创作者、标题、广告文案、尺寸以及价格。最便宜的水墨画是每幅 18 日元，油画则是每幅 50 日元[69]。

---

[68] 铃菜生，《佳作を集めたる繪畫室》，《时好》6，第 3 号（1908 年 3 月）：4。

[69] 援引同上。这些画也出现在《时好》第 6 期，第 1 号（1908 年 1 月）与第 6 期第 2 号（1908 年 2 月）。如同艺术部门本身，这里用到的描述性语言混合了本土与西方的习语，终究是西方式的评论语境。明治时期艺术评论的形成与国际博览会有密切的关系。关于评论界形成的立场与早期阶段，参见大熊敏之，《明治期以降の美術批評論Ⅰ》。

这些价格事实上是进入那个幻想中的鉴赏家世界的门票。这个世界提供自己的"大师"并自定价格，你不必与艺术家或艺术品商人有什么私交，又可避开在鉴定博弈中受辱的危险。多亏了三越作为艺术机构的突出贡献和它与知名知识分子小团体（频繁召集的名士与大家）之间的紧密联系，它所贩卖的一些作品确实出自业界名家和他们的学生之手。然而首要的卖点是立等可取。艺术部门的商品有一大好处，即商品已装裱完毕，可以立即悬挂起来欣赏；促销信息称，这对"短期来访的外国游客或刚刚建好新居急需（艺术品）的人"具有很大价值[70]。一战前，拥有自己房屋的城里人还很少，购买这些即时可用、象征品位之物的人，更可能是刚入住租屋而非建成新居。然而对那些既无家传藏品，也无艺术品交易经验的人来说，对艺术的"需求"都是相同的。明治维新之后，德川禁奢法令被废除，没有了使用等级的限制，建有床之间壁龛的出租房屋数量激增。在一本 1913 年出版的独立住宅施工指南中，一百幅图纸中仅有一幅里没有设置壁龛[71]。在这些住宅中，为了保持体面，或者说保有一个座敷，住户至少需要一幅挂在壁龛中的艺术品，最好是有多幅，可以按季节更替。

商家希望购买这些绘画的人不要将画卷起来收藏在储藏室。其关键在于使用，因此最好是更为便宜同时也避免了复杂谱系的新作。某记者在一家商店展览的开幕式上说，还是让古董商人去经营那些古画吧，"我们这一代大师的作品乃是日本住宅不可或缺的装饰。事实上，它们是实用的必需品。这类作品应当由讲求实用的商人来经营"。[72] 尽管三越艺术商店借用了高雅艺术评论的手段来维护其正统性，但它显然将艺术品转换成了更加可见且易得的装饰品。

---

[70]　引自初田亨，《百貨店の誕生》，146。

[71]　金子清吉，《日本住宅建筑图案百种》（1913）。无壁龛的设计是一个单间住宅。

[72]　引自初田亨，《百貨店の誕生》，147。

图 3.7　高桥由一,《江之岛》,1873—1876(感谢金刀比罗宫)。高桥创造出了一种小尺幅油画,能够恰好放入标准梁间,或挂在柱子上。如艺术史学者木下直之所揭示的,早在明治时期,高桥就开始解决在日式室内悬挂西式绘画的问题。无论如何,适合日式房间和小洋间的油画市场的真正出现,则是几十年以后的事了。

　　由于油画不是日本传统鉴赏体系中的成员,所以它们能够很轻易地适应这一新使命。然而它们却不易与日本住宅相配。没有收藏卷轴与屏风的小布尔乔亚住宅也很少有需要在宽大墙面上悬挂画作的西式房间。在《三越》"普通住宅的每面墙上都装饰着一幅画作"的主张背后,隐藏着某种现实,即除了床之间壁龛的后墙和过梁与天花板之间的狭小空间之外,本土住宅通常并没有内墙。由于床之间常常悬挂卷轴,因此唯一可以展示装在画框中的艺术品的空间就是过梁与天花板之间了,这一空间通常为 45—60 厘米高。因此这新发展出的需求只适用于小幅绘画(图 3.7)[73]。

　　与油画这一新领域相关的艺术学校、展览与评论的制度框架逐渐建立起来。1912 年 5 月,东京三越举办了第一届"洋画小品展览会"。29 幅当代艺术家的作品陈列在较小空间的墙上,最贵的是当代名家黑田清

---

[73]　木下直之,《美術という見世物》,272。

辉的作品，朴实的帆布画作，60 日元一幅，最便宜的是 3 日元一幅的明信片大小的微缩画。专注于小尺幅使得商店能够以适中的价格推销外来商品，同时使得它们能够适用于房屋里任何地方，即使是墙面空间有限的日本住宅。报纸用评述文部省发起的年度展览（文展，始于 1907 年）的方式报道了这次展览，描述了他们的作品并历数其所代表的流派。至此，三越似乎可以毫无困难地被当作一家有高雅文化的机构。然而，出版界的反应仍然表露出一种对将艺术作为大众消费的矛盾心理。一份报纸赞扬了这次展出恰逢其时，认为百货公司将西方艺术介绍给普罗大众，是为社会做出了贡献。另一份报纸则强调展出的画作价格低廉，"也许因为它们首要的目的是实用"。不过，另一个让人不安之处是，油画展览的地方毗邻商店日常商品的展示之处，使得参观展览的人难免产生"这些都是拿来卖的！"的第一印象，作者评论说："这种感觉让人不很愉悦。"即便如此，某贸易报带着一点揶揄的意味写道，这是"看起来轻松，买起来也轻松"的画展 [74]。由于这次画展获得了成功，商店在年底之前又举办了一场相同的展览，参展作品的数量是前一场的两倍左右 (图 3.8) [75]。

根据所提及作品的标题可以推断，展览中没有先锋派作品。三越乃中产阶级文化领域的关键阵地与代理人 [76]。南博曾经写道，《趣味》杂志的创办人坪内逍遥试图创造一种介于纯艺术与娱乐之间的文化，并以"趣味"之名进行推广 [77]。《趣味》杂志的内容并非如其所声明的那样，始终如一地面向大众，但毫无疑问它与百货商店所推广的"趣味"新理念完全一致。

---

[74] 《读卖新闻》《东京日日新闻》《万朝报》和《中外商业新报》；均引自《三越》，第 2 期，第 6 号（1912 年 6 月）：2—5。

[75] 《三越の洋画展览会》，《三越》第 2 期，第 13 号（1912 年 12 月）：3—8。

[76] 对中产阶级文化的理论探讨，参见 Bourdieu, *Field of Cultural Production*，125—131。

[77] 南博，《大正文化》，51。

图 3.8 三越的"洋画小品"展，1912 年 5 月。通过提供装裱好的小尺幅油画，百货商店推销大众可负担得起的世界性艺术品，并且试图吸引新布尔乔亚和小布尔乔亚，他们缺乏购买传统渠道艺术品的见识与实力。(《三越》2，no.6，1912 年 6 月)

创造家具市场的风格

尽管三越的艺术部门能够以已有的收藏传统为参考（即使它向其发起了挑战），西式室内部门还是必须挤进两性的夹缝中，创造出不受任何性别管辖的社会空间[78]——这一部门是为了出售不属于性别系统的可

---

[78] 尽管当地的嫁妆物什可以被描述为"家具"，但它们依然与西式家具是分离的。一个照片集（三越：写真帖［日期未详］）展示了 1915 年左右的商店室内装饰，包括了"日本家具部门"与"西式风格室内装修部门"的照片。日本家具被分类堆放在一块儿，每一类都可以组成一组嫁妆，有箪笥、镜子、化妆匣、针线盒以及茶架。没有长持，这或许说明城市家庭已经逐渐弃用它们。照片集前面的序言说，它是为了纪念 1914 年 10 月商店的新建筑开张而出版的。

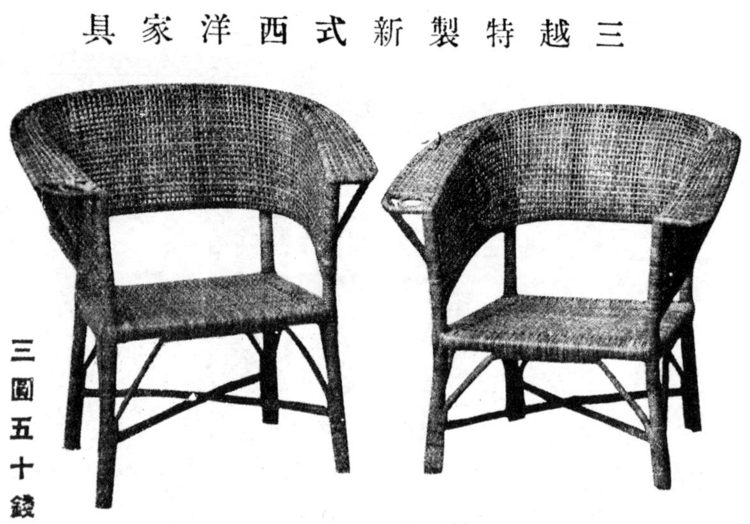

图3.9　三越式藤椅。(《三越》I，no.3，1911年4月、5月) 这些便宜而广受欢迎的椅子，出现在1910—1920年代许多家居室内的照片中。对许多人来说，这是最早进入家庭的椅子。

移动财产的商品而建立的。此时欧洲设计的现代潮流为日本市场帮了大忙，提供了更加便宜又不带有特殊民族或时代烙印的家具式样。《三越》卷首几页宣传的是昂贵丝绸或皮椅和沙发套装，但紧接着的就是便宜轻质的藤椅和曲木椅。其中藤椅的推出尤其成功，由于这种藤椅采用了一种与榻榻米表面覆盖的蔺草非常相似的热带植物纤维，在美学上它与和式房间十分协调。轻质又休闲的藤椅曾跟随欧洲人进入亚洲的殖民与通商口岸，又回归到大都市的度假住宅。如今日本人认为它新潮、洋气，又与传统住宅相匹配。1920年代中期，1911年引入的"三越式藤椅"简直无处不在，它占据了阳台，并进入许多没有西式房间的榻榻米居室。(图3.9)[79]

[79]　参见 Sand，"Bungalows and Culture Houses"。

《三越》很快就顺应这一潮流，刊登了更多轻质、便宜的西式家具的广告。他们推荐将刻有路易十六式卷涡纹样、带有玻璃门的橱柜放置在客厅，并推荐将板材书架、可折叠的边桌、有简单镂空装饰的烟柜放入"西式或和式书房"，而这些家具价格还不到原来的三分之一[80]。这些便宜家具的外形与装饰基调，明显受到新艺术运动的影响。尽管对它们的描述并未提及这一概念，但此概念已经通过建筑圈之外的图形设计和其他渠道流传开来。在夏目漱石这一时期的小说与故事里，多次出现了被称为"新艺术"（原文为"nouveau"的日文拼读，英文原意为"新式的、新近的"）的事物。例如，写于1907年的某故事的章节里，有一张桌子"被做成齐本德尔式与新艺术相结合的式样"，另一间会客厅里放了一个"新艺术式的书架"。小说《三四郎》中的一位青年主角在听说某个商店的建筑是"新艺术式"时，"第一次知道建筑也有新艺术式样"。[81]

与之相关的分离派式样在1910年代初的年轻艺术家之间很流行。1913年，三越发起了一场家具设计大赛，大部分参赛作品都是分离派风格（图3.10）。然而，这些工程与艺术学校在校生和毕业生的作品缺乏商店所关心的可供工业化批量生产的潜力。在对参赛作品进行评论时，一位评审员注意到，分离派风格流行的原因不仅是"让人感觉最新潮"，事实上其"简洁品位"的精髓早就存在于茶室的装饰中。然而他接着指出，不幸的是，所有这些作品都为了追求不寻常的设计而失去了实用性，没有一件作品能够被廉价生产和销售[82]。新的设计领域（包括图案和建筑）与传统手工艺相分离，逐渐聚集了一批年轻专家，他们认为自己的事业超越了对国家和市场所负有的职责，属于纯粹美学的范畴。

在欧洲旅行的学院派建筑师发现了维也纳分离派风格，但回国后很

[80] 《三越》，1，no.5，48—49；1，no.9，55；1，no.11，33。

[81] 《虞美人草》《野分》和《三四郎》；引自榧野八束，《近代日本のデザイン文化史》，229。

[82] 《悬赏家具图案陈列会》，《三越》3，no.6（1913年6月），3—4。

图 3.10　（上排）1913 年三越百货举办的设计竞赛中的分离派家具设计作品，以及（下排）商店杂志广告图录里带有新艺术特征的简单家具。（《三越》3，no.6，1913 年 6 月；I，no.9，1911 年 9 月）

快就将其丢开。年轻的设计师和大众市场又重拾起这种风格，以此丰富其美学词汇，并为日本第一个将建筑、室内设计、图形艺术和时装结合为一体的设计时尚命名。1914 年大正博览会的一系列展厅，在东京展示了分离派风格的建筑，"家具商、日用品店店员、衣庄伙计"一起推广分离派的设计。这种样式又被简称为"セ式"（日语中"分离式"的简称）。据传，连女儿节的人偶都出现了分离派设计[83]。在其他人探索其在美学上的可能性的时候，学院建筑师则在争论其真实性和分离派运动缘起的真正意义。大部分人认为，分离派会在日本流行是因为它多少带有"民族性"或"东方趣味"，但又为这种风格并非源自本土而感到不安，并谴责这一忽然产生的流行风潮是年轻设计师盲目跟随欧洲最新的流行趋势，而并未学习吸收各种历史建筑风格的证据。这些论战标志着著名建筑师、新贵建筑师与时尚先锋之间的竞争的最初阶段，这一竞争在 1920 年代持续扩大[84]。

这种简单、线条平直的形式伴随新的欧洲设计，特别是分离派风格来到日本，它们无疑更适合批量生产，尽管理想主义的艺术和建筑专业学生忽略了这个至关重要的特征。新风格还推动了透明清漆木的流行。随着茶室美学的复兴，它被作为本土传统和来自欧洲的现代风格之间固有联系的证据，这些设计特征很容易就被宣传为符合日本趣味。家具部门进而生产设计简单、价格便宜的台灯、桌子、写字台、茶叶架、和式烤炉以及盆景架子，它们多数采用方形切割的清漆木、细刻线，有时有少量新艺术风格的镂空。这些东西展示出与三越的设计师林幸平装饰富丽的折中主义室内设计相去甚远的民族品位[85]。其中的区别不仅是设计潮流的改变，更重要的是客户群的改变。三越将市场定位于那些对本土和欧洲最新的设计潮流感兴趣，却不具备必不可少的西式房间的人群。而以简洁为精髓的日本品位理念使得客户能够对生活必需品加以利用。到了 1922 年，《三越》将它销售的轻质椅子和廉价橱柜系列命名为"新和式家具"。当年 10 月推出的系列产品试图展现这种为日本住宅而发展出的

[83] 大熊喜邦，《セセッシヨン式の流行を見て》，《建筑世界》8，no.4（1914 年 4 月）：6。

[84] 出处同上，6—7；冈千代治，《セセッシヨン式の遊戯》，《建筑画报》7，no.7（1916 年 7 月）：25—27；《飽きの来たセセッシヨン式》，《建筑世界》10，no.3（1916 年 3 月）。关于这场辩论的粗略概括，参见伊东忠太，《セセッシヨンの回顾》，《建筑新潮》9，no.6（1928 年 6 月）。

[85] 神野由纪，《趣味の誕生》，109。林幸平认为在诸多欧洲风格中，路易十六风格最适合日本。

图 3.11 新设计的藤椅，"最适宜放置在日式房间的椅子"。(《三越》10, no.3, 1920)

审美观："最近的流行趋势是摒弃西方家具精巧的工艺和繁重的装饰。家具的外形必须尽可能简洁，所以我们强调直线，重视浅色，仅给出一点弧度。在装饰方面，在家具的关键部位使用镂空、蚀刻和网格来使之融为一体 (图 3.11)。"[86] 价格实惠的品位从此统治了日本家居新商品的世界，这些商品既不属于从前女性化的日常品类，也不属于男性化的随时节而变动的装饰性品类。

---

[86] 初田亨，《百貨店の誕生》，161—162。

解放了的品位

民族品位之精英话语的出现、对混杂式室内装潢的商业推广，以及在居住建筑中寻找现代民族风格的实验，这些努力都指向同一个目的——将美学从实用中剥离出来，并且更为实际地将建筑与室内设计的正统审美从由鉴赏家垄断的座敷和茶室的私人社会空间中解脱出来。将"趣味"构建为一种先验价值，使得将纯审美从其背景中抽象出来在理论上成为可能。无论如何，对为《趣味》撰稿的坪内逍遥及知识分子团体来说，对民族品位的提炼与更加普适的美之浪漫理念同等重要。这意味着要以统一的审美方式来教育更多的人，从而使"趣味"成为民族财产。林幸平从适用于所有室内的民族风格的装饰艺术中提取装饰基调，以此将审美从它现实意义的实际环境中萃取出来。在欧洲受过教育的第二代建筑师，如武田五一等人，既与海外高档设计的潮流保持对话，也到本土传统中寻找灵感，并从国外引入能够构建民族风格的元素。他们对数寄屋与本土住宅建筑的再阐释，将住宅提升到国内外的学术建筑言论和设计实践的舞台上。对这些建筑师来说，本土风格被当作适用于建筑设计的风格技巧之一加以运用，伊东忠太称赞他们作品的目标是——"创造真美"。

在诸多可能的"民族品位"之中，大市场厂商选择了一种简洁而恰好又实惠的"民族品位"。数寄屋的简洁通常并不便宜，且正相反，鉴赏家在稀缺材料和精巧工艺上一掷千金，这使得他们的房子与数寄屋风艺术所借鉴的真正乡村建筑有很大区别。以当时兴起的布尔乔亚市场的眼光来看，武田五一对数寄屋与分离派的融合，比林幸平的提案对民族风格做出了更准确的预测，因为林幸平从装饰艺术中所吸取的贵族传统与现代生产技术的适应性较差，而且没有紧跟现代大生产在设计界所催生的国际化潮流。

　　尽管两人服务的对象都是远离大市场的精英客户，但他们的作品催生了对同时出现于百货商店的品位与风格的重新诠释。随着对居住空间的审美从过去的习俗中解放出来，艺术与装饰品从旧的生产与交换体系中剥离出来，百货公司对自由消费的许诺扩展到了家具与家居装饰领域。20世纪早期的日本城市居民学会了为家里选择物品，并意识到他们的选择是个人品位的表现，这是现代布尔乔亚身份形成的关键一步。由于在西方现代化的冲击下定义与捍卫民族文化是知识分子恒久不变的使命，他们将家具与室内品位的问题当作建立民族风格的问题来对待。大市场厂商觉察到了这一问题对布尔乔亚大众的普遍影响，并利用民族风格的理念来培养布尔乔亚民众，让他们通过新的商品与装饰来展示自己的修养。

第四章

家庭生活的景观

作为文化企业的铁路公司

在新的全套家具占据并重新定义家庭空间后，布尔乔亚实践者们也开始重新定义城市里的空间。明治时期向西方模式看齐的文化媒介开始有意识地推销郊区住宅，正如他们以前推销以家人为中心的亲密家庭一样。而与日本家庭生活理论家相似，这些推销郊区住宅的人在构建新理念时，所参考的文化素材是本地条件和西方模板的混合体。

在日本，铁路资本发展的地区差异在确定郊区发展的形态时也发挥了作用。尽管铁路建设是从首都开始的，但最早的规划郊区是由铁路公司在大阪—神户地区建造的。自 1872 年东京新桥站与横滨间的首条铁路开通到 1910 年代，国家控制着铁路的建设和管理，出于军事和经济的目的，试图通过铁路将整个国家连为一体。在国家的支持下成立了数个私人铁路公司，然而到 1906 年，在陆军的压力下，政府将所有线路纳入国家单一管理体系。至此，全国性的网络实际上已经形成了。除了极少数外，私人铁路公司被迫将资产卖给国家。然而大阪周围的情况有所不同，私人铁路在这里发展得更早。一些公司通过钻法律的漏洞获得了执照，这些执照使他们的线路可以作为有轨电车线路而非铁路来运行，从而使公司免于国有化。这样的结果是，尽管包括后来的东京核心交通山手线在内的 91% 的全国铁路系统都处在国家控制之下，但关西地区却成为历史学家原武史所说的"私人铁路的王国"，由五个本地公司控制。一些线路基本与全国铁路线平行，却有着不同的站点，它们的铁道使用宽轨距而非窄轨距，而且更早改造为电力能源[1]。

　　因此，西日本的铁路建设是在几家私有公司间的直接竞争中进行的，他们都被国有化法令限制在阪神卫星城的地理范围内。私有铁路公司的主管们意识到，只有形成持续稳定的区域性交通需求，才能从附近的长途交通中获利。他们通过宣传知名景点，建造游乐园、度假村、有吸引力的学校和机构，以及最为重要的开发郊区住宅来达到这一目的，结果铁路公司成了文化企业[2]。

　　无论是实际建设工作，还是对布尔乔亚关于重新定义都市空间的设想工作，都没有谁像大阪企业家、阪急铁路（大阪特快）主管小林一三那样，做出过如此巨大的贡献[3]。像岩谷小波、村井弦斋，以及其他那一代的文化媒介一样，小林一三参与了塑造布尔乔亚文化私人生活的公众话语的讨论，同时他也在探查数量不断增加的布尔乔亚群体，以求增加新的消费机会，并激起新的欲望。此外，他还同其他成功的明治宣传家一

---

[1]　原武史，《"民都"大阪对"帝都"东京》，21—27，66—69。有轨电车之所以有所区别，是因为它们在公共街道而非公司所拥有的私人领地上运行。阪神铁道的主管人开创了一个先例，获得许可建设 30 公里中仅有 5 公里在城市街道行驶的路线。关于国家铁路发展中的政治，见 Erickson, Sound of the Whistle。

[2]　除原武史的《"民都"大阪对"帝都"东京》之外，还可参考津金泽聪广，《宝塚战略》；以及《阪神間モダニズム》（展实行委员会）中的文章，《阪神間モダニズム》。

[3]　创立于 1907 年的箕面—有马电气铁路（箕面有马电气轨道），随后更名为箕面电气铁路，1918 年这条铁路线成为阪神急行电铁（大阪—神户急行铁路），或称"阪急"。

样，采用社会与家庭改革的修辞，将他的商业目标与民族进步紧密相连。到了事业的后期，他在政府担任了要职。

1910年3月，阪急的"箕面—有马"线的两个分支开通之时，终点站箕面是一个不知名的本地小旅游点，而线路另一头的宝塚仅仅是一个小村庄。原本计划这条铁路线经过宝塚后继续前伸，一直延伸到有马的温泉胜地，但由于缺乏资金，未能实现。结果这条铁路线以市中心为起点通向近郊，到达的终点不具有任何重大的社会或经济意义——成了通向无名之地的列车线路[4]。在最初几年中，如何在这片无名之地搞出点名堂，考验着小林一三。他在箕面建了一座动物园，又在宝塚建了一个名为"天堂"的现代温泉度假村，里面有日本最早的室内游泳池（图4.1）。动物园未

图 4.1　充满异国情调的宝塚天堂。1912 年 7 月开业，公司文献资料中描述为"西洋风格"，令人联想到当时英国建筑师称其为"萨拉逊式"风格。该建筑内最初建有日本最早的室内游泳池，但很快就关闭了，部分原因是当局禁止混浴。后来泳池被改建为一个展览空间和歌舞剧场。（感谢池田文库提供）

---

[4]　津金泽聪广，《宝塚战略》，28—29。

获成功，公司转而大力宣传箕面的自然景致，称其适宜野餐和远足。当他们发现宝塚的游泳池也不受欢迎后，又将其改建为一座"女子歌舞团"剧院，后来成为小林一三文化帝国最知名的产物——宝塚歌剧团[5]。

最终小林一三成功实现了建立帝国的设想，三个消费胜地由一条私人铁路连接起来：市中心的百货公司和购物中心为一端，休闲和旅游胜地在另一端，而中间是小块的独立别墅住宅区土地，全都由铁路公司经营。可以毫不夸张地说，通过这一方案，小林一三建设起对 20 世纪日本大都会的形成最具影响力的商业结构，1920 年代在东京发展的所有重要私有铁路公司都照搬了这一模式[6]。郊区住宅是这一结构的脊梁，它保证了公司在积累资本以获得进一步扩张过程中的日常乘客数量。

小林一三郊区地产的商业策略，包括其他一些在日本史无前例的元素，它们中的一部分随后被移植到了东京。其中最重要的是将地皮分割为小块出售，地面建有待售的房屋，促销广告上印制着房屋平面图、地图，并逐条列举地段的优点。同样具有开创性的是小林一三提供的分期付款购房计划。在首付 200 日元后，月供最少可付 12 日元，分十年付清[7]。当时一名大学毕业的银行职员起薪大概为每月 40 日元，分期付款计划让许多职员负担得起阪急的住宅[8]。

尽管如此，购买不动产在当时并非寻常事，尤其是在大阪。尽管在德川时期城市的平民居住区里，拥有住宅是获得公民权的基本条件之一，现代国家的特权则局限于大多都是地主的纳税人，但在 20 世纪之前，拥

---

[5]　津金泽聪广，《宝塚战略》，45。对这个歌剧团的历史学与人类学的探究，见 Robertson，*Takarazuka*。

[6]　猪濑直树，《ミカドの肖像》，163。

[7]　《郊外生活の福音：僅か十二円の月賦で買える破天荒の郊外住宅と土地》，《山容水态》，1，no.1（1913 年 7 月）：4—5。

[8]　周间朝日，《值段史年表》，51。

有住宅并非一个普遍追逐的目标。《社会百态》的一篇文章描述了 1904 年东京一位典型高级官员的家庭,他们就住在租来的房屋里[9]。德川时期的大阪,甚至有些富商与诸多店员、门徒一同住在租来的房屋里,这可能是为逃避政府要求房屋所有者承担的公共义务。市政府曾多次发布公告,催促有能力的人认购房产[10]。有关部门推动民众购房,显然表明租房更受欢迎。当时的房屋出租体系非常完备,一般出租房都不带地板和隔断,以给予房客更大的灵活性,甚至有专门的商家出租榻榻米和室内推拉门[11]。

郊区的投机房使房客和居住地间形成了新的关系,既不同于那些暂时居住的城市租客,也不同于拥有土地世代安居的农民家庭。正如铃木博之指出的那样,"现代宅基地是由某种'抽象功能'选择的";消费者会考虑一系列的影响因素,从环境卫生到社会地位,但是通常与所选的地方并无任何个人联系[12]。同时,购买新区房屋的人也是在冒险投注,期待这一从前并非城镇的地方,能够发展成为一个值得居住或投资的新城镇。铁路公司的宣传试图缓解人们的忧虑心理,如担心某未知区域可能最终被证明不可居住,或担心其未能发展为所宣传的那样[13]。这类投机性住宅往往与传统社区无关,而且缺乏历史,这些特性都使得它们的广告充满了幻景。为了补偿搬离便捷、熟悉的城市而去购买住宅所冒的风险,小林一三和追随他的开发商杜撰出一整套郊区生活方式。这种生活方式的核心是一种休闲愿景,能够在家随时享受到新的旅游胜地的环境或节庆活动。这样一来,新的场所感就在一片空旷的郊区土地上建立起来了。

---

[9]　近藤正一,《高等官吏の生活》,《女学世界秋季增刊:社会百生活》(1904),64。

[10]　大阪市都市住宅史编集委员会,《まちに住まう》,176。本研究引自大阪町奉行政府 1793年发布的一项法令。

[11]　出处同上,180—81。

[12]　引自中川理,《重税都市》,162。

[13]　出处同上,190—191。

图 4.2 阪急铁路出售地产的宣传册：（左）"这是你的家！"（右）"每月十二日元买到的住宅与土地。"（感谢池田文库提供）

　　其他铁道公司或是销售地皮，或是修建用以出租的住宅，小林一三则更为超前，他提供成品郊区住宅和地块。在租住文化的背景下，这意味着说服消费者接受拥有住宅的价值观。当然，房产有其固有的吸引力，阪急公司在广告中直接标明："您负担得起的优质房产"或者"这就是您的家！"（图 4.2）[14]。而阪急公司宣传杂志《山容水态》更好地替代了这种直截了当的方式，它将当代布尔乔亚语汇中的诸多元素综合到一起并加以润色，使得郊区住宅和花园成为这一新文化身份的基本要素。《山容水态》通过暗示郊区居民能够与自己同阶层的人在一起来唤起阶级渴求，并利用渐渐浮现的布尔乔亚对城市的恐惧，声称能提供健康的环境，宣传田园牧歌般的郊区风光；它还利用了当时渗透在女性流行出版物中的家庭生活理

---

[14] 《山容水态》1，no.1（1913 年 7 月），转载于京阪神急行电铁株式会社，《京阪神急行电铁五十年史》，119。

念。小林一三就是在这里实现了他的宏远图景，将家庭改革家们的家庭重新包装，使它具有诱惑力，并最终在日本的土壤上培植出极其强大、长久存在的文化模式。

以阶级为基础的"东京风格"

池田室町是最早的十几处现房开发区之一，在1910年3月铁路线开通的那天上市出售。随后不久，其他四个地区的建设也陆续开工。池田有200栋独立住宅，每座住宅有4—7个房间，分别建在每块300多平方米的方形地块上，排列成10个网格状街区。这些房子的售价在3000—4500日元，10年分期付款。《山容水态》每期的广告都强调，最好的房子卖得最快，这更提高了郊区新房产激发出的投机性。还未出售的房屋被印制在地图上，数量不断减少。这种按表格促销地产的销售模式，包括土地分割销售在内，都是很新奇的，因为不动产交易是刚刚出现的独立职业，而以前为了保全卖家的脸面，房产出售都秘密进行（图4.3）[15]。

尽管《山容水态》经常提到欧洲和美国，但在建筑和城镇规划方面，阪急公司最直接的借鉴是东京山手地区由朴素的两层房屋排列形成的街道。《山容水态》称阪急房屋是"东京绅士风格"或"采用流行的东京风格建造"的。对习惯居住在商业都市紧密联排房屋里的大阪人来说，那些被东京官僚、公司职员和知识分子占据的小型独立住宅，既非城市店铺又非农舍，属于异文化[16]。由于明治政府取消世袭制，拥有一座有大门

---

[15] 蒲池纪生，《不動産取引の变迁过程》，97。

[16] 1919年记者长谷川如是写道："大阪城郊区的兴起，是由外来的年轻人所引起的，他们从外乡来到城市，沮丧地发现，那里没有东京本乡区那种适合'学生型绅士'的出租房。"（引自中川理，《重税都市》，144—145）

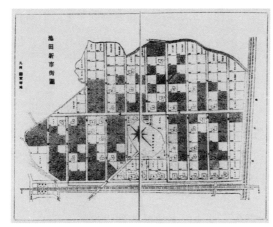

图 **4.3**　（上）阪急线宣传杂志《山容水态》（1914，《临时号》）上刊登的首幅池田室町区块地图。已售出的区块被标为黑色。（下）1910 年代的池田室町，刚建成不久。（感谢池田文库提供）

的房屋成为在东京寻求成功的年轻人的普遍理想。阪急公司包装和推销这种理念，试图让大阪人相信，一种更有大都会气质的布尔乔亚式生活方式，与自己只隔了一小段火车线路。同时，就像"数寄"（这里翻译为"风格"）这个词的用法所暗示的那样，在城市商业区之外、远离工作之处，拥有一座带花园的住宅，能够唤起男性归隐、寄情优雅闲适生活的传统印象。

　　郊区住宅开发商并不会自行决定这是业主自居住宅还是"东京绅士"

模式。比如竞争对手阪神铁路建设的第一批郊区住宅是联排出租屋，比池田室町要早一年[17]。阪神和小林一三的其他竞争对手则更倾向于将土地租给或售予开发商，而非自行建设整个地区。与阪急规划好的现售住宅不同，零散式的开发造成了房屋风格的混杂，并因此导致了阶级的混杂。就像神户郊区天下茶屋的一位住户在阪神的杂志《郊外生活》中悲叹的那样，任意修建长屋式住宅——大阪式的垃圾住宅，导致了"门房和黄包车工人"的涌入[18]。阪急的广告承诺他们的住宅会"适合大阪居民的品位"，却强调了这些住宅与城市和其他新郊区的差别：

> 看看那些铁路公司提供的，为所谓郊区生活所建的房屋吧。不是按大阪市中心那种挤在一起的房屋设计的，就是背对背式出租屋一类的，而且还带有毫无品位的高栅栏和厚树篱——你会发现它们与你的需求是多么不相合[19]。

布尔乔亚读者不难领会其中隐含的信息：哪里有背靠背式出租房，门房和黄包车工人就紧随到哪里。其他的阪急出版物都或明或暗地指出了社会阶层一致的好处。《山容水态》第一期的一篇文章认为："所有居民都是中产阶级或以上，（邻里间）和谐盈溢。"[20]在另一篇文章里，有位女士讲述她为了孩子搬到阪急线冈町的一处"绅士村庄"，以逃离城市里的花街柳巷、电影院和各种助兴节目。由于冈町的居民都是"富裕商人、公司或银行雇员"，那里的孩子"干净整洁"，她可以放心地让他们和自

---

[17] 引自中川理，《重税都市》，150；见151页的一张照片。

[18] 引自铃木勇一郎，《"郊外生活"到"田园都市"へ》，86。

[19] 《いかなる土地を選ぶべきか、いかなる家屋に住むべきか》（1910），重印于京阪神急行电铁株式会社，《京阪神急行电铁五十年史》，118—120。

[20] 《櫻井の半小时》，《山容水态》1，no.1（1913年7月）：9。

己的孩子玩耍[21]。还有一些开发区比较便宜，比如池田和樱井，同样也可以保证其阶级的统一性，因为其中房屋和地块价格差别都很小，而且居民又都是通勤职员。

最近一些日本作者称阪急是在销售"乌托邦"。这一概念十分隐晦而诱人，当年该词若是流行的话，小林一三本人可能也会使用，但这些最早规划的郊区住宅，既非埃比尼泽·霍华德[22]的花园城市那种社会改革者的乌托邦，也非诺曼·肖[23]在伦敦郊区的汉普斯蒂德花园，或弗雷德里克·劳·奥姆斯特德[24]在伊利诺的河畔社区为少数富人建的私有世外桃源[25]。《山容水态》偶尔会提到"花园城市"，但池田室町和随后的阪急开发区更多的是被简称为新市街，即"新市镇"。它们的设计深深植根于大规模营销，建立在无数次对大阪市场承受能力的考验之上。公司建造的西式房屋销量不佳，导致小林一三很快抛弃了它们，尽管已经完成的那些房子后来成了开发区的著名地标[26]。第一本宣传册曾承诺会有林荫道、一座鲜花盛开的花园、一个有台球室的俱乐部、一个供销社，以及有电力和卫浴设施[27]，然而池田的街道最终既无树木也无人行道，而公

---

[21]　夫人谈，《子供のために郊外へ》，《山容水态》，3，no.9（1916 年 5 月）：18—19。

[22]　埃比尼泽·霍华德（Ebenezer Howard），20 世纪英国城市学家、风景规划与设计师，"花园城市之父"。（译注）

[23]　诺曼·肖（Norman Shaw），英国建筑师，以乡间房屋和商业建筑闻名。（译注）

[24]　弗雷德里克·劳·奥姆斯特德（Frederick Law Olmsted），美国园林建筑家，"美国园林建筑之父"。（译注）

[25]　津金泽聪广（《宝塚战略》）与原武史（《"民都"大阪对"帝都"东京》）都使用了这一词语，杉山光信与吉见俊哉（《近代日本におけるユートピア運動とジャーナリズム》）同样如此。这些作者或许受到罗伯特·菲什曼（Robert Fishman）对英国与美国郊区研究的影响，*Bourgeois Utopias*。

[26]　小林一三，《逸翁自叙传》（1952），182。

[27]　《いかなるを選ぶべきか、いかなる家屋に住むべきか》（1909）；重印于吉原政义，《阪神急行电铁二十五年史》，《土地住宅经营的元祖》，3—4。这一公司史展现了与京阪神急行电铁株式会社的《京阪神急行电铁五十年史》原始宣传册不同的侧面。

园被一座神道教的寺庙占据，这座寺庙是阪急公司买下地块之前就存在的。后来建立俱乐部和供销社的努力都失败了，这是新的郊区很难发展出自主社区的两个征兆。因此阪急对提供除私人住宅和统一地块以外的设施的实验很有限，舍弃了所有被证明是不合算的投资。减少在基础设施和公共景观上的投资后，阪急转而提供了一种能够负担得起的"东京风格"。尽管如此，小林的策略仍然可以说很有创新性。阪急的新市镇是日本第一个以广大城市职员群体为受众，并且采用渐渐浮现的布尔乔亚理念来吸引他们的房地产企业。

健康区

明治晚期的城市居民，经常要和威胁他们健康的危险作斗争。这些危险通常都在城市中，那些已经感染或受到威胁的人，会被劝说去空气清新的乡村疗养。夏目漱石《我是猫》（1906）中的叙述人以其典型的讽刺口吻提到日渐增多的户外治疗法：

> 最近我们才听说，应当为了健康而锻炼，喝牛奶，冲冷水澡，去海中潜泳，躲进山里，吃雾气。这些都是最近来自西方的疾病，侵染了这一神圣土地。这些建议应当与害虫、肺结核、神经衰弱之类的疾病归为一类，它们同样危险[28]。

这些疾病和治疗方式都是新出现的，并且与环境直接相关。人们甚至可以说，医学言论"发明"了"环境"这一概念，包含了一些能够滋养

---

[28] 夏目漱石，《我是猫》，215。

或者威胁人类健康的无形的东西。环境论通常将生理与道德健康的相关概念融合为一，赋予了郊区此前从未拥有过的内在价值 [29]。

　　毫无疑问，传染病令 19 世纪晚期的城市备受困扰，让有能力搬离城市的人有了更大的动力。国际贸易通商口岸开放后，麻疹、霍乱、痢疾、伤寒和肺结核在全国范围内的城镇人口间传播 [30]。特别是在食物容易腐坏和水源传播疾病流行的夏天，温泉和海滨度假村为人们提供了避风港。尽管如此，夏目漱石愤世嫉俗的猫的视角——包括它对神经衰弱这一维多利亚式疾病的陈述，提醒着我们，在将市民驱离城市的疾病和既具有吸引力又健康的山林海边之外，还有许多意识形态和物理上的推手。

　　随着疾病本身不停变换，关于公众健康的言论一直令布尔乔亚忧心忡忡。在 19、20 世纪之交，霍乱的威胁已经基本过去了，但其他传染病替代了它的位置。1899 年，神户港出现的第一例日本死亡病例宣告了鼠疫的来临，这立即引起恐慌。肺结核已经恶名昭著多年，但随着大霍乱的平复，它成为卫生工作的下一个主要焦点 [31]。由于每种传染病都有自己的生命周期和传播模式，不同市区范围需要予以应对的传染病也不同。霍乱以其传播迅速而知名，因此需要设立警戒线、消毒并立即隔离患者。鼠疫则与港口、纺织厂紧密相关，因为 1899—1900 年间的死亡病例，大都与大阪急速发展的纺织工业有关。当局应对鼠疫的办法是划定更大的疫区，用铁栅栏将整个社区关闭，并每日监控。内务省要求警方为神户和大阪绘制详细地图，统计并标示出现病人的每一个住宅。在持续增长的恐慌情绪中，当局最终于 1900 年 4 月将一处包括 44 座贫民住宅的街

---

[29]　我从 Nicholas Green（*The Spectacle of Nature*）对法国都市语言与景观商业化之间联系的研究中，借用了环保思维或者环保主义的概念。

[30]　见 Jannetta，*Epidemics and Mortality in Early Modern Japan*，188—207。 Jannetta 通过对明治之前数据的检验来解释是什么保护了日本民族免受众多流行疾病困扰。

[31]　鹿野政直，《コレラ，民众，卫生行政》，267。

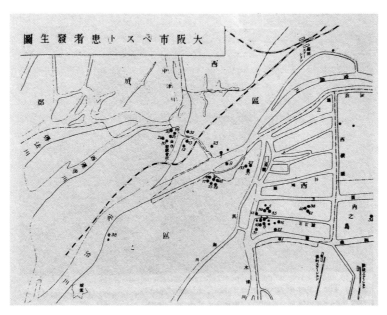

图 4.4　作为危险环境的城市：内务省绘制的大阪鼠疫患者分布图（图中黑点），1900。

区夷为平地,这里被认为是疾病传染的源头[32]。饱受瘟疫折磨的城市被视
为一处有边界的空间，受到来自边境的威胁，如同前文卫生专家眼中的
家。与之相反，肺结核是经空气传播的慢性病。它无法被彻底根除，因
此需要对公众进行教育使之保持警醒。个人卫生的地位优先于广泛的城
市环境卫生工程。报纸、流行杂志和学校一同宣传人们所面临的威胁，
以及应采取的预防措施。城市并非严防以待的堡垒，而是成为一个有机
体，同时受到自身的威胁，它内部有依碳含量和死亡率划定的等高线。
因此，城市环境的意义随着传染病学和卫生政策的发展呈现出全新的一
面（图 4.4）。[33]

[32]　安保则夫，《ミナト神戸・コレラ・ペスト・スラム》，141。这一详细研究是关于卫生与
　　　城市政策的偏见，以及加剧其偏见的新闻业所起的作用。

[33]　成田龙一，《近代日本の轨迹・都市と民众》，27。

不断扩大的铁路线网络，在物理上拉近了乡村度假村与城市间的距离，使得短期留宿能够适应工作周、周末，以及暑假的新制度（这都是1876 年为政府公务员设置的）。到 19 世纪末，东京和大阪周围许多主要的温泉浴场都能坐火车到达了；而随着火车线路的推进，又开设了许多新的海滨或山区度假村。1898 年平出铿二郎出版了《东京风俗志》，书中说城中在隅田川上租船避暑的风气已日渐衰落，因为能够负担得起这项开支的人，都乘火车去其他休闲胜地了："现在人们去镰仓、逗子、大矶、箱根，走进日光和中禅寺那样远离城市的山区，或在海滨打发时光，泡温泉和洗海水浴。"平出铿二郎还补充说，出于这一原因，河边的娱乐船和饭店的营业额都只有从前很小一部分了[34]。

西方居民、本土医生和军官等榜样的示范作用，激起了大众对户外休闲活动的热情，并使得度假村越来越多。1886 年夏天，霍乱迫使许多家庭逃离东京，结果引发了在关东地区的温泉小镇里寄居的热潮。其中草津山间温泉水由于富有医疗价值，得到了皇室医师、德国医生埃尔温·贝尔茨[35] 的认可，因而颇受民众欢迎。据说陆军省军医总监松本顺去大矶治疗风湿病，海水浴热潮兴起一时。德富芦花的畅销小说《不如归》（1898）描绘了伊香保温泉镇周围田园牧歌般的风景，由此掀起了温泉热。书中讲述男女主角曾在那里享受转瞬即逝的家庭幸福时光[36]，而不久之后，男主角便加入日本海军，投入中日海战之中，女主角则染上了肺结核。在此之前，伊香保镇已经以温泉闻名了——德富芦花在小说开头就提到了它的名气，但是在《不如归》中它成了婚姻浪漫情节的背景，

---

[34] 引自安岛博幸与十代田朗，《日本别荘史ノート》，46—47。

[35] 埃尔温·贝尔茨（Erwin Baelz），德国内科医生、人类学家，曾任日本皇室御用医师。（译注）

[36] 小木新造等人，《江户东京学辞典时代》，798，860。《不如归》的英译本以 *Nami-ko: A Realistic Novel* 为名出版，译者是 Sakae Shioya（岩谷荣）与 E. F. Edgett（东京：有乐社，1905）。

图 4.5　农学家横井时敬之家，"在户外与家人共享天伦，度过清静美好的一天"。由《妇
人画报》的摄影师摄于多摩川河岸（《妇人画报》no.102，1914 年 11 月）。1910 年代，《妇人
画报》上常见知名人士与家人在乡间郊外、海边、轻井泽的山间度假村中休闲之类的照片。
这些照片描绘了布尔乔亚户外休闲的时尚，并展现了布尔乔亚阶层新的不拘礼节的特点。

极其浪漫伤感，而非简单的一个温泉。这一情节的发生前提则是很现代
的——这对夫妻来伊香保镇是为了度蜜月，而这本身就是从外国引入的
一种旅行方式（图 4.5）。

　　除了疾病，污染也让为健康而忧心的居民有了离开城市的理由，尤
其是在 19、20 世纪之交的大阪。作为纺织工业中心，大阪市内烟囱林
立，在日本被称为"东方曼彻斯特"[37]。这里与东京不同，东京西部的山
手区基本仍是居民区，被当作武士阶层住宅时便形成的茂密植被也保留
了下来；大阪的居民区则被限制在商业和工业城市的网格中，街道两旁
都是联排房屋。到了 1910 年代，大阪的空气据称比伦敦还要差[38]。早在

[37]　津金泽聪广，《宝塚战略》，82。

[38]　田康德，《都市公害の形成》。

明治中期，城市里一些布尔乔亚商人中的上层人士，已经开始从他们原来的住宅搬至城外，与早些时候曼彻斯特和伯明翰等商业城市的模式一样[39]。工厂里的肺结核发病率很高，大阪尘雾也正是来自工厂，呼吸新鲜空气既是预防措施又是治疗措施。对新鲜空气的强调，是对郊区住宅极好的宣传。

　　尽管有污染和传染病两种原因，但布尔乔亚的搬离并不能简单地归因于工业化。在导致布尔乔亚大规模撤离工业化大阪的原因中，城市观念的改变与污染造成的身体不适同样重要。通过警察、市政官员、内务省官员的公告和活动，以及记者与社会改革家的文章，日本大城市的居民已经开始将城市看成是一个有机体，其整体的健康会影响到每个居民的健康。环保意义上的城市并不为人所见，而是通过地图和统计结果得来。官方权威和西方科学家赋予其现实意义。在西方城市言论的主导下，明治最后二十年间，环保理念从国家机关逐渐深入到大众意识中。

　　1888年，日本第一个城市规划法规（《市区改正》）在东京获得通过，环保理论被写入其中。同时获得通过的还有大阪贫民窟地区的房屋警政条例和其他类似法规。提倡清除贫民窟的人强调，传染病通常源于底层民众，而且"在最致命的时候，会攻击中层及以上阶层的人"[40]。早在1881年，东京都议会议员在讨论拆除神田桥本町的贫民窟时，便提到了这一政策对"公共卫生"的好处，他们所表达的理念显然来自欧洲城市规划，因为这在日本并无先例[41]。19世纪80年代的报纸，刊载了东京和大阪社会底层人群的生活账目。效仿布思（Booth）、梅修（Mayhew）以及

---

[39]　中川理，《重税都市》，148。

[40]　前田爱，《都市空间の中の文学》，187—89。此言（189）出于长与专斋，他通常被称为"日本现代卫生之父"。

[41]　佐藤健二，《都市社会学の社会史》，170。关于大阪市的第一个城市规划工程，见安保则夫，《ミナト神户・コレラ・ペスト・スラム》，176—177。

其他人在伦敦的研究，松原岩五郎的《最黑暗的东京》（1893）和横山源之助的《日本下层社会》（1898）一类的报道，以生动翔实的细节展示了穷人的生活状况，以唤起布尔乔亚阶层的警醒[42]。

随着城市研究的发展，城市探讨从对某一特别地区的写实报道，如东京鮫河桥谷町或大阪的名护町这些"黑暗大陆"的贫民窟，转移到了更广泛的科学抽象讨论上，以人类与非人类、有形与无形的不同集合来讨论城市问题。关东和关西的报纸都刊载并分析了穷人的统计数据，统计以性别和年龄分组，内容包括呼吸道疾病的死亡率、工厂和烟囱的数量，以及城区耕地与居住区用地的对比[43]。1906 年《读卖新闻》刊登了一系列文章，其中农学家横井时敬在论证城市拥挤所造成的危害时，计算了东京两百万居民所产生的二氧化碳总量[44]。

日本本国城市缺少统计数据，作者便借助其他地方的例证。事实上，尽管日本城市通常不愿与西方城市相比较，但这却是环保言论的一个同样重要的本质特征。1877 年以后，日本警方开始监测卫生和社会统计数据，但直到 1908 年东京第一次现代人口普查之后，才开始进行城市综合调查[45]。在各自立场上，一些作者分别介绍了柏林、伦敦和纽约的情况，并推断日本城市也是同样的情况，甚至更糟。社会统计数据压倒性的逻辑，抹杀了其他的不同点。早稻田大学教授、社会改革家安部矶雄，是日本第一位明确提出"城市问题"的学者[46]，他的重要专著《应用

---

[42] 见前田爱，《都市空間の中の文学》，184－193；佐藤健二，《都市社会学の社会史》，151－227。

[43] 例如，见综合研究开发机构，《新聞に見る社会資本整備の歴史的変遷》，267－274。

[44] Dodd, "An Embracing Vision"。横井的文章后来被结集出版，名为《都會と田舍》。横井同样也是农本主义哲学观的早期倡导者。关于横井在农业与政治经济方面的作品，见 Vlastos, "Agrarianism Without Tradition"；以及 Havens, *Farm and Nation in Prewar Japan*。

[45] 见石塚裕道，《社会病理としての伝染病》，同前，《日本近代都市论》。

[46] 成田龙一，《近代都市と民衆》，24。

市政论》（1908）的立论完全建立在西方实例之上。安部矶雄认为，所有的社会问题都是城市问题，而卫生的威胁是城市改革的第一要务，并指出日本城市在该文明标准上远远落后于西方城市[47]。1902 年北里柴三郎医生公布了第一组对东京肺结核的统计数据，报告说东京的情况比除圣彼得堡外的所有西方重要城市都糟糕[48]。1911 年 11 月，《大阪朝日》报纸报道，英国贫民窟改革家悉尼·韦伯在安部矶雄的陪伴下考察了一些日本城市，并评价说大阪城市居民的生活条件"落后伦敦五十年"。[49]

　　大概自 19、20 世纪之交，日本报纸建议读者将城市看成是一个有机整体和民族进步与健康的晴雨表。针对地方城市文化的特殊性，环保主义者对东京与大阪的特征进行了分类量化统计，并将总量分配至人均水平，以警示每个居民。在这种新的城市意识中，郊区不仅仅是提供有形的欢愉或暂时的庇护所，而且会给身体带来无形的、长期的裨益。如佐藤健二所见，"传染病所具有的不确定的特征，总是引发过度的诠释"，进而创造出一个充满想象力的空间[50]。这种凶险的不确定性，不仅仅是其传染性，也是处于环境言论中的整个城市。同时，由铁路开辟的新领域又创造了另一种过度诠释，一种对无主之地、乡村景观、新市镇，以及私人住宅的过度幻想。堕落城市和纯洁乡村的印象，被如小林一三这样的城市文化倡导者和媒介宣传扩大，暗示两者分别代表了恐惧与希望的空间。

　　阪神铁路公司是首个拓展环保理念的私人开发商，它印发的一本宣传册，刊载有十四篇医生推崇郊区生活的文章[51]。医生的论断确定

---

[47]　安部矶雄，《应用市政论》（1908），4—5。

[48]　Johnston, *The Modern Epidemic*，223。

[49]　引自综合研究开发机构，《新聞に見る社会資本整備の歴史的変遷》，268。

[50]　佐藤健二，《风景の生产，风景の解放》，153。

[51]　《市外居住のすゝめ》（《关于离城居住的建议》），转引自中川理，《重税都市》，155。

无疑，有时甚至有些夸张；他们提醒读者，郊区的空气和水都更干净，并举例说明有些患者在离开城市后就痊愈了，还断言住在郊区可以长寿。宣传册将阪神的郊区居住区标注为"健康区"，该词随后被频繁使用[52]。南海线的某本地开发商办公室出版的双周刊《郊外生活》也采用了类似的方法，刊登了关于乡村空气健康作用的医学报道，同时配有伦敦和东京的统计数据（以替代大阪的数据），以及一系列介绍花园城市运动的文章[53]。

小林一三紧随其后，也在阪急的宣传册中借其他医学权威之口，提出阪急线所到达的大阪北部的山区比阪神和南海铁路所运行的海滨地区要更加健康。同时，他结合统计数据和医学观点来说明住在城市有多么危险。《山容水态》转载了关于城市中乞丐健康情况报道的结论，宣称"大阪是世界上肺结核最严重城市"，乞丐中有 11.67% 的人受到了感染。根据随后两位医生对全国人口中患有各项疾病比例的估计，再结合专家的结论，总的来说，大概有半数国民都患有疾病。文章据此得出结论，大阪一定是世界上感染肺结核人口比例最高的城市，因此可以毫无疑问地说，一半的城市人口已经患病。由于国民安康事关重大，而且为了避免个人的家庭悲剧，文章呼吁全面的卫生改革，继而道明文章的主旨，"并非出于自我宣传考虑"，读者最稳妥的选择就是搬到有清洁水源、清新空气和美丽风景的"箕面—有马"铁路沿线。文章还配有一幅该公司于青山脚下的住宅的照片[54]。

---

[52] 小野高被裕，《健康地のライフスタイルを築いた医学者達》。引自《阪神間モダニズム》，展实行委员会，《阪神間モダニズム》，110—114。

[53] 《郊区生活》，第 2 号（1908 年 3 月 1 日）：2；第 31 号（1909 年 4 月 15 日）：2。这与后来同样以《郊区生活》为名的阪神杂志并非同一刊物。

[54] 《大阪は世界一の結核病地》，《山容水态》，第 6 号（1912 年 12 月）：9—10。

田园趣味

尽管郊区企业家宣传关注卫生保健，他们仍可利用当代人对乡村风光和田园生活的强烈兴趣——这一兴趣既是美学上的，也是道德上的。阪急不动产最初的宣传册从强调城市环境问题的危险性开始，但随后就转移到积极呼吁其称之为"田园趣味"的东西上：

> 大阪居民们！美丽水城已是远逝的梦境，生活在雾都黑暗天空下的你们是多么不幸。
>
> 在感觉城市生活阴暗无趣的时候，一想到大阪居民现在的卫生条件，就会让你不寒而栗，居民死亡率是每十人出生，有十一人死亡。同时你又多么渴望富有田园趣味的可爱郊区生活！

"田园趣味"一词在 1909 年激起了特别的共鸣。此前一年，内务省以埃比尼泽·霍华德著名的"乌托邦宣言"为参考，出版了一本叫《田园都市》的书，使用了同一个词"田园"（字形本意为"农田花园"），书中描写了花园城市理想在日本的实施。内务省的这本书并非霍华德花园城市的翻译。在介绍了霍华德的规划，并总体叙述了部分其他英文作品之后，它以保守的态度作结，提出日本一直就是"花园村落"的理想民族，由勤勉种植水稻的农民构成[55]。尽管如此，此书助长了一种新生的将空间理想化的倾向，将城市外的乡村当作某种抽象的景观；"田园"不仅仅是外省的集合或者个人的故乡。在世纪之交，日本的散文、诗歌和绘画所掀起的新运动，第一次将自然重构为文明的对立面，并怂恿年轻知识分

---

[55] 对日本花园城市理念早期反映的考察，见渡边俊一，《"都市計画"の誕生》，41—59；以及同上，"The Japanese Garden City", in Ward, The Garden City, 69—87。

子（以及学生团体）到大城市间的腹地中远足，通过亲身感受来体悟乡村景色之美。广受欢迎的郊区远游、作家和画家在远游时通过作品对郊区的再现，形成了一种全新的景观意识，将审美与一个人的发现、探索和职业相结合。内务省对日本乡村的赞美，为其保守的社会目的选择了同样的浪漫视角[56]。

对通过简单生活与乡间劳动提升自我的布尔乔亚社会思潮而言，对风景夸大与扩张的审美是一种补偿。1905年法国牧师查尔斯·瓦格纳的畅销书《简单生活》被翻译为日文，此书曾受到美国总统西奥多·罗斯福的赞誉，从而将"简单生活"这个在世纪之交全球流行的日常词语引入日本。受此书影响，次年日本出现了《简易生活》杂志。编辑引用查尔斯·瓦格纳、梭罗和社会主义作者的作品，有时也会呼吁激进的社会改革，但通常都是提倡加强家庭亲密关系、简化社会繁文缛节，以及享受诸如种菜之类的郊区活动之乐。追求简单生活的呼声有其广泛的政治背景。1906年，畅销书作家德富芦花在拜访托尔斯泰之后，接受了和平主义观念，并具有了很深的社会主义背景。1907年他搬到东京郊区务农，其间为他的广大读者创作了一批小说和散文，描写这段充满内省精神的体验[57]。同时，一些身居高位的军官追溯中国古代高人隐居的传统，在郊区建立了隐居所，周末穿上工服务农[58]。

《山容水态》和其他同类杂志也精心创造出各自理想的郊区乡绅形象。南海铁路《郊外生活》标榜自己是具有"田园趣味"的报纸，头版画

[56] 关于这个主题有许多著作。关于绘画，见青木茂，《自然をうつす》。关于文学，柄谷行人富有创见与争议性章节"Discovery of Landscape"，出处同上，*Origins of Modern Japanese Literature*；以及 Dodd，"An Embracing Vision"。关于描绘生活写作的流行，见高桥修，《作文教育のディスクール》，257—286。关于现代日本思想中的自然概念的持续分析，见 Thomas，*Reconfiguring Modernity*。

[57] 关于德富芦花与托尔斯泰的关系，见 Kominz，"Pilgrimage to Tolstoy"。

[58] 安岛博幸和十代田朗，《日本别荘史ノート》，245—246。

图 4.6   郊区乡绅。（左）南海铁路宣传报纸《郊外生活》刊头的乡绅速写。（《郊外生活》，no. 14，1908 年 9 月）（右）"秋日田园生活"。（《秋の田圃生活》，《山容水态》，no. 4，1913 年 10 月）阪急铁路朴实的乡绅，在他的"普通人的住宅"旁欣赏两株向日葵的长势。

有一个穿靴子、戴窄边帽、留小胡须，肩扛锄头的男人速写。人像上方的报头是由铺着茅草的农舍组成的田园牧歌般的景观。这位乡绅既不是穿草鞋的农民，也不是穿西装的商人，乃是一个新发明的如新郊区本身一样的折中主义的形象。《山容水态》则在数期的卷首用速写画描绘出它心目中的郊区农人形象。他的衣着更像是典型的农民，但在画中他满意地看着小瓦房旁边的两株向日葵的长势（图 4.6）。这在一定程度上再现了阪急沿线大部分周末里农人的实际情况，但也暗示出郊区生活也许会发展为真正的回归土地。在小林一三看来，"普通人的理想住宅"就是拥有300 平方米土地，低矮的树篱和垄垄蔬菜将果园隔开，小路上方立有葡萄藤架，另一侧养着羊、鸡和兔子，"设施每年都不断更新"[59]。为了向国

---

[59]   引自津金泽聪广，《宝塚战略》，149—150。

际上乡村简单生活的道德偶像看齐，杂志嘱咐读者尝试"托尔斯泰式的乡村生活"，这是一种"生活趣味"[60]。

贩卖家庭生活

为了激起在英美家庭文学中体现的阶级隐喻，阪急的宣传册告诉读者："先生们，你们的住宅就是你们的城堡和庇护所。"并强调，对职员阶层来说，每天回到健康环境里的、有家人等候的家中是多么重要[61]。对日本人来说，熟悉这一画面的是那些接触过西方人或熟悉西方文学的人。无论如何，郊区房屋作为家人庇护所的理念，缺乏日本本土典范。德川统治下的江户和大阪，都曾出现大片扩展的郊区，但新的郊区与家庭生活并没有联系。早在 17 世纪晚期，将军政府官员和江户的富商就在以前的农田和隅田川东填淤而成的土地上建造别墅[62]。大阪的商人精英们隐居在被称为"岛"的非法欢场，同时也在城市边缘的填海区建房。在这些游离于德川社会之外的地方，发展出一种与世俗道德不同的游乐文化，就如同这些地区本身也处在原本的城市之外一般[63]。尽管这种文化中有艺伎的频繁参与，还有很多在这里破财的故事，但许多知识分子绝不会将其视为颓废之事进行谴责，反而将其当作都市文明之花；因为这种文化是建立在对音乐、诗歌、茶道等高雅娱乐的追求之上的，要享受它需要

[60] 《冈町へ！！冈町へ！！》，《山容水态》，特刊《住宅经营》(1917 年 8 月)：6。

[61] 《いかなる土地を選ぶべきか、いかなる家屋に住むべきか》(1910)，转载于京阪神急行电铁株式会社，《京阪神急行电铁五十年史》，119。

[62] 关于隅田川东部开发的细节，见江东区，《江东区史》，1：406—421。

[63] "游乐文化"对政治与社会影响的讨论，见 Harootunian, "Late Tokugawa Culture and Thought"，53—63。

长期的修养。对大阪的商人来说，茶室中的一次宴会往往可以拿到一纸合同、敲定一项生意，从而使这些区域成为生意关系的一部分[64]。明治时期，这种类型的郊区娱乐天地在大城市仍然非常繁荣，尽管精于此道的人哀叹其文化水准已不如往日。由于这里的玩伴是其他男人和职业女性，而非家人，并且这种娱乐方式被认为不具备生产力，因而受到道德改革家的谴责[65]。

历史上，从世俗事务中解脱出来的退隐之地也与家庭相脱离。典型的非宗教的隐居地点有退隐的村舍、学者的闭关处，以及姬妾的家园[66]。这些地方都能使男人脱离他的家庭。"寮"曾常被用来形容江户附近的郊区住宅，其意义暗含了为家庭改革宣传家所厌恶的地点与活动之间的关联。"寮"最初指僧寮，后来也指品茶的小屋、私人别墅、外室的住所，以及用来幽会的密室[67]。与 19 世纪英美两国的布尔乔亚郊区住宅不同，19 世纪日本的郊区主要是男性的欢场，而非保护家人免受城市邪恶侵扰的庇护所。

尽管与家庭主义理念不合，郊区隐居的传统意义很难被抑制。另外同样重要的是，男人在城市中仍然能寻到各种乐趣，包括合法的嫖妓。铁路线的独户别墅提供了全新的郊区生活模式和男人的娱乐休闲方式。《山容水态》上的文章多数是由小林一三亲自执笔的，从文中能够看出，他希望靠这种模式来吸引男性的独特尝试。作为一位失败的小说家和精明的商人，小林一三利用他的文学才华，给予布尔乔亚家庭生活以微妙的暗示，承诺男性能从中获得欢愉。如果说宣传郊区对健康有益和承诺房屋所有权是阪急公开的营销手段，该杂志则展示了其他更微妙的手段，

---

[64] 宫本又次，《大阪》，148—149。

[65] 对游乐文化的谴责，见佐伯顺子，《"文明开化"の"遊び"》。

[66] 安岛博幸与十代田朗，《日本别荘史ノート（笔记）》，241—251。

[67] 川添登，《別荘と寮》，引自小木新造等，《江户东京学事典》，124—125。

这些计划升华了男性传统休闲活动模式中的本能冲动，将其转入既情色又安全的家庭商品中。

　　1910 年以前，"家庭"一词已经被普遍使用，已无须进一步宣传其所传达的布尔乔亚家庭印象（尽管并未特指某种经济地位或家庭结构）。关于家庭主义，或杂志中所谓"家庭中心"的老生常谈，充斥于《山容水态》和宝塚度假村各种活动的广告之中。这一时期的"家庭"修辞跟福音书一个腔调，而且全都针对女性。与之相对，小林一三的兴趣在商业方面，他首要的客户是男性。在他的商业诉求中，"家庭"不再是改革家对同居一室的社会制度的代称，而是变成让男人去想象并占有的对象[68]。

　　阪急文化的"家庭化"，标志着该公司早期事业的关键转折，宝塚温泉的活动历程简要地记录了这一转折过程。在最初开始运营的 1911 年和1912 年，宝塚温泉试图采用与许多其他温泉类似的模式来娱乐男性。来自大阪的艺伎献舞并上演"美人剧场"。每年年终举办名为"游女界"的展览，展示艺术品和古董，并有娼妓参与。随后在温泉开办的第三年，艺伎被女子歌舞剧团取代。小林一三还在"游女界"的会场举办了"妇人博览会"。随后在 1914 年举办了"婚礼博览会"，1915 年举办了"家庭博览会"，如同追寻一位想象中的女性的人生轨迹（图 4.7）[69]。

　　在自世纪之交就受到改革家拥护的郊区开发项目"家庭中心住宅"中，家庭主义找到了理想的建筑表达。1913 年的妇人博览会包括一项竞赛，即为未来池田的住宅设计平面图，获奖作品被刊载在《山容水态》上。一等奖获得者采用了内走廊式的基本布局，并因此获得了评委的称

---

[68]　Ohmann 对美国郊区住宅的营销提出了相似观点："家庭生活理念最早期的化身主要是针对女性，并且其核心是一种文化机构，即家族。同一时代的郊区理念则主要是针对男性，其核心是一种物理空间，即郊外住宅。"（*Selling Culture*［销售文化］，136）

[69]　津金泽聪广，《宝塚战略》，39－40。津金泽认为在这一时期，小林一三的孩子可能影响了他的公司战略。

图 4.7　妇人博览会的宣传册，该博览会 1913 年春在宝塚举办。（感谢江户东京博物馆提供）

赞。评委点评说，"在布局上，这一平面设计摒弃了传统的以客人为中心，变为以家庭为中心"，并通过"加强女仆房间与客厅、餐厅间的联系，做到了西式房间布局与和式风格的和谐统一"。类似的优点也被用来评价杂志刊登的其他池田住宅作品[70]。

阪急所宣传的家庭文化，大部分是由小林一三本人创造想象出来

---

[70]　《理想の住宅》，《山容水态》2，第 1 号（1914 年 7 月）：12；《池田新市街：宪章当選家屋の落成》，《山容水态》1，第 7 号（1914 年 3 月）：8—10。

的。建立一支完全由纯洁少女组成的音乐剧团的设想，是他对原有娱乐形式的果断突破。他从道德和财政两方面捍卫这一理念，拒绝了某音乐剧导演希望加入男性演员的要求[71]。《山容水态》可被看作小林的"家庭"幻想工程的蓝本，其本身便是一部戏剧产品，其中的角色包括医生、科学专家、作家、建筑师，以及其他文化媒介，还有更为重要的，是那些住在阪急沿线的新通勤者、主妇和儿童。杂志根据文字工作者的性别分配角色。女性作者作为革命喉舌出现，讲述郊区对健康、抚养小孩，以及家庭和谐的好处。另一群类似的女性教育家则在博览会和杂志上为家庭预算、儿童服装、家具，以及厨房改良提供专业知识。那些男性作者如果不是房屋经理或健康专家的话，则负责撰写关于个人生活的乐趣方面的文字，如家庭、园艺、甚至包括乘火车通勤的乐趣。

杂志的广告文字披着新闻、报告文学，或者虚构的场景独白与对话的外衣，大部分都是匿名发表的。最后一种文体纯粹是编辑想象力的产物，极为生动地表现出"家庭"是男人渴望的对象——然而并非是独立表现出来，而是以微妙的情色意味进行描述，并作为郊区生活图景的一部分呈现的。例如，在一段称为"午宴时间"的独白中，发言者向同事坦承，正是购买了房子，他现在有了"家庭品位"，并向他们详述了于他而言"家"的意义所在：

[71] 小林一三，《逸翁自叙伝》（1952），220。另一与之产生鲜明对比的是宝塚剧团以前的女性表演者们。在小林一三及其同辈人眼中，艺伎表演与女子歌剧团占据着道德与文化的两个极端，但是精确描述是什么限定了两者的差距却并非易事。传统的艺伎舞蹈表演表面上并不色情。新歌剧团中的女孩们只是比一些艺伎前辈稍微年轻那么一点。要找寻其中的差异，需要考察明治时期童贞和处女所被赋予的新价值、同时期进步社会中对将艺伎称为"职业女性"的谴责，以及卖淫场所中所有相关表演活动的污名化。关于"处女"的进一步讨论，见 Robertson, Takarazuka。关于女性贞操新标准的形成，见牟田和惠，《戦略としての家族》，138—146。

> 小伙子们，我买了一栋房和一块地。你们觉得我在扯谎？如果你们觉得这是谎话，那就找时间来我的地产看看；我走进那典雅的大门，踏上混凝土道路，路两旁的橡树整整齐齐，踏上人行道时，我脚下发出清脆的声响，我把手放在栅栏门上按响门铃，妻子走了出来。从入口穿过客厅走入里屋，我脱下西装，就是这样——我的房子和我的土地就是我的城堡，就像人们常说的那样。像你们这样租房住的小伙子是不可能理解这种感觉的[72]。

家庭改良主义者的各种宣传，设计出一整套仪式来增强家庭凝聚力。这里所宣传的"家庭"，是由一套确认男主人所有权的日常仪式组成的。在这之后，这类白领通勤者回到家宅、花园和在家中等待的主妇身边的场景，会被无数次重提（其中脱掉西装标志着从公共状态转为私人状态，独具日本特征）。拥有房屋事实上并非必要条件，其他大阪职员每天会从出租房去上班，下班回到家里的主妇身边。但这篇文章及其戏剧性的细节则是全新的。这就是身为广告商的小林一三所创造的角色，或者说是他所勾勒的正在形成的角色。如此一来，他的绅士读者们就可以想象自己站在舞台中央的样子。小林一三的蓝本暗示着，只要购买一座房子，就可以超越通勤上班的平庸现实，成为家庭这部戏中的主人。

尽管借用了"家庭"理念的元素，但小林一三忽略了家庭成员之间亲密关系的原初张力。上面那段独白中，这位男士回家仪式的剩余部分是从事一点园艺劳作，然后在走廊上享用由专用托盘端上的晚餐和一杯饮料。在他给办公室同事的冗长讲话中，丝毫没有涉及和谐家庭的内容，也没有提起除他妻子之外的任何家庭成员。

---

[72]　清水正次郎，《ランチョンタイム》(Lunch Time)，《山容水态》2，第 1 号（1914 年 7 月）：10—11。

一篇名为《我的住房》的匿名文章展现了一名男子购买位于池田室町的房屋的经历，并表现了另一类型的占有仪式——房屋内空间的分配。《山容水态》所赞同的"家庭中心"的布局，并未在真正的居住者使用时发挥指导功效，其部分原因是榻榻米房间的灵活性所导致。这位池田居民对房间的安排，说明了阪急的理想"家庭"蓝本无法移植到突出家中霸权的家长制家庭：

> 搬家那天，我决定了房间的分配，并向家人下了严格命令——不要影响彼此——虽然连我在内也只有四个人。首先，紧挨两叠入口的八叠屋是我的起居室和书房，旁边四叠半的房间是厨房和女仆室，接下来的六叠屋子是我妻子和孩子的房间以及餐厅，而二楼八叠的房间则是我的书房和客房[73]。

为了避免家庭成员"影响彼此"，房子主人给自己分配了唯一的私人房间，同时也是最大的房间。他很可能还打算将二楼的书房和客房当成自己的私人空间。对这个"家庭"的描绘当然也没有提到"合家欢乐"，或是"以家庭为中心"的住宅。

由于《山容水态》故事中的男子通常扮演着满意的消费者的角色，并试图劝服其他男性购房，所以故事中的女人大多被当作房屋的一部分也并不令人惊奇。1913年7月出版的第一期杂志刊载了一些宣传箕面自然风光的文章，其中《樱井的半小时》一文讲到了位于樱井的新住宅。这篇匿名文章以第一人称陈述了某天下午四点对新建成的郊外住宅区的一次访问。作者开篇描述了一位从火车上下来的年轻女子，称她是"十七八岁的女仆"，接着描述了她的发型、和服腰带、携带的包袱和优雅的

---

[73] 《僕の住宅》，《山容水态》1，第6号（1913年12月）：4—5。

步伐。作者追随着她，直到她消失在主路旁边一栋房屋的门内。文章接下来描写了市景细节：挖井的工人、排列整齐的房屋、各具特色的大门、远方的群山。

在下文中，作者的目光又徘徊于场景中的人物身上。他透过竹屏风看到一名女子，隔着后院柳树的枝条，她出现在房屋的前廊，"如处画中"。邻家宅子里，一个十二三岁的男孩跨坐在桃树的枝干上，津津有味地吃着桃子。"他两颊鲜嫩的颜色，简直和桃子没什么不同。这一定是家中尊贵的小主人。"回到车站后，作者又被女人环绕："一位二十二三岁的夫人"，女仆和女儿送她上火车。作者描写了她的相貌和与女儿的对话，并猜测她正要去宝塚新的温泉沐浴。

这些日常生活中的小插曲本身看起来无关紧要，但是在一名匿名男性访客的观察中，它们有了能够满足窥私癖的特质，唤起了其他外来男性作为隐形窥探者偷觑他人（尤其是女性）隐私的快感。郊区住宅的卧房属于新建成的女性与孩子的世界，男人很少在白天出现。在访客眼中，白天的小镇有一种家庭的私密气氛。其他男性的缺席，也给故事添加了一丝情色意味[74]。

在呼吁"家族圈"时，《山容水态》的家庭主义是以夫妻间的浪漫爱情为中心的。男人每天离开郊区的卧房，留下妻子在家独自等待的现实，为情色暗示提供了新的机会。在一篇题为《待宵》的对话体文章中，一个人们熟悉的情节在两个匿名的角色间展开：下班晚归的丈夫发现妻子独自在家等候。妻子已经闩上门，他不得不敲门进去。当妻子承认担心有人闯入家中时，他问道："可是我们有什么好偷的呢？"看到妻子脸红了，他便笑道："啊哈，我明白了，如果我不小心的话，你可能会被拐走

---

[74]《桜井の半時間》，《山容水态》1，第 1 号（1913 年 7 月）：7—8。从对场景中男孩的描述里，也很容易读出潜意识的色情暗示。

吧。"她回应说："别开玩笑，亲爱的。我的确很寂寞。"当妻子听到丈夫提到宝塚的艺伎后吃了醋（这发生在艺伎被宝塚女子剧团替代之前），随后开始了一场情人间的拌嘴。这场对话以类似电影淡出的文字作结："等待的夜晚，月亮悄悄投下了他们的影子，妒忌地照亮了两个悄声细语的人儿。"[75]

尽管那些向《山容水态》投稿描写郊区生活的真实女性，更多谈及德行而非欢愉，但杂志小说中的女性人物显得十分享受自己的生活，并乐意将在阪急新镇生活的好处告诉朋友。在这里，郊区风景里与世隔绝的女子的形象也被用来增添诱惑力。《新宅物语》说的是发生在两位女性间的对话，一个是来自城里的年轻女子，一个是她住在郊区的熟人。故事发生场景的设定有点类似于言情小说："'多美的房子啊！我真羡慕你！'一位十八九岁的圆脸淳朴主妇说道。她正斜靠在二楼的栏杆上，丝毫不在意箕面青翠山间的凉风吹乱了头发。"接下来的对话乃是阪急在樱井新建的住宅的广告。住在郊区的女子最后建议说："为什么不跟你丈夫商量一下，也搬来这里呢？""但一定会很寂寞吧。""绝对不会，樱井刚刚建好一百座新房。俱乐部甚至有台球室，而且购买日需品没有丝毫不便。"[76] 在两个女人的谈话中提到台球这种男性娱乐的轻微不和谐感，是这种小品文乃是为男性读者创作的另一标志。无论是孤独思念爱人，还是礼貌地聊天解闷，都是这个幻想世界的一部分。

一篇名为《姐妹》的对话将健康与郊区独立于世外的两个主题联系起来。苍白而神经质的城市商人妻子来拜访她健康而精力充沛的妹妹，她的妹妹嫁给了一位学者，住在郊外。城里的女人苦恼地告诉妹妹，自

---

[75]《待宵》，《山容水态》1，第 3 号（1913 年 9 月）：6—7。郊区卧房色情化的多元决定论后来在"团地妻"之流，20 世纪 60 年代创作的软性色情电影中被再次发掘。同样融合了焦虑与骚动的男性幻想似乎在最初就出现了。

[76]《新宅物语》，《山容水态》1，第 2 号（1913 年 8 月）。1915 年 7 月又刊载过同样的故事。

己丈夫总是出去寻欢作乐。相较之下，郊区的那位丈夫则是忠实的家庭至上者，因为下班后去大阪实在太麻烦。"星期天带姐夫来"，妹妹建议说，"他可以听听我先生对郊区生活的看法，然后我们带你们去寻一间空房。"[77]

　　尽管"家庭"理念和新住宅设计理念的立论基础，早在十年前小林一三就曾与道德改革家共享，但这些叙事小品却将家庭置于另一个话语框架中——男人们赞美每日重演的占有的喜悦，回到自己的家，回到守候家中的娇妻身旁；男人们描述其他同性不在场时窥视阪急街区的快感；夫妻展示郊区住宅私密性带来的性感情爱；女性被描述为充满诱惑力的景观的一部分。这些看起来都是为了挑起男性读者的渴望，并巧妙地将其引向那个主要目标——虽可公之于众，但事实上无限地源自过剩的力比多，即通过购买一座阪急住宅，皈依家庭生活。

家庭生活和欲望的经济学

　　阪急线的新镇作为乌托邦，既不是人工造就的自然景观，也非社会改革家的实验，尽管如此，它仍然代表了一种具有高度原创性的愿景，并产生了广泛的后续影响。首先，它是一种商业性愿景。像三越和其他当代商业企业一样，阪急所贩卖的是一种生活方式的诱惑，同时也扩展了家庭改革的修辞语汇。《山容水态》以及其他阪急出版物的字里行间，展示出小林一三对布尔乔亚改革语言的灵敏捕捉，以及从时代的文化导向中找到市场目标的能力（图 4.8）。

　　小林一三为日本布尔乔亚文化贡献了"拥有住宅以及将市郊作为家

---

[77]　清水正二郎，《姐妹》，《山容水态》2，第 3 号（1914 年 9 月）：8—9。

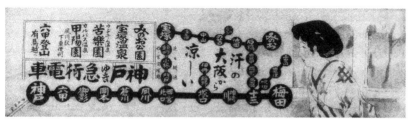

图 4.8　大正时期大阪有轨电车上阪急郊区线的海报。（上）海报仅称这条线路是通向神户的舒适快速列车线路，但插图强调了大阪是烟囱林立的城市，是"东方曼彻斯特"，以与公司对郊外生活的宣传相呼应。（下）广告上列出了一个公园、三个温泉和一条登山线路。图中绘有一位孤身女性乘客，反映了小林一三在公司众多宣传活动中都利用过的微妙的色情感。（池田文库提供）

庭庇护所"的观念。为了宣传这种在英美国家已经根深蒂固的价值观，他和其他郊区开发公司吸收了来自欧美的环境概念和由夫妻二人组构家庭的形象。不过他对这两者都做了一些本土化改变。由于他们的读者似乎无法理解拥有住宅和一夫一妻制的无上优点，他试图在其中加入情色成分，以便买房人能将情欲放入所购的郊区住宅里。

尽管这种充满情色意味的商品与社会改革家理想的"家庭"模型相去甚远，但该模型仍是企业不可缺少的一层神圣外衣。安部矶雄的都市环境理论曾为早期郊区住宅的销售出力，小林一三在商业上的成功，之后也得到了安部矶雄本人的认可。安部矶雄后来仔细调查了阪急的规划，甚至还在早稻田大学就此发表演讲。在他的演讲中，阪急的住宅小区成了"花园城市"，具备解决住宅问题的远见。安部矶雄解释说，铁道公司拥有土地，它不仅销售住宅，而且能够依序建设完成，买房者可以在十年内分期还贷购买。他断言："很明显，如果这种方式能够逐步在全国实施，就能够解决一些城市社会问题。"尽管阪急从不标榜自己是在从事慈善事业，也从未直接提到花园城市运动，但根据安部矶雄激进的观点来看，以获得房产权为结果的合同，以及更为重要的，那些在大地上客观存在的郊区规划本身，已经足以令人将这一项目视为对公共福利的贡献了。安部矶雄承认，这些日本"花园城市"目前仅是为中产阶级设计的，但如果将来相同的体系能够扩展及工人阶级，由政府提供低息贷款，那么日本也许能够达到比利时那种效果[78]。安部矶雄是一位社会改革家，他的政治生涯包括参与创办社会党，担任日本费边社主席，后来作为社会民主党代表当选国会议员[79]。然而他对社会福利与国家进步的理解，使他能够将小林一三的郊区开发工程视为迈向理想社会的一步，而非仅是商业资本的一种形式。对明治一代的改革理论家和文化中介来说，建立普遍的布尔乔亚文化的首要之需，使得他们可以接纳任何盟友。

小林一三灌输在阪急郊区广告中的情色倾向也很暧昧，如同铁道线尽头由纯真少女舞蹈演员构成的"天堂"一样，将此地和此地女人的纯洁融入为男性欲望而打造的领域中。这一欲望领域围绕家中的女性客体建立，成为都市风化区这种传统色情地点的对立面，反映出现代的浪漫情感。在传统风化区，欲望的对象藏在暗处，却确定且商品化；在这里则是一片没有边界的土地，欲望无处不在，充满诱惑，暗伏其中。男性消费者被教唆尽情享用守候家中的娇妻。甚至连支付方式也成为这种精神上的经济学的一部分。分期付款体系需要在做出长期贡献以后，才能获得完整的所有权，这种延迟满足的计划，不仅像在友伴式婚姻中得到

[78]　安部矶雄，《社会问题概论》（1921），635—636。

[79]　《角川日本史事典》，26。

伴侣的忠贞，还像男雇员每日以在城中为雇主劳动为代价换取到的（在有妻子等候的郊区住宅中）闲暇享受。这种投资的价值规范，在如今的日本已如在西方国家一样稀松平常，看似无须多提。尽管如此，城市中仍然有许多可供替代的情色娱乐，而房产市场（以及借贷机构的状况）仍使得租房居住不仅是更简单，而且通常是更加理智的选择。小林一三需要做出许多努力使他的产品具有诱惑力。

小林一三的故事教会人们延迟满足的快乐，这是对现代消费主义具有本质意义的布尔乔亚情感，即柯林·坎贝尔（Colin Campbell）所说的"浪漫主义道德观"。用柯林·坎贝尔的话说："人们对从产品本身获得满足的需求并没有那么强烈，相较起来，他们更期待从产品的附加意义所构建的自我幻觉体验中获得快乐。"[80] 既然这种道德幻想源自私密家庭和健康、田园牧歌式的郊区理想，像小林一三这样的文化企业家便抓住日本消费者的想象力，让他们认为拥有住宅或获得其他商品能够将这种理想幻境化为现实。投资购买郊区住宅及依附其上的幻想，既非纯粹的享乐主义，与地位、财产的关联也不太大。从这层意义上说，这种新道德面向的是一个新时代；在这个时代，劳动阶级宿命论和旧武士贵族文化所遵循的禁欲克己的道德都无法维持统治地位。而获得"我自己的家"（マイホーム，1960 年代对私有住宅的称谓）将成为典型日本男性白领的渴求与负担。不言而喻，这种理想家庭中不包含双方的父母亲戚，《山容水态》中从未提到他们。在小林一三的情色愿景中，拥有家宅意味着男人全然支配着一个女人的性与情感，同时也暗示了男人本身的忠诚——简言之，这是一种浪漫情怀。私密的夫妻生活（建立你自己的"家庭"）将成为郊区独立家庭住宅长盛不衰的吸引力之所在。

---

[80]　Campbell, *The Romantic Ethic and the Spirit of Modern Consumerism*, 89.

第五章

中产阶级和日常生活改善

大众社会的诞生

时至 1910 年代，在女子高校的礼堂和日本建筑师学会的会议之外，已有日本城市即将发生本质转变的征兆。1905 年 9 月，《朴茨茅斯条约》的签订宣告日俄战争结束，日本从此进入了安德鲁·戈登[1] 称之为"帝国民主体制"的新时代。愤怒的民众走上街头示威，他们对帝国主义满怀热忱，而又希望在民主政治中占据一席之地，他们还反对自称皇室意志代表的政治寡头。1905 年的日比谷暴乱[2] 标志着东京城市大众阶层的出现。1912 年和 1913 年，民众在日比谷游行支持宪政，此后几年中的工人示威也聚集了大量反政府民众。1918 年，在战前民众骚乱的巅峰时刻，蔓延日本各个城市的"米骚动"[3] 更显示出城市大众已经成为一股全

---

[1] 安德鲁·戈登（Andrew Gordon），哈佛大学历史系教授，从事现代日本历史研究与教学。（译注）

[2] 史称日比谷烧打事件。（译注）

[3] 日本历史上第一次全国性大暴动，起自渔村，短时间内席卷日本大部，近 1000 万人参与其中。（译注）

国性的力量[4]。

同样是 1918 年，日本出现了以工人阶级为主体的大众政治，第二种大众化开始了。在百货商店和其他城市新兴机构之间，大众消费文化开始成形。在消费选择日益增多的情况下，改革家围绕以消费为基础的日常生活中的新问题，更新了住宅和家庭方案。然而所谓"日常生活改善"所关注的并非大众消费主义的问题，而是如何消费的问题。改革家还试图通过巩固家庭的理念来引导和规范消费行为——这些理念是在早期与西方家庭实践和观念邂逅时形成的。他们继续宣传家庭亲情、效率、家务劳动的卫生习惯，以及同时安置椅子和榻榻米的和洋混搭的室内装修。不过如今他们可以通过广告、公共展示，甚至是在东京街头向路人直接推销的方式接触大众。

伴随一战前的经济繁荣与萧条，城市白领数量不断攀升，最终促使政府认识到"中产阶级"的住房和居住条件可能成为国民政策问题，国家与期待改革的布尔乔亚首次找到了相同的兴趣点。这一阶级的"生活问题"成为国家的关注重点，促使国家在 1919 年发起运动，对中产阶级的生活物质环境进行全面改善，其中就包括住房改善。但改革言论以民族为主要对象，阶级划分问题便被掩藏在其薄纱之下。改革者努力拉拢他们直接社交圈之外的、受过教育的城市人口，这展示出布尔乔亚统治结构内部的裂痕。

在 20 世纪头二十年中发展起来的流行媒体，越来越具备大市场生产的特征，既大量发行面向一般读者的杂志，同时逐步发展面向特殊读者的专业杂志。其中发展最迅速的是女性杂志。像《女学杂志》这样的 19 世纪的先驱，已经在第一代女子高校生中培养起读者群。随着毕业

---

[4]　Gordon, *Labor and Imperial Democracy in Prewar Japan.* 关于"米骚动"，参见 Lewis, *Rioters and Citizens*。

生的增多，潜在的市场也随之扩大。1926 年，记者大宅壮一撰文说，近年来女性读者的增长，对新闻业来说，"就像发现了一片广阔的新殖民地"[5]。急速的发展始于世纪之交。仅在 1901—1906 年间，就有 64 份女性杂志创刊[6]。到 1925 年 1 月，最受欢迎的女性杂志《主妇之友》（1917 年开始发行，半月刊），发行量达到 23 万—24 万册，而重要女性杂志月发行总量超过 120 万册[7]。

　　尽管读者数量增加了，但作为引导者的家庭理论家却没有立即发生改变。那些记者和女子教育家仍用二十年前的方式写作，从 1890 年代起他们就为家政管理类别的杂志和教科书供稿[8]。然而改革家所要面对的受众群不断扩大，这使得对问题的重心——对"中产阶级家庭"的界定——形成统一标准越来越困难。中等教育的快速推广，加上一战后经济不稳定，新白领家庭中涌现出大批期望获得布尔乔亚地位的读者大众，但这种地位并不具备先前受教育阶层所拥有的社会特权和经济保障。《主妇之友》杂志对降低家庭开支和淑女兼职策略的讨论，表明其读者群体仅能勉强维持他们的社会地位，这是家庭建议与改革报刊读者群扩大的最显而易见的证据。

　　意识到这一新兴中产阶级的出现，对住房改革问题的建筑实践有显著影响。在世纪之交，只有少数建筑师在单一的专业杂志上，向数量有

---

[5]　大宅壮一，《文壇ギルドの解体期》（1926），引自前田爱，《近代読者の成立》，212。

[6]　三鬼浩子，《明治近代婦人雑誌の軌跡》，参见近代女性文化史研究会等，《婦人雑誌の夜明け》（大空社，1989）；引自川村邦光，《オトメの祈り》，25—29。据川村研究，每几年都会有一种新的女性杂志登上畅销榜首。创办于 1901 年的《女学世界》是首个行业领导者，其发行量保持在 70000—80000 份。到 1911 年，明确以女子高校学生和校友为读者对象的《女学世界》被《妇人世界》取代，而后者很快被《妇女界》杂志超越，随后又被《主妇之友》杂志超越，《主妇之友》在整个 20 世纪 20 年代都保持着领先地位。

[7]　前田爱，《近代読者の成立》，216—217。

[8]　关于同一时期内，流行小说代际滞后现象的论述，参见前田爱，《近代読者の成立》。

限的读者提供他们对于住房改革的建议。当谈到中产阶级绅士的家庭时，他们所设想的"阶级"，不会超越由改革家及其同事组成的直接社交圈。然而在一战结束的时候，对中产阶级的界定发生了争议，新的住宅设计出现在学术圈外的许多地方。随着专业杂志的大量增加和对住房改良兴趣的增多，建筑师开始向一些非建筑专业人士分享其改良观点。战后，家庭改革狭隘的阶级政治与新形成的大众社会政治交汇了。

国民、国家与中产阶级家庭

在战争期间，建筑师、家政学专家和其他文化媒介开始共同致力于让家庭改革成为国民问题，其开端是1915年发生的两件事：一是德富苏峰的报纸《国民新闻》举办了一次家庭展览；二是住房改良协会创立，该协会由建筑商桥口信助和女子学校校长三角锡子组织建立。这两件事的参与者都只关心独户住宅，并仅仅将独户住宅看作是消费和女性劳动的场所。他们采用公开展览和志愿社团的方式面向国民大众，与从前的改革家不同的是，他们不仅致力于吸引广大受众，还声称会提供实际的国民模式。尽管如此，他们主要试图界定的仍是"中产阶级"的生活方式。他们对日常生活的设想是以消费为中心，其中却没有商品生产者的容身之所；对于居住的概念，他们无视住在店屋、多户公寓的城市大众和农民（农民住宅必须兼具各种社交和生产功能，既住人又养牲畜）。若说如今住宅改革成了国民事业，它所针对的可是一个布尔乔亚国家。

1915年初，《国民新闻》将家庭博览会当作主要新闻事件进行宣传，宣称组建一个由后藤新平等公众人物组成的管理委员会。后藤新平是卓有声名的前殖民官员，即将成为内务大臣；除他之外，还有其他190位著名的赞助人^[9]。宣传这次展览的一篇文章，以"消费什么"作为统一的主题：

> 随着社会不断改变，文明持续发展，家庭生活的实际问题也日渐复杂。应该住什么房子？应该吃什么食物？应该穿什么衣服？自古以来，家庭的问题离不开衣、食、住，但新时代的衣、食、住必定与从前不同。我们的家庭展览拟在实践而非理论上展现与时代相适应的家庭和家庭生活。^[10]

编辑德富苏峰在为展览文集《理想之家庭》撰写的前言中提到，改革实际上是在寻找与日本民族相和的理念，他使用的语言反映了其保守民族主义立场。这一转向发生在中日甲午战争前他创办《家庭杂志》之时。德富苏峰发现，与其他民族相比，日本女性特别具有自我牺牲的精神，由于"大和民族古代家庭体系"的影响，与西方国家不同，日本是"家庭本位社会"^[11]。"家庭"这一外来概念现在已经全然本土化了，同其他国家相比，可以说它的本质更加日本。德富苏峰召集不同领域的权威来充实这一民族家庭理想。

就像展览展出的是实际商品而非抽象概念，参展专家的共同话题也是物质商品。随着市场的扩展，关于传统家庭美德的讨论在女性流行出版物中已经越来越边缘化了。虽然德富苏峰仍然沿用 1890 年代主导《家庭杂志》的说教传统，在《理想之家庭》中添加道德训诫，但没有其他作者在劝说遵守家庭道德上浪费纸张。大家更关注布尔乔亚家庭生活切合实际的方面。一些家政领域的女性，如记者羽仁元子和一群日本女子高

---

[9]　内田青藏，《あめりか屋商品住宅》，85—86。

[10]　《国民新闻》，1915 年 5 月 16 日，出处同上，86。

[11]　国民新闻社，《理想之家庭》（1915），1—12。

等学校的学生，在会上展出了房间室内模型，并撰文讨论厨房、储藏室、缝衣间、园艺，以及室内装修等问题。住宅展览中包括一座由伊东忠太和青年建筑师远藤新共同设计的中产阶级住宅模型。该模型简洁描述了明治晚期住宅的改革方案："以家庭为中心"，有敞向美丽花园、铺设了榻榻米的餐厅，西式会客间和书房设在入口右侧，还有一条将家人和仆人分开的走廊。唯一绘有包含原创细部的室内透视图的房间是西式房间，这反映出设计师的原本美学兴趣所在（图5.1）[12]。

在住宅设计说明中，伊东忠太以"中产阶级是什么"这一问题开篇，强调尽管这一概念含义模糊，但他设计的住宅是针对"每个人通常都能想得到的情形"。他的设定非常具体：一个四口之家，带一名女仆，父亲是职员，两个孩子都在上小学。他们的家是郊区的一座单层住宅。丈夫会在书房读书、接待亲密访客，在会客室招待其他客人；妻子会在餐厅旁的娱乐室干活；全家在餐厅用餐，餐后聊天，在会客室演奏音乐[13]。伊东忠太以国民主食做比喻，称理想的住宅应当"像米饭而非牛肉或鳗鱼"。跟那些美味而昂贵的食物不同，米饭可以每餐都吃，而不会让人厌倦。他的住宅设计风格从早些年住房改革的先锋式，转向了传统而保守——中产阶级国民所需要的[14]。

桥口信助和三角锡子的住宅改良协会的活动，与家庭博览会同时开展。协会活动的内容展示出国民改革进程与以下两个方面有密切联系：对"中产"的界定，对西方商品与生活方式的营销。1909年，建筑背景薄弱的桥口信助进入日本商界，试图在东京推销预制式美国别墅[15]，他打

[12] 参见内田青藏，《日本の近代住宅》，76—78。

[13] 国民新闻社，《理想之家庭》(1915)，113—114，112（对开面）。

[14] 同上，128。有关大米的意识形态作用的类似讨论，参见 Ohnuki Tierney, *Rice as self*，尤其是 105—108 页。

[15] American bungalows，结构简单的独立小别墅，有低矮的坡屋顶，多为单层，最早起源于英国殖民地，后被广泛用作英美的度假别墅。（译注）

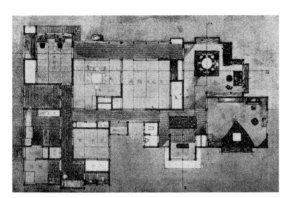

图 5.1 1915 年家庭博览会上的模范住宅平面，由建筑师远藤新在伊东忠太指导下设计。设计强调住宅需要"以家庭为中心"，并且使用桌椅。（德富苏峰，《理想之家庭》，1915）

算将西方家庭生活方式推广到日本大众阶层，当时这种生活方式还仅限于在布尔乔亚精英中流行。由于早年在西雅图的经历，他将自己的公司命名为"美国商店"（あめりか屋，后缀"屋"的意思是"商店"）[16]。这一投资失败了。这部分原因在于，购买桥口信助的进口住宅并不比按传统方式雇个木匠、搬来木材在基址上切割、建造来得便宜[17]。但更大的问题在于，为这种不寻常的产品寻找市场。为西雅图中产家庭设计的朴素住

[16] 桥口后来回忆称，当他在西雅图发现富人和穷人都喜欢居住在西式房屋中时，感到很吃惊。（内田青藏，《あめりか屋商品住宅》，27）

[17] 内田青藏，《あめりか屋商品住宅》，35、43。

图 5.2　Amerika-ya 美国商店设计公司的广告，发表于《住宅》杂志，1918 年 5 月号（重印于内田青藏，《あめりか屋商品住宅》）。此时该公司已经在大阪、名古屋和轻井泽设立了事务所，并为除私人住宅外不少其他类型的建筑设计和施工服务打广告。

宅，并不符合日本城市上层社会的美学预期与实际需求，而这些人正是一战前日本西式房屋的主要客户——实际上也是仅有的客户。几乎没有其他人希望拥有一座不用榻榻米的住宅。最终，六栋预制别墅中的五栋被卖给了同一个人——他打算将其出租给外国人。"美国商店"转而为大部分精英客户定制西式住宅和度假别墅。（图 5.2）

　　在那几年中，于 1892 年从女子师范学院毕业的三角锡子开展起女子教育改革，将泰勒主义引入厨房设计中。1915 年，三角锡子与桥口信助首次相遇，她聘请桥口为自己设计住宅。桥口信助被她的理念打动，两人决定合作，他们成立了住宅改良协会，并开始出版名为《住宅》的画册杂志[18]。

---

[18]　内田青藏，《あめりか屋商品住宅》，41，90—92。

　　和德富苏峰一样，他们也沿用了明治时期布尔乔亚志愿协会宣传国家现代化业已成熟的运作模式。两人起草了一份活动简介，以义正词严的改革宣言开篇；利用这一文件，成功获得了以时任首相大隈重信为首的134位政要、学者和贵族的赞助[19]。他们的宣言中还使用了中国儒家经典语汇，为其活动披上国家的外袍，以吸引关心"国事"的"君子"，并声称住房改良正是"构建健康国家"的"基础"。

　　事实上，这一志愿组织的活动牢牢建立在桥口信助的商业性企业基础之上。协会将"美国商店"的地址留作己用，根据活动简介，协会活动包括引进居住建筑方面的专家、可靠工匠，以及建筑构件与饰品制造商和经销商。至少最早这些产品和服务出自"美国商店"。协会宣传西化，并将"中产阶级"住宅作为目标，这与桥口信助最初的商业愿景一致。为了征询读者意见，杂志的创刊号开展了三项竞赛：一是设计"中产阶级绅士住宅"；二是调整日本住宅房门高度，以适应日本人平均身高的增长和日渐增长的在家接待外宾的需求；三是改进厕所，使之更符合卫生要求，并适合穿西装的人士使用[20]。

　　《住宅》得到良好的反馈，在出版市场上占据稳固地位长达二十余年；在1910年代，它是唯一一份与建筑密切相关的流行杂志[21]。它所刊载的关于住房改革的文章，多由建筑专业的领军人物、知名社会改革家和文人撰写。在创刊第二年的早些时候，教育家新渡户稻造呼吁建造适合使用椅子的住宅[22]；社会改革家安部矶雄描述了搬入西式住宅之后家人

[19]　《住宅改良会趣意书》，《住宅》1, no.1 (1916.8)，11。鉴于桥口信助和三角锡子缺少德富苏峰所拥有的报纸和政治人脉这一事实，能够赢得如此高端的支持实在是个了不起的成就。

[20]　《住宅》1, no.1 (1916.7)：10。

[21]　杂志文章中的汉字均有假名注释，以便于阅读，这显示了其读者对象为普通大众，就此意义来说，其为流行杂志。该杂志的发行量不明。内田称，1916年该杂志发放的读者调查表收到了2709份回复。由此似乎足以推测该杂志读者数量十分庞大。

[22]　新渡户稻造，《日本の住宅に対する私の注文》，《住宅》2, no.1 (1917年1月)：6—7。

隐私得到更多保护，生活更加便利[23]；政治家尾崎行雄则称赞了山间度假村中夏日生活的好处，因为从中可以获得"平静与和谐的家庭生活"。[24]这些布尔乔亚榜样使得桥口信助企业的正统地位得到强化，使其扎根于1880年代开始的家庭改革言论传统中。

作为住宅与住宅装修市场中第一份消费导向的杂志，《住宅》以《住宅与花园》（House and Garden）之类的美国杂志作为样板。但《住宅》中的文章对改革的关注，以及所有文章里频繁出现的对西方的参考，展现出它与美国当代流行市场上同类杂志的本质不同。《住宅》的编辑并没有对住宅市场上的巨大变化予以太多回应，而是尝试亲自催生这种变化。尽管消费和住宅逐渐在公众言论中占据越来越大的比重，但"中产"的概念仍然很模糊。桥口信助、三角锡子和他们的伙伴由此在结构发生了变化的自称是"中产阶级"人群中摸索大众市场，而这意味着人们所自称的其实是国民。

住宅问题和中产阶级的定义

白领人数的增长，导致其中大部分人的社会地位提升的可能性降低，引发了知识分子的忧虑，他们觉得这是"中产阶级"逐渐贫化的过程。甚至在一战之前，已经有足够的证据表明职场人士就业机遇与财富分配不均的情况日益严重。日俄战争后，尽管企业和政府机关工作岗位数量大幅增加，但跻身精英的可能性实际上急剧变小。一战期间，商品价格翻倍，而工资却没有变化，之后的许多年里，"白领无产者"（通常

---

[23]　安部矶雄，《私が洋館住宅に住んだ理由》，《住宅》2, no. 2（1917年2月）：6—7。

[24]　尾崎行雄，《山庄生活》，《住宅》2, no. 6（1917年6月）：8。

被称为"洋服细民"或"西装贫民"）低薪酬的问题依然存在 [25]。

因此，带会客室的住宅、为职业主妇设计的改良式厨房，以及给孩子的独立房间等代表布尔乔亚身份的物质条件之所以成为关注的焦点，不仅仅是因为百货商店为家庭准备了新商品，而大众市场杂志则鼓励人们消费，还因为越来越多的人努力在任意形式上触及这一身份标准。改革家希望向包含这些"中产阶级"新成员的布尔乔亚国民发表讲话，他们被迫认识到，在定义"适应新时代的家庭生活"这个口号之前，他们必须要为如何达到这一标准提供解决方案，该口号是由 1915 年家庭博览会的组织者提出的 [26]。在 1910 年代和 1920 年代早期的改革运动中，改革家和他们的受众之间的分裂制造了无法调和的矛盾，并引出了如何界定中产阶级的问题（图 5.3）。

战争带来的繁荣也引发了日本第一次城市住宅危机。在欧洲，因战乱而产生的几乎无止境的需求带动了重工业的扩张，这吸引了数量空前的工人进入重要城市。而新住宅的建设却没能跟上脚步。从 1900 年开始，新住宅数量以 1%—4% 的年增长速度稳步上升。1917 年，东京地区的人口数量激增 14.5%（统计数据为 421900）[27]。战争期间，大阪地区的人口每年增加约十万，但每年新建住宅的数量仅有 5000 栋。1915 年，住宅可获取率是 5.5%，而次年这一比率降到 0.8%。[28] 战时的房源短缺和人口膨胀引起房租急剧上涨，而上涨的房租并没有在随后的经济猛然

---

[25] 更深入的讨论，参见 Kinmonth, *The Self-Made Man in Meiji Japanese Thought*，277—325。

[26] 在这次展览的同年，还出版了一部畅销书，*How to Live Inexpensively*，出自一位医生和营养学家之手。该书着重讨论了"精神劳动者"的生活困难，并教导人们如何在节省食物开销的同时摄取到最多的卡路里。参见额田丰，《安价便宜生活法表》。

[27] 东京都，《东京百年史》，4：61。在 1920 年人口普查前，实际的年度数据并不可靠，但若假定采用的是同样的计算方法，那么 1920 年之前的年度人口增长率应该是相对可靠的。

[28] 本间义人，《现代都市住宅政策》，384。

圖較比量食用所の者働勞非と者働勞

五十二は者働勞非、十三は者働勞

图 5.3　劳动者和非劳动者的食量对比。非劳动者只需要 25 份，而劳动者需要 30 份食物（单位不明）。（额田丰，《安价便宜生活法表》，1915）额田称，尽管劳动者收入比中产阶级要少，但他们的生活没有那么困难，因为他们从雇主或主顾那里获取衣物，而且仅需要最简单的住宿条件。相反，中等"脑力劳动者"，例如"工薪族，受过较高的教育，有较多知识与羞耻心"，不得不花费更多，以维持其社会地位。额田主张，在营养科学的基础上节省实物开支，能将中产阶级从生活困难中解救出来。

衰退中下跌。1914—1922 年间，东京的房屋租金上涨了 2.5 倍。人口压力和战时经济通胀影响了整个租赁市场，这种状况一直持续到关东大地震那一年。

　　租房居住的工人阶级和白领家庭，同样感受到这次危机带来的影响。1922 年，东京社会局在东京地区开展了"中产阶级"住宅状况调查。调查发现，85% 以上的银行职员（月平均工资 174 日元）和 90% 以上的公司职员（月平均工资 156 日元）租房子住。租金之争在该年度的东京讼案中最为常见，工人阶级和白领社区中都出现了租户联盟[29]。

1919 年以前，国家和市政管理部门都没有参与住宅供应，这次危机促使公共住宅政策迈出尝试性的第一步。1917 年，内务省成立了救济事业调查会。次年，该委员会提交了一份报告，建议政府提供贷款以促进公共住房的建设，并建立鼓励个人买房的私人住宅协会。虽然规模有限，但这一报告成为政府首次应对住宅问题的催化剂。东京市政管理部门利用大藏省低息贷款的便利金融优势，在月岛的工厂区建造了 344 栋联排住宅，在本乡区真砂町建造了 52 栋独立和半独立住宅。

1921 年的《住宅联盟法》向住宅联盟提供了利息更低的贷款，贷款需用以购买或承租土地为成员建造住宅，7 人或以上即可结成住宅联盟。这部法律同样是救济事业调查会 1918 年报告的成果。在这部法律颁布后的 1921 年 7 月到次年 11 月间，全日本有 298 个联盟成立，成员总数达 5739 人。与同时期英国等一些国家的住宅建设和资助项目相比，日本的相关数量还是很小[30]。1921—1938 年间，日本大约有 35000 栋住宅在《住宅联盟法》的帮助下建设起来。1924 年，为了东京和横滨的震后重建，建设临时和永久住宅的同润会这一半公共实体成立了。虽然在同润会影响下，房屋供应数量有所增加，但无论是国家还是市政管理部门，都仅能满足 20 世纪二三十年代职场中的极小一部分需求。十八年间，同润会建造的住房不到 11000 单位[31]。房屋政策更大程度上是为建造商提供更多适合的模板，而非为房屋短缺提供直接解决方案，或是显著地改善整个市场。

在救济事业调查会的住宅报告之前，为了改造贫民窟，就曾为住宅

---

[29] 成田竜一，《一九二〇年代前半の借家人運動》，56。

[30] 在东京创建了 42 处协会。到 1930 年，东京协会的数量已经达到 293 个，成员总数为 3094。（本间义人，《现代都市住宅政策》，355）

[31] 同上，358（图表）。

立法，特别需要提及的是 1909 年东京警视厅发布的租赁规范。然而，早期的法律本质上有一定的局限性，仅从地区或出租房屋的层面考虑问题，而不曾涉及个人住房。1918 年，社会部门官员在重申贫民窟改造的传统目标的同时，将目光从问题集中的贫民窟环境和居民方面移开，转向住房本身。他们这种全新的兴趣，部分来自"中产阶级"对住宅特殊需求的感受。

从救济事业调查会报告采用的标题"小住宅改良纲要"，就可以看出这种最早表现出的新意识。使用"小住宅"而非之前常用的"经济公寓"和"贫民住宅"之类的词语，使得房屋问题不再具有环境或阶级特征。在讨论报告草案时，六位委员中的两位提出抹去法规中的"贫民"一词，还有一位呼吁"同时考虑提高中产以上（阶层）的住房条件"。在最终报告中，内务省原本要求的关于"贫民住宅"的所有内容都被删去了[32]。

新法规下所建房屋的类型，进一步确定公共福利覆盖及职场人群；同时，政府的目标是给中产阶级住宅建立一个模板，而非解决房屋短缺问题。1919 年，东京利用财政补贴建了本乡最初两栋住宅，而这显然不是普通工厂职工租得起的：四个房间的半独立单元月租 30 日元，四到六个房间的独立住宅月租 65 日元[33]。1922 年，社会局对"中产阶级"生活条件的调查显示，东京银行员工平均每月支付房租约 32 日元，而其他行业员工所要支付的还要更低一些。所以最早的这一批独立住宅月租 65 日元，即便是当时的白领人群也负担不起。

《住宅联盟法》同样偏于高远，它试图鼓励小投资者互相协作，但是建立联盟有最低初始资金量限制和其他的成员加盟限制条件。国会

---

[32] 最初的要求、委员会成员的意见，以及最终的报告，都引自渡边俊一等，《戦前の住宅政策の変遷に関する調査》，7：34—37。从 1917 年起，东京市政警视厅针对房屋的监督统计，也开始将"居住用房"从"商业用房"中区别出来。

[33] 本间义人，《现代都市住宅政策》，350—351。

就这一议题讨论的陈述明确表明，推广这一法规的政治家认为，该法规显然是保护了白领职员的利益，与同它大致相仿的《英国住宅法》（*English Housing Act*）形成鲜明对比。还有一项单独的法案被提出，旨在为成立住宅公司提供经济支持，以建造改良住房，并租给无力自建住房的人。在贵族院的提案中，这两项法案被分别认为代表了"工薪阶层"和"穷人"的利益。为穷人设定的住宅法案最终因缺少财务省的支持而未获通过 [34]。

建筑的社会转型

　　同时期，"为中产阶级减负"成为公共政策的议题，住宅和城市政策成为建筑师讨论的话题；在这之前，他们之中没有人对精英阶层之外的任何社会群体表现过专业上的兴趣。就像 1890 年代晚期的建筑师一样，他们背离了在公共和纪念性建筑设计上接受过的古典训练，转向解决住房形式问题。20 世纪头十年的建筑师更进一步，他们认为，总体来说，城市住宅是应当在建筑学科之内解决的问题。

　　1917 年，关西建筑协会会刊《关西建筑协会杂志》创刊，在扩张建筑言论方面，它比之前以东京为基地的《建筑杂志》更为活跃。创刊号刊载了一篇激动人心的宣言，表达了编辑的"伟大抱负"："在这一进步年代引导社会"，为"科学组织"城市建设的时代"奏响第一声晨钟"（图 5.4）[35]。城市改革方面的撰稿人包括片冈安和关一，前者是关西

---

[34]　本间义人，《现代都市住宅政策》，363—364。

[35]　《発刊の辞》，《关西建筑协会杂志》1, no.1（1917 年 9 月）：1。在 1920 年 1 月，杂志的名字被改成《建築と社会》。

图 5.4　《关西建筑协会杂志》刊头，1917。

建筑协会主席，后者从 1914 年起担任大阪市副市长，并在 1924 年升任市长，这表现出新建筑杂志与众不同的国际性和社会使命意味[36]。在这些人看来，"住宅问题"是现代文明中的普遍产物。他们的文章分析了过度拥挤和死亡率的统计数据，介绍了德国和英国的贫民窟改造法规，以及公寓综合楼和城市花园运动。多期杂志末尾都附有海外住宅和规划法规的译文。

　　1910 年代末到 1920 年代初，能在许多地方看到城市规划与政策方面的类似讨论，关西建筑协会的杂志仅是其中之一。1918 年，几部法律获颁：为日本六座重要城市制定的《城市规划法》《城区建筑物法》和《肺结核防治法》。次年，报纸《大阪每日》刊载了一系列以"住宅问题"为题的文章，其中包括美国、英国与德国相关情况的实例和统计数据，并首次刊载了东京和大阪的全面数据[37]。

　　战后的几年里，日本内务省和市政社会当局对城市生活的方方面面做了调查。这些科学研究首次不考虑地点和社会阶层，将日本房屋平均

[36]　关于关一，参见 Hanes，*The City as Subject*。

[37]　随后便以书的形式出版；小川市太郎，《住宅问题》(1919)。

分类，并且将它们的特征量化表现[38]。此前的卫生运动表明，城市是一个有机体，它的健康情况可以通过死亡率来衡量；如今的住宅研究则表明，房屋不仅仅是团结家庭、操持家务和表现品位的处所，同时也是城市体内一个细胞，分析其状况能够确定总体的福利效果。这给予建筑师和住宅改革家一个新工具，使他们能将自己的专业置于更大的科学研究框架中。

　　然而 1910 年代的建筑师在写作时仍然背负着多年未决的文化问题的负担，常规统计分析解决不了这些问题。在刊载欧洲规划法规和大阪贫民窟疾病的环境诱因分析的同时，《关西建筑协会杂志》也讨论了榻榻米的弊端，以及日本住宅布局对招待客人的过度重视。这一时期的讨论所涉及的改革对象模糊不清，最能体现这个问题的是，人们用"住宅问题"和"住宅改良"这两个同义词组分别描述关于住宅的社会问题和居住的文化困境。"住宅"一词既可指集体住宅，也可指独立住宅。不过，建筑师将两者混淆并非出于无知。他们中的一些人会特地澄清自己关注的问题重点，在谈到个人住宅时使用"住宅"的音译词，或特别使用"住居"一词，它源自"住宅"，但具有更广泛的"庇护所"之意。然而，他们更多的是将家庭生活改善看作城市环境改革的延续，如今家庭生活被置入中产阶级问题的结构中，并为中产阶级结构提供了物质指标，而城市环境最初就被认为与都市贫民息息相关，并且成为划定都市

[38] 第一份全面的房屋报告，基于 1920 年在大阪进行的调查。这次调查制作了表格，包括房屋的位置及其与街道的关系、朝向、地板下是否存在湿气、层数、公寓是否为独立支撑的、是否有供个人使用的厨房和厕所、房间的数量、每位居民占有的榻榻米数量、天花板高度、每人拥有的空气量（按照标准海军舰艇舱室的倍数测量）、租金、是否需要钥匙保证金和预付租金，以及收入支出在租金中所占的平均百分比。这份报告开始衡量大阪的住宅算不算得上是"幸福家庭的堡垒"，这是该调查的几个目标之一。官方的住宅调查仍更关注低收入群体。这份调查是为 7847 名工厂职工和 1274 名小学教师提供住房指导的。（参见吉野英岐，《大正期の住宅调查》，189—192）

贫民的物质边界。

　　关西建筑协会的建筑师谴责了日本生活方式的低效。《关西建筑协会杂志》第二期有一篇文章，名为《从国家经济角度重构居住建筑》，会员本野精吾认为，应从两个角度看待住宅："纯唯物主义"角度和"纯唯心主义"角度。唯物主义者仅将住宅看成是"方盒子"，人类乃"机器"，而唯心主义者将住宅看作"灵魂栖居的绝妙容器"。本野精吾建议对这两种极端角度持折中态度，因为"住宅问题"正在于人类的确是机器，但是极其精妙的机器。在本野精吾看来，日本人生活中最迫切的问题是如何节省空间、保存人体能量。本野精吾写道，从贵族到贫民，日本人浪费了许多时间、劳动和金钱，而目前的生活方式正是造成浪费的主要原因。他声明，解决方法在于抛弃在地板上跪坐的习惯[39]。一年后，建筑师葛野壮一郎响应本野精吾关于抛弃榻榻米的建议，主张只有彻底重构住宅，才能彻底解决住宅难题。葛野壮一郎还认为，住宅难题不仅困扰着寻找住宅的人，也困扰着已经拥有住宅的大多数人；不仅是贫民的难题，也是所有阶级的难题[40]。

　　相较于新建的关西建筑协会来说，尽管东京的日本建筑学会较少关注总体社会问题，但也在战争结束后汇入改革大潮。1918年日本建筑学会年会的主题是"城市规划"，1919年的主题是"都市与住宅"。在1919年会议的第一天，建筑师保冈胜也就城市住宅的未来致辞，强调迄今为止的讨论都集中在个人住宅，但随着《城市规划法》的施行，从地区层面上检视住宅问题的时候到了。保冈胜也主张，贵族占用了太多宝贵的城市土地，应当要求他们迁移到郊区。日本中产阶级的住宅太大了，"像面包一样膨胀"，建筑师应当向英国的榜样学习——英国的中产阶级住

[39]　本野精吾，《住宅建築の改造》，《关西建筑协会杂志》1，no.2（1917年10月）：26—33。有趣的是，在这篇文章中可以读出国际现代主义语言的痕迹，但其发表早于包豪斯成立数年。

[40]　葛野壮一郎，《住宅改造1》，《关西建筑协会杂志》2，no.10（1919年10月）：30—35。

在紧凑的联排住宅或半独立住宅里。保冈胜引用了迅速增长的日本人口数据，估算说如果每个中产阶级住宅占用 60—70 坪（约 198—231 平方米）土地，新划分的住宅区很快就会被塞满[41]。

在此次会议上，田边淳吉就社会各个阶层住宅改革问题发言，强调日本城市改革非常复杂，部分在于城市里分布着各个阶层的住宅。田边淳吉相信改造穷人的住房比改造"普通住房"更易进行，因为穷人没钱改建自己的住房，因此政府和大型机构能够自由地加以改造。在所有阶级中，受过教育的阶层对住宅改革最为渴求，不幸的是，这一阶层的人，"包括我们自己"，是"所谓的'西装贫民'"，没有经济条件将改革的梦想变为现实。田边淳吉并没有为住房改革提供特别建议，但在发言结尾，他呼吁更多的建筑师专攻住宅设计，来治疗"当今建筑的痼疾"，就像无数不同医学领域的专家协助普通医生，保护和促进日本国民的健康一样（图 5.5）[42]。

经历了房屋危机和住宅政策的全面讨论，公共健康和城市管理的普通修辞被添加到建筑语汇之中，但与住宅相关的建筑师革新的本质问题却没有引起注意。这些建筑师将"住宅问题"看作与他们自己的生活方式、城市和国家同时存在的问题。他们提出的具体解决方案，首先满足他们所定义的"中产阶级"（或被委婉称为"社会中层"）的需求，但这一阶级的经济和社会标准都已不再清晰。出版界和建筑界的言论中出现了一个无名的、界定模糊的"中产阶级"，与此同时，与对待社会问题一样，布尔乔亚建筑师用普世化的措辞重新定义了中产阶级家庭问题。

---

[41] 保冈胜也，《今後の都市住宅》，《建筑杂志》，no.390（1919 年 6 月）：24—29。在社会局的中产阶级住房调查中，60 坪几乎是最高收入阶层平均住房面积的两倍多，但自 1890 年代以来，《建筑杂志》介绍的房屋差不多都是这么大。

[42] 田边淳吉，《都市と住宅：住宅に對する我々の態度》，《建筑杂志》390（1919 年 6 月）：30—33。

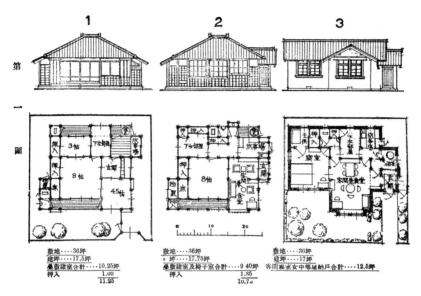

图 5.5 在 1920 年的日常生活改善展览会上，田边淳吉向观众展示的东京出租住宅改造方案。田边认为，原住宅的问题在于房屋的功能未作细分。在改造的最终阶段，房间都有了独立的功能区分（值得注意的是带有夫妻二人的独立卧室），放弃了席居的生活方式，而且传统待客的"虚礼"，让位给了家人的休闲娱乐。在所有改良的中产阶级住宅中，女仆的房间几乎毫无变化，为紧邻厨房的三叠大榻榻米房间。每座住宅的入口在平面图右侧。（生活改善同盟会等，《文部省讲义录》，1922）

"改造"与战后社会政策

　　阶级的模棱两可仍在建筑言论中蔓延，而对一些人来说，解决住宅问题需要超越民族本身的界限。1918 年年底，一战即将结束之时，葛野壮一郎撰写了一篇有关"住宅改造"的文章。此文更进一步，呼吁为了国家利益改造日本住宅，并要求日本生活习惯"世界化"。葛野壮一郎写道，明治半个世纪以来对"文明事业"的追求，总是以严格区别日本和西方风格开始，因此"缺乏融会贯通"，"但现在时机已到，我们不能再拘泥于这些琐碎的不同观念了"。[43]一直以来，对本土实践进行批评的基础是与西方比较，而这种抛弃日常生活中所有民族差异的见解很有新意。

1918年，"世界潮流"一词到处被引用，无论是威胁还是福佑，伴随着变革的巨浪，打在了民族的沙滩上。随着战争的结束和欧洲民主改革的征兆，俄国革命和日本劳工的日益不安让一些人深感威胁，也让一些人深受鼓舞。尤其是1918年夏天席卷全日本的"米骚动"，展示出日本社会内部的尖锐差别，让各层面的政治语言都变得更为激进。无数的书籍和文章呼吁"改造"。1919年4月左翼政治杂志《改造》的创刊，成为战后知识界变化的最为著名的象征，但是对执信日本已濒临新时代边缘之人来说，它绝不仅仅局限于左翼或政治思想家[44]。

当局内部在战争期间就出现了维护更广泛的社会福利的倾向，在"米骚动"的震动下，这一倾向备受鼓舞。1920年内务省救护课（与负责1917年住房报告的委员会同时设立）被扩展并重命名为社会局。1919年东京就设立了社会局。内务省新部门的职员多为战争期间或战后在欧洲游学回国的年轻人，曾受到其所访问国家的社会思想的强烈影响[45]。

战争期间，文部省也出现了类似的新势力，1918年后他们试图在发生了变化的社会环境中改变政府的角色。这些新的教育官僚敦促用所谓"社会教育"代替传统居高临下的"通俗教育"，正如他们在内务省的同人以"社会事务"来替代"救济"一样。"通俗教育"项目采用故事说书、电影和语言简单的画书等形式，试图用伪装作娱乐的道德故事来培养爱国情操和儒家价值观。新社会教育思想家的领袖之一乘杉嘉寿，构想了一种国家与大众之间更为宽泛的关系，以及培育一个新民族的教育方式。

---

[43]　野壮一郎，《住宅改造1》，《关西建筑协会杂志》2, no.10（1919年10月）：33。

[44]　参见对鹿野政直的介绍，《大正デモクラシーの底流》。

[45]　Garon, *The State and Labor in Modern Japan*，77—78，83—85。从前未使用"社会"一词，因为内阁总理大臣寺内认为它暗含颠覆之意。

这个民族的个体，据他本人所言，具有"内心的小政府"，而非仅听命于法律。1913 年乘杉嘉寿进入文部省，并成为通俗教育（不久改为社会教育）课长。该部门自 1920 年开始，周期性出版关于道德和社会福利的出版物《社会与教化》，并向地区部门下达指令，要求在每个地区特设一个"社会教育秘书"的职位[46]。

　　这些新一代政府官员所推行的社会政策，具有更为开放的国家观念，同时认为政府应当更多地干预公民的生活。政府对战争年代社会巨变的反应，始于早些年"地方改良"宣传的传统，鼓吹勤奋工作与节俭。这些宣传则植根于德川幕府后期的道德哲学中。为了宣传国家目标，政府部门利用了许多村镇级的组织，如青年和妇女团体等，自日俄战争后这些组织就被国有化了[47]。这项运动的主要对象是农民和城市工人阶级。1918 年后，在注重实验的大环境中，年轻的政府官员邀请政府以外的布尔乔亚改革家共同合作，他们利用当局的宣传和政府与社会关系的新概念，以求达到建立现代"中产阶级"身份特征的目标。

日常生活改善运动

　　社会政策与布尔乔亚建筑师和家庭理论家对物质生活的关心取得了一致，于是在 1919 年成立了名为"日常生活改善同盟会"的组织，该组织源自 1917 年内务省发起的，提倡简朴与勤劳生活的"涵养民力"运动。

[46]　小林嘉宏，《大正期における社会教育の新展開》，311—313。"教化"一词有"教育"和"开化"的双重含义。更进一步的讨论，参见 Garon, *Molding Japanese Minds*，7。Garon 将"教化"译作"Moral suasion"。

[47]　对地方改良运动的讨论，参见 Pyle, "The Technology of Japanese Nationalism: the Local Improvement Movement"。

一战结束后，该组织形成了五条指导原则，最后一条是，通过更加努力的工作和生产来"使生活安定"，更详细地说就是，"改善衣、食、住，并简朴生活"[48]。这一条款背离了严格意义上的"教化"，提到了物质条件，自此国家也加入了找寻生活相关问题解决方案的队伍，这是前一代布尔乔亚家庭理论家早已开展起来的工作。参与者仍需要确定改革的具体内容。尽管运动是由上层机构发起，但还要由下层官僚、精英女子学校的教师、建筑师和其他布尔乔亚传道者来执行。

棚桥源太郎是文部省东京国立博物馆首任馆长，为了规划更为具体、面向公众的宣传活动，他进入了内务省。1919 年 12 月 1 日，日常生活改善展览会开幕（图 5.6）。12 月 2 日，棚桥源太郎和乘杉嘉寿致信三十多名东京知识分子，呼吁他们加入同盟会，这些人大多都不在政府任职。12 月中下旬第一次规划与宣传会议在博物馆召开，生活改善同盟会正式成立。

为了同教育或"涵养民力"运动的初衷保持一致，加入同盟会的政府职员认为，改革项目的最终目的是思想上的。1921 年，乘杉嘉寿对一位听众说："我们开展这项运动，是希望触及我们称之为'日常生活'的实际问题，而由此自然会推及我们精神领域的问题。"[49]与之相似，内务省官员田子一民称："我相信这场日常生活改善的基础是思想……日常生活是国民思想的反映，而国民的思想以日常生活的方式呈现。"[50]在这种语境下谈及"思想"，无疑是要挑起与社会主义的斗争，这是内务省最需关注的。

---

[48] 棚桥源太郎，《日常生活改善运动》（1927），5。随后棚桥援引此条款，作为生活改善运动发展的"完美激励"。1919 年夏，由文部省发布的导则，对发扬勤奋以及在随后的米暴乱中使用替代谷物有类似的呼吁。对生活改善运动背景的讨论，参见中岛邦，《大正期における"日常生活改善運動"》。

[49] 乘杉嘉寿，《生活改善の意義》，《社会教育講演集》，1。

[50] 引自千野阳一，《近代日本妇人教育史》，184。

图 5.6　1919 年到 1920 年日常生活改善展览会的海报。（感谢国立科学博物馆提供）（左上）"以主人为本的住宅"，"家庭团聚胜于修补古董"（右上）批评日本男人与客人在家中享乐，却让妻子与子女受罪。本土的"座敷"受到指责，与之相对的是带有椅子、玻璃窗、暖气的西式房间，这成为家庭欢聚应有的适当场景。在"家庭改良从厨房设备开始"（下）中，并列展示了新旧两种厨房：一是以站立姿势劳作的封闭式现代厨房，带有管道煤气和自来水、电器和时钟，二是光线昏暗、烟熏火燎，又缺少便利设施的开敞式厨房。

　　然而，他们从政府之外邀请的专家则倾向认为改革的本质问题在于其实践或物质对象，而非虚无缥缈的国民精神或政治生活。展览材料由建筑师、公共事业公司、技工学校和几所女子高校准备。由于人们把日常生活改善首先看作是女性的问题，于是男性运动组织者让女子高校担当起特别重要的角色。出席创建会议的十八人中，有六人是女性。运动理事会中女性极高的参与率，使得日常生活改善与早先的内务省运动截然不同。从组成方式和风格上来说，这个同盟会更像从前在私人支持下发起的社团，如《国民新闻》的家庭博览会和三越举办的类似活动。

　　那些已经围绕家政活动组建了一个学科的女子学校的教育家发现，该运动是将他们的教育扩展到教室围墙之外的天然途径。从本质上来说，也正是如此。他们为此分别成立了四个委员会来推荐衣、食、住和行为礼仪的改革，将"日常生活"划分为与女子高校课表相对应的几个类别。物质生活的三个领域中亟待改善的问题，都明白无误地以消费行为的方式表现出来；无论是教育博物馆的展览，还是同盟会的首部出版物，都更加关注展品在家中的最终使用而非生产。即使是礼仪改善也以消费习惯为首，将奢华婚礼和送礼风俗之类的问题放在第一位[51]。

　　有女子学校教育的改良主义传统和家庭博览会这样的先例，这次运动纲领的主要思想在 1919 年并不算新鲜。这次日常生活改善运动之所以显得和从前不同并具有话题性，是由于它是文部省发起的，这使其成为一项由国家主动认可的国民运动。同样重要的是，同盟会的成员借助各种不同的手段直接面对普通大众。1920 年 1 月 25 日，同盟会的宣传活动开始。女学生和日本家庭职业研究会的会员们在东京中心地区散发了两万份传单，并为协会征募会员，该协会会长是日本女子商科学校校长嘉悦孝子。新会员缴纳 50 日元会费，即可获得一枚印有罗马字母"BL"的银质徽章，为英文"更好的生活（Better Life）"的简写。第二天，佛教女子青年会的四十名成员参与了宣传活动，并继续在主要火车站进行宣传[52]。

---

[51]　日常生活改善稍后涵盖了促进"购买日货"的活动，以降低对进口的依赖，但是国营贸易并不包含在生活改善同盟会最初几年的议题中。关于日常生活改善后期阐释的一个案例，可参见大阪商工会议所，《衣食住に関する生活改善産業改善》（1931）。

[52]　《2 万の宣伝ビラ：嘉悦孝子が総指揮官で生活改善のために大奮闘》，《东京朝日新闻》，1920 年 1 月 25 日：5。《东京朝日新闻》于 1919 年 10 月至 1920 年 1 月底之间共进行了六次针对展览会以及改善同盟会活动的报道。其中两篇文章提及了"Better Life"这个标语，并且一篇文章把"日常生活改善同盟会"这一名称，用英语注解为"Better Life Union"，但是由于这一翻译并没有出现在现存的同盟会组织材料中，看起来未被经常使用。我相信，"日常生活改善同盟会"更好地反映了这个组织的特征。

在女性组织和地方报纸的共同支持下，这次展览在东京结束后，又在大阪和其他十几个城市进行了巡展[53]。文部省在次年赞助支持以"时间"为主题的展览，以呼应日常生活改善同盟会对严格守时的宣传。此后，与协会展览相关的展会还有 1922 年的消费经济展览会和 1924 年的卫生展览会[54]。

对同盟会的批评

从文部省和同盟会留下的资料来看，1919 年的运动已影响全日本。然而报纸的报道却披露，同盟会的宣传效果没有达到组织者预期。1920年 12 月 26 日，同盟会成立整一年之际，《朝日新闻》报道，尽管同盟会的目标是"团结七千万同胞"，但它的全国宣传仅征募到两千多名新成员，"不到三万五千分之一"。文章同时提到一个"有趣的现象"，冈山县籍会员人数比东京籍还多，都不到七百人。文章还认为："这样看来，我们不仅无法确定大部分家庭是否被这次改善的恩泽覆盖到，甚至不知道人们是否真心期盼这样的改善。"[55]

在城市里，比起招募新会员，同盟会更为成功的，是将有相同背景和兴趣的女性联合起来，以及巩固自身的社会地位。在 1920 年 1 月的第一个宣传活动日结束后，宣传活动的领导者嘉悦孝子向《朝日新闻》承

---

[53]　中岛邦，《大正期における"日常生活改善運動"》，69。展览在大阪改名为"日常生活改造展览会"，并增添了一些展品。

[54]　内田青藏，《日本の近代住宅》，94。关于卫生展览会，参见田中聪，《衛生展覧会の欲望》。

[55]　《改善の宣伝が实生活へのひびき、效果まだまだ薄い》，《东京朝日新闻》，1920 年 12 月 27 日：5。

认，在神田区的商业中心，人们"甚至都没有时间看上一眼".[56] 在尝试直接向东京民众宣传的时候，同盟会因城市的混乱而碰了壁。此外，尽管教育博物馆的每场展览都有十万到二十万人参加，但直到年底，全国范围的同盟会会员数量才勉强达到东京首场展览的日均观展人数。有限的展览会观众数量，未能让大众积极参与到运动中。关于"教化"的宣传能够吸引公众的兴趣，但是很难诱使人们报名和缴纳会费。

在农村地区，国家资助的运动可以利用植根于半强制性农村社会关系中的地区组织召集民众。同盟会在城市里进行活动宣传的同时，国家和地方政府也鼓励女子协会中的学校教师和村干部开启她们的日常生活改善运动。在一份 1921 年内务省关于女性团体的报告中，可以看到令人满意的结果，"这些团体最近正在转型为自我提高和学习，或日常生活改善和地方改良的组织"。事实上，政府给予支持这类活动的女性团体以奖励 [57]。在最初的几年中，日常生活改善同盟会把所有精力投放在重要城市；但从 1924 年开始，农村委员会加入进来，该委员会又就日常生活改善的各个相关类别成立了分委会。日常生活改善运动以各种不同的机构形式在乡村继续开展，类似的宣传持续了几十年 [58]。

在东京，难点不仅仅在于大街上公众的反应冷淡，组织内部不同级别之间也有摩擦。在 1921 年的一次董事会上，新成员提出了对精英化的不满。某批评家对《朝日新闻》说，运动没有进展的原因是富有的会员掌控权力，使其他人很难有所作为。该报发表了一篇夸大其词的报道，

---

[56] 《2 万の宣伝ビラ》，《东京朝日新闻》，1920 年 1 月 25 日。

[57] 千野阳一，《近代日本妇人教育史》，193。

[58] 礒野さとみ，《生活改善同盟会に関する一考察》，136。关于 20 世纪 30 年代与 40 年代的农村改革运动，参见板垣邦子，《昭和戦前・戦中期の農村生活》。关于战后类似的运动，参见 Garon, *Molding Japanese Minds*。正如 Garon 揭示的那样，当对运动阐释符合其利益时，都市女性会踊跃参与。在战争年代，当对国家日常生活干预更多时，尤其如此。参见 Garon, *Luxury Is the Enemy*。

对上流社会中一些知名人士指名道姓，援引对"封建主义"的抨击，对旧精英发出多年不变的控诉："这些会员毫无克制的封建做派所带来的对财富的狂热崇拜，（已经）膨胀到即将爆炸的边缘。"[59]

尽管当年晚些时候组织内部进行了人事变动，但《朝日新闻》对同盟会的布尔乔亚核心采取如此敌对的姿态，以至于 12 月份会员聚会的晚宴，毫不含糊地成为报道中的嘲讽对象。会员身穿西式盛装在西餐桌前的合影，与聚集在拥挤酒吧的劳工的合影并排印制在一起，其下是一篇揭露劳工令人绝望的工作环境的访谈。同盟会晚宴发言的报道标题是《停止这个，废除那个——年终会议的一百个要求》，报道中晚宴发言涉及礼仪、戒酒、改革历法，以及减少花在新年问候上的天数等。这些话题显然被当作富人的无聊闲谈。由于《朝日新闻》的目标读者受过教育，却不一定拥有特权，"日常生活改善"最好能够反映他们日常生活的当务之急[60]。

从鹿鸣馆[61]的豪华舞会激起了本土文化保护主义者的抵触开始，即自 19 世纪 80 年代起，对上层社会过于西化的批评就源源不断。19 世纪也有人抨击"封建"习俗，事实上当时发动攻击的，正是如今在日常生活改善同盟会中代表了旧势力的精英。尽管激进的明治新闻界强烈谴责任何盲目称赞西方或懒散富人的人，但它从未质疑那些鼓吹为民族福利而进行改革的布尔乔亚理论家在文化上的正当性。二十年前，明治社会最上层中的一万人，要求为"中等阶级"代言的政治权力；而如今新的

---

[59] 《此儘では無意義だと新進に不平の声——新年会で会員の不平が一時に破裂した：生活改善同盟会の内幕》，《东京朝日新闻》，1921 年 1 月 20 日：5。

[60] 《生活の改善に亡夫迄お引合ひ何もよせ彼れも廃せと希望百出の掉尾の会》，《东京朝日新闻》，1921 年 12 月 21 日：5。这篇对比鲜明的文章，并非为了捍卫劳工的生活，文中的劳工显得已经沦于贫困。该报对日常生活改善同盟会的讽刺似乎已越雷池，两日后该报发文公开致歉。

[61] 1883 年建成，供改革西化后的日本达官贵人聚会风雅的会所。（译注）

中产阶级发声，质疑前者的权威及其正当性[62]。

　　战后报纸主要攻击对象之一，是在城市中拥有土地的人。1912 年，东京大部分土地为五百分之一的东京人所掌握[63]。1920 年，呼声很高的公众运动兴起，迫使东京的大地主出售其地产，以缓解住房短缺。新闻界成了这项运动的喉舌，公开表达白领职工的反抗意见，在这个时代他们被称为"有知识的无产阶级"。东京报纸的报道与社论呼吁"解放"地产土地，市议会成员野山幸吉则公布了一项调查结果，市里有超过一万坪，共二十五块完全荒置的土地[64]。19 世纪 90 年代以来，住宅经常被登在杂志上的进步布尔乔亚样板拥有者，以及财产富有得足够随心所欲生活的那些富人，如今不再被当作"中产阶级"生活的典范。

日常生活改善的多种解释

　　尽管如此，这一切都没有从总体上动摇布尔乔亚改革。同盟会中改善衣、食、住的分委会成员大部分由学者和专家组成。这些人毕业于帝国大学和女子高校，与同盟会中富裕的核心成员一样享有特权，但他们并非以财富或地位为人所知。他们的改革计划很少受到新闻界的直接批评，这和主委会中富裕成员的行为有很大不同。毫无疑问，同盟会的项目被广泛报道，并被看作是为中产阶级谋福利而受到欢迎。

　　1920 年 7 月，同盟会的居住改革委员会宣布了住宅改造的六条原则：

---

[62]　关于杂志中对上层阶级的批评，参见永谷健，《近代日本における上流階級イメージの変容》。

[63]　长谷川德之辅，《東京の宅地形成史》，96。

[64]　同上，96—103。

1. 住宅中应逐步改为使用椅子。

2. 住宅的布局和功能应从之前的以客人为中心改造为以家人为中心。

3. 住宅的结构和设备应该避免浮华装饰，将重心放在卫生和安全等实际问题上。

4. 园林应当重视健康和安全等实际问题，而非像传统园林一样偏重装饰。

5. 家具的设计应当简单坚固，与房屋改造保持一致。

6. 在大城市，根据不同地区的条件，应当鼓励普通住宅（公寓）和花园城市建设[65]。

　　次年，《朝日新闻》报道说，委员会将成立一个咨询部门，向建造房屋的人免费提供建议。委员会主席对报纸称，同盟会成员田边淳吉已经着手为造价在两千到三千日元之间的新"中产阶级"住宅绘制设计图[66]。记者与同盟会建筑师意见一致，认为这项工作能够将小部分前卫精英的改革成果推广及广大中产阶级。《读卖新闻》报道说，为对女子高校的老师进行系列示范教学，居住改善委员会的成员搜寻了东京郊外的住宅，在经历一系列困难后仅找到了屈指可数的几处候选对象。据报纸称，城中"改造过的住宅"几乎都是"贵族住宅"，"与日常生活改善的旨意不符"。[67]尽管《朝日新闻》对同盟会主委会十分刻薄，但仍持续报道同盟会的活动。如今又在之前报道过改革委员会创建的版面上，刊登了"家族协会"成立的消息——这是 1921 年 9 月由农商务省指导成立的具有相似目标的团体——并忠实地刊载记录了这个新团体的活动[68]。

---

[65]　日常生活改善同盟会，《住宅改善の方針》（1920）。

[66]　《生活改善同盟活动：中产生活の向上に努む》，《朝日新闻》，1921 年 6 月 28 日。

[67]　《田园生活に適する和洋折中の住宅》，《读卖新闻》，1921 年 5 月 1 日；转载于《新闻集录大正史》，9：161。

[68]　《朝日新闻》，1921 年 9 月 17 日：5，1921 年 9 月 18 日：4；9 月 20 日：6；10 月 17 日：2。

改革或改良（日文"改善"包含这两种意思）日常生活这一目的本身是无可指摘的[69]。在一个理想主义的年代，改革的呼声得到广泛回应。在文部省正式宣布对其予以支持之前，"日常生活改善"在出版界已经自发地活跃起来；而一旦有了来自国家的支持，它变得更加流行，不断出现在报刊的文章和广告里，并成为百货商店的宣传武器。在同盟会的运动之后，"日常生活改善"也进入了女子学校的教科书，有时还成为家政手册书名的前缀。三越在宣传设计简单的新系列家具时，声称它是为日常生活改善量身定做的[70]。其他的百货商店经过争取得以与同盟会合作，开办起各自的日常生活改善展览[71]。

女性杂志是普及日常生活改善的最佳媒体。为了在这个竞争已变得极为激烈的市场上生存，一些重要的女性杂志紧跟当代的流行趋势，为新近的话题发行特刊。1920 年 1 月，几家杂志都发表了有关日常生活改善展览会的报道或评论。《妇人界》杂志刊载了博物馆馆长棚桥源太郎和他文部省同事的两篇文章，内务省官员兼同盟会成员田子一民的一篇文章，同时还登载了展品目录[72]。大部分杂志都在"日常生活改善"展览期间，甚至在展览开始之前发表了特别报道。这些报道包括记者、教育家，以及运动核心成员的文章，同时也有读者对改善的提议。对生活的不同解释，反映出这些杂志及其读者的不同社会地位。

日本女子学院的教授井上秀子曾参与《国民新闻》的家庭展，她在精英杂志《妇人画报》1919 年 9 月的特刊《新生活》上，向读者描绘了自

---

[69]　"改造""改善""改良"三词之间有细微差别，但是这三个词在有关日常生活改善的新闻报道中是混用的。

[70]　《家具新制品陈列会》，《三越》11, no.11（1921 年 11 月），33。

[71]　例如松坂屋百货商店，刊登广告宣传一场"在日常生活改善同盟会指导下"组织的展览会，展出改善了的儿童服装，1920 年 10 月（广告转载于《新闻集录大正史》，8：484）。

[72]　《妇人界》，特刊《新年特别新生活》，1920 年 1 月。

己新建的西式住宅。井上秀子后来成为日常生活改善同盟会的居住改善委员会的成员。她在报告中说，她和家人开始了一种新生活，在东京建立了一个与"祖先和过往"全然无关的家庭。他们将住宅建成完全西式的，毫不为传统费心，因为西式的住宅在"时间和行为的经济上"更加高效。住宅分三层，原本包含十三个房间，最近被扩为十八个房间。井上秀子并非因其"封建态度"而受到指责的同盟会明治精英之一，但她的生活方式和那些贵族的府邸一样，都是工薪阶层的中产大众无力企及的。

《妇人公论》和《妇人之友》都是格调相对较高的进步杂志，它们也参与了讨论，针对当代生活中最需要关注哪种改善，征求杰出知识分子的意见。编辑并没有像日常生活改善展览会那样以衣、食、住分类。有些答复者呼吁激烈的政治改革（比如结束资本主义制度），而其他人则认为所有的改革都必须从重构人的精神开始。然而《妇人之友》的大概半数和《妇人公论》约三分之一的作者，讨论的是生活的一些方面，他们的解释与同盟会意见相同，并且提出了一些与后来日常生活改善同盟会的纲领相同的提案。他们中的大多数提到了重新设计房屋和服装，以摒弃跪坐的习惯，摆脱"繁文缛节"的社会习俗，提高家中的效率[73]。

普通读者对日常生活改善的想法，大部分是更加朴实无华的目标。《妇人界》杂志将日常生活改善意见征文的获奖作品，与展览会报道刊载在同一期杂志上，其中大部分文章都在讲述节省开支和应对通货膨胀的

[73] 《生活改造は何より着手すべきか》，《妇人之友》，特刊《生活改造》，1919 年 10 月：16—31；《改造の急を要するものは何か》，《妇人公论》4, no.10（1919 年 10 月）：62—73。《妇人之友》刊出了 73 个答复，其中 60 个来自女性。在这些答复中，37 个提到了改善，并使用与后来日常生活改善同盟纲领里类似的修辞。《妇人公论》刊出了 47 个答复，3 个来自女性，其中的 18 条与后来改革同盟的言论非常接近。两位作家宣称，公寓建筑对日常生活改善非常有必要。一些人提出的厨房工作集体化的请求，没有出现在日常生活改善同盟的提案中。十年之后，《妇人之友》试图推广一种四个居住单元共享一个公共厨房的设计，但是在 1920 年，似乎只有极少的建筑师赞同这一想法。

方法。头奖颁给了金泽一位地方官员的妻子，她的文章讲述了她和丈夫如何选择了一种"简朴生活"，并且发现他们能够在一座更小的房屋中顺利生活。其他的获奖选手中，有亲自耕地而非出租给他人的，有减少中元节送礼数量的，还有将旧衬衫做成拖鞋，以及不买大米而是依照报纸提供的配方蒸馒头的[74]。

　　尽管这些作者中没人能给出一个光明的生活图景，但他们的节约例子至少还可以算作"有益提示"一类的成功故事。然而，保持体面的需求、阶级与群体的压力，正是隐藏在这些女性故事的背后。当《妇人公论》就相反的方向，关于"当代生活中的不满"征集意见和来信时，一些主妇痛苦地倾诉了她们为保持脆弱的社会地位，每日必须做出的挣扎。一位署名"白兰"的中学教师的妻子在信中写道："我得说，我觉得税收制度对工薪族太严酷，对其他人又太慷慨。"她抱怨的根源是隔壁的染坊赚得更多，而税收却更低。两个家庭的差异渗透到生活的各个方面。"他们只穿汗衫和工作裤，不穿袜子。如果有人前来，他们就这样站着与人交谈，连个取暖或煮茶的炉子都没有。甚至连妻子也仅有一条窄腰带可系。"而在她自己的阶层（她称之为"这个社会"），要为随时可能来访的客人做好万全准备：

　　　　（我们）住在至少有三四间房的宅子里，有客人的时候我们把他们请进会客室。如果是冬天，我要在炉子里放很多炭（尽管平时我尽可能节省每一块），奉上茶和糖果——在夏天就是甜冰和苹果酒，或是其他时令冰甜品。不需要准备太多，我尽量让它高雅精致。如果不这样做，他们就会说我们不是好主人，或者吝啬，不仅给主妇，甚至给丈夫恶评。如今社会上的人对住宅的整洁之类的问题格外注

---

[74]　《我が家の生活改造》，《妇人界》特刊《新生活》，1920 年 1 月：63—73。

意，因此不得不额外准备一两间房作为书房和会客室^[75]。

在这些关于日常生活改善的计划中，没有那些经营小作坊和商店的小布尔乔亚的位置，他们的生活与其生意密不可分。无论是日常生活改善同盟会，还是信件被刊登在女性杂志上的知识女性作家，他们的改革计划都限定在职业布尔乔亚的社会界限之内，这也决定了主妇的职业标准。因此关键在于"免除繁文缛节"（日常生活改善的老生常谈），过更加理性和高效的生活，同时保持与这些具有改革意识的阶级的社会地位相配的雅致。在地理、社会上与自己社会地位以下的人靠得越近，就越是要努力保持这种雅致。

战后最畅销的女性杂志《主妇之友》，在 1919 年 9 月的日常生活改善专题中，提出了"中产阶级"群体的上限与下限。编辑对谈论改革的风尚极尽讽刺之能事，对富人大肆批评。《彻底改善我们生活的巨大成功》一文的开头说道：

> 既然如今物价都在上涨，我们认为最好开启一场针对生活相关物品的伟大改革。首先是我们的房子，本来是用直纹杉木造的，改用直纹柏木全部重造。然后我们买了一辆新车。我们驱逐了住在毗邻庄园的出租房里的那些租客，扩建了花园，把喷泉增至原来的三倍大。我们用最光亮的瓦修葺屋顶，这样穷人路过时都会睁圆了眼睛，为这样一座宫殿感叹。我们意识到时代号召对家人的服装进行重大改革，于是我们决定不雇用厨娘，更别提一般的女仆了，她们穿不起一般的丝绸或更好的衣服……我们还派出店员到全国各地去，不惜代价买下我们容纳极限的米和棉布，在价格暴涨之前绝不

---

[75]　白兰，《俸给衣食者》，《妇人公论》特刊《人间改造》，5, no.4（1920 年）：93—94。

出售，这样我们的利润只会变得更丰厚。就这样，我们用一个改革接替另一个改革，而我们的财产惊人地增长。家里的每一个人只关心我们要沉浸于哪种奢侈，以使社会上的穷人感到惊奇。听闻他们谈论中产阶级和工人应不应该有饭吃，简直滑稽可笑[76]。

　　这篇讽刺文章的确切目标并不明晰，但是它对从经济危机中牟利之人的尖锐讽刺，反映出前几年引发"米骚动"的广泛传播的那种义愤。这篇文章发表在日常生活改善展览会开幕的当月，但那时同盟会还没有正式发布成立声明，它不可能像后来针对精英主义的指控那样，直接针对同盟会本身。尽管如此，"日常生活改善"已经广为流传，从贵族口中说出的关于勤俭和为民族利益进行改革的言论，难免让人感觉讽刺。那些女性精英教育家，尽管仍被当成礼仪和家政管理的权威，但自战争时期起，她们的社会地位已经脱离了大部分受过教育的家庭主妇阶层。像井上秀子这样，在危机时期仍能够负担得起将十三间房的西式住宅扩大五间，并将她的"新生活"作为样板呈现给《妇人画报》读者的人，并没有机会在《主妇之友》上介绍她的日常生活改善。

　　根据与布尔乔亚阶层主导人士的改革相协调的习惯，《主妇之友》的读者仍在设法界定一个阶级群体。然而在精英阶层从未体会过的，要在"中等阶层"站稳脚跟的压力之下，他们将日常生活改善的重点，集中在家庭主妇对从社会义务中独立出来的诉求上。既然联系阶级群体的纽带没有遭到破坏，"简单生活"的理念可能伴随着（事实上正是如此）牺牲其他群体的代价——比如地缘或亲属群体。同一期《主妇之友》的读者，叙述了自己日常生活改善的成功方法，与其他杂志里的主妇们一样，她

---

[76]　《根本的に生活を改良して大いに成功す》，《主妇之友》，《笑いの頁》3，no. 12（1919 年 12 月）：148—149。柏木要比日本杉木更为名贵。

们也讲了自己收支平衡的诀窍与创意。然而这里的诀窍，强调从商业和社会两方面减少或限制与外人的交往。一位女士写到她的生活改善始于不使用女仆，并且不再按照习俗为客人提供清酒。另一位女士以相似方式避免"虚礼虚荣"，不再给客人准备清酒和佳肴；从城市搬出后，她养成了去市场买菜的习惯，支付现金，而不再依靠上门推销的商贩。一位东京籍女士也"做到了拒绝商贩"，她通过先前在杂志上看到的广告的合作社来满足家人之需；从合作社采购不仅节省金钱，也节省了她的时间，因为搬运工与那些上门推销的小贩不同，小贩两天才来一次。

不过，没有了女仆和商贩，更多的是意味着这些劳动将由主妇亲力承担，因此主妇要花费更多的时间。这些具有改善意识的主妇，通过改变她们的社交而非工作习惯来节省时间。她们缩小社交圈，只和能与家人一起分享简单菜肴的知己交往，或在白天仅和"地位较高"（如某位作者所说）的女性商议，以从与她们的谈话中受益。教师的妻子"白兰"与从事生产的邻居们过着全然不同的生活，而那些为《主妇之友》生活专题撰稿的作者都已经移居郊外，这使她们更容易脱离已经建立起来的地区性社会纽带，也增加了离群索居的主妇的负担。但是她们和她一样，在布尔乔亚的社交标准和用来达到这些标准的微薄收入的夹缝之间，调整着自己的生活[77]。

日常生活改善有多少拥护者，几乎就有多少种阐释。对曾主导1890年代的家庭杂志的大部分改善派精英来说，日常生活改善的首要目的，是让本土的礼仪与欧洲文明社会更加一致（图 5.7）。他们之中有些人更加拥护全球化，包括井上秀子以及居住改善委员会中的大部分人，认为要从全然改变生活的物质形式着手，尤其是住宅本身。对信件被发表在《主妇之友》上的女性来说，由上一代建立的"中产阶级"社会的形式是难以

---

[77] 《生活改良成功经验》，《主妇之友》3, no.12（1919 年 12 月）：36—46。

图 5.7　北泽乐天，"日本人的双重生活：当建筑环境全部为日本式样，只有桌椅和主人的服饰为西式时，难怪会让人搞不清楚究竟该使用日式礼节，还是西式礼节。"此处描绘的是男性访客的困惑，接待他的女性仅是传统建筑、服饰和礼仪的一个组成部分。（《时事漫画》，no.20，1921 年 6 月 26 日。感谢埼玉さいたま市立漫画会馆提供。）

承受的负担，所以呼吁废除"虚礼"很受欢迎。但是对新人来说，抛弃社会规范是十分冒险的行为。而且，仅有很小一部分人能够依照生活改善同盟会的信条建造和装修新房，或依照一个改造过的房子的需求彻底改变家庭生活方式。在为《主妇之友》和战后出现的其他大部分女性杂志撰稿的主妇中，看待日常生活的一致角度，都是围绕如何应付生活——尽可能节省又不犯大错，简朴却又不失去辛苦得来的社会地位特征。

　　退后一步来审视这些女性改善提议的具体内容，能够更好地了解日常生活改善和阶级的自我界定之间的关系。这一时期的杂志，每一种都代表了一个特定的群体和社会阶层。表现最为明显的是读者来信，通过建立论坛，互相交流建议、忠告和情感，以种种方式维系和巩固她们在女子高校时期建立起来的姐妹情谊，这正是给予布尔乔亚女性身份认同的最强而且唯一的特征。另外，虽然每项改善的物质内容不同，但改良主义本身就是一种掌控在受教育者手中的文化资本。在谈论"废除礼节"或"时间—运动效率"时，职业主妇与那些号称或追求"中产阶级"身份的人们，共享着"日常生活改善"的修辞这一标志性商品。

文化生活

虽然对精英化的谴责不停侵扰着生活改善同盟会的运动，但杂志标题中很快又出现了新的标语，将日常生活改善的言论推向下一波高潮。对"文化生活"的讨论，最初是通过经济学家森本厚吉的作品而变得广为人知的。1920 年 5 月，他创建的文化生活研究会出版了第一份会刊《文化生活研究》，1921 年又出版了面向大众市场的杂志——《文化生活》，其中有几卷是关于建筑、家政管理及其他主题的。这一概念很快就比国家推行的"日常生活改善"口号流传更为广泛，频繁出现在家居产品广告和学术文章中[78]。

---

[78]　在森本厚吉开始为文化生活写作时，"文化"一词在哲学言论中，早已有了各种生硬的多重诠释。例如下面关于"文化主义"的早期表述："当我们收集并提炼人类历史中所有的价值，引导其沿线性路线升华至巅峰，当我们站在这个顶峰时，会发现人类历史所付出的所有努力，全都是为了达到这个被称为文化价值的目标。可以说，这项抽象工作就是搜寻此类文化价值的具体表现，并从中获取一个普适的理论，在此我将其称之为'文化主义'。"（左右田喜一郎，《"文化主義"の論理》，《黎明会讲演集第一集》，1919 年 3 月；转载于鹿野政直，《日本近代思想体系》34, 5）这篇文章也提到了"文化生活"，这说明并非是森本厚吉创造了该词。然而，森本厚吉的文化生活研究会将其落实到了与物质生活条件相关的世俗水平。唯此，"文化"一词才能够很快以"文化陶器""文化刀具"（转下页）

　　作为标语，"日常生活改善"和"文化生活"可以互换使用，事实上也经常依当时的风尚交换使用。1920年，建筑学会宣布下一年年会的主题是"建筑与日常生活改善"；但到1921年4月开会时，发起人将主题改为"建筑与文化生活"。在开幕典礼上，学会主席中村达太郎解释说："事实上两者几乎相同，我们仅是出于文化主义修改了标题。"毋庸置疑，每一位发言人对"文化主义"都有自己的理解[79]。

　　1921年1月，在《日常生活改善特辑》发行一年零两个月之后，《妇人之友》发表了《文化生活特辑》。两本特辑最重要的文章的执笔人均为记者三宅雪岭。1919年，三宅雪岭认为最需进行改善的是衣、食、住，日常生活改善的关键在于简化生活，以减少不同阶级的差别。1921年，他对文化生活的解释是同一主旨的延续，强调从战时开始，欧洲的着装传统已经变得更加民主，"绅士（ゼントルマン）"的定义也更广泛了。文章开头说："文化生活可以用多种方式诠释，但简单说，我们可以称其为与财富和地位无关的绅士淑女的风格。"[80]

　　三宅雪岭想象中不戴丝绸礼帽的民主绅士，与当时自由和全球化的时代气氛相符。虽然常被认为是相同项目，但"文化"一词有着政府推行的日常生活改善所缺乏的正面认同感。尽管如此，文化生活——像三宅雪岭所界定的那样"过一种与时代文化匹配的生活"——仍然需要一些物质模板。在讨论时用"文化"来代替日常生活改善，其拥护者仅是将注意力从指导方法和过程转向了预期与目的。

　　（接上页）"文化住宅"的形式，作为欲望的实体渗入大众词汇。Harry Harootunian 比较了这一时期日本的文化（bunka）与同时期的德国的文化（kultur）（Silberman and Harootunian, *Japan in Crisis*）。又见北小路，《文化のポリティックス I》。

[79] 中村达太郎，《建築と文化生活：開会の辞》，《建築雑志》35, no. 416（1921年5月）：291。

[80] 三宅雄二郎，《改造の程度》，《妇人之友》，特刊《生活改造》，1919年10月：11—15；同上，《文化生活》，《妇人之友》，特刊《文化生活》，1921年1月：14—17。

　　文化生活研究会成立时的主要事业是为女子高校毕业生提供函授课程。森本厚吉招募了作家有岛武郎和政治思想家吉野作造，他们分别教授诸如"生活与文学"和"女性与政治"之类的课程，课程与森本厚吉关于消费经济和文化生活的讨论一起刊载在会刊上；同时还有由森本厚吉的妻子静子教授的家政管理，以及由其他几位杰出男性学者主讲的几个不同课题，大部分课题的标题中都包含有"家庭"或"家族"字样[81]。

　　森本厚吉经济研究的核心在于，为其构想的文化生活确定一个经验标准。作为约翰·霍普金斯大学经济学博士，森本厚吉受到了当代英美经济学家和他在美国生活经历的双重影响。在其专著《生活问题：生活经济学研究》（1920）和《从生存到生活》（1921），以及文化生活研究会的两种期刊中，森本厚吉将美国和欧洲收入、生活开支的数据与日本政府的统计数据，以及他自己的调查结果做了比较，并得出令人失望的结论：就平均而言，日本民众比西方主要国家的居民要贫困得多。在《文化生活研究》的一次公开课上，他援引了一位法国保险专家对战争时期不同国家公民的货币价值的统计，价值最低的是俄国人，每人仅值 4040 日元。森本厚吉进一步说，根据计算，日本人单人价值与俄国人相同，还不到英国或美国公民的一半。这种统计学上的巨大差别代表了"社会生产能力的水平"，而日本没有生产能力的本质原因在于"人民的生活问题本身"——差劲的消费习惯；在森本厚吉看来，这是日本生产力水平低下的原因。日本人还没有达到所谓"高效生活的标准"[82]。

　　这个"高效标准"在森本厚吉对文化生活的建构中扮演了中心角色。森本厚吉设想了三种生活标准，将它们与三种消费模式相关联。第一种是"绝对生活标准"，即仅维持生存水平的消费；之后是"相对生活标

---

[81]　寺出浩司，《生活文化論への招待》，92—93，两者都是月刊。

[82]　森本厚吉，《文化生活研究について》，《文化生活研究》1, no.1（1920 年 5 月）：3—4。

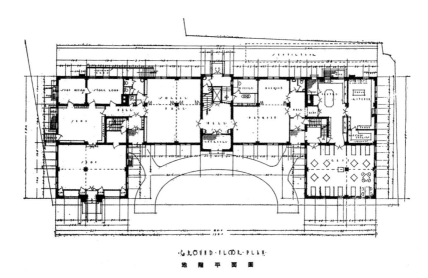

图 5.8　森本厚吉的文化普及会在东京中心建造的文化公寓"文化アパートメント"（1925），由一柳米来留（William Merriell Vories）设计。森本认为首层带有公共设施，并有使用桌椅的私人单元的全西式公寓建筑，能够成为更加高效的生活方式的典范。然而由于这些单元房价格过高，森本田的公寓楼并未有多少人仿效。根据公共住宅史学家大月敏雄的统计，从 1925 年到战前，日本仅建造了 23 栋公寓楼，其中仅有 5 座是私人投资兴建的。（内田青藏，《日本的的近代住宅》：126—127）

准"，即人们有能力满足获取被习俗认为是生活所需之物的欲望（身份或体面的欲望），以及"快乐的欲望"和"奢侈的欲望"；在前两种标准之上的是"高效生活标准"，只有当人们在时代、地点和社会许可的情况下，放弃一切奢侈，并最大限度地满足其他欲望的时候，才能够达到[83]。文化生活就是一个人充分利用文明的成果达到"非常高效"（图 5.8）。

　　1920 年后，森本厚吉将"高效生活标准"改为"生活新标准""日本新标准"和"国家标准"[84]。很明显，称之为"标准"意味着这是要达到的目标，而非大部分国民已经达到的水平。森本厚吉建立了一道公式，来

---

[83]　森本厚吉，《生活问题》（1920），40—41。

[84]　原田胜弘，《生活改善运动的使徒》，154。

计算一个五口之家要达到这种理想水平所必需的开销，计算结果是在1919 年需要至少 2076 日元。他解释说这一标准特别适用于中产阶级，因为他的生活开支调研局限于他所认为的中产阶级城市家庭。然而森本厚吉发现，1919 年，全日本只有 2% 的人能享受到中产阶级的生活标准[85]。到 1924 年，他得出一个悲观结论：这一阶级本身面临着灭绝的危险。要逆转颓势只有两种方法：阶级团结和日常生活改善[86]。

在森本厚吉的作品中，改善目标要先于经济状况分析。首先他选择一部分他认为可以作为中产阶级身份标准的人群样本来收集数据，从而得出这一阶层所应当达到的生活标准的结论。他的统计只是建立了在研究者眼中看来，中产阶级应当达到的模板。他在用词上混淆了自己称之为"中产"的业已存在的经济框架和理想中产阶级的区别，即该阶级应当达到"高效"和"文化"的生活标准，此外还有由于根据先入为主的阶级理念选择的统计样本所造成的问题。森本厚吉经济学文章的结尾，变成了想象中的中产阶级的非正式宣言。较之经济学原理，森本厚吉更加不可避免地受到西方国家实例的影响，尤其是他曾经生活过的美国。比如，他采集的人口样本的平均住宅支出与美国的统计数据相同，得出的结论却并非日本在这一方面的消费与美国一样多，而是日本中产阶级家庭的住房支出实际上还要多，"因为我们的住宅远不能和他们相比"[87]。

森本厚吉坚持认为，由受教育阶级所领导的中产阶级，有责任为其他阶级提供值得效仿的榜样。最终，整个民族都应享受到同样的文化生

[85]　原田胜弘，《生活改善運動の使徒》，156。关于这项调查的内容详见森本厚吉，《生活问题》（1920），364—365。

[86]　森本厚吉，《滅びゆく階級》（1924），293—294。

[87]　同上，228。

活。然而目前的危机是，先进群体仍然受到落后习俗的阻碍。要使"生活问题"植根于日本家庭生活还"不成熟"，森本厚吉从日常生活改善同盟会发起的居住、着装和习俗等同类的改善中寻求解决方案，从女性教育开始宣传，将她们变成家庭主管[88]。

科学与社会规范之间

　　用批判眼光来看，对森本厚吉和他同时代的人来说，为早已设定好的论点装饰上纯统计学的外观至关重要。日常生活改善和文化生活的拥护者不断尝试将他们的论点量化，然而作为统计对象的中产阶级并不愿意配合。与聚集在贫民窟中的游民不同（当时内务省社会局正对其进行紧密的研究），中产阶级家庭和他们的研究者来自同一世界，这使得他们在研究者眼中具有更加细微的社会差别，也更加私人化，不易被研究者窥视到。尽管如此，数据的使用决定了作者的公正性以及样本的典型性。随着社会统计学在政府机构的广泛应用，泰勒主义者的时间—运动研究和自然科学在营养学研究方面的扩展，都鼓励对以前未曾量化的现象进行计算、测量和调查，并鼓励知识分子通过计算、测量和调查等途径来表达他们的理念。例如，早稻田大学文学教授帆足理一郎将跪坐在地板上的旧问题，重新定义为"生活效率"问题。他计算出一个人一生中坐到地板上再站起来所累积花费的每一小时、每一分钟和每一秒，然后将这个数据乘以全国的人口总数，得出了结论：这一习俗让日本的每一代人共浪费 180 亿个小时[89]。

---

[88]　森本厚吉，《滅びゆく階級》(1924)，209—210；森本厚吉，《文化生活研究について》，《文化生活研究》1, no.1 (1920 年 5 月)：11—12, 15。

[89]　帆足理一郎，《文化生活と人間改造》(1922)，280。

战后时期的改革建筑师也开始利用统计数字，寻求途径将他们的住宅计划与作为社会范畴的住宅的抽象结构联系在一起。建筑师大熊喜邦从 1910 年代初期就频繁撰文讨论住宅设计，1920 年他加入了日常生活改善同盟会的居住改善委员会。他的早期作品多是讨论日式与西式住宅的相对优点，以及风格问题；但大熊喜邦在 1921 年发表的文章《基于现代标准的新住宅建筑》开篇即统计了每户的平均人数，以及东京和周边地区的人均建筑面积，提出由这些平均数据可得出中产阶级房屋改善的恰当起点。在这些统计的基础上，他总结说，一栋 17 坪（约 56 平方米）的住宅适于五口之家，而 23.8 坪（约 78.5 平方米）的房子适于七口之家。由于市政统计的对象是各种不同类型的住宅，包括大部分东京市民租住的联排住宅，这些住宅的平均尺寸比大熊喜邦和他的同事们平时设计的住宅要小得多。事实上，尽管在他的同行看来，大熊喜邦随之在该文中建议的模范住宅是小了些，但仍比他自己通过日本住宅总会的统计数据所得出的"当代标准"要大得多[90]。

出于对科学化语言的偏好，以及为了与社会当局及其咨询机关的工作方法保持一致，日常生活改善同盟会的许多委员会，都将他们的工作构架在所谓"调查"的基础上。报纸经常报道这个或那个委员会"正在调查"物质生活需要改善的某一方面[91]。1923 年，同盟会出版了一份名为《日常生活改善调查决定事项》的报告，内容是同盟会三年来各种活动所宣布过的改善提议的汇总。这项报告和报纸文章本身，都没有表现出同

---

[90]　大熊喜邦，《現代を標準とした新住宅の建築》（1921）；转载于《建築二十講》（1923），38—40。该设计为一栋单层 31 坪（约 103 平方米）的住宅。文章没有详细说明该住宅的家庭人口数量，但是只有三间屋子适宜用作卧室，并且没有佣人房，因此该设计并不能容纳一个九口之家，而根据作者自己的统计，这一面积本应是由这种家庭居住的。

[91]　《新生面を開く改善同盟の協議》，《东京朝日新闻》，1921 年 11 月 30 日；《まづ旅館の改善：住宅設計も無料でやる》，《东京朝日新闻》，1923 年 3 月 13 日。

盟会的调查工作曾对任何事物进行过系统观察。但这并不说明各委员会工作懈怠。报告从诸多途径收集信息，其指示又十分详尽。但当务之急是敦促改善，而中产阶级生活是他们改善的对象，改善者不需对现状进行直接研究辨别，就已达成了普遍共识。

无论是社会－科学语言还是统计数据，都不过是掩饰真相的外衣，其实质是为了找寻行使文化特权的准则或坚实证明，它在国家结构或在日本社会中的地位业已奠定。统计数据更多是为讨论社会问题提供修辞，并为改革方案设计提供僵化模板。森本厚吉继承了社会科学的优良传统，明白他的数据仅是暂时性的，更深入的研究是必要的。尽管如此，森本厚吉的结论仍无法被看作是科学中立的，因为他关于高效"文化生活"的理念，是一个由日本和西方的差距推动的闭合逻辑回路。与之相似，"调查"为特别的经验和预期提供了一个普适性框架，这些通常也是前一代进步精英全心关注的。

战后对居住和生活的讨论，始于政府和精英知识分子对城市大众社会的发现。进步官员与政府之外的改革家分享制定社会政策的平台，使得国家能够推行鼓励正确消费行为的运动，而这些正确行为规范是由"中产阶级"自封的代表制定的。社会官员和改革家在阶级本质上的密切关系，导致在今天看来颇显古怪的社会政策的出现。比如，除非了解将两个事件联系在一起的人物背景，我们很难理解"米骚动"引发的巨大社会危机如何催生出一个推行使用椅子的运动。然而即使知识精英中的改革家重新使用了旧纲领中的一部分，他们也因认识到周围扩大化了的中产阶级而做出了改变。在新的社会和文化氛围下，建筑师将他们的注意力转到城市规划和房屋供应问题上。日常生活改善同盟会的市民成员面对大众社会时代，先是采用在街上宣传的方法，将年轻成员派出去，与"马克思主义宣传者"和身前身后挂着广告牌的推销员为伍，后来才退回研究团体和月刊之类更加安全的学术环境中。

此外，与 20 世纪头几十年由建筑师设计的特制和个性化改革样板不同，战后的日常生活改善探讨起具有普遍代表性的问题。这一时期的统计数据成为构想大众的新工具，同时也是科学在自我价值认同领域的扩张。在新的改革视野中，那些中产阶级的榜样被认为仅是暂时性的，整个社会最终会达到同样的标准。出于同样的原因，许多改革家都持有相同的信念，即生活的恰当改善应适用于全人类。"文化"这一新修辞的出现，表现尤为明显。森本厚吉和许多战后同时代的人（另一种意义上的，包括政治上的左派），都开始抱有一个统一的世界文化正在逐渐形成的理想（如森本的会刊《文化生活研究》，和当时许多其他出版物一样，有一个世界语刊名，"La Studaodo pri la Kultura Vivo"）。森本厚吉相信现代生活的正确形式和实践是由经验决定的，而实证研究可以证明它们主要是西式的。

尽管如此，布尔乔亚改革家转向国际标准容易，背离布尔乔亚的利益则很难。日常生活改善的拥护者全都相信家庭现代理念的合理性和重要性，并认为有必要让住宅与其相符。在 20 世纪 20 年代早期，日常生活改善同盟会的运动还未发展到农村之前，之前的改革家轻松地忽视了拥护者之外的蒙昧大众。然而即使仅关注人数很少的布尔乔亚，也难以保证意见一致。随着受过教育并抱有改善理念阶层的扩大化与碎片化，文化旗手的改善工作变得更加复杂。随着《主妇之友》一类的报纸和新杂志，为中产阶级的新人提供了发声渠道，布尔乔亚社会从前的社会阶层等级受到了攻击，而中产阶级本身的界定也有了争议。尽管改善的思想基础被更大范围的社会人士接受，但如今也有了更多的参与者要求对其形态的界定拥有发言权。

第六章

世界主义与焦虑：文化生活的消费者

世界现代性之梦

在 1920 年代，文化生活脱离改革者之手，成为世界现代性之梦的代名词。这一梦想对新的城市居民来说尤其具有吸引力，在第一次世界大战期间及战后，他们成为数量日益增多的白领劳动力中的一员。他们渴望一种既不受本地传统阻碍，也不受国内外既定的差别限制的生活，以"文化"之名供应的众多新出版物和商品满足了他们的这种需求。

饱含着刚开始出现之时的特殊意义的"文化"和"文化生活"之类的术语，很难从大正时期的背景中提炼出来（也很难翻译成英语）[1]。实际上，像许多现代大众市场上的商品一样，这些术语本身飞逝而过，在

---

[1] "文化生活"中的修饰词"文化"可以被翻译为"有教养的"或"文化的"。两种翻译都有一定的不足："有教养的"一词中暗含的自我修养使其变得非常狭隘，而"文化的"一词中的人类学色彩又有将"文化"中的普世主义者（非相对主义论性的）理想模糊化的危险。我选择简单的"文化"是因为它保留了原词作为（当时）同时代理想的整个聚集体的"游离的能指"的角色。如"现代家居（modern living）"般的英语词汇也许会保留更多"文化生活"在 1920 年代变幻出的味道。

渐渐融于阴暗之前，短暂地照亮流行的形象。"文化"这一术语诞生于1917年，在1926年走完其全部历程。"文化生活"的高峰所持续的时间更短[2]。可以说，森本厚吉"文化生活"的概念与其自身的困境有一种共谋关系，因为它主要是与消费实践相关，这导致其对商业目的的利用并因此迅速粗俗化。大众市场对新事物的不断追逐确保了文化的退化，直到它变成仅仅是劣质的新兴物品的流行标签。当这一刻到来之时，市场已经为另一个术语做好准备，这就是"现代"。[3]

1930年，当大宅壮一概括"文化"这一术语的简要历史时，他对所有这一切都有清晰认识：

> 文化是一个代表我们消费观念的词语。欧洲激战正酣之时，大量资金的涌入使得日本中等和上等阶级家庭的消费快速增加，形成了当时在德国产生的"文化主义"的一般哲学的物质接受基础。它带来"文化家庭"并引发了一场不寻常的疯狂，以至于从家居所需的日常用品到夜市小贩贩卖的商品，如果不戴上"文化"的帽子，就休想卖出去。但是，这也仅仅维持了短暂时间，此后的大萧条将这一词语吹得无影无踪。[4]

大宅壮一的描述在两种"文化"之间跳跃：社会和审美哲学家的纯粹抽象，及随后退化而至的陈腐口号。在这两者之间的是森本厚吉和日常生活改善同盟会中产阶级品位的文化运动。

文化生活因此产生了消费者资本主义空想的承诺。文化，正如哈

---

[2] 我在这里所说的是它们作为广告标语的受欢迎程度。"文化""文化生活"和"生活改善"等（词语）在语言中继续存在，并在二战后的几年里获得了新的精神力量。

[3] 对于这些词语退化的有用分析，参见北大路刚士，《"文化"の政治学》。

[4] 同上，第76页。

里·哈鲁图涅 [5] 所言，"是一种附加标志"，当它被置于任何一种商品之前，就有将这一商品变成"马上不再像是商品"的力量。[6] 简而言之，它是一种广告宣传工具，而且是具有欧洲高级文化来源优势的工具。某个特定产品也许是日本国产的，但西方却是想象的源泉，"文化"从中取得产品的利润。哈里·哈鲁图涅写道，"文化"商品中的日常生活是一种千变万化的幻象，"它被那些远离并异于从直接历史和文化中获得的实践与知识贯穿并塑造"。[7] 这一时期的改革运动皆以逐渐进步以达到西方制定的标准为前提，但是"文化"与历史无关，因为作为一种理念，文化诉说着一种普世主义的语言，而作为一种标签，文化意味着它是最时新的。

正如森本厚吉的著作所解释的，"文化"之梦不过是同样依赖于自我改善的社会思潮，这种社会思潮自明治以来就塑造着资产阶级意识。森本厚吉对这一术语的运用，介乎于受德国影响的抽象理念与将文化作为一种流行象征之间。即使在这一术语摆脱了改革话语的制度界限之后，他所赋予它的进步光环依旧存在："文化"商品不但是"进步的"，而且是"不断进步的"。这也导致它们的意义过剩——换言之，对文化的盲目迷恋，使得商品不仅仅是商品。这种迷恋是以一种特殊的方式——将文化作为家庭生活的实际和精神理念的物质实现，这些理念的提倡始自1890 年代有关家庭的言论增多之后。

---

[5]　哈里·哈鲁图涅（Harry Harootunian），美国加利福尼亚大学教授，专注研究日本近现代、现代历史。（译注）

[6]　Harry Harootunian, *Overcome by Modernity*.

[7]　Harootunian, *History's Disquiet*, 64. 其他人已经对西方作为 20 世纪亚洲想象的来源进行了考察。关于上海文人对"西方"之运用的讨论，参见 Leo Ou-fan Lee（李欧梵），*Shanghai Modern*。李欧梵强调，上海的中国人从西方自由撷取而不是被殖民心态所羁绊："中国作家对西方异国情调的热情拥抱……在建构他们自己的现代想象的过程中将西方文化自身转换成一个'他者'."（第 309 页）Mitziko Sawada 的 *Tokyo Life. New York Dreams* 分析了移民美国所寄托的文化整合与超越的希望。

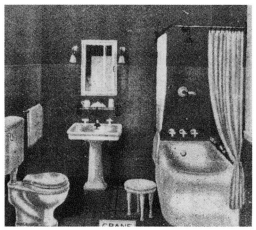

图 6.1 芹泽英二 (Serizawa Eiji)《新日本住宅》(1924) 的标题页（左）和一幅插图（右）。芹泽英二是一名受雇于大藏省营缮课的建筑师，他的这本书内容广泛，除了作者本人的设计外，还收录了来自西方的建筑图片和设计，如从美国模范厨房竞赛方案到美因茨一座房屋的德国新艺术风格的室内设计。

建筑师芹泽英二在《新日本住宅》一书导言的开篇写道："毫无疑问，随着我们的文化水平日趋全球化，我们的生活方式、建筑式样也自然而然趋于全球化。"[8]《新日本住宅》不是一本面向特定读者的小开本彩色住宅设计集，书中内容有西方室内的插图、照片，以及作者自己的设计。第一次世界大战之后，大量的类似出版物为现代居住提供指导，并出售作为资产阶级追求的新焦点的"文化住宅"图像。1920 年代，改良过的图片印刷技术和美国消费文化的爆发使得日本关于住宅的图书和杂志获得了新的面貌——满是生活消费品的插图和图片（图 6.1）。此时，家用电器如冰箱和烤箱的插图开始出现在女子学校的课本之中，而自 20 世纪初就开始出版的有关家庭器具的百科全书也囊括了大量有关新技术的信息。作者们将技术进步视为文化生活的核心，屡次且经常是含糊地提及"科学"。《文化生活知识》(1925) 是一本单册百科全书，它用简单语

---

[8] 芹泽英二，《新日本住宅》(1924)，1。

言写成，适合仅有小学文化水平的读者。它以类似于 19 世纪自我发展文学中的道德劝诫和成功故事开篇，但是却继之以一百多页的家庭电气设备相关内容，其中关于收音机的内容尤其多（日本的广播始于此书出版之年）。[9] 为家庭改革服务的长时期意义明确的资产阶级训词由此让位于改革者、设计师，以及其他为迫切想得到最新商品信息的读者服务的文化中间商。

引人注目的图像扩散的结果只是使大多数读者更加清醒地意识到自己的生活与现代家庭模范之间的差距。收音机在城市中传播得很快，但是新住宅和大件家用电器仍旧离大多数工薪阶层很远。因此，"文化"代表着一种世界性的乌托邦想象，还代表着中产阶级力求参与到资产阶级文化之中的诉求。1920 年代的日本新都市人中出现了两种对立的形象，一种是与散布在西方首都中相同的大众娱乐和商品的狂热消费者，另一种是试图稳固国内社会地位的处境不佳的白领无产者。不同环境共谋帮助第一次世界大战后的日本都市人以一种前代少有的方式将自己想象成世界主义者。然而，如果说世界文化参与变得更加容易，阶级参与则成为前所未有的令人忧虑的问题。

文化消费者的世界主义

第一次世界大战后，有关改善与重建的讨论就已经热烈起来。1923 年 9 月的关东大地震又为其带来新的动力，这场地震将东京四分之三的

---

[9]　平野小潜，《文化生活の知識》(1925)。这一著作对物质的重视也让人想起稍早时期的著作，如福泽谕吉的《西洋事情》(1866)。然而，现在这些引入的东西被假设为日本本土文化的一部分。

地方荡为灰土碎石。从 1923 年到恢复计划完成的 1931 年，这一段时间是首都东京的重生期。地震发生后，一些知识分子置人们所蒙受的巨大损失于不顾，立即公开庆祝东京城市商业和工薪阶层中心区的毁灭，将其看作使东京摆脱以前的肮脏状态，转变为世界都市的巨大机遇。东京应该以巴黎为样板，还是应该多参考伦敦？——引领风尚的精英们在《时事新报》的字里行间表达着内心疑惑。在灾难过后的半年中，该报以题为"建筑与重现美丽东京"的系列专栏征求精英们的意见。精英们都呼吁用防火材料进行重建，并称赞诸如弗兰克·劳埃德·赖特设计的帝国饭店和东京第一座钢筋混凝土办公建筑——丸大厦（Maru Building），两栋建筑都是在地震之前刚刚建成，并在地震中幸存下来。一些人对银座商业区正在新建的临时建筑发表评论，其中不少建筑都装饰有大胆的"分离派"立面（图 6.2）。规划师和其他资产阶级知识分子为城市管理者

图 6.2　一个玻璃商店的分离派或早期新艺术风格的立面，银座，1920 年代中期。在银座为商人建造的临时建筑，为建筑实验提供了理想素材。不寻常的设计突然之间沿着主要街道遍地开花，这使得许多东京人确信这座城市正在重新建立，不受陈规所限。在钟楼顶部下面，有一个标牌，上面用世界语写着"复兴之钟"。（《建筑写真类聚》，转引自藤森照信等，《东京：失落的帝都》，176）

面对地主的强烈反对而未能给不朽的重新规划拨付土地的无能而感到哀伤。[10]虽然市长的雄伟无比的新东京计划没有实现，却通过广泛的宣传努力唤醒了市民的自豪，并哄骗东京居民进行合作，使得街区变得规整，两旁树木林立的新大马路也得以修成，东京呈现出一些现代世界都市的面貌。[11]

世界主义连同因受众数量扩大而激发的加速变化的感觉，为同时期艺术的新发展做了铺垫。在 1920 年代，日本先锋派艺术与世界其他地方的先锋派运动同时发展，阻碍了明治时期学术界建立的清晰分类。[12]正如铃木贞美（Suzuki Sadami）所观察到的，在改革和重建的讨论之后，"最新出现"或"新"成为震后艺术家和批评家的关键词，被用于如"新艺术""新文学""新电影"和"新阶级"等表达中。这些短语显示出对国家进步统一规划的摒弃，并以短暂运动的百花齐放取而代之，它们竞相跃入视野又消失，在一个变化的快速循环中此消彼长。[13]现代文化的前沿事件结束在东京街头，这些事件经常与日趋危险的商业部门有密切联系。的确，先锋派形象艺术家们将标志牌、建筑立面和城市的街道看作他们的画布，并力图抹杀商业艺术和画室艺术之间的区别。[14]自从大胆的新广告利用世界主义想象和图像风格来吸引中产阶级消费者的目光以来，艺术中的先锋派现代主义就与文化生活的中产阶级品位现代主义密切相关。它们同属于一片广阔海洋，从精英掌控的线性发展的现代化转变为在符号的片段和波动空间中形成的现代性，其产生与传播同时进行，并趋于全球化。

---

[10]　以图书形式重印如时事新报社的《新しい東京と建築の話》（1924）。

[11]　关于对东京震后重建的积极的重新评价，参见越泽明，《东京之都市计划》，2—86。

[12]　关于大正时期的艺术先锋派，参见 Weisenfeld, *Mavo*。

[13]　铃木贞美，《モダン都市の表現》，127。

[14]　Weisenfeld, *Japanese Modernism and Consumerism*, 75—98.

即使是那些未曾察觉全球艺术发展背景的人们，东京的世界主义也通过新技术和国际媒介的信息向他们表明了自己。通过电报服务、电影院、收音机、图画杂志和其他媒介，东京和大阪的广大民众见证了自己与伦敦、柏林、巴黎和纽约的人们同步生活。[15] 一战之后，印刷技术的融合与发展使得《朝日新闻》《每日新闻》成为发行量上百万的大众报纸，并使两者展开激烈竞争。1928 年，距离张作霖被炸死不到一天时间，东京《朝日新闻》就对这一事件进行了迅速报道，并刊登了相关照片。作为回应，《每日新闻》从法国进口了一部图像无线传输设备。因此，在 1920 年代末尾，重要报纸的版面之中已经将世界其他地方的故事、图片和日本国内社会新闻并置，它们同样生动并且几乎没有时间延迟。[16]

动态图像和声音打破了同样的障碍。伴随着好莱坞电影中的世俗力量，美国文化涌入日本，大量的图像可以通过观看被立刻理解。[17] 电影天生就是个流行媒介。与明治时期许多西方文化舶来品不同，电影没有被受过教育的精英独占，也没有被作为具有道德教育意义的产品提供给大众。而收音机广播虽然是由本国制作，并且受到递信省的严格限制，却将当代西方音乐、戏剧与本土样式混合，创造出一种官方认可的现代文化——它拒绝标准的国内与国外的二分法。1925 年，当时唯一的国家电台——东京放送局（JOAK）开始广播，其音乐节目的编制侧重于西方交响乐，这反映了由官方发起的对国民进行西方高等传统启蒙的一种传统。但是，电台将更多的播放时间留给了演奏狐步舞曲的舞蹈乐队，如

---

[15] 我在这里描述的世界主义意识应该被理解为区别于大正时期自由思想家的政治国际主义，虽然后者也通常被指为世界主义的。经历东京或大阪位列现代世界并想象它们与西方城市在一个共同空间里，就其本身而言并不指示与国际关系相关的政治地位，因为经历的共发性同样证明与 1930 年代的政治孤立和极端民族主义相容。

[16] 南博，《大正文化》，258。关于 1920 年代东京新媒体和都市现代性的综述，参见 Harootunian, *Overcome by Modernity*，第一章。

[17] Harootunian, *History's Disquiet*，115—116；南博等，《昭和文化》，66—68。

1928 年成功演奏的重填了日语歌词的《我的蓝色天堂》。最先被电台选中
的舞蹈乐队是一个由居住在神户的外国人组成的业余组合。日本本国的
乐队则有"大都会新奇管弦乐队"和电台的"东方爵士乐队"。[18] 电台也
经常播放国际游轮上的管弦乐队表演曲。除了百分百原汁原味的西方音
乐外，收音机听众还能听到"和洋合奏"音乐，这是一种新发明的音乐
类型——由本土长呗（有时是其他本土乐器）与西方管弦乐器合奏——
作为默片的配乐格外受欢迎。[19]

与日益混杂的流行文化相伴的是媒介国际化。1920 年代，剧院时俗
讽刺剧为赢得新观众，故事主题从本土历史转向环球旅行，并采用具有
异国情调的舞台背景和庞大的演出阵容。1927 年，宝塚少女歌剧团表演
的《梦巴黎》获得成功，之后是《纽约进行曲》《意大利》《想念上海》等
剧目。[20]（图 6.3—6.4）《东京进行曲》是 1920 年代晚期最有名的流行歌曲，
它拙劣模仿了突然流行的舶来时尚，不但歌词里夹杂着新外来词汇，舞
台背景中还加入了现代城市最新颖的标志物：爵士乐、鸡尾酒、舞蹈、
丸大厦、上下班交通高峰、电影院和地铁。这首歌是根据畅销作家菊池
宽在《国王》杂志上连载的一部小说改编而成的电影插曲，其唱片销量
达到了前所未有的 25 万张。[21] 如果听众在第一次听这首歌时还不熟悉这
些新词汇，他们将从这首歌中学会。

在日常生活中，都市中的人们只需注意一下自己的物质环境，就能
确信西方现代性不再是遥不可及的梦想。一些日常生活的经历使得现代
性变得平淡无奇，比如搭乘市郊往返列车、有轨电车、公共汽车或新地
铁（1927 年建成）；漫步在人行道上，工作于用砖、石、钢筋和混凝土建

---

[18]　关于战前日本爵士，参见 Atkins, *Blue Nippon*，45—126。

[19]　竹山明子，《ラジオ番組に見るモダニズム》。

[20]　伊藤俊治，《日本の 1920 年代》，188。

[21]　南博，《昭和文化》，472。银座线于 1928 年开通。

图 6.3 现代都市折中的缤纷：舞台剧《东京进行曲》（1929）中由混凝土、玻璃和霓虹灯代表的东京中心区。

图 6.4 宝塚少女歌剧团《梦巴黎》（1927）演出中的"埃及舞"。据说跳舞者裸露的四肢曾震惊观众。（参见《阪急池田文库》）

造的多层办公楼和工厂内，或与这些雇员有贸易联络；在有电灯照明和霓虹灯标志牌的百货公司或沿街商店购物。通过更加个人化的行为同样可以让现代性变得普通寻常，比如穿戴洋装（在办公室和大工厂雇员之间这很普遍，在学生之间也很流行），在家中使用电灯和西方装饰品——或者至少是使用了罗马字母包装的香皂洗手。同现代技术和大量生产的商品的遭遇，不但直接影响了人们的感官，还影响了他们与环境之间的物质关系。

在日常生活中某些尚未发生如此变化的领域，人们往往认为"科学的"理性化需要让改变发生在下一代身上。例如，依旧身着和服的母亲让孩子们穿上西装。中学校服提供了一种先例，而推动西式儿童服饰自制的女性杂志则使其变得更加实际。杂志《主妇之友》经常刊登简单的儿童连衣裙和运动服图案及缝纫指导，并一再强调它们经济、易洗，且适于儿童自由行动。[22] 由于只有居所显得落后，因此产生了一种提倡专注于住宅文化生活的迫切感。1922 年，人们杜撰了"文化住宅"这一术语，此后它就变成改进"中产阶级"生活讨论中的试金石和都市白领间的社会不公辩论中的检验标准。对消费大众来说，一方面是大众媒体上与大街上引诱他们的现代性之间的差异，另一方面是他们继续居住的样式长久未变的住宅，这些使得"文化"行销的幻想图景有了施展空间。[23]

---

[22] 植田康夫，《女性雑誌が見たモダニズム》，116—117。至少生活改善运动的未来规划方面看起来已经受到大多数当代都市人的支持。1926 年 3 月 29 日，在中野站和高圆寺站之间的居住街区中游走一小时后，今和次郎（或者可能是他某个名为"新井君"的学生）记录看到了 12 个男孩和 21 个女孩穿日本服装，而穿西式服装的是 35 个男孩和 33 个女孩（《郊外风俗杂景》引自：今和次郎、吉田谦吉，《モデルノロヂオ：考現學》（1930），121）。虽然南博等人（《昭和文化》，92）声称在大正末期的 1926 年，所有小学生都穿着西式服装，但是他们没有提供明显的证据。

[23] 关于和辻哲郎在 1930 年代的著作中认为日本住宅形式上的连续性将意味着挑战世界现代性的一个重要的时代错误，参见 Harootunian, *Overcome by Modernity*，265—267。

世界主义与帝国

伴随着国家改革与自我改善的社会思潮，中产阶级品位流行话语中的"文化"保留了文明与启蒙时代的另一特征，即在帝国主义秩序下对世界各国进行排名的等级视野。明治时期强国身份的成就——"文明"——为 1920 年代的文化世界主义提供了精神支柱。"文化"，尽管它过去曾经呈现出普世主义的哲学诉求，但现在却可以被看作是都市人已经享用而殖民者尚未享用的精神活动。虽然文化话语的帝国主义支撑未被注意，但是被推广之物大多源自西方的事实，仍旧使"文化"受到民族主义者的批评，这种批评与早期的文明与启蒙提倡者所面临的一样，而当时日本还是帝国主义的受害者。

对一个出生在 19 世纪末及 20 世纪的日本帝国人来说，日本帝国主义力量的地位是与生俱来的，因为 20 世纪的日本与其说是一个半殖民国家，不如说是一个殖民国家。虽然许多知识分子会继续思考被西方文化征服的危害，但是作为帝国公民所得到的安稳，使得世界主义与民族自豪感交融起来，而这种情况在 19 世纪未曾出现。这一意识不仅是因为日本现在跻身列强，还来源于本岛的新地位，尤其是东京作为殖民帝国首都的新地位。除去战争消息、平定暴乱或对所谓的强盗的打击外，殖民事务并不经常出现在报纸的首页；但是近期对流行文化的研究表明，帝国通过许多其他不同的方式进入都市人的意识之中。[24] 这一点可以从日

---

[24] 关于殖民主义背景下战前和战时文化的几个片段的一个更加激进的讨论，参见 Silverberg, "Remembering Pearl Harbor"。最近探讨帝国在世界主义意识中扮演的角色的专题研究，参见 Young, *Japan's Total Empire* 和 Robertson 的 *Takarazuka*；这两个研究都集中在 1930 和 1940 年代的帝国。Mark Peattie 的 Japanese Attitudes Toward Colonialism（载于 Peattie, Myers, and Duus, *The Japanese Colonial Empire*）提供了一个对围绕着殖民管理的学术与政治论证的有价值的审视。大江志乃夫等，《岩波講座現代日本と植民地》（第 7 辑）是关于 （转下页）

本参加过的一场场国际展览会中发现线索，例如，频繁在东京举办的国内展览会在殖民展馆中强行兜售帝国战利品，其中还陈列着舶来的手工艺品和活人。殖民展览自 1914 年东京大正博览会之后迅速发展。1922年，和平纪念东京博览会专门为日本在不久前获得管理权的密克罗尼西亚群岛设置了南洋馆，此外还设了西伯利亚馆，这也许是对通过当时日本军队正在参与的西伯利亚干涉战争来征服某些领土的期待。[25] 广告也将东京的技术与商业进步吹嘘为一种日本在亚洲属于霸权国家的标志。有趣的是，同时期西方帝国主义在地理上将日本与其他非欧国家一并归入"东方"。地铁海报将其宣扬为"东方唯一的地铁"，而且当 1914 年三越百货重建时，报纸宣称其新店是"苏伊士以东最大的百货商店"。[26] 在1931 年战争的狂热将日本帝国推到日报头条之前，东京人所接收到的帝国形象，是被当作这座城市的世界主义的自然成分来进行包装和推广的。

玛丽亚姆·西尔弗伯格（Miriam Silverberg）[27] 曾建议将战前的日本公众称作"消费主体"，因为意识形态灌输与媒体审查制度将他们的角色限定为具有帝国制度主体身份的消费者。[28] 作为帝国享有特权的主体则是同一身份的另一方面，这蕴含着相反的（却并不矛盾的）含义；在不利于帝国的知识被密切控制或抑制的同时，帝国的话语和现实也为乌托邦想象和实验创造了广阔空间。[29] 虽然当时有关日本现代性的讨论经常是模

（接上页）殖民主义和日本文化的一本重要日语文集。在 1990 年代以前，殖民主义经常被从战前日本的社会和文化史中忽略掉，或是被纳入军事扩张主义的讨论之中。南博等人撰写的大正文化、昭和文化和日本现代主义三卷著作探讨了日本侵略的政治和战争中持续增加的侵略报道的角色，但是没有提及大众文化背景下的殖民地。

[25] 吉见俊哉，《博覧会の政治学》，212—214。

[26] 招贴画《东方唯一的地铁》复制自：东京国立近代美术馆，《杉浦非水展》，27，28；报纸引自：初田亨，《百貨店の誕生》，101。

[27] 生田曾是加利福尼亚大学洛杉矶分校历史学教授，是日本研究领域的重要学者。（译注）

[28] Silverberg, *Constructing a New Cultural History of Prewar Japan*, 127.

[29] 关于对满洲里幻想的讨论，参见 Young, *Japan's Total Empire*, 334—351。

棱两可的，但它仍旧在深层次上建构了大众意识，因此即使是在最自由的大正政治和外交时代，将构建和维持帝国作为治国之根基也未曾受到质疑。

对明治时期的知识分子来说，折中建筑和日常生活实践中东西方的不平等配比在明治政治世界中小规模重现，反映了日本与西方列强政治不公平的事实。这种不公平与其实践同源性不再主导大正时期的知识界。1895 年对中国战争的决定性胜利、1899 年不平等条约的终结、1902 年与大不列颠帝国的结盟，以及 1905 年对俄战争的胜利，这些政治胜利使得后明治时代的一代人从早期民族主义知识分子所肩负的文化自卑的重负中解放出来。福泽谕吉曾经称日本是半文明国家，仅仅爬上梯子的一半而已。1885 年，福泽谕吉认为"脱亚"是爬得更高的唯一途径。在大正时期，成年的一代人发现，这一问题至少已经通过对亚洲的殖民征服得到了部分解决。这种情况使得 1920 年代的知识分子更容易将"文化生活"看作一种普世价值和一种自然地属于他们自己和其他进步国家——即占领国——人民的权利。对一战期间和战后的自由政治理论主义著作来说，世界主义文化与种族民族主义并不冲突。一些人为缓解不断热化的朝鲜反殖民民族主义问题，定义了一个由多民族组成的日本"国民"概念；另一些人则将"世界文化"的发展视为一个经由国民民族发展成熟到"国民国家"完全实现要达到的目标。[30] 在任何一种情况下，作为一个稳定国家的日本，统治亚洲其他无国家主权民族团体的霸权都被重新确定，并融入了克服种族冲突的普遍进步理念。在这种背景下，在依旧认可一些多元化措施的同时，"文化"为霸权提供了一种普世主义的理由。1919 年"三一"运动后，日本开始在朝鲜殖民统治中实行较为温和的政策，这一政策赋予了朝鲜语媒体有限的自由，被称作"文化政策"，

---

[30]　Doak, *Culture, Ethnicity and the State in Early Twentieth-Century Japan*, 190－192.

该政策中的"文化"的概念正是上述语境中的"文化"[31]。

与此同时，日本都会城市中的消费主体则以购买来自帝国和世界"文化"市场的舶来品为乐。特别是对那些从未离开过日本的人来说，东京都市生活的折中主义代替了西方都市，而其多样性则是日本世界地位的证明。正如外国商品和时尚涌入东京确立了日本的现代形象，外国人也重新确定了东京的世界性，并提醒东京人他们占据了一个亚洲帝国的中心。在这一大众想象之中，不存在一场本土传统与西方现代性的战争，而更多的是一种成功的现代，它将日本民族与扛有历史重负的中国人、朝鲜人，以及亚洲其他地区无历史的原始人区分开来。

通过日本人的旅行见闻演讲、人类学研究报告，以及对反对日本统治的暴力起义进行粗暴压制的理由，中国台湾的"野蛮"或"生番"逐渐在民族想象中得以确立。[32] 1920 年，就在日本刚刚接受国家联盟托管，对密克罗尼西亚的德国殖民地进行统治之后，小学读物中便加入了一篇名为《来自特鲁克群岛的一封信》的文章。文中讲到虽然当地人"还不是非常文明"，但是孩子们却已经在新建的学校中学习讲日语了。因此，对年轻读者来说，日语被确定为完成文明开化任务的工具，这也追本溯源式地确定了日本作为既定文明的地位。[33]《日本地理风俗大系》是一本出版于 1929－1932 年间的帝国地图集，它揭露即使在都市中也有正在接受驯化的"野蛮人"；由于东京城南千里之外的岛屿在行政划分上属于东京府，所以《大东京》一卷的后面还附有辖区内博宁群岛（小笠原群岛）上

[31] 文化的汉字组合本身很古老，而且殖民政策的这一方面的确不需要依赖于对德语"文化"概念或随之而来的风尚的进口。

[32] 川村凑，《大衆オリエンタリズムとアジア認識》，107－136。关于日本殖民人类学，参见 van Bremen 和 Shimizu 编著的 *Anthropology and Colonialism in Asia and Oceania* 中的文章。

[33] 引自川村凑，《大衆オリエンタリズムとアジア認識》，111－112。关于 1930 年"雾社事件"——台湾原住民与日本统治者之间最严重的冲突（事件），参见 Ching, *Savage Constructions and Civility Making*。

祖胸露乳、微笑着的太平洋岛民的照片。[34]

1928 年出版的由平末友（Taira Suetomo）绘制的连环漫画传达了日本与西方列强文明相当的信息。漫画展示了两对来自海外的"现代女孩"讨论日本都市中错综复杂的事物（图 6.5）。所有女孩都以不同的方式属于"日本人"的范畴，因为其中两人来自南太平洋群岛，这使她们成为帝国主义主体，剩下的两人则在人种上被描绘为日本夏威夷人。她们都穿着西式服装。这里还采用了另一种方式将世界其他部分融入日本大都会之中：将她们塑造成现代女孩，并且让她们到日本东京旅行。东京具有的帝国身份和技术现代性使得这个城市有可能被想象成一个令异域原始人感到惊奇的文明（并且可能受其教化）之地，而极其熟悉的夏威夷人来到此地则确信此地之文明与她们在"彼地"的文明并无差异（并且可能会获得她们是真正属于此地的真知灼见）。日本的文明究竟为何会有所不同呢？维持帝国统治的文化逻辑将日本都市毫无疑问地放到了西方一边。正是在代表这一术语可以被自由决定之处，日本的现代与世界性的现代互相交融。想象中的殖民主体（殖民地）被描绘成摩登少女展示日本的现代性，与此同时，她们成为理想的讽刺材料。它之所以好笑，是依赖于读者的信念，即摩登少女自身将现代和女性的问题融入讽刺画之中，并因此成为天生的娱乐对象；而与此同时，这些原始人可以成为摩登少女，本身就是荒唐的。

如果将这些虚构的日本主体和边远表亲带入东京都市的文明进程，需要他们在到达的时候打扮得跟漫画中一样——日本与西方现代性的杂交品种——那么，同样，在殖民地，日本就要通过西方建筑与城市规划技术来代表自身，而这正如越泽明（Koshizawa Akira）所证明的，之后又

---

[34]　仲摩照久，《日本地理风俗大系》（第 2 辑）（1929—1932）。

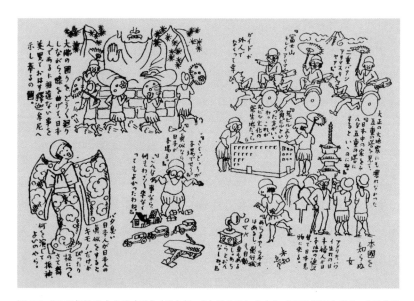

图 6.5　"不了解她们本土的女子"（平未智，"本国的无知少女"，《现代漫画大观 9：女子的世界》，1928，162—167）。通过在漫画中渲染殖民地与现代都市的文化差距，漫画家试图融合帝国的现代概念与世界性的现代概念。与此同时，还对日本现代性的混杂特性进行讽刺，这一讽刺尤其体现在现代女孩这一颇受欢迎的典型形象中。两个"身着西式服装的南太平洋野蛮人"和两个夏威夷日本摩登少女发现一切都与"家乡"美国无异。其中一个女孩指着收音机，另一个则俯瞰着一幅由文化住宅、汽车和一架飞机组成的图景，并困惑地耸着肩膀问道："到底哪一个才是这些东西的发源地呢？"她的同伴回答道："就模仿而论，当然日本是发源地。"

传回了日本都市。[35] 也正是在殖民地，建筑师和规划师才可以不受限制，将帝国主权之表达依托于参照一个现代文明的抽象概念，而不是任何具体的日本或欧洲模式。殖民城市的设计采用了比日本都市更加西方化因此也更加现代的建筑，以及在其理性与整洁方面超越旧有欧洲城市的城市规划；通过它们，日本的力量和殖民行政统治得以展示。[36]

———————————

[35]　越泽明，《满州国の首都计画》，220—257。在这一卡通描绘的殖民地摩登少女之前，已经举办过几次由国家资助的殖民地执政党亲自赴东京观光访问。参见 Ching, *Savage Constructions and Civility Making*，795—796。

[36]　殖民地建筑历史学家西泽泰彦（《支配の官と民》，516—517）指出，社宅确实在 (转下页)

世界主义的威胁

既然"文化"承载着殖民占领与征服的潜在含义，那么对批评家来说，它也同样可以与日本被西方产品所殖民的威胁相联系。随着市场将文化从崇高的理念降至世俗需求与欲望，"文化生活"也因此变成一种关于消费外国商品的争论中的口令。当帝国议会试图通过对认定为奢侈品的 290 种商品征收关税以控制其进口之时，《中央评论》杂志的撰稿人质疑人们对留声机、西式服装和文化住宅的需求是否也算作奢侈。千叶龟雄（Chiba Kameo）在同一杂志中写道，他们这帮人，会将"我们今天所谓的文化生活，或是文化生活的缩微版，甚至是缺少文化生活之真谛的简化版，不留情面地批评为奢侈生活"。千叶龟雄认为，真正的问题在于分配不公平；文化住宅和文化生活虽为全社会共同追求，但当前仅是少数有闲阶层享有。这些奢侈品反而应该被认为是形成一个"积极的国家和有效的社会"所必需的。[37]

对文化生活的抗拒是普遍焦虑的具体实例之一，这种焦虑存在于男性知识分子中间，它与现代性和本土传统的消失，尤其是与经常意味着消费主义、享乐主义和肤浅的"美国主义"相关。[38] 批评家将文化生活视为一种对西方一切事物的盲目拥抱，并将其支持者视为"西方崇

（接上页）殖民地同时建造，这些社宅通常要比为同等状态的家庭在日本国内建造的住宅更加西化且标准也更高。西泽举出其三个原因：吸引职业人员到殖民地工作的需要；通过建筑向受殖民人民展示帝国力量并向西方人展示平等的需求；大多数殖民社宅建造在新区，在那里建筑引人注目且需要为将来建造树立标准。

[37]　千叶龟雄，《现代人の生活真情と奢侈贅沢の意義》（1924）。

[38]　关于跨越战争期间的关于"美国主义"的知识分子评论，尤其是集中于 1942 年"战胜现代"的会议上发表的声明的讨论，参见 Harootunian, *Overcome by Modernity*，47—65。Henry D. Smith II 的 *From Wilsonian Democracy to Modan Life* 对"美国主义"这一词语在1910—1920 年代特殊使用的不同意义进行了讨论。

拜"的罪魁祸首或"西方传染病"患者。这些批评家观察到了真实的情况——与此前相比，无论是国产的混杂商品，还是直接进口的产品和时尚，都愈加深入日常生活与大众意识之中。与所有民族文化主义的堡垒一样，其中暗含的最终威胁是种族危机。通过着装与化妆，日本人正在使自己变得越来越像西方人；民族主义者很容易就可以推断出他们最终将屈服于种族通婚的反乌托邦梦想，尤其是在外国人不断迎娶本国女性的趋势下。[39] 谷崎润一郎的《痴人之爱》对文化生活世界主义中的潜在危机进行了探索和讽刺，由此赢得了声名和一个数量庞大的读者群。谷崎润一郎笔下的播音员，疯狂爱上一个长相酷似美国默片女星玛丽·碧克馥（Mary Pickford），但出身下层社会的日本女孩，他因此陷入了痴迷与心甘情愿地被征服的旋涡之中。贯穿小说始终的西方舞蹈、西式服装和西式"文化住宅"，在刻画由于对一切西方事物怯懦奉承而被贬低的人物角色时起到了重要作用。最终，两人虽然以夫妻的名义生活在一起，但是她却公开与几个西方情人为伴。[40]

　　虽然心理学解释自那时起就一直有其吸引力，但是对西方时尚和文化形式的传播来说，商品生产和全球大众市场情况的变幻至少是跟民族精神的任意困境同样有力的因素。并且，由于许多日本制造商正在为全球和本土市场生产现代商品，所以西方资本对日本的渗透只能提供一部分解释。儿童的洋娃娃和婴儿杂志的描述暗示着来自西方的图像潜入大

---

[39]　南博（《大正文化》，369）引用了《东京朝日新闻》的一篇文章，讲述了 1924 年六十名青年冲进帝国饭店的一个西式舞会的反动战术，他们一边表演舞剑一边高唱中国诗歌。接下来他们展开一条横幅，上面用英语警告自己的日本同胞考虑一下日本人民已经受到威胁的处境。

[40]　Anthony H. Chambers 将其翻译成英语"那威（Naomi）"。谷崎润一郎自己是操纵本土和西方文化形式的大师，且他的讽刺性小说绝对不是反对改革的反西化论争。关于这一讨论，参见 Ito, *Visions of Desire*，77—100。

众意识程度之深。由于它们与生育的密切关系，以及在文化上尚未完全成形（并且经常穿得很少）这一事实，所以洋娃娃和婴儿的代表似乎十分尖锐地将种族问题实例化了。然而，它们作为商品的功能往往会胜于种族方面的深思熟虑。比如，许多日本儿童在成长过程中有进口自德国和法国的洋娃娃的陪伴。与其他市场一样，德国在一战期间也丢掉了其在洋娃娃市场上的主导地位，取而代之的是能大量低成本生产赛璐珞娃娃的美国，之后取代美国的是日本。在 1928 年，全世界 70% 以上的赛璐珞玩具是在日本生产的。与非常受欢迎的"丘比洋娃娃"原型（在美国设计，但在全球制造）一样，这些玩具娃娃大都有蓝眼睛。《蓝眼睛洋娃娃》是 1920 年代中期的一首日本流行歌曲，歌中提及一个"美国生产的赛璐珞"娃娃，这反映了赛璐珞娃娃来自美国的看法，但事实上当时大部分赛璐珞娃娃是在日本制造的。与廉价的美国或美式赛璐珞娃娃不同，法国洋娃娃是用柔软的布做成，并以其精致的服装闻名。战前日本儿童文化品收藏家秋山正美写道，1920 年代晚期，在小女孩和年轻女性中很流行给传统日本玩偶穿上法式服装，并将她们的眼睛重画为蓝色。[41] 由此可见，与西方产品竞争并最终取而代之的玩具业的成功发展，也服务于国内市场对西方新奇事物的追求，这一追求最终变得如此自然，以至于一些儿童消费者积极参与到玩具的中西混合过程当中（图 6.6）。

在女性视觉媒体中，西方的图像与本土图像混杂，甚至取代了本土图像。就在女孩们以细心照看蓝眼洋娃娃为乐的同时，女性杂志、家庭管理课本和流行指南的成年女性读者们也越来越多地接触到图片中的西方儿童与母亲；这些图片的刊发是以说教为目的，或者纯粹是为了浪漫。1927 年，艺术出版商阿鲁斯出版了一本关于女性健康和育儿的演讲集，

---

[41] 秋山正美，《少女たちの昭和史》，160—168。秋山正美是昭和少年少女博物馆的创立者，这是一座 20 世纪日本儿童玩具与文学博物馆。

图 6.6　与巨大的丘比洋娃娃在一起的小孩（田中泰辅摄，20 世纪初）。（江户东京博物馆）

开篇即为白人女性怀抱婴儿和幼儿的摄影棚照片，并赋予其"爱"和"保护"等标题。这些标题没有一个标明主题或者照片的出处。同卷中还包含有一组白人婴幼儿面部表情特写，图片下方的标题中有对他们情绪的有趣推测；还有一个赤裸的白人婴儿独自玩耍的系列照片，配有一个欢喜的结束标题——"婴儿是距离成人世界最近的天使，是上帝赐予我们的无限爱恋与崇拜的礼物"[42]（图 6.7）。一些出版物也以日本儿童图片为特色，但是迫于 1920 年代在儿童文学中出现的过分热情的浪漫主义的压力，这些出版物更多情况下不得不加上西方人的照片或西方艺术的图像。

[42]　《アルス婦人講座》（第 2 卷）（1927），图版。

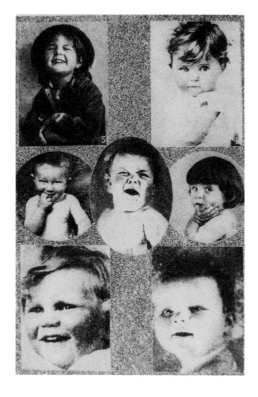

图 6.7　"儿童的表情"（选自女性
百科全书，《阿鲁斯妇女讲座》，
1927，第二卷）

实际上，话语、媒体与国际商业的共谋才是关键所在：浪漫、天真无邪
的观点与西方儿童联系在一起，是因为实际上它们是被一起推销的。将
这些照片作为解释读者心理状态的证据，会有产生严重误导的风险。大
众市场图像出版商将异域儿童的脸和身体作为商品，这一点与他们对待
服装、房屋和其他能传达与文化生活相关的外国新时尚的物品的做法并
无二致。异域诱惑和作为新颖源泉之特权相结合，赋予了西方图像以商
品的声望，这是本国儿童照片所不具备的。

　　然而，对以种族国家为其隐含基础的批评家们来说，他们很容易就
可以对随意放弃日常生活改善运动所倡导之事，以及不仅将实在商品，
还将包括西方人躯体在内的所有图像作为文化生活的流行载体等现象提

出谴责。他们认为，文化中间商强调自己不仅仅是在倡导日本模仿欧美时往往别有用心，对所有有信仰的知识分子来说，对西方事物的盲目崇拜都是令人厌烦的，不仅因为它暗示着民族自豪感的缺失，还因为区分西方物质和文化产品并将其与本土产品一视同仁、加以评价的能力，已经成为他们社会地位的重要标志。至于对住宅中"西方崇拜"的改变，批评家们认为这主要在于审美依据。对此，森本厚吉予以回应。他认为住宅改革的问题不是审美问题，而是经济问题，他提倡本土与西方建筑元素混合（这与日常生活改善同盟会的观点非常相似）以最好地适于"现在的经济生活"。[43]

阶级焦虑

　　如果说文化消费大众也在城市的快速现代化进程中感受到了焦虑，那么他们的焦虑通常与动荡的资本主义经济中阶级地位的不确定有关，而不是与右翼积极分子所谓"民族基质"的命运相关。在短暂的战争繁荣之后，白领工人发现他们已经身处动荡的延长时期。即使是在经济萎缩的情况下，大学和高中毕业生的数量仍旧不断增长。经历了近十年的稳步增长后，失业率伴随着 1929 年大萧条的来临明显恶化。[44]

　　许多私立高中扩招导致了 1920 年代中期之后大学毕业生的持续过剩。在 1920 年代，大公司的起薪排名不仅取决于新入职雇员的教育水平，还要考虑其毕业院校的名气，这导致了想进入名牌大学的激烈竞争

---

[43]　森本厚吉，《生活问题》（1920），384—385。

[44]　关于针对这一时代白领男性的教育和就业情况的彻底调查，参见 Kinmonth, *The Self-Made Man in Meiji Japanese Thought*，277—325。

和过剩大学毕业生的高失业率。[45]高等教育系统的失败事例尤其引人注目，因为在不久前拥有一个大学学位就几乎可以保证会受到政府任用或被公司聘用。小津安二郎的电影《我毕业了，但……》于1929年上映，电影标题变成了一个流行词语。在1930年，从东京顶尖大学毕业的大学生约有半数在毕业时尚未找到工作，这一数据在第二年下降到36%。[46]

不仅是大学毕业生的前景持续恶化，白领雇员的情况也很糟糕，他们在1930年一年的家庭预算比此前十年的总和还多。1920年代是日本进行家庭预算调查的重要时期。社会历史学家寺出浩司（Terade Koji）分析东京调查所得数据和读者反馈给女性杂志的预算数据发现，在1919—1922年间，白领的生活标准显著提高，之后则保持基本平稳的状态，并一直维持到经济高速增长的1960年代。他将这一稳定视为一种职工家庭的消费模式。1919年，食品和服装花费相对增长；1919—1922年，房屋和服装花费相对增长；1922—1927年则是生活和文化运动。这意味着在这段时间内，人们可以越来越自由地购买精选商品，而不是仅限于购买生活必需品。调查中人们在被标记为"自我修养和娱乐"一类上花费的稳定增长，虽然在具体条目中的水平还不高，但仍进一步证明了这一趋势。寺出浩司认为，1922年之后出现的开支分配方式，是典型的谋求永久居住于城市之中的职工阶层小家庭的开支方式。[47]

一种稳定的消费模式形成，并不代表这些家庭是富裕或经济独立的。女性杂志继续刊载有关如何取得收支平衡方面的建议，提供在今天看来近似吝啬的精打细算和节约的意见，以及寥寥可数的家庭预算案例。

[45] 岩本通弥，《工薪阶层》，281。

[46] 东京都学务局于1930年进行调研的毕业生就业百分比结果如下：东京帝国大学，61%；东京商业学院，58%；早稻田大学，34%；庆应义塾大学，40%；中央大学，55%。（参见镰田勋，《月给取白书》，26；Kinmonth, The Self-Made Man in Meiji Japanese Thought，294）

[47] 寺出浩司，《生活文化論への招待》，184—201；参见寺出浩司，《戦後初期における社会教育職員制度の成立と展開》。

通过将全日本的家庭预算调查作为一个整体来考察，经济史学家千本晓子（Chimoto Akiko）发现，在 1933 年，男性公司雇员的收入刚刚超过他们家庭的实际花费，而教师的收入在 1938 年之前一直低于家庭实际花费。这一缺口是由他们的配偶和其他家庭成员的收入以及其他来源（大多是由在乡村生活的父母汇款）共同填补的。难怪在《主妇之友》和其他女性杂志上，经常能见到有关编制预算的文章和有关家庭副业的文章（这些文章中，家庭副业被描述为"优雅""贤淑"，但同时也是有利可图的）同时刊登出来。千本晓子的研究结果显示，妻子们对家庭收入的贡献不是很大——在 1925 年之后贡献均值仅为 1%—2%——但随着丈夫的具体收入与花费上下有所波动，这也暗示在花费增长时妻子们的收入仍是必要的。[48]

然而，对试图步入职场上层的男性来说，对西方物品的投入和提高自身修养或社交所需的花费，在战略上不可或缺。为了在公司谋得一职，你必须拥有种种文化资本——从精通在西式房屋中应有的礼节，到掌握关于现代技术、世界政治，以及当代艺术和音乐的一般知识。[49]想要晋升还依赖于穿得好（穿西服），在娱乐上慷慨消费，"维持一个体面的居所"[50]。

---

[48] 千本晓子，《日本における性別役割分業の形成》，220—225。千本晓子也提到，由于不允许公职人员的家庭成员从事商业，所以低级别的官员和教师与在私营企业工作薪水相同的人相比，更依赖来自家人的汇款。后者的妻子可以从事任何她们喜欢的工作，并公开地为家庭收入做贡献。

[49] Kinmonth 在 *The Self-Made Man in Meiji Japanese Thought*（305，309）中引用了一份 1934 年的工作安置指导，其描述道，"在访问期间如何坐好，如何吃蛋糕，如何喝茶"。而且还提到入职考试问题涉及马可尼（Marconi，意大利物理学家，因发明无线电报获 1909 年诺贝尔物理学奖。[译注]）、兴登堡（Hindenburg）、"交响爵士"和毕加索，以及"仁政"和"世界主义"。

[50] Kinmonth, *The Self-Made Man in Meiji Japanese Though*, 316—317.

一战之后，公司纷纷建立起一个基于教育背景的固定身份制度，将大学和职业技术学院的毕业生分配到全职岗位，中等毕业生分配到辅助岗位，小学毕业生则分配到工厂岗位。[51] 人际关系在招聘中十分重要，而且雇主更看重"人品"，而不是学习成绩；在某些情况下，雇主实际上更倾向于选择"中等成绩"的候选者，因为他们会更加听话。这一选择模式进一步确立且保持了职员之间的阶级差别，并迫使寻找白领工作的年轻人将自己挤入狭义的"公司职员"的模子之中。[52]

近些年，"工薪族"这一术语进入标准用语之中，作为"小资产阶级"简称的"小资"也一样。在记者首次意识到这一点之后——对大多数中学和大学毕业生来说，下等白领职员身份意味着永恒——他们开始称其为"工薪族"，视其为新的社会类型。然而，在漫画家公开讽刺上班族，以及小说家、电影制作人取笑工薪族（通常是针对工薪族观众）的同时，社会批评则强调工薪族的绝望处境。1929 年，大宅壮一认为，被他称之为"现代阶层"的新消费群体代表着"时代最前沿"，但却是"狭窄、易碎和脆弱的"前沿。他继续写道，教育的市场价值暴跌，产生大量"受过教育的无产阶级"。[53] 大宅壮一的观点得到马克思主义者青野季吉（Aono Suekichi）的呼应，青野季吉认为上班族缺少自己独特的生活方式，他们通过模仿资产阶级，挣扎着避免沦为无产阶级：

> 无产阶级，在工人宿舍和工厂过着一种不同的集体部落生活。而资产阶级在豪宅与俱乐部，在他们位于海边或山顶的避暑别墅和越冬别墅，过着另一种不同的生活。在这种意义上，只有工薪族缺

---

[51]　市原博，《炭鉱の労働社会史》，140。

[52]　Kinmonth, The Self-Made Man in Meiji Japanese Thought, 304—305, 311.

[53]　大宅壮一，《モダン層とモダン相》（1929）；复印自大宅壮一，《大宅壮一全集》第 2 辑（1981）：5—6。

少典型、约定俗成的生活方式。因此，在想到自己有可能沦为无产阶级而战栗的同时，他们向资产阶级生活方式靠拢，并试图以某种方式进行模仿。[54]

青野季吉笔下的工薪族"处处碰壁"，被生活中的社会现实疏远，然而却难以避免。这种无望的图景将一个新阶级引到描写资本主义社会罪恶的马克思主义读物之中，但是正如青野季吉所指出的，实际上，此时白领工人所面临的都市生活困难要比工厂生产线上的工人更大。在高利润的行业，如建筑业，大学毕业生的起薪甚至比蓝领工人的月收入还低。[55] 而且白领雇员无法得到稳定工作，这在之后成为日本大企业的特征之一，假如被解雇，想要找到一份新工作要比一线工人困难许多。[56] 在 1920 年代，工会为大工厂蓝领工人赢取了比大多数办公室职员所享有的更大的工作稳定性。1924 年一个工薪阶层工会成立，但是当工会成员首次想获得日本工会联盟（总同盟）的认可时，他们却在会议上备受嘲弄，"你们在谈论些什么？——资本家！"[57] 也许使工薪阶层像一个整体更重要的原因在于，他们在教育和生活方式上投入更多，所以更需要稳定的工作。

有限的安全性和在非消耗用品、教育、休闲等方面增长的消费综合起来，使得大宅壮一认为都市新阶层是"脆弱的前端"的观点很恰当。与一直享有消费自由的资产阶级不同，这些 1922 年后的新职员确实表现

[54]　青野季吉，《サラリーマン恐怖時代》，（1930），Kimberly Gould 译，载于 Gould, *The Origins of the Salaryman*，第 2 部，5。

[55]　Kinmonth, *The Self-Made Man in Meiji Japanese Thought*, 316。

[56]　同上，288。

[57]　Gould, *The Origins of the Salaryman*, 19—20, 28. 这一大信息量的论文，通过翻译了几篇关于工薪阶层的经典论文得到补充。

得如"前沿"消费者一般，他们的生活方式很明显是通过消耗自己所得之物而建立起来的。然而，与此同时，他们在总体上并没有省下钱，经济衰退威胁着他们维持自身现有状况的能力，这就是脆弱表现的解释。

白领无产阶级化是如此明显，以至于在1960年代社会学家大河内一男（Okochi Kazuo）断言，在二战之前日本实际上从未有过"中产阶级"。[58] 然而，虽然大多数工薪族并未取得成功，也未能建立政治组织，但是一种特定的工薪阶层生活方式产生在两次世界大战期间是毫无疑问的；许多年轻人对这种生活方式趋之若鹜，正如职业家庭主妇的角色吸引女性一般。新闻报道对"都市热"的频繁讨论勾起乡村青年的向往，这一点被一战期间及战后都市夜校和相应课程的迅速发展所证实。在这里，学生工（也被称为苦学生，即"艰苦奋斗的学生"）可以得到一个与高中学历相当的学历，它是成为白领工人的通行证。这些学生工大多来自各县。[59] 城市中的商店老板也有羡慕工薪阶层生活方式的理由，因为工薪族不仅收入稳定，还有确定的休闲时间。小说《上班族的故事》（1928）的作者前田肇（Maeda Hajime）在故事中写下了这样一句话："上班就像乞讨——任何一份工作只需做三天，你就不会退出。"更具说服力的是，1933年一份有关工薪族情况的报告显示，与依靠其他收入来源相比，靠工资收入的人享有"更高的社会地位和受尊重程度"，甚至连贵族都鼓励他们的儿子成为工薪族，而不是继承他们自己的事业。此时，似乎不仅是贫穷的乡村青年向往白领职员的生活，上层阶级成员也将其视为一种标准模式。[60]

对年轻男女来说，这种生活方式看起来值得尊重、风险低、干净，此外还确保了一定的休闲时间。对男人来说，它提供了在城市咖啡馆和

---

[58]　大河内一男，《日本的中产阶级》（1960），89。

[59]　严善平，《農村から都市へ》，174—194。

[60]　市原博，《炭鉱の労働社会史》，140。

舞厅中玩乐的机会。其正向吸引力很大程度上是基于消费：将男人的工作与家庭分离，使得维持一座郊区住宅和花园成为可能，这住宅要有配备自来水和天然气的厨房，还要有一些家用电器；理想情况下还应该有一间摆有藤椅的西式房间，里面摆有一些一元图书、一台收音机或唱片机，要是有一架钢琴或管风琴就更好了；有供家中顶梁柱更换的干净服装，包括晚上穿的日式服装和早上穿的西装，有妻子穿戴的白色罩衣围裙、丝绸和服，有孩子们穿的西装。虽然很简单，但是由这些东西组成的生活对多数日本人来说已经意味着舒适，并且为享有这种生活的人提供了一种实在的感觉：他们分享着资产阶级文化，而这一成就是他们前几代人的民族使命。

梦想与现实

在短暂时期内，"文化生活"作为世界主义梦想的流行语无处不在，真正的文化在被视为对愿望的认真表达的同时，也被视为由于某种原因而从未真正获得的拙劣模仿，它经常停留在普通男女所不及的地方。1922 年 5 月，在《东京精灵》(Tokyo Puck) 的封面图中，文化生活被比拟成一辆列车，它从一个代表"日本"的男人身旁高速驶过，这个男人正背负着"政治、经济、宗教、思想、家庭"包袱，瞪大眼睛站在站台上。插图中写着："日本的焦虑：'背着（陈规旧俗的）包袱，我如何才能跳上这奔驰不停的快速列车呢？'"（图 6.8）。[61] 进步论者认为，现代性的速度和其所需的所有改变，对日本和他们自己来说是一种挑战。因此，独自站在月台上的这个男人，不仅代表着在国际社会上奋力前行的新秀

---

[61]　《东京顽童》，第 15 辑，第 5 号（1922 年 5 月）。

图 6.8　"日本的焦虑：'背着（陈规旧俗的）包袱，我如何才能跳上这奔驰不停的快速列车呢？'"这个男人帽子上标着"日本"，背着"政治""经济""宗教""思想"和"家庭"，眼望一列标有"文化生活"的列车呼啸着经过站台。（下川凹天绘，《东京精灵》，1922 年 5 月）

日本民族，还代表日本国内社会中的小资产阶级个体——"小资产阶级个体"这一词语本身就包含其向往分享资产阶级的理念。

　　梦想与现实的差距是消费文化史上的一个标准比喻。在某种意义上，它是老生常谈——毕竟现实和梦想何曾一致？但是确实存在这样的时刻，即当社会因素与特殊力量联合推动制造和消费幻想之时。1920 年代早期，"文化"话语的短暂辉煌时光就是这样的时刻之一。它也标志着消费者的梦想同他们沮丧的现实（它本身就是现代情况的一方面）不断对话的开始。文化和现代交融在诸多物品上，这反映出对世界现代性的追逐是没有限制的。

正如将"文化生活"比喻成一辆掠过无助日本的列车一样，对大正时期的都市人来说，与现代经历相关的部分焦虑确实来自他们对从别处发出的信息的洞察。距离的作用再加上来自海外图像的泛滥，共同制造了一种不可避免的、将自身环境与这些图像对照检验的欲望。文化消费者所处的颇具讽刺性的境遇，不仅体现在梦想与现实的鸿沟中，还反映在一个事实中，即传播世界性现代化图景的流行媒体打造出日本大都会的地位，却使得原本一定会出现在帝国消费者主体中的"中产阶级"变得更加遥不可及。

第七章
文化村：刻入风景中的世界主义

1922 年夏，到达之时与离开之际

　　1922 年，将要占据现代家庭生活的各式消费图像和容纳现代家庭生活的各种住宅得到集中展现，它们是以为同年在东京上野区举办的和平纪念博览会而建设的一组十四栋住宅的形式亮相的。公众对这一名为"文化村"的预展的兴趣远远高于此前家庭改革的所有产品。它还成为家庭理想之争的试金石（图7.1）。虽然"文化"一词暗含了普世价值，但是以其名义提供的建筑解决方案只是狭隘的资产阶级形式。由此，文化的世界主义理想为不断追求资产阶级理想提供了一个面具。

　　文化村源自日本建筑学会向展会规划者提出的一项申请。一个由田边淳吉（Tanabe Junkichi）领导的建筑师委员会发出请求，学会想从公众利益出发，建设一组足尺"改良住宅"。通过使用"住宅问题"这个模棱两可的词语——它既可以指单个住宅的缺陷，也可以指更广泛的城市住宅供应不足的问题——申请者能够将他们的日本资产阶级住宅议程与近期西方社会政策的趋势联系在一起。申请中提到，自从第一次世界大战

图 7.1 1922 年上野和平纪念博览会文化村鸟瞰。（高梨由太郎，《文化村的简易住宅》，1922）

以来，欧美已经投入了巨大努力来解决居住问题。日本在战争期间工业的发展同样导致了住宅短缺。但日本的住宅问题不仅仅是一个数量问题，还是一个生活方式的基本问题。"鉴于当前双重生活对我国的不良影响"，申请者写道，他们使用了"双重生活"这一当时的标准词语来表示本土与西方在穿着、住宅形式上的混杂，"很明显，与欧美国家相比，我们的居住问题更为重要"。展览空间一经分配，委员会就立即开始征集参赛者。十四栋根据委员会指南设计的住宅被展出，它们被学会描述为"实际、简洁、小巧"。[1]

文化村的经营与两年前成立的日常生活改善同盟会的居住改善委员会密切相关。提出申请的两位建筑师是文化村主要负责人，他们是同盟

---

[1] 高梨由太郎，《文化村の简易住宅》（1922），3。对一战后英国住房中的阶级和国家议程相关问题的分析，参见 Orbach, *Homes for Heroes*。

会的活跃分子，他们还要为样板住宅征集并筛选参赛者，并在展会期间管理文化村。田边淳吉是同盟会居住改善委员会的副主席，他在东京帝国大学的学长、居住改善委员会同事大熊喜邦（Okuma Yoshikuni）被任命为这一临时村子的"村长"。建筑师作品提交指南要求，主要房间的设计要适于椅子的使用，并鼓励其他一些与日常生活改善同盟会所提出的模式相一致的特征。此外，他们两人还同是居住改善协会的成员。居住改善协会是早些时候由家庭经济学家三角锡子和建造商、美国商店创始人桥口信助（Hashiguchi Shinsuke）共同建立的。美国商店是此次展览会样板住宅团队的资助者之一，同时也是日常生活改善同盟会的资助者。因此，在相当程度上，文化村的建设代表了同一圈子人的工作，他们组成居住改善运动核心，并多年占据这一核心。

对这些改革者来说，上野的这些住宅代表了二十年努力的成果，表明受过教育的都市人有能力实现家庭生活的全面改革。在两年前的展会中，田边淳吉就展出了他的设计，他向观众展示了外带厨房的典型三室租赁房，可以在不增加房屋面积的情况下变得适于舒适的西式生活，它包括根据功能区分的房间、椅子和床。[2] 出于同样的精神，文化村竞赛指南将建造费用限制在 200 日元 / 坪，并且不鼓励总基址面积超过 20 坪（约 66 平方米）的住宅。附带的出版物展出了详细的造价说明，价格从 1980—7500 日元不等。所有这些住宅都是为小家庭设计的。多数的参赛者也强调他们的设计是为简单居住服务的。（图 7.2）[3]

就像桥口信助未能劝服公众放弃榻榻米坐垫和日常生活改善同盟会的努力未能引发会员所期待的习惯革命一样，文化村的直接影响看上去好坏参半。这些住宅可供购买，却少人问津。在新闻里，评论家和讽刺

[2]　田边淳吉，《住宅改善的根本方针》，载于日常生活改善同盟会，《文部省讲习会》（1922），102—104。

[3]　高梨由太郎，《文化村の简易住宅》（1922），6—12。

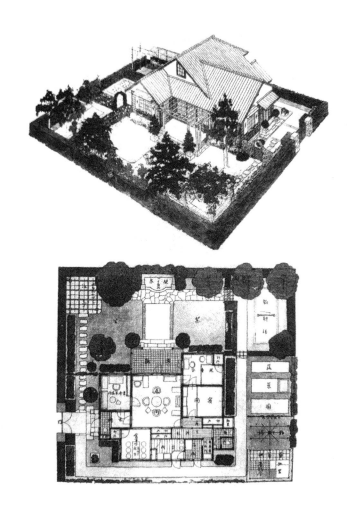

图 7.2　日常生活改善同盟会为文化村设计的样板住宅透视图（上）与平面图（下），1922。（日常生活改善同盟会，《住宅家具的改善》，1924）住宅的入口位于首层平面的左下方。这栋住宅主要的设计革新是有一个中央起居室、一个儿童房和一个取代通常的四周走廊的宽阔门廊。通过用一个以配备座椅的起居室为中心的设计来代替以榻榻米坐垫为家具的茶室和会客室，这一住宅拒绝了在以往设计中一直持续至一战的性别空间划分。虽然有些男性参观者认为这对于住宅的男主人来说是一个巨大的牺牲（在注意到男主人书房很小后，一个评论家将这座住宅称为"女人的天下"[女天下，引自藤谷阳悦，《和平纪念博览会·文化村住宅的评论》，2364]），但是这个设计实际上要求女主人做出更大妥协，因为它去掉了她平常用来缝制和叠放和服的房间，以及她掌控下的传统配有的空间，如她用来煮茶和熏香的火盆——长火钵。

作家也到处找他们的茬儿。[4]而另一方面，在上野会址的展览馆则备受瞩目。两家专事建筑书籍出版的私人出版社出版了手册大小的集子，里面有照片、设计图和十四栋住宅的建造说明，这两本集子都在短时间内多次重印。[5]同年在大阪举办的一场类似展会获得了更大的成功，他们同当地土地所有者合作，将住宅与宅基地一同出售，而不是要求购买者将房子"移"走。在展会结束后不久，大阪会址就变成了理想的新街区。[6]然而，文化村真正的重要性是图像上的。因为随着样板住宅向越来越多的参观者展示，资产阶级家庭的理想和形式也进入了大众市场。文化村是日本第一场样板住宅展览区，是在随后几年中变成一种普遍现象的先驱。商业住宅小区借了文化村的名字，将其与郊区爆炸式发展和随之而来的投机建设象征性地联系在一起。除此之外，"文化住宅"这一术语在展览会后被用于无数住宅，它变得如此流行，以至于最终成为这个时代自身的标志。

虽然这个词语很快就变成了市场营销人员的标语，文化村和文化住宅的概念在最初也确实调动了人们的情绪，但是当人们意识到它们仅仅是一种营销策略时，这种情绪很快就平静下来了。就像在它之前进行的有关文化的哲学讨论一样，新建筑表达了对不受传统限制的生活的深切期望。它暗含着一种世界现代性，这是受过教育的都市人的"通用货币"。"假如日本的地理书上真有叫这个名字的地方——不对，假如日本真有既有'文化村'之名，又有其实的地方，那该多好啊！"作家生方敏

---

[4]　藤谷阳悦，《平和博·文化村出品住宅の世評について》。

[5]　另外一本集子是高桥仁的《文化村住宅设计图说》（1922）。其铃木商店版在博览会期间，不足两个月内重印了四次。洪洋社版在1925年第7次重印。关于文化住宅的深入研究，参见内田青藏，《住宅展示場の原風景としての"文化村"》，352—369；内田青藏，《建筑学会の活动から見た大正11年開催の平和記念東京博覧会文化村に関する一考察》。

[6]　安田孝，《箕面村桜ヶ丘の住宅改造博覧会》，33—39。

郎（Ubukata Toshiro）在参观上野博览会后感慨道。[7] 建筑师、企业家和他有同样的感受，他们断定有不少人也是如此，因此试图利用这一概念的市场价值。

文化历史学家认为，文化村、文化住宅和新中产阶级之间有自然的联系。他们毫无疑问是正确的，因为处于资产阶级下层的年轻职员，最有可能被他们所许诺的那种世界主义现代生活方式吸引。然而，在当时的推销用语中，"文化"很少与资产阶级理想的早期关键词"中产的"相联系，更多的是取而代之。上野展览会的原始申请书和官方文本中没有提及阶级，而是一同将这些住宅称为为文化进步和"文化生活"追求服务的"小住宅"，而并非将其称之为中产阶级住宅，虽然他们所推行的无疑是一种资产阶级模式。从这种意义上讲，与"住宅问题"这一词语相同，"文化"这个词批准了推行者将资产阶级居住当作一件国家事务来对待。以同样的方式，文化村之后的郊区开发商，利用了"文化"所指的现代性的普遍价值来进一步推销资产阶级理想，并倡导市镇规划，这种规划比此前日本的任何事物都更以阶级为基础。

风景中的文化

1920 年代，飞速扩张的日本城郊为生活方式和建筑设计的诸多实验提供了空间。银行、信托公司和房地产代理商（代表着一个在 19、20 世纪之交才出现的职业）为住宅建设寻找未开发的土地，并通过金融刺激与个人施压结合，从长期地租的限制中掠夺土地。一战期间，一个房地产交易的繁荣期开始了。虽然东京府的地皮交易数量在 1919 年经济萧条

---

[7] 生方敏郎，《窓から見た文化村》（1922），75。

时大幅下跌，而且从未恢复到战时"地皮热"的水平，但是由于郊区土地价值持续高速增长，加上开发商购买更大的地块，使得地产交易总价保持在战时高峰直至 1920 年代末。[8]

在面积不断扩大的城市地图上，尽管经由大地产公司和铁路公司出售的经规划的住宅区合成了一幅以分散碎片组成的拼贴图，但是由于它们很新颖，并且吸引了媒体注意，所以对公众意识产生了与其大小不成比例的巨大影响。通过重新命名的权力，他们将一个想象的国际都会镌刻在土地上。这个都会由"文化村""田园城市""学园"和叫某某"高地"、某某"山"（山、台或丘）或某某"园"的街区组成，并通过有轨电车、铁路与旧城相连。[9] 将"文化"或"田园"加在名字中不但可以区别地点，还强调了它不仅仅是城市的扩展。像商标一样，它使新街区成为一个立即可以识别的商品。回想起来，用"田园"区分新街区与旧城的流行做法有些讽刺，因为东京从来都不是一个缺少田园的城市。[10] 然而，1920 年代，新郊区的建筑师们重新构思的不仅是城镇风景，还有住宅与其环境之间的关系。

堤康次郎（Tsutsumi Yasujiro）的箱根土地株式会社出售的目白文化村，是第一个取名自上野展览会的大型住宅小区。堤康次郎在战争繁荣期间通过销售度假物业积累了资本。目白是他 1922 年在东京及周边前贵族地产上开发的六个住宅小区中最大的一个。开发商提供了天然气、自来水、地下下水道，以及两旁树立着由本地疏松砂石大谷石（一种轻质凝灰岩）砌筑的支撑墙的道路。[11] 实际上共有四个目白文化村，它们都

[8]　蒲池纪生，《不动产取引的变迁过程》。

[9]　小林一三简单地称大阪郊区为"新区"，而且东京最早的规划居住社区樱新町遵循了这种模式。

[10]　参见川添登，《東京の原風景》。

[11]　野田正穗、中岛明子，《目白文化村》，34，38—39。

位于山手线目白站附近的落合村，每个文化村都根据其建造顺序标以数字。第一批共 39 块宅基地，每块约 100 坪（约 330 平方米），在 1922 年 6 月建成出售，此时上野的博览会还在进行当中。虽然没有做广告，但是仍旧在一个月内销售一空。为了乘胜追击，堤康次郎很快就在附近地点准备了 102 块宅基地。文化村二号在 1923 年 5 月上市。也正是从此时，他开始以"文化村"的名字推销住宅小区。第一个小区是曾以当地地名命名的不动花园，此时被重新命名为"文化村一号"。他还在报纸上刊登介绍新目白住宅的大幅广告来推销文化村一号。这种广告东京人还是第一次见到。公司还印发了明信片，上面用日常生活改善运动用语宣称"是全面重建日本生活的需要"和"废除双重生活"。[12] 堤康次郎还许诺了额外的"文化设施"，如地下电缆、汽车道、电话线，以及一个俱乐部，还规划了网球场。在报纸广告上，这个地点被描述为"目白文化村，位于神造之武藏野平原与人造之城的交会地带"[13]（图 7.3）。

堤康次郎关于住宅小区的设想脱离了现实。网球场从未投入建设，而俱乐部则与小林一三的池田室町中的一样，甚少使用，最终在 1926 年被当作私人住宅出售。[14] 与此同时，堤康次郎的注意力转向吸引大学校园落户到由他建设、配备有铁路和小块居住物业的更远的郊区。不幸的是，世界萧条和这些地方距离东京下城区太远，共同导致了失败的结局。然而，在整个 1930 年代，公司都在坚持推销这些偏僻郊区新城的世界主义想象。堤康次郎在位于东京市中心西北、武藏野线沿线的大泉村规划

---

[12]　野田正穂、中岛明子，《目白文化村》，64—65。

[13]　同上，85。"文化住宅"同时也作为日本其他地方规划住宅小区的正式或非正式的名称。比如，一组由福冈小房主联盟建于 1921 年的郊区住宅就被邻居称作"文化住宅"（宫本雅明和川上义明，《野間文化村の建設経緯》）。关西建筑师吉村清太郎于 1924 年在神户地区建造了一个文化村（宫本雅明，《ヴォーリズの住宅》，225）。假如包含流行称谓在内的话，肯定有比建筑历史学家已经研究的多得多的例子。

[14]　藤谷阳悦，《堤康次郎の住宅地経営第 1 号》，164—165。

图 7.3　"已建成或正在建的（目白）文化村住宅样式各不相同，好像互相竞争一般。这里有坡陡的高尖屋顶住宅，也有坡缓的矮屋顶住宅；有高且轻巧的二层住宅，也有低矮累赘、颇似帝国饭店的住宅。如果红瓦屋顶是震前时代的标志，那么绿铜屋顶则是震后时代的表达。白色石膏粉刷的墙面、黑色木馏油密封的护墙板、纯白粉刷的窗棂、棕色砖砌柱子——这些都根据建造商的爱好，汇入了每栋建筑的外观，吸引着路人的眼球，甚至偷走了那些不了解无限变化和丰富色彩组合的建筑美之人的心。"（《主妇之友》，1924 年 2 月）目白文化村的广告明信片。（由新宿历史博物馆提供）

了一个"学园城"，它拥有超过 1000 块宅基地，每块面积达 300 坪（约 990 平方米）。这里建成一个西式车站，命名为"大泉学园"，期待着东京商科大学的新校区能落户到此处。为了吸引购买者，公司建造了三十座样板住宅，座座设计不凡（图 7.4—7.5）。但东京商科大学最终落户他处，使得大泉学园的城镇未能变现。这些样板住宅孤立于树林之中，其中大部分直到二战之后仍旧闲置。[15] 堤康次郎在下一个地方多少成功一些，

---

[15]　松井晴子，《箱根土地の大泉，小平，国立の郊外住宅地開発》，222。1000 块基地是笔者基于这一小区的总面积做出的保守估计。松井称其总面积为 500000 坪（约 1650000 平方米）。

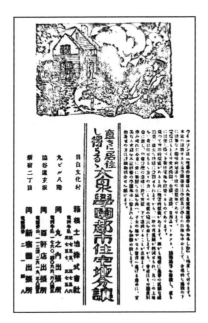

图 7.4 《主妇之友》上的广告："直接入住——大泉学园宅基地出售"（《主妇之友》，1925 年 1 月）。一个父亲回到家，四个孩子已经等在两层独立住宅前。装扮良好且外表西化的家庭以及宽敞文雅的花园似乎是有意为之，以弥补东京消费者的小区所在地尚是农村的印象。下面的文字引自伍德罗·威尔逊的名句——"住宅的改善能带来生活中最大的幸福"，并告知读者新区有合理的生活福利设施，可以提供一种"清新、高雅、健康的生活"。

图 7.5 《大东京写真集》一书中的"大泉村风景"。（《大东京写真集》，1933）"它是离大东京市中心最远的村子……即使以最新的纳什模型中的速度全速飞行，仍需要整整一个小时才能到达。虽然它是一个真正的村庄，但在村子东部有大泉学园，箱根土地株式会社在那儿运营着一个文化村，试图吸引城市居住者。"

它叫作国立大学城，1929 年商科大学和一所音乐学校的新校区就建在那里。负责规划的箱根土地株式会社工程师走访了西方的大学城，据说曾以德国哥廷根作为模板。国立大学城的卖点中有三条宽阔的放射状大道，道路两旁的银杏和梧桐将人行道与交通干道区分开来。这一特征不仅在郊区少见，即使是在大多数城市中也很罕见。广告强调了街道的整齐有序和宽阔。但是宅基地开始销售之时，正是世界萧条袭来之日。在整个1930 年代，价格下跌，城镇入住率增长缓慢。在不公平条款下将土地出售给堤康次郎的那些当地地主所释放出的敌意，令新旧居住者互生怨恨，并一直持续到战后。然而，虽然在商业投资和社区塑造上面临双重失败，但国立大学城仍旧在 1920 年代和 1930 年代成功保持了其不平常的现代面貌。这个人烟稀少的地区的早期居民记得公司为维持其承诺的异域氛围而做出的努力：车站旁的房产办公室前不停播放着录制音乐，车站广场上有喷泉，有饲养着鹈鹕和鹤的大型饲养场，甚至在十字路口都有装有熊、猴子和其他动物园动物的笼子。[16]

东京最著名的规划郊区田园调布，是另外一个世界理想主义与营销指令尴尬结合的产物。这个"田园城市"背后的企业家，将他们的住宅小区当作一个文化生活的实际实现来进行推销。这个项目源于田园城市概念本身，它根植于西方，但是西方模式作为城市规划和管理方案的重要性，远不及其作为对开发商和购房者想象的视觉和感觉刺激重要。在这里，依旧是西方异域支撑着一个梦幻景象。

这个原名多摩川台田园城市的地方，是由涩泽荣一 (Shibusawa Eiichi) 的田园都市株式会社在 1918 年开发的。它是这家公司在山手线目黑站以西 10—13 公里处集中开发的三个郊区居住小区之一。作为明治商界的老前辈，涩泽荣一在当时已处于半退休状态。他将这一项目大部分

---

[16]　松井晴子，《箱根土地の大泉，小平，国立の郊外住宅地開発》，227—228。

委托给他的儿子秀雄，这赋予了"田园城市"一些宠儿项目的特征——一个慷慨的百万富翁送给他儿子的礼物。1919 年，秀雄被派去调研其他的田园城市，环球旅行七个月。他的旅程不仅包括由埃比尼泽·霍华德的田园城市协会建设的第一个田园城市——英国的莱奇沃思，还包括五个国家规划的资产阶级郊区。与莱奇沃思不同的是，东京的"田园城市"是商业地产投资，而非合作城镇管理实验。[17] 涩泽荣一父子与 1908 年批准田园城市的内务省官员一样，对霍华德的财务体系、公社所有制规划，以及潜在的社会主义理想毫无兴趣。涩泽荣一的主要兴趣是为工作地与住宅的分离创造条件，在西方的经历使他相信这是国家进步的基石。为了便于管理，小林一三的阪急郊区提供了一个离家更近的模范。小林一三在董事会月会上建议在 1922 年开工。[18] 新郊区的规划与目黑－蒲田铁路线（目蒲线）一同推进，被当作田园都市株式会社的子公司来经营。位于洗足的第一个住宅小区的宅基地在 1922 年 7 月开始出售。[19] 虽然宣传册直到 1924 年才印刷，但是涩泽父子在推销项目上没有遇到任何困难，因为报纸对他们所做的事情全部进行了报道。早在秀雄开始他的调研之旅时，《东京朝日》就已经对这项任务进行了详细报道，并在报道中刊登了一张年轻的秀雄与妻子和孩子的合影。[20] 铁路线在 1923 年先竣工。1923 年 10 月，即关东大地震后一个月，多摩川台田园城市向购买者敞开大门。

多摩川台宽阔的同心圆弧形街道的放射状规划让这个新郊区很快声名鹊起（图 7.6）。正如藤森照信（Fujimori Terunobu）所言，这一设计显然是完全不切实际的。藤森照信认为，鉴于它的不切实际，加上住宅开

---

[17] 关于田园调布之背景与规划的进一步讨论，参见 Oshima, *The Japanese Garden City*。

[18] 猪濑直树，《土地の神話》，32。

[19] 大坂彰，《洗足田園都市は消えたか》，176。

[20] 猪濑直树，《土地の神話》，12。

图 7.6　多摩川台田园城市地图，上面标明了可供出售的宅基地，1922。（江户东京博物馆提供）

发始于铁路线建设之前，不能将田园都市株式会社的这一举动理解为理性商业投资，而必须看作是涩泽荣一的现代化理想主义产物。这种街道模式"从开发商的角度来看是不经济的，因为它只会导致宅基地的不规则"，也"不便于道路交通"，会让行人辨不清方向。这一规划的几何典雅性只有在空中俯瞰或图纸上才是完全明显的。"也许"，藤森照信推测，"大正时代的人们在这一离心图中体验到了一种大正'自我'满足感"，并且在这一自我满足的规划中找到了远离城市无序的形象的缩影。"[21]

这一规划中精确的半圆，也让人想起在霍华德的原始图解中得到广泛应用的圆形。在 1902 年版《明日的田园城市》中，霍华德提供了两张假想示意图，其中一张描绘的是一个被同心放射状道路划分为六块的圆形城市，另一张则是这个田园城市其中一块的详图，一个从圆形上切下

[21]　藤森照信，《田园调布诞生记》，载于山口广编，《郊外住宅地の系谱》，192，200。

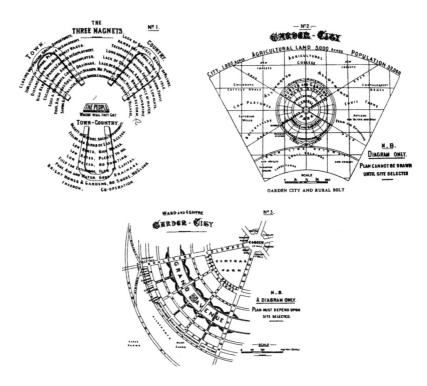

图 7.7 "三个磁铁"（左上），"田园城市和乡村地带"（右上），"田园城市分区及中心"（下），埃比尼泽·霍华德，《明日的田园城市》，1902 年。

的 60° 楔形 (图 7.7)。霍华德强调如此绘制示意图仅仅是为了便于论证。他写道，田园城市"**可能在形式上是圆形的**"（黑体为作者所加），并且在规划图中用黑体标明："**注意：仅是示意图而已，规划必须因地制宜**"（NB：A Diagram Only, plan must depend upon site selected.）。[22] 然而，一个城市由同心圆构成的概念，是霍华德描述田园城市功能布局时的基础。通过将规模和其他具体地理指标包含在内，霍华德赋予圆形规划更大的可持续性。给予同样暗示的还有《明日的田园城市》中的第一幅插图。

---

[22]   Howard, *Garden Cities of Tomorrow*, 51, 53.

这幅纯粹的示意图在"三个磁铁"的标题下展示了"人们"在"城市""乡村"和"郊区"中的纠结。它同样被绘成等分的同心圆（这次是由文字组成），尽管这个三分圆的结构并不能很好地传达霍华德的观点。他的观点是磁铁中的一个（"郊区"）代表了尚不存在的地方，但是如果实现，将比其他两个更具吸引力。[23] 霍华德对圆形的重复利用表明，圆形对他来说扮演着强有力的——也有可能是无意识的——隐喻角色，它能唤起圆满和谐之感。毫无疑问，这一高度可辨的圆形图解的视觉诱惑有利于田园城市理念在全球传播，它也对未来的城市规划产生了实实在在的影响。[24] 虽然如此，仍旧少有城市像多摩川台田园城市那样将霍华德的概念示意图如此忠实地重现于大地之上。

霍华德的两张示意图以日语重绘，成为内务省的田园城市书籍中的第一幅插图，也是唯一的示意图。霍华德说"它们是假想"的警告被忽略了。[25] 涩泽荣一的田园都市株式会社的规划师们对这本书肯定很熟悉。井上友一（Inoue Yuichi）是负责编写此书的主要官员之一，他在1915—1919年间任东京府知事，这使得他与涩泽荣一有了业务交流。[26] 1913年此书出到了第七版，此时涩泽荣一开始为田园城市调查郊区选点。[27] 但

[23]　Howard, *Garden Cities of Tomorrow*, 46.

[24]　关于田园城市理论在几个国家的应用，参见 Ward, *The Garden City*。在该书第195页称霍华德的三个磁铁的插图出现在德国、法国、俄国和日本，但是日本的插图最近才出现。

[25]　作者讨论了霍华德圆形规划的具体特点，将其与赛内特（Sennett，美国社会学家。译注）的一个网格规划和由白金汉（Buckingham）提出的一个由两条对角线分割的网格规划进行对比。他们得出结论称白金汉的（规划）从通风的角度来看更好，但是这在半乡村的环境下应该不是主要问题。（内务省地方局有志编纂，《田园都市》，27—30）。

[26]　猪濑直树，《土地の神話》，346。

[27]　同上，360，355—359。政治家尾崎行雄的两个门徒畑弥右卫门和河野光次，在1911年前后带着建造一座田园城市的想法找到涩泽荣一。这些人此前十年都在韩国为日本居民开发土地并建造住宅，但是日俄战争后过度投资和萧条的殖民地市场迫使他们回到东京。最初他们考虑在井之头实施这一项目，但是在1913至1918年期间的某个时间，涩泽荣一决定在离城市更远的地方购买一块更大的地皮。

是，涩泽秀雄在一部战后回忆录中称，多摩川台半圆的灵感是他自己的，不是来自霍华德的图解，而是来自圣弗朗西斯伍德——在 1919 年参观了莱奇沃思及英国、德国、美国其他几个地方之后，他参观过的旧金山的一个新建住宅区。在圣弗朗西斯伍德，他发现了他所说的"星形花纹"的道路规划，像是巴黎凯旋门周边地区的缩影。回到日本之后，他把对半圆形"星形花纹"规划的要求告诉给矢部金太郎（Yabe Kintaro）——从内务省挖到田园都市株式会社旗下的一位年轻设计师。涩泽秀雄回忆道，这个布局之所以吸引他，是因为它"美丽又深刻"，而弯曲的街道能引起"好奇和梦想"。[28] 实际绘图的矢部金太郎并没有直接照搬圣弗朗西斯伍德的平面图。但可以确定的是，这个街道规划的选择源自涩泽秀雄的考察之旅，并最终满足了他的愿望。因此，多摩川台精确的新月形状部分灵感，来自这个青年企业家对旧金山的这一富人街区的参观和他对此地的印象，这种印象受到他对不朽巴黎的记忆的影响。这些空间的视觉与动感体验激发了想象，它们与任何本土城市都不相同。对带着明确的"去看看风景"[29] 的目的去西方旅行的年轻人涩泽秀雄来说，"西方"更多的是一个可与感官直接交流的异域图像和体验的宝藏，而不是研究和模仿规划样板的源泉。"东方"之于同一时期的欧洲旅行者，也是如此。

　　即使这样，多摩川台的规划与霍华德假想示意图的相似仍旧是与众不同的。三条宽阔的林荫大道从中心放射而出，与五条半圆街道交会。第二条射线从第二个圆环延伸到第五个圆环。所有这些看起来都像是在复制霍华德的草图。虽然日本的田园城市不承载任何霍华德田园城市的社会目的，而且很少具备英国项目所具有的功能特征，但是跟英国及其他任何与霍华德的想象同源的新城区相比，它与原图解更为相似。在公

---

[28]　藤森照信，《田园调布诞生记》，山口广编，《郊外住宅地の系譜》，200—201；也可参见猪濑直树，《土地の神話》，17。

[29]　猪濑直树，《土地の神話》，12。

司的推销材料中有一幅简意示意图，它将半圆之外的大部分区域留白，以强调呈放射状规划的条条街道。[30]正如藤森照信所指出的，对在宅基地出售之时看到这一规划的人来说，半圆的完美抽象使得东京的"田园城市"如此引人注目。广告使得半圆图解从涩泽秀雄的实际经历中脱离出来，成为一个抽象符号。虽然这种象征主义反映了霍华德原始示意图和图解中的乌托邦图景，但是这些符号在日本所指与在英国所指并不相同。对日本设计师和他们的预期受众而言，几何的规范与纪念性的西方城市规划表达了普世文明的秩序与庄严，并因此有一种内在的乌托邦许诺。虽然使这一规划得以落实的是涩泽父子的社会理想，而非直接的商业意识，但毋庸置疑的是，它的象征性特征及其"田园城市"标签的世界主义吸引力一起，为销售贡献良多，促使土地升值，直到这一地区最终变成城市中最独特的居住区之一。[31]

　　东京田园都市株式会社的出版物普遍缺少小林一三的销售天赋与闪耀文字。公司的第一本推销手册开篇即表明他们的田园城市与霍华德的不同，莱奇沃思的设计是为工厂工人服务的，而日本的田园城市"预见了一个为通勤到东京这个大工厂的知识阶层成员服务的居住区"。"因此"，手册中写道，"我们自然要建造一处具有高生活水平的整洁郊区居住区"。[32]这一广告语十分古怪，听起来像个免责声明一样微弱。但它恰恰表明，对手册作者来说，西方观点的参照和合法化非常重要，或许对读者来说也十分重要（图7.8）。

　　在最后，对安全的承诺为多摩川台提供了最有效的广告宣言。多摩

[30] 藤谷阳悦，《夢と消えた大船田園都市構想》，83。

[31] 这一规划可以进一步追溯到两个山地度假区。一个由涩泽秀雄开发，另一个由轻井泽（Karuizawa）开发商野泽源次郎开发。在这些案例中，形式几何与地点的适合程度更差。（安岛博幸，十代田朗，《日本別荘史ノート：リゾートの原型》，272）

[32] 猪瀬直树，《土地の神話》，20。

图 7.8 "理想居住区指南"，田园都市株式会社出版的手册，1922 年。（江户东京博物馆提供）

川台物业恰好在关东大地震一个月后推向市场的巧合，以及田园都市株式会社恰好买到了相对稳定的地块的事实（早些时候完工的一个洗足住宅小区里的四十栋住宅全部倒塌），使得公司可以在报纸上吹嘘地震已经"证明"了他们的物业是一处"安全区域"。搬到那里就像"从没有紧急出口的电影院转移到开阔的开放公园"，公司宣称"现在是时候建立一个安全的居住点了，这是万事之根基"。[33] 不过即便地震有助于田园都市株式会社的成功，但也仅是为一个已受欢迎的居住小区锦上添花而已。公司的历史记录显示，洗足物业在 1922 年宣布起售之后很快就售出 80%。[34]

---

[33] 猪濑直树，《土地の神話》，27。

[34] 同上，103。

多摩川台在 1928 年也达到这一水平。西式郊区作为一种现代生活方式的兴起之地的诱惑，涩泽的"田园城市"引人注目的高姿态，再加上它完美的放射状规划，将一个世界主义梦想用物质实体写进了风景，这些形成了一个足够强大的"郊区磁铁"来吸引新购买者，而不必依靠来自城市的物质推动。

在那些并非由铁路或某个田园城市公司直接开发的郊区，是中小房地产企业进入并推进着将农业用地转入市场以供城市消费者购买的进程。[35] 与铁路资本家和理想社区的规划者不同，这些经纪人仍旧处在城市历史的阴影之中。但总的来说，他们开发了东京郊区的大部分居住区。他们的工作包括物业的选择与获取、宅基地的划分与分配、街道建设，以及推广、销售。房地产经纪人高山喜作（Takayama Kisaku）的例子表明，在这些小地产开发中，新广告手段的应用也发挥了重要作用。震后，高山喜作在仍旧是乡村的立川和北多摩买进土地，并划分为 1000 平方米的宅基地出售。他在地产的入口处立了一块广告牌，上面是这一区域的彩色全景图。他又在地块的中央建起一座塔，从塔身向四周拉出绳子，上面挂了世界各国的国旗。高山喜作的住宅小区吸引了成队的参观者，这一宣传手段也很快被其他人效仿。这在二战之后已变得非常普遍。[36] 在 1920 年代，这些塔和国旗会让人们想起上野的国办展览会或三越百货的活动。与目白文化村的报纸图片广告相同，高山喜作郊区地产的节日气氛彻底改造了商品。典型的房屋出租广告仅仅是由房东在房屋前挂上

---

[35] 土地重新调整法提供了转变耕地的法律框架，使得土地拥有者联盟能够根据内务省和市政办公室设定的最小准则重新调整地块。大多数都是根据 1909 年的《耕地整理法》。这一法案意在鼓励耕地合理化以更适用于农业而不是转变为建造住宅。参见石田赖房，《日本现代都市計画の百年》，岩见良太郎，《土地区画整理の研究》。关于土地拥有者运用《耕地整理法》作为住宅区的具体事件，参见池端裕之、藤冈洋保，《東京市郊外における耕地整理法準用の宅地開発について》。

[36] 不动产业沿革史出版特别委员会编，《不动产业沿革史》，127—129。

一个标志，交易由口头宣传或偶然发现促成。但在这里，住宅不再是被推销之物。像高山喜作这样所掌握的资本较少的地产开发商，却与铁路公司一样，需要通过吸引关注来让这些毫无特色的原农田宅基地变得与众不同。他们模仿着国家和百货商店使用的宣传手段，用世界现代性的花言巧语出售郊区土地。

大开发商在出售宅基地之后，继续经营他们建设的街区；为确保随后的发展与最初宣传的资产阶级及西方的理想图景相符，他们又做了很多事情。田园都市株式会社学习小林一三的做法，向购买者提供贷款，并且同他们签订限制性契约（全日本最早之一）。契约规定了宅基地覆盖率、后退用地、篱笆和建筑每坪的最低花费。这是一个阶级一致的保证，而且效果长久有力。[37] 公司出版物进一步指出，为了区域整体视觉和谐，房屋拥有者应该建造西式住宅，并要求他们雇请建筑师。为了保证参观者至迟在车站下车时就能看到西式住宅的远景，公司在洗足腾出了五个中央街区作为一个"西式建筑区"。[38] 这些建筑将与车站建筑一起成为这一郊区世界主义的标志，它们可与高山喜作的旗帜相呼应，而且时效更长。

田园都市株式会社和箱根土地株式会社都向购买者提供额外的建设房屋服务。从 1923 年刊发的一张公司在目白建造的一座住宅的照片中可以看到宽大的屋檐和横铺窄瓷砖的墙，应是受到弗兰克·劳埃德·赖特或其日本弟子远藤新（Endo Arata）的影响。[39] 据目白居民后来回忆，几

---

[37] 大坂彰（《洗足田園都市は消えたか》，第 179 页）记载了洗足 267 名购买者（占总共的 76%）的职业状况——他们的职业可以从 1926 年的一次登记中确定，结果如下：公司职员占 23.9%；公司高管占 22.4%；政府官员占 22.0%；军人 11.9%；个体经营者占 7.8%；医生占 5.2%；自由工人占 2.9%；其他占 3.3%。

[38] 同上，182—183。

[39] 藤谷阳悦，《堤康次郎の住宅地経営》（第 1 号），167—169。

乎所有的住宅都是"西式的"。但是郊区开发商致力于统一他们街区的这一"西式风格"，并不是日常生活改善倡导者们最关心的，即使用座椅的生活方式或位于家庭中心的起居室，更多是通过墙壁、窗户和屋顶材料确定的外部样式。

"哎呀！这简直是个小洛杉矶！"目白文化村的广告使用了一名美国游客的惊叹语。[40] 堤康次郎和其他郊区开发商曾用西式住宅、花园和描绘有西方家庭的广告推销他们的地产，现在西方人的口头赞赏也用上了。需要指出的是，此案的西方参照物是洛杉矶，而不是纽约、伦敦或巴黎。加利福尼亚的新城缺少老牌西方城市的高级文化地位。明治声称要致力于创造一种有序且不朽的城市景观，从 1872 年银座的砖造拱廊街道和林荫大道，到 1910 年代丸之内（Marunouchi）商业区的样板"一丁伦敦"，都模仿自老牌的"西方"城市。明显与之相反的是，目白没有在西方主义的教条中寻求认可。洛杉矶反而唤起生机勃勃的繁荣和由反常设计的新住宅组成的景观。如果日本的同时代人在看到东京的新郊区时感到惊奇的话，他们定会在看到洛杉矶本身时更加惊奇，洛杉矶也是一个文化杂交的产物。

将东京郊区与加利福尼亚或虚构的西方景观相联系的广告本身就重写了东京的景观，至少是象征性重写了。虽然现代的郊区人无疑会回想起东京武藏野平原上郊区的本地旧有画面，但是搬到郊区的决定必然是建立在许多实际思考之上的；郊区的概念和随之而来的新郊区的面貌，开始在消费者头脑中与像加利福尼亚一样遥远地方的独立住宅和花园的景观相重叠。如此，当再一次建设这些居住区时，开发商就可以自由地迎合文化消费者的想象了。

[40]　野田正穂、中島明子：《目白文化村》，85，106—107。

现代便利

在 1922 年之后的市场上，"文化"代表着实际的现代便利，如天然气设备、家用电器和薄板玻璃窗户，还有更多西方异域的乌托邦图景。居住改革提倡者在建筑出版物和女性杂志上推销这些产品，其热情堪比制造商本人。改革者将现代便利描述为与他们更加文明的生活方式的模式是一体的，并在此过程中为其添加了一剂幻想。在他们的描述中，文化生活不仅代表一个更加高效的世界，还是一个色彩鲜艳、社区和谐且家庭幸福的世界。

在 1924 年，文化观察者如果消息灵通的话，应该已经知道东京建了两座以推销为目的的"电气之家"。第一座是由早稻田大学毕业生、美国商店的建筑师山本拙郎（Yamamoto Setsuro）建设的，目的是推广他哥哥山本忠兴（Yamamoto Tadaoki）的电气公司，建筑由山本忠兴本人使用，并不对外开放；第二座建在多摩川台田园城市，不是由电气制造商而是由涩泽秀雄为自己建设的，向公众开放。与其说两者是推销家用电器的策略，不如说是家庭电气化未来可能性的表演。

1921 年，山本拙郎的"电气之家"在目白建设之时，包括所有电气设备在内，总耗资高达 60000 日元，这是上野文化村发起者制定的指南中的房屋建议造价的十五倍。然而，《住宅》杂志却宣传这个电气住宅的节俭：电气化为您节省下一个女仆每月 35 日元的工资。山本拙郎在《住宅》上发表了多篇关于家用电器的文章。在新屋居住一年之后，他的哥哥发布报告，向读者展示了每月花销，以表明其家中的家用电器并非人们想象的那么昂贵。他说由于加热浴缸要消耗大量能源，导致电气不是最经济的能源，但是小一些的家用电器却可以将家庭劳力降低到合理的成本。除此之外，使用电辐射加热器，还可以很快地为冬天到访的客人

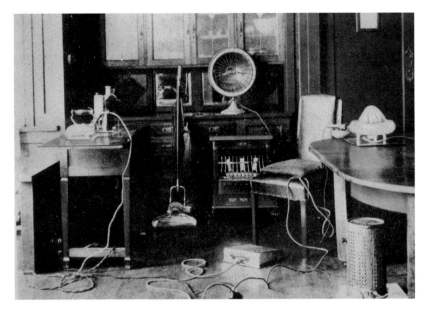

图 7.9　山本忠兴电气之家的厨房，1922 年。（照片由内田青藏提供）

准备好椅子上的电热毯和暖脚器。每个房间的咖啡渗滤壶和儿童室的电暖奶器也减少了人工服务需求。总之，电气化可以减少"承担着经济负担的家庭"在家务上所浪费的时间，成就一种更高效的"文化生活"（图7.9）。[41]据内田青藏讲述，在住宅建成后的三年内，山本忠兴家都没有女仆——这个实验使得他们在公司高管家庭中独树一帜，而且无疑给同样大的住宅中的家庭女性成员带来相当大的负担。在山本忠兴看来，它为他的孩子们树立了一个好的榜样，并向来访者和读者大众宣传家用电器可以带来有效率的住宅和幸福的家庭。[42]

---

[41]　山本忠兴，《電気住宅より（第一信）》，《住宅》第 8 卷，第 3 号（1923.03）：25—29。

[42]　内田青藏，《日本の現代住宅》，157—162。内田引用了山本（Yamamoto）的回忆录，回忆录反映出他希望用电器替代女佣的工作的一个原因是，让孩子学会命令女佣的习惯是"没有教育意义的"。

　　涩泽秀雄在 1924 年建成了第二座电气住宅并向公众开放，作为新郊区的一个推广事件。观众可以免费入场。1924 年 10 月 12 日至 10 月 31 日之间，共有 1.2 万人参观。参加推广的有美国商店、三越百货商店、一名卫生洁具制造商、两家电气公司和《东京日日新闻》报。《东京日日新闻》在 10 月 8 号开始推广活动，开篇文章中吹嘘其为"田园城市中一座用电力装修的不可思议的住宅"，几天后则以参观这座住宅的一对夫妇之间的对话的形式做了报道。这对夫妇流连徘徊在这座住宅的每个特征及其布置之前。他们不仅谈到电风扇、暖脚器、床垫，以及满是小器具的厨房，还描述了视觉细节，如前门着色的玻璃窗、花架上"浪漫的"粉色盖子、浅褐色枝形吊灯、屋外"波斯菊和野菊绽放的笑脸"，以及"钴蓝色"天空。[43] 随着参观记者的文学想象畅游在这座住宅有意展示的

图 7.10　"请看调布的电气之家"，田园城市电气之家的广告册，1924。虽然作者宣称这座住宅是以电取代火而成为光和热能的来源的新时期模范，但是它的吸引力更多来自现代世界文化图景，而不是实际的便利。（江户东京博物馆提供）

[43]　猪濑直树，《土地の神話》，109—111。

现代便利中时，文化生活的过剩想象开始起作用。(图 7.10)

在实际方面，两个"电气之家"都更多地表现出对电气化未来的期许，而不是家用电器现在的便利。在它们展示的电器中，想象的元素明显超过它们作为省力器械的价值。山本忠兴对其在电气住宅中生活的报道服务于公司的利益，涩泽秀雄对公众开放自己的电气住宅则是对田园城市的绝佳宣传。不过鉴于两次宣传都未涉及任何商品的出售，两个推广人至少看起来都很热心于展示他们对现代居住的个人观点，都想确保对各自进行有效的宣传。与其中一个所坐落的几何规划的郊区一样，它们使一个来自西方现代性的梦想变得流行。

美国郊区田园生活

在 1922 年为大船田园城市住宅举办的设计竞赛中，文化住宅和规划郊区的乌托邦理想再次出现。大船田园城市是一个位于东京南部的居住区，建造方与涩泽家族的田园都市株式会社毫无关联。在这次竞赛中，大熊喜邦继续担任他在上野文化村设计竞赛中扮演的角色，与其他五位建筑师组成评审委员会。开发商规定住宅的宅基地为 100 坪（约 330 平方米），街边的栅栏和树篱不高于四英尺（约 1.22 米），住宅间的栅栏和树篱不高于六英尺（1.83 米）。他们还规定住宅必须有"西式"外观。

"西式"外观乍看上去只是一个审美选择，但作为实用术语，竞赛评委会对其做了深刻理解。对他们来说，"西式"外观确保了对传统住宅形式的结构变动，尤其是玻璃窗的使用和走廊周边缘侧的取消。标准的本土独立住宅有可移动的百叶窗、纸障子门和木地板的缘侧，它们一起为榻榻米室内的防雨提供了缓冲。天气暖和的时候，住宅的整面都可以向庭院开敞，实际上人们也常常这样做，可以让空气进入房中并让主人看

图 7.11 锐化室内外区分的玻璃窗。（左）"一座售价 2000 日元的中产阶级住宅"。（《主妇之友》编辑局，《中产阶级住宅的模范设计》）（右）从后院看一座日本住宅，爱德华·西尔维斯特·莫里斯绘，1880 年代。（莫里斯，《日本住宅及其环境》，1886）

到庭院。地上有基石的玻璃窗取代了缘侧和障子，因为它们在允许阳光透过的同时，将室内与自然隔离开来。他们还赋予住宅一个更加封闭的壳子，取消了过渡空间，使庭院与室内之间更加畅通（图 7.11）。在许多乡村精英、武士及其后代的住宅中，都有使用高篱笆将街道与住宅相隔离的做法，以保护观赏庭院，并在住宅本身采用开放结构的情况下，为主人保持了相对的私密性。[44] 另一方面，工薪阶层的联排别墅和小农舍则没有栅栏和树篱的保护，孩子们可以自由来往于住宅、庭院和街道之间，邻居们还可以通过缘侧随意串门。[45]

对那些访问过美国和英国富裕郊区的日本资产阶级来说，高栅栏的消失似乎是日本所缺少的西方市民精神的明证。然而，从阶级层面看，这种市民精神可能过于精英化了。1903 年，曾在伊利诺伊学习建筑学的

---

[44]　Rapoport 在 *House Form and Culture* 一书中以优雅的示意图形式呈现了这一点。

[45]　关于"缘侧"传统应用的进一步讨论以及改革建筑师对它们的消极观点，参见第 6 章。

滋贺重列（Shiga Shigetsura），在《建筑杂志》上称私人住宅在西方被理解为一种公共财产。它们是"国家的装饰"，甚至是"慈善作品……（因为它们）装饰了城市并且愉悦了穷人的眼睛"。[46] 这个精英的观点，预示了日常生活改善同盟会更加共产化倾向的观点，也是以英裔美国人的郊区为模范。同盟会的庭院专家要求屋前的花园可供观赏，并断言"将来住宅使用玻璃窗户时，去掉分隔社会的栅栏和树篱就会更容易一些"。[47] 花园，他进一步强调，应该是为儿童玩耍而设计，而非为了装饰。改革者的模式反映了他们自己的阶级身份及其关切，它只考虑精英传统，假定所有日本住宅都有高栅栏和观赏庭院，并且批评这些是暗示本土市民精神缺失的放纵表现。

大船田园城市设计的建筑师评委们认同同盟会和早期改革建筑师的观点，并且倡导无栅栏的花园，将其作为一种公共资产。在评委们不记名为所有获奖设计撰写的介绍中，其中一位特别强调了审美，指出高栅栏使得居住街区"像一排火柴盒，而不是一个明亮、有开敞感的街区"。但是，在这种情况下，西方异域的想象进入并推动改革者的乌托邦模式，比其在日常生活改善同盟会的说教中更加明确。就在给出本土"火柴盒"冷酷评价之后，文章话锋一转，开始描绘一幅西方家庭之乐的插图：

> 前庭环绕低篱，花朵缤纷绽放，草儿绿油油；孩子在草坪上玩耍，沐浴阳光；父亲在沙发上潜心读书；母亲偶尔停下编织，抬头看着孩子们嬉戏——这种明亮、愉悦的场景绝不可能在日式住宅中看到。

---

[46] 滋贺重列，《住家（改良の方针に就て）（承前）》，《建筑杂志》，第 194 号（1903 年 2 月）：38—39。滋贺讲到他第一次听说展示住宅使之成为一种慈善形式的想法，是在一个美国妇女那里。他显然是未加任何批判地重复它，并称这些话"非常值得玩味"。

[47] 日常生活改善同盟会，《住宅家具の改善》（1924），112。

接下来重提劝告登记簿。作者力劝读者为获得更好的社区做出必要付出："虽然我们对将完全没有栅栏的美式田园城市直接移植到日本的尝试持有怀疑，但是我们认为至少前面的栅栏应该是低矮的。我们必须抛弃让人看不到室内的小气愿望，才能享受居住在一个明亮、愉悦城区的更大回报。"[48] 这一新社区项目自始至终暗含的是资产阶级的假定：家庭必须被隔离，他们的私有住宅必须隐藏起来，这对本国意识形态的说客来说至关重要。使用玻璃窗的有墙住宅即可以做到这一点，因此屋前花园便可以用作公共展示。

从长远来看，玻璃窗的引入和舶来的郊区理念对日本城市文化有深远影响，这与其在世界上任何私人建造独立住宅并种植草坪的郊区所产生的作用相同。在德川时期，住宅结构和装饰就已表明固定身份的区别。明治维新之后，这些区分的废除在理论上解放了人们，使他们可以拥有任何他们想要的住宅，同时也打开了推测他人社会身份和品位的空间。正如住宅改革者想要的那样，将郊区住宅与花园连续展现，使得整个审美成为一种承载阶级意味的公众表达。

与此同时，此前与栅栏、缘侧和有景观美化却不适于儿童玩耍的庭园相应的社会意义也是实实在在的：一个规范系统已经将这些东西与东京旧武士区的既定生活习惯紧密相连。当一个人试图摒弃这些习惯时，栅栏、庭院和立面便成为需要建筑解决方案的问题。以家庭隐私和民族进步的名义，明治时期的改革者拒绝了本土体现严格社会等级的住宅模式，但同时保留了传统休闲追求所需，并能在其空隙闲散玩耍的宽阔房间。取而代之，他们促进本土与西方住宅的融合，这体现了资产阶级将家庭空间与竞争激烈的外部世界相隔离的愿望。继明治资产阶级理论家之后的文化村和田园城市的倡导者继承了前辈家庭隐私的理想化，他们

---

[48]   大船田园都市株式会社，《田园住宅图集》（1922），前言，2。

附加了一个与西方生活的想象图景捆绑在一起的舒适的概念，以及一个夸张的希望——期待建筑拥有给新家和社区锦上添花的能力。

　　当日常生活改善同盟会和大船文化村竞赛评委会，将展示或隐藏住宅及其庭院当作国家市民传统的冲突来对待时，他们掩饰了它也具有深刻阶级维度的事实。与限定条款类似并与其紧密相连，始于19世纪中叶并在美国城市中传播甚广的、不受院墙或树篱遮挡的公园景观似的私人草坪，成为一种强加的居住标准并被用作社会同质的保障。草坪是资产阶级习惯的强大执行者，因为它要求拥有者为了资产价值而花费大量时间、金钱来保持他们的住宅和宅基地的公众面貌，即使草坪缓冲了住宅与街道之间的直接联系。[49]面对一个围墙环绕的本土精英城市传统，加上对联排住宅形式和工薪阶层的居住需求的毫不关心，日本田园城市和文化村的推动者将其社区追求限定在美国资产阶级郊区的狭隘视野。正如大船评委会的郊区家庭生活的田园牧歌所暗示的那样，他们对这一市民传统的羡慕与社区的公众目标关联不大，而是与他们内心对私人生活方式的渴望密切相关。

东京的新郊区

　　虽然最著名的居住小区依靠西方现代性使一种郊区世外桃源景象变得十分流行，但是东京大多数新郊区居民住进了未经规划的居住街区，它们散落于早已存在的农村周边田野和树木茂盛的山野中。[50]在1920

---

[49]　关于草坪，参见Fishman, *Bourgeois Utopias*，146—148；Jackson, *Crabgrass Frontier*，54—61。

[50]　关于郊区开发的不同形式审查，参见铃木裕之，《都市绘》。关于将耕地转变为居住用地的调查资料及案例研究，参见长谷川德之辅，《東京の宅地形成史》。

图 7.12　卡通画家冈本一平（Okamoto Ippei）笔下的文化村。近景中农民抢着锄头，而他们身后的新居民则挥着高尔夫球杆。"有多少名为文化村的地方必定沿着郊区铁路线？模仿的德国现代主义、模仿的美国别墅与茅草屋顶混杂在一起。这些西式住宅的特点是总有一个日本的座敷和障子屏风一起挤在某个地方。"（《经济往来》，1932 年 10 月）

年代和 1930 年代转变为居住区的东京郊区中，许多都有最低基础设施保障，比如一个自由主义的规划政策规定宅基地只能线性排列，以保证最低街道宽度并且在相邻的宅基地开始逐步建房时能够形成街道。在那些连这样的政策也没有实施的地方，田间小径和堤防就成了穿越新居住小区的道路。[51]

　　零散开发的结果之一是乡下小农及其新白领邻居之间的强烈对比。它成为杂志上令人喜爱的一个幽默主题（图 7.12）。一些流行媒体也将新郊区居民描述为先锋，或像在东京的穷乡僻壤开拓殖民地一样提供"文

---

[51]　石田赖房，《日本现代都市計画の百年》，139—142。

化",还进一步强调新旧居民之间的文化分野。从穷乡僻壤的旧有居民的视角来看,这些都市新人是一种前所未有的入侵。他们大多来自东京中心区或日本其他地方(包括殖民地),此前与当地社会没有任何联系。让农民让出土地不那么容易,大额金钱的牵涉和铁路公司的高压策略一起激起了村落中支持开发派和反对开发派之间的争斗。[52]

贵族和资产阶级知识分子在19、20世纪之交便开始向南、向西迁入武藏野平原。1920年代,紧随其后的是一个不断增长的白领工人群体。通过1922年、1926年和1931年在丸之内商业区工作的管理人员名录,藤冈洋保(Fujioka Hiroyasu)和今藤启(Imafuji Akira)发现十年内从旧城15个城区迁移到周边县和辖区的人口的平衡。1922年,59.2%的人登记了东京城市地址,而到1931年仅有40.1%。与董事会主席和公司总裁相比,这一变动在低级别管理人员身上更加明显。到1931年,仅有28.5%的总管级别人士居住在15个城区,其他的地址均在南部和西部郊区。[53]1930年,东京周边五市的人口超过了中央城区。这导致了它们在1932年被纳入新的大东京。1930年,户口调查员统计有29.8万名来自周边市的每日通勤者,比居住在那里的就业总人口的四分之一还要多。[54]

不到十年,这些后来者就改变了东京西郊的人口组成(图7.13)。在东京市设立后,组成杉并区的四个自治町人口总数从1919年的17366人增至1926年的143105人。在1920年和1930年的调查之间,杉并区的就业

[52] 除德富芦花在《みみずのたはこと》中的早期阐述外,由郊外的区役所编纂的历史中也出现了类似的农民与开发商之间斗争的故事,参见森泰树,《杉并风土记》。

[53] 藤冈洋保、今藤启,《丸の内绅士录》。丸之内的经理们没有一个居住在南足立和南葛饰的北部和东部低洼的县,这揭示了城市扩张森严的社会地理壁垒。

[54] 数据来自长谷川德之辅《東京の宅地形成史》,154。根据江波户昭所著之《东京之地域研究》第15页表格中的1930年调查数据,后来融入大东京的郊县工人总数为1135539人,这占了每日往返中心区上班的人总数的26.2%。关于首都人口运动的综合讨论,参见《东京都:东京百年史,第4卷》:69—76。

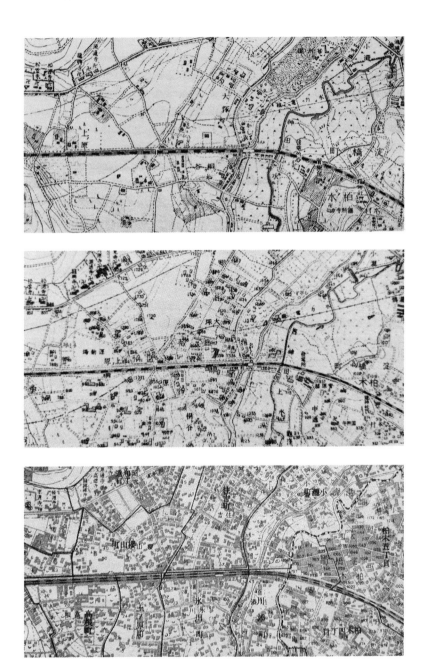

图 7.13 1909 年、1926 年、1932 年靠近中野市中央线的东京西郊发展情况。地形图按照
1∶10000 比例复制。(感谢日本国土地理院提供资料)

人口中从事农渔业的比例，从 1920 年的 58.9% 下降到 1930 年的 8.3%。[55]
直到 1919 年，该区每户平均人口还保持在 6.5 人以上，到 1926 年就跌
到每户约 4.5 人。这一数据在随后几年有缓慢增长，二战前维持在每户
4.5—5 人。[56] 因此，随着铁路使得西郊通勤越来越便利，杉并区的村落见
证了小户家庭的迁移，这一迁移人口数量迅速超过现存农民人口数量；之
后他们就定居下来，平均生养两到三个后代。总的来说，这些新家庭并不
十分富裕。虽然有一名住家女仆被认为是资产阶级身份的标准标志之一，
但是新郊区家庭中雇仆人的比例依旧很低。1930 年的调查发现，有 4300
名家庭女仆居住在杉并区，而此时该区的家庭总数为 28715，这意味着该
区仅有六分之一或七分之一的家庭能有一名住家女仆。

　　大多数新郊区居民的住宅比上野展示的样板房要小。对家庭来说，
拥有 10—15 平方米榻榻米的三室住宅就是"中产阶级"，这一居住标准
来自 1922 年东京社会局进行的一项调查。[57] 即使是在此后郊区蓬勃发展
之时，对庞大的人口数量来说，居住条件似乎也没有变得更好。据 1930
年的调查，杉并区更多的家庭是居住在有三个主要房间的住宅里，而不
是四个或五个。记录表明，三室住宅对三口、四口、五口、六口，甚至
是七口之家来说都是最普遍的。[58] 与之相比，文化村评委会为了让参赛
者尽量设计"小住宅"而制定的非正式的 20 坪（约 66 平方米）限制，已

[55]　数据来自江波户昭，《东京之地域研究》，12—15。

[56]　计算基于杉并区役所的表格《杉并区史》（杉并区役所，1955），1247—1257。

[57]　东京府学务部社会课，《東京市及び近接町村中等階級住宅調査》（1923），21。根据平均
　　　的榻榻米数，测绘者似乎在他们的房间计算中排除了厨房和其他服务空间。被测的职业
　　　群体是小学教师、政府官员、公司雇员、银行职员、报纸雇员、中学教师、铁路雇员、
　　　公务人员、工厂技工、警察和其他人。

[58]　数据来自东京市役所，《东京市市势统计原表》（1930），表格，106—107。虽然表格不太
　　　具体，但是看起来在这些调查中，厨房、厕所、浴室和入口门厅被排除在"房间"（室）
　　　数目之外。

经足够容纳一栋五间标准大小房间的住宅，即便如此，有几位参赛者的设计还是超标了。

虽然住宅很小，但是在 1920 年代，住宅拥有率的确伴随着向郊区的迁移不断上升。在 1920 年代初期，绝大多数工薪职员依旧住在出租屋里。1922 年的社会局调查发现租住率超过 93%，其中约有半数住在独立住宅，剩下的住在联排住宅。[59] 与之相比，1932 年的数据显示，在郊区住宅自有明显变得更加普遍，这些郊区便是这十年间诸多职员迁居之地。此时在东京周边五市，"家庭住宅"（不包括商住混合房屋，但是包括居住出租屋）的自有率刚刚超过 20%。[60] 新宿车站近西侧的独立街区住宅自有率也是 20%。这些街区中有很多在 1920 年代被改造为城郊宿舍区，这表明自有率肯定高于 20%。[61]

后来的作家将 1923 年的地震视作战前郊区化过程中的催化剂，仿佛郊区的发展，是因为旧城的毁灭迫使居民住到相对安全的周边山区。这

---

[59] 东京府学务部社会课，《東京市及び近接町村中等階級住宅調査》（1923），数据来自第 11 页（文字），第 39 页（表格）。

[60] 这一数据包含住宅自有率比较低的城市东部工业外围的大租户区。

[61] 计算数据来自东京府学务部社会课，《東京府五郡に於ける家屋賃貸事情調査》（1932），第 13 页，第 20 页，第 23—24 页的调查表格。沿中央和山手线靠近新宿车站的正在不断新开发的丰多摩郡，住宅自有率如下：

中野町	23%
野方町	33%
和田堀町	43%
杉井町	36%
大久保町	22%
户塚町	20%
淀桥町	17%
代々幡町	23%
千驮谷町	20%
涩谷町	23%
落合町	31%

并不完全正确。虽然震后城市人口移居郊区，但是在战争繁荣期间，工业的发展早已吸引新人来到城市，增加了城市房地产的压力，并加快了郊区的扩张。同样的情况也发生在神户—大阪这些未发生地震的地区。[62] 东京十五个中央城区的人口数量在战争结束时已经基本稳定，同时郊区人口数量却在平稳增长。[63] 随着郊区铁路沿线车站的开设，一个区接一个区的人口数量开始飙升。位于东京西郊开发区核心的杉并区，紧随着中央线杉并车站建成使用和街灯安装，仅在震前一年内人口数量就增长了一倍。[64] 我们也不能肯定西郊的新居民全是来自旧城十五个区。在1930年调查时，杉并区仅有16%的居民出生于东京城区，58%的居民来自东京地区（东京市和东京府）之外。[65] 看起来像是这些非东京本地人来杉并区之前是居住在东京其他地方，但是这个调查数据有更重要的社会意义，因为它暗示了这一时期郊区中产阶级中的大多数是城市中相对较新的后来者，他们既不是江户平民的孩子，也不是明治时期重塑城市文化的受过教育的资产阶级的孩子。

1900—1920年间，东京人口数量几乎翻了一番，白领人数在一战后增长尤其迅速。这一增长不仅使东京从业人口数量大增，也使从业人口中的社交群体更加多样。这些"知识阶层"或"中产阶层"大多是文化生活著作的意向读者群，他们的生活也因此发生了改变，进而组成了新东京人；他们没有这座城市的文化根基，其特有身份来自新消费模式。因此他们更倾向于实验自己的生活方式。地震对这一群体的幻想所造成的影响和对其物质条件所造成的影响一样，因为重建使大都市摆脱了过去，到处展现新颜。

---

[62] 《东京市域扩张史》（东京市役所，1934）；转引自：猪濑直树，《日本の现代》，22—23。

[63] 图表引自江波户昭，《东京之地域研究》，18。

[64] 森泰树，《杉并风土记，下卷》，88，247—248。

[65] 数据来自杉并区乡土史会，《杉并区历史》，109。

郊区街坊素描

要想知道在 1920 年代东京某个指定地区的房屋横截面有多么简单，是非常困难的。二战的破坏和此间频繁的重建，使得 1945 年以前的完整街坊都没能保存下来。与用易腐材料建造的建筑通常遇到的情况相似，保留下的住宅大多是上层社会建造牢固的房屋——由原有地主拥有的更大的建筑。即使是这些建筑，也大多经过很大改动。感谢勇敢的建筑师和民俗学研究者今和次郎（Kon Wajiro），使我们能够以快照的方式一睹一条新建的大正郊区街坊。1925 年 11 月，在中央线四年前刚刚建成的阿佐谷车站附近，今和次郎带领团队记录下了 588 栋住宅的沿街外立面，并将其分为"日本式""文化式"与"和洋式"。在报告中，今和次郎并没有具体提到判定前两者的标准，但提到了第三种是"只有客厅是西式的"住宅（图 7.14）。

调查小组还通过屋顶材料区分住宅，分为黑瓦、红瓦、茅草、石板和金属。他们发现足有 40% 的住宅采用金属屋顶。[66] 与瓦相比，白铁皮更轻而且更便宜。它在新开发的阿佐谷被广泛应用，说明第一代郊区上班族的住宅大部分都建造得尽可能简单。与之相比，今和次郎发现仅有 5% 的住宅采用红瓦屋顶。红瓦屋顶是新种类，是文化住宅众所周知的专有特征。

今和次郎与助手将总共 20% 的阿佐谷住宅判定为"文化式"。今和次郎认为，鉴于文化住宅受到的关注，这一比例小得出奇。但现在看来，如果考虑到这些住宅建成不过三四年，就已经远远超过仅占总数 5% 的今和次郎所谓的"和洋式"住宅，这一比例还是很大的。今和次郎辨别

---

[66]　今和次郎，《戶外附属ざっけい》，来自今和次郎、吉田谦吉，《モデルノロヂオ：考現學》。

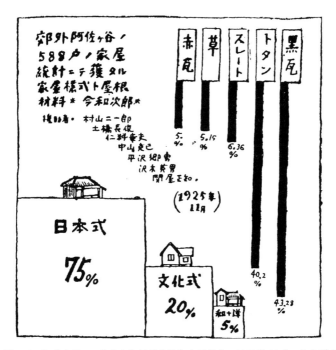

图 7.14　阿佐谷区 588 栋住宅的屋顶材料和立面样式，1925 年 11 月。从左到右依次是"日本式""文化式"与"和洋式"。（今和次郎，《郊区风俗习惯的混杂情景》；今和次郎、吉田谦吉，《考现学》，1930，115）

"和洋式"唯一西式的客厅表明，内廊住宅在明治末期已经开始成为资产阶级的模范。虽然由于今和次郎仅从外面观察它们，我们不可能知道这些住宅的平面图。不管标志另外 20%"文化式"住宅的确切特征是什么，它们绝对不是窗户或单独附加西式房间的三角山墙——只有这样才会与明治时期改革者的理想迥异——进而使其从邻居中脱颖而出。如果不考虑这两种住宅的区别，它们两者在总数中所占的比例总和正好与此区域住宅自有率的平均值相当，这表明住宅自有与这两种新型住宅可能相关。

大宅壮一更善于观察社会阶级标志而非建筑的细微差别，他认为"文化住宅"之所以与众不同正是由于其所有者自有的特征：

走在东京的郊区，你会发现到处都是成排的和洋并存还不算太简陋的房子，好像出自同一个模子。虽然它们之中大部分是出租的，但是有些是用七分低息贷款和三分存款建造的"文化住宅"。它们之中多数不是日本与西方的融合，而是日式住宅。它们仅有三个房间，另外附加一个 4.5 或 6 席的"西式房间"，这使它们从外面看起来好像是一个人身穿西装却脚穿木屐。它们的"西式"程度与其房主或其妻子的英语水平差不多。毫无疑问，这个"西式客厅"装饰有三腿藤椅和两三套一元图书。

这一描绘中档次最低的"文化住宅"抓住了文化消费者用有限财力所能达到的西化程度。自有住宅虽然也有些简陋，但与出租屋相比往往有一些与众不同的新特点，因为房东为出租而建设的房屋更倾向于只提供必需之物。而当租赁依旧是更加普遍的选择时，那些购买或建造自己住宅的人更有可能倾向于实验最新的建筑潮流。大宅壮一推翻了今和次郎将非本土样式的住宅分为两类的做法，但是与今和次郎和其他研究者寻找一种区分文化住宅的方法一样，他找到了主要的视觉线索。关注首层平面图的建筑历史学家们已经强调，在二战前，内廊住宅样式在城市住宅中占据主导地位，并将更加"西化"的以起居室为中心的住宅类型（居间中心型）与文化住宅现象相联系。然而，对这一时期的研究者来说，这些差异不如新住宅的外观那么明显。今和次郎纯粹以住宅立面为基础，将住宅分类的事实本身就是其调查的一个历史教训："文化式"大多指在邻里街坊中鹤立鸡群的住宅。如果再早十年，在郊区房地产投机市场和文化的世界主义梦想尚未为新建筑实验提供刺激之时，像今和次郎这样的调研即使有可能进行，也几乎是没有意义的。

1922 年之夏：商品化与乌托邦

当代关于上野文化村住宅的论著表明，尽管推动者努力想将这些住宅作为理性日常生活的模范来展示，但是它们却在审美层面上引发更强烈的反应。无论是在认为它们过于"西方崇拜"的批评家那里，还是在赞许它们的建筑作家那里，都是如此。"设计优雅，立面上不失熟悉的日本风味，而内部则是西式的"，一位日常生活改善同盟会住宅评论者在文化村的两本手册之一中写道。[67] 另一本手册的评论则更加详细："立面采用日式护墙板，并使用日本瓦铺就屋顶，使其不失我国住宅之风味。屋顶足够复杂，加之西式玻璃窗分布其中，让人感觉深邃含蓄。它有效地弥补了这种类型住宅陷入肤浅的趋势，表现出一种大方的特征。"[68] 这就是文化村的讽刺所在：试图重塑家庭风俗习惯的努力成果，在其物质化之时从科学和理性领域转移到视觉审美领域。

它是日常生活改善内在的悖论。自 1915 年住宅展览起，家庭专家就已成功将住宅的话语重新集中于新商品和消费，而远离资产阶级道德和实践。文化生活的支持者更进一步，发展了这一对日常生活和家庭生活的重新认知，文化村则提供了一个不同建筑形式的组合。结果是将居所客观化，使其成为一件商品或一套商品，而不是为造就模范家庭和模范国家主人服务的一种方便有序的工具。在形象的大众市场中，外部视觉吸引是使商品与众不同的方法。

---

[67]　高梨由太郎，《文化村の簡易住宅》(1922)，41。

[68]　同上，第 78 页。批评家对复杂屋顶形式的赞赏来自大多数精英本土住宅，不仅以之作为与许多西式住宅的方盒子形状的对比，而且与本土排屋和农舍形成对比。通过将这一大多数当作日本设计的重要特点来处理，建筑师和批评家进而重新将精英住宅的乡土标准阐释为民族品位的表达。

文化村和上野之后，田园城市的推动者利用这一住宅的新意义来表达他们对商品的梦想内容诉求。郊区土地为幻想的投资提供了非常富饶的客体，因为其价值是潜在的，场地本身是空的，因此可以在之上镌刻任何理想。在新郊区购买或自行建造文化住宅的人们本来不必迷失于不理性的幻想之中，去与激进的建筑师和郊区开发商共享世界主义愿望。许多住在这些住宅中的人符合大宅壮一所贬低的奋斗的小资产阶级原型，他们"文化生活"的世界主义也是相对谦卑的。但是与世界文化企业家一起，他们开始将东京外围转变为白领小家庭的居住社区。东京郊区化的第一波浪潮是被一种与过去的城乡都不相同的环境、生活方式，以及与加利福尼亚相关的地区图景引诱的。

面向西方或太平洋彼岸的东方——但是实际上是朝着一个虚构的"西方"——的强烈导向，标志着 1920 年代东京规划郊区的特点。十年前，小林一三在大阪－神户地区建设的居住区，为目白和多摩川台的开发商提供了一个商业先例和一份管理工作手册，而非一个文化模范。池田室町（Ikeda Muromachi）被安置在简单的街道方格网中，街道并不比日本旧城镇宽。小林一三不仅出售宅基地，也出售住宅，从这一层面看，他这样做是更具雄心的商业冒险。但是他推动的建筑语汇（他称之为"日本式"），丝毫不具备文化村之后建在东京住宅区的住宅那种引人注目的大胆。堤康次郎和涩泽荣一也让大多数购买者自行建造房屋，但这是在与十年前大阪非常不同的建筑环境下。（此时）开发商和在 1920 年代购买他们土地的新消费者，更加坚定地将"文化生活"变得名副其实。由于对"文化"的理解各不相同，目白和多摩川台的个体建造者和建筑师造就了一幅奇怪的城市景观，它与日本此前所见之物全然不同。

一战前的郊区已经表达了对"中产阶级家庭"的渴求——一个以夫妻为主的家庭，它由家庭隐私、卫生和环境保护论、"简单居住"，以及自有住房的意识形态支撑。这些意识形态在 1920 年代的郊区设计中依旧流行，但是它们被纳入更大的乌托邦主义之中。既然郊区开发商和改革建筑师现在已经毫无顾虑地断定田园城市和文化村的"小住宅"将为中产阶级家庭提供住宅，"文化"的普世主义理念几乎无法掩盖资产阶级家庭生活的进一步市场化。但现在，渴求之物被展示为现代生活本身，从动物园动物到电气住宅，再到多摩川台田园城市的星形规划，它的世界主义以具体的姿态得到强调。小林一三采用了舶来的"家庭"概念，并将其作为本能(性)幻想对象进行市场化。文化村之后的郊区用世界现代性编织着自己的幻想。

第八章

住宅设计和大众市场

今和次郎在 1929 年出版的一本城市指南中写道："当前几乎没有一栋郊区住宅不曾受到所谓的文化住宅的影响。"他继续列举文化住宅的典型特质：红瓦屋顶、玻璃窗户、装饰有窄长刷漆护墙板的墙壁，或用水泥灰浆涂抹的外墙，阳光房内装设窗帘和藤条家具，屋前设有藤架。[1] 正如今和次郎所意识到的，这些影响不仅仅是风格上的。虽然其结构技术还不是很成熟，但是新郊区住宅意味着与过去的城市文化、现存乡土建筑体制坚定的决裂。[2] 一战前尚不存在的新代理商和机构开始参与东京的住宅市场和建造过程。以前决定住宅基本元素的是木工和客户，但是现在实际的设计源于木匠的建造经验基础、样式图书的作者、建筑师

---

[1] 今和次郎，《新版大东京案内（下）》（1929），153。

[2] "乡土的"这一词语与"传统的"不同。乡土知识源自本地情况，因此其与国家传统之间的对比如与国际现代性一样明显。虽然国家和全球体系日益占据文化生产，但是本地乡土也以多种形式得以保存。关于乡土的特色，不论是语言中的还是日常生活实践中的，参见 Ivan Illich 具有争议性的人类学文章 Gender。虽然伊里奇浪漫的反现代主义使他在讨论性别差异问题时处于本质主义者的位置，但是其将乡土视为知识和实践系统的呼唤依旧生动。也可参见 Hubka, Just Folks Designing。

和建筑检查员的干预，这产生了一个受文本启发并经过几层权力审核的建造制度。

建筑师作为中间人

虽然建筑师参与新住宅市场不如房地产开发商更直接，但是其参与方式却对新住宅样式的增加起着重要作用。大部分职业建筑师都为建筑公司或政府机关工作。从 1910 年代开始，一些建筑师也开始建造小的私人住宅或撰写住宅设计方面的图书。由于此前只有少数住宅是在他们没有参与的情况下建成的，所以试图获得住宅项目委托的建筑师，不得不将自己挤入现行的客户与工匠的关系体系中，或者说服那些第一次建造住宅的人相信，现代住宅需要一名职业设计师。建筑师最终通过出版设计类图书和提供设计咨询，而非自己获得设计委托，为自己在住宅建造过程中获得了一个角色。建筑师这一职业在 1920 年代的建筑专业大众市场中处于中间地位，并且多处于危险之中。规划和设计建议方面的图书在 1920 年代之前就大量涌入市场。小说家林芙美子后来回忆道，在 1939 年设计自己的住宅时，她有"将近两百本"此类图书。[3] 这一数字应该不包含技术专著。由女性杂志和建筑出版商出版的住宅类图书成为新的流行种类，其目标读者是年轻建筑师和建造者，特别是设计或梦想设计他们自己住宅的中产阶级读者。

一些设计观念和此前住宅木匠的工作方法可以从现代建筑教育产生前的媒介中获得，还可间接从 1910 年代和 1920 年代改变这一进程的样

---

[3]　林芙美子，《家を造るに当たって》（未注明出版日期）。一个独立女性作家自己建造住宅，这本身就是非常新颖的事物。

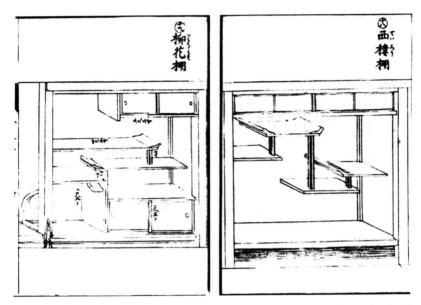

图 8.1　"西式博览架"和"柳木花架"。摘自木匠样式图书《当代工匠图式：架子图式》第 5 卷的两页插图（平原助次 [Hirahara Suketsugu]，1882）。不规则的尺寸直接标注在草图上。

式图书的描述中获得。在此之前，出版的唯一一本居住建筑图集是雏形本，密集的概略图展示着标准装饰元素，如壁龛凹室、组合架子或装饰栏间，它们以没有文字说明的正视图表示（图 8.1）。[4] 其他设计理念和技术知识是通过做学徒和现场建造经验获得的。木匠通常仅靠一幅平面设计图工作，这一平面图用单线条绘制于板上，上面标有暗示柱子所在的点。[5] 包含整个墙面的立面图和其他设计图的缺失，不仅反映了日本建

---

[4]　可以追溯到室町时代（14—16 世纪）的最早的雏形本表明了不同仪式情况下榻榻米垫子的恰当布置。同样形式的手册江户时代也有印刷，在单独的书上以图片说明交错货架、推拉门面板、横梁、床间之壁龛、书院窗户和天花的设计。自 19 世纪中叶起，这些书开始出现床之间、货架和书院的混合，因此使一种更非正式的有明显数寄屋影响的书院座敷变得流行起来。参见冈本真理子、内藤昌，《大工技術書雛形本について》，323—357。

[5]　关于这些木匠设计的历史，参见浜岛正士，《指図と建地割図について》；同时参见川上贡，《建築指図を読む》。

筑的模数化，还反映了在经历长时间的学徒期之后，有经验的木匠能够在拼装过程中利用从以前的解决方案中积累下的规则来解决设计问题，这一过程是世界各地的乡土建筑都遵守的。一些木匠师傅认为，不用在现场学习平面是值得自豪的。[6]

镰田贤三（Kamata Kenzo）是于 1918 年首次出版的畅销房屋设计文本的作者，他描述过典型的富裕外行业主是如何建造房屋的：首先，业主的妻子要决定厨房、浴室、客厅和衣柜的位置；之后，这对夫妇要求木匠画出平面图；风水师查验过平面图之后，业主夫妇指定房屋形状，其余的事情就交给木匠完成。虽然镰田贤三的描述有贬低倾向，但是我们没有理由不相信其准确性。有趣的是，我们注意到女主人在建房过程中扮演着重要角色。按镰田贤三的解释，女主人肩负的室内功能的责任扩展到决定功能空间的布置。而这将为与具有自己功能概念的现代建筑师的冲突埋下伏笔。但是，在这里镰田贤三批评的对象是风水师和木匠，他们缺乏"科学知识"，却被允许决定住宅设计的相关事宜。镰田贤三力劝读者要雇请建筑师。[7]对类似"将其余事情交给木匠"的批评在设计类图书中经常出现。在这些批评背后，我们可以看到一个长存不灭的乡土建筑生产系统；在这一系统中，平面要素是由工匠和业主（或业主妻子）共同商量决定，并进行修改使之符合风水师的堪舆（即当今广为人知的"风水"）原则。此后，工匠就依靠他们的经验来设计住宅内所有的竖向平面。由建筑师设计的住宅从未占据市场的主要份额，因此建筑师们也从未达成将其他专业人士置于他们直接监督指导之下的终极目标。然而，类似镰田贤三的著作这样的图书，在住宅市场生产者（开发商）和消费者

---

[6]　关于木匠对学习平面的蔑视，参见稻叶真吾，《町大工》，83。关于乡土建筑和通常的拼凑，参见 Hubka, *Just Folks Designing*，426—432。关于工匠的"随机应变"和技术人员的科学知识的开创性对比架构，参见 Levi-Strauss, *The Savage Mind*，1—33。

[7]　镰田贤三，《千円以下で出来る理想の住宅》（1922），56。

（购房者）之间的传播，对住宅设计产生了明显影响，而且正如我们将见到的，不久之后建筑师就被给予定期参与乡土设计的机会。

与木匠设计技术的工具箱相比，新住宅设计类图书中提供的知识更胜一筹，因为它们声称更具有普适性，而且来自专业途径。与许多其他图书相似，镰田贤三著作的文本为家庭建立了一种标准模式，并且鼓吹对住宅设计进行修改——比如，以家庭为中心的平面和单独布置儿童房以满足家居理想。之后，镰田贤三列出了品位的一般原则，即强调科学卫生的重要性，并且强调没有建筑师的专业知识可能会导致重大错误。因此，为建造商和潜在住宅拥有者提供的流行样式图书，重新将住宅设计聚焦于家庭意识形态。同样重要的是，通过绘画、照片、历史，及民族风格的修辞，他们将视觉审美引入住宅建筑，转变了曾经以实践为基础的生产系统。

对建筑师自己来说，为大众提供设计知识意味着改变了学院指定的理想道路，学院最初的目的是为国家建筑培养工程师和设计师。这一转变开始于 1910 年代，当时帝国大学和早稻田大学的一些毕业生决定以设计住宅和撰写住宅相关图书作为自己的职业。在 1920 年代，更多技术学校毕业生也紧随其后。虽然没有多少独立建筑师仅仅以住宅设计为生，但是有很多建筑师在公司、政府或大学拥有职位的同时，接受住宅设计业务并发表自己的设计。

保冈胜也（Yasuoka Katsuya）是这批建筑师当中最早的一位，也是在该领域著述最丰的一位。1910 年从东京帝国大学建筑学院毕业后，保冈胜也沿着当时顶级精英的职业轨迹，开始就职于曾祢达藏（Sone Tatsuzo）管理下的三菱地产。曾祢达藏当时正在建设肇始自英国人乔赛亚·康德（Josiah Conder）的东京中央商务区。1913 年，保冈胜也成立了自己的事务所，并致力于设计私人住宅，偏离了原定路线。1915 年，他出版了他的第一本流行指南《理想住宅》。重要的是，这本书被收入一套名为《女性家庭图书馆》的丛书。在前言中，保冈胜也称当今日本国对居住建筑的意识是"幼稚"的，并以明治改革者众所周知的方式断言，"要想了解一个民族的文明程度，瞥一眼它的建筑就可以了；居住者的品位高贵还是粗俗，在其室内一看便知"。[8] 他注意到，正如工业的分工愈加精细，当今的住宅也开始拥有大量不同功能的房间。对当代专业人士而言，最具有挑战性的问题就是如何协调日式和西式房间，因为人们需要在住宅中使用西式设施。[9] 保冈胜也告诉读者，"时代需要的住宅"是拥有两到三间西式房间的日本住宅。[10] 随后他利用表面上是摘自西方建筑和家政管理书的图片讨论西式住宅的特点，实则展示他所设计的本土住宅：它们大多很大，并且具有明治晚期"和洋杂糅"的布置，都配有西式接待室。在劝导女性读者扩展学习建筑知识时，他鼓励她们试着画平面图，因为"如厨房建造之类的事情，其采光及与周边住宅的位置关系"是"很好的女性学习材料"。[11] 这一鼓励与女性教育者培养的将主妇视为家庭科学家的理念是一致的，并且将住宅设计的审美方面保留为男性的建筑关注点。保冈胜也在接下来的十二年里陆续出版了 13 本书和图画集，其中大都展示有他自己设计的住宅。[12]

　　和洋杂糅住宅将一个巨大的西方与本土进行对比，体现的不仅是材料与建造方式的不同，还有不同的平面布置系统及正投影。这种对立既是功能上的，也是风格上的，正如两套完整的物质和文化系统的对比，具体体现在和服与西服的对比、坐在椅子上与坐在地板上的对比、滑动障子门与玻璃窗的对比上。即使是明治时期由少数特权阶层建设的

---

[8]　保冈胜也，《理想の住宅》（1915），前言。

[9]　同上，18—19。

[10]　同上，40。

[11]　同上，56。

[12]　内田青藏，《日木の現代住宅》，135。

纯正西式住宅，其设计也是源于内部需求：在与现代国家建立的文化表达模式相符合的建筑里，接待穿着西式服装的访客（尤其是西方人和天皇）。在样式图书和一战期间开始的郊区热的住宅中，西方和东方的对立变得更加复杂，如整体西方化的洋馆被可供借鉴的一系列民族形式所代替。保冈胜也设计的住宅清晰地反映了这一情况。一本 1924 年首次出版的名为《日本化的西式小住宅》的集子包含着作者最近建造的住宅的设计，被称为"七分西式，三分日式"。在"西式风格"之中，保冈胜也又区分出一系列国家和地区风格，包括"英国式""美国乡村式""瑞士小屋式""当代德国式""纯德国式"和"纯法国式"（图 8.2）。[13] 与海外趋势的更大相似性丰富了日本设计师的调色板。折中主义在英国的复兴也鼓舞保冈胜也及其同行掌握各种不同的风格——而这，在日本根本就不是复兴。

　　1920 年代，桥口信助的住宅设计公司美国商店和杂志《住宅》变成了文化住宅设计者和推动者职业网络中的重要节点。建筑师山本拙郎从 1917 年毕业开始直到 1930 年代早期，一直是美国商店的主要设计师之一。作为早稻田大学的一名毕业生，山本拙郎拥有精英证书，但是这一证书是来自早稻田大学最年轻而且与帝国体系不同的建筑专业。在美国商店工作的同时，山本拙郎也在东京女子高等师范学校（御茶水女子大学前身）教授"住居研究"，并为《住宅》及其他建筑和女性杂志撰文。[14] 与保冈胜也不同，山本拙郎没有对风格教条表现出什么兴趣。他也没有被桥口信助改革家庭生活习惯的宗教热情所驱使，而正是这股热情刺激桥口信助成立公司并创办杂志。山本拙郎发表在《住宅》上的设计的与众不同在于一种审美词汇，它从功能上解决了西式内部和在内部暴露柱、

---

[13]　保冈胜也，《日本化したる洋風小住宅》（1924）。保冈出版了一个《西化的日本小住宅》的姐妹篇，其中保留了这部分；参见《歐米化したる日本小住宅》（1925）。

[14]　内田青藏，《日本の現代住宅》，148—172。

图 8.2 《日本化的西式小住宅》中保冈胜也设计方案的配图：（上）当代德国式和（下）纯法国式。保冈胜也所出的书中包含的各式风格标志着日本住宅设计的一个新转折，但是保冈胜也本人保留了一条源自其所接受的 19 世纪训练的世界观。由于通过正规途径获得的欧洲知识依旧是精英建筑师的与众不同之处，所以他的首要关注点依旧保留在推动形式正确的欧洲设计上。

图8.3 摘自山本拙郎写生簿的和洋融合样式研究。山本拙郎的西式室内采用了日本乡土建筑暴露木柱和木梁的典型做法。山本拙郎的折中主义结合了对个人品位风格的积极考量。例如，他反对弗兰克·劳埃德·赖特及其追随者的全面室内设计，因为他们令居住者不能根据自己的意愿选择家具来装饰房间。（山本拙郎，《拙先生绘日记》，162）

梁的日本传统技术之间的矛盾。[15] 在此之前，本土的榻榻米房间一直被布置得像折中的西式房间；而现在，一位出身学院但与老辈建筑师相比又较少受学院正统束缚的建筑师，将西式家具与本土构造进行融合，使之成为一种美学优点 (图8.3)。对木匠常规做法的运用，使得建造住宅变得更加经济。

1920 年代，《住宅》杂志发表了比此前更多的大量小住宅设计来作为自己的特色。几份竞争杂志也在 1910 年代末、1920 年代初开始发表类似设计，使用具有美国商店特色的劝诱和市场推广技巧。[16] 与此同时，一群大多可能从未接到足以支持他们成为住宅设计师的委托项目的建筑师，

[15] 内田青藏，《日本の现代住宅》，163—166。

[16] 关于《住宅》杂志的讨论，参见内田青藏，《あめりか屋商品住宅》。两个相似的杂志是 1920 年开始出版的《新住宅》和 1921 年开始出版的《家の导》。一些与《住宅》同时代的杂志在图书馆中已经找不到了。文化住宅建筑师和作家能濑久一郎（《文化住宅图案百种》[1926]，凡例）列出了发表他的设计的杂志有：《生活与住宅》《住宅研究》《建筑のふきゅ》《平民建筑》《土木建筑工事画报》《家》《庭园》和《中央建筑》。这些资料日本国立国会图书馆都不曾收藏。

开始发表建成和未建成的住宅设计，并试图用简单语言写就的没有技术信息的说明（虽然其中常常出现外来词汇）来教授家庭理念和当下的建筑时尚。通过流行作家这一第二职业，许多建筑师进入大众市场，加入其他以教授读者世界现代性材料知识为生的作家和企业家之列。

　　虽然 1920 年代的许多样式图书将他们所描画的住宅称为"中产阶级"的，但是"文化住宅"这一术语还未在经济观念上划定阶级界限。例如，最早以"文化住宅"命名的一系列图片集不仅包含一些贵族住宅，也包含大阪的一排供出租的半独立住宅。[17] 在新建筑图书中，一座住宅能成为文化住宅，不是因为其拥有独特的物理特征或其消费者阶层，更多是因为它是根据家庭意识形态、科学管理和卫生的原则来设计的，或者是依某种建筑风格而非木匠的惯例来设计的。这意味着，它直接或间接地印上了接受过训练的建筑师的印记。

乡土建筑中的国家制度和建筑师调解

　　正如大正的文化消费者，既代表着与明治资产阶级不同的新一代，也代表着一个飞速膨胀的受过教育的阶层，建筑和设计市场上文化中介的出现既标志着这些职业的换代，也标志着他们的客户群体的扩大，将没什么特权的个人也纳入其中。在一战之前，虽然日本只有 5 所大学可以授予建筑学学位，但是职业学校却遍布全国，而且许多职业学校在1918 年被重新认定为大学。他们所培养的数以千计的毕业生，掌握了源自西方建筑课本的专业知识，却得不到正规大学所确保的精英地位。[18]

---

[17]　建筑写真类聚刊行会，《建筑写真类聚》第 4 期，第 7 号（1924）。

[18]　日本建筑学会，《现代日本建筑学发达史》，表格，1942。

日本建筑学会的正式会员只能是大学毕业生。到1930年，没有大学学位、从业几年后才被认可的准会员达到5549人，几乎是正式会员的3倍。1934年的建筑学会名录列出133所学校的毕业生，他们中的绝大多数毕业于技术学校。[19]

　　非常巧的是，国家的建设法规为新的非精英建筑师群体创造了环境，以稳固他们作为建造过程中的调解人的地位。问题关键在于《市街地建筑物法》，1920年它与《都市计划法》一同生效。这两部法律是东京市市长、内务省和建筑学会历经逾十年的起草、评审、修改、修订才诞生的，其目的是引入分区规范、道路最低宽度基地线、为创建统一街区的土地再调整程序、密度和高度限制，以及防火安全限制。[20] 东京大学佐野利器（Sano Toshikata）的学生内田祥三（Uchida Yoshikazu）是建筑学会的重要代表，他和佐野利器成为一群人的核心，致力于将日本建筑师实践从应用艺术转变为结合结构工程和社会政策的科学。他们的核心关注点是防震防火结构、住房供给和城市规划。[21] 建筑学会指定了一个建筑法规审议委员会，1914—1918年期间，内田祥三指导委员会召开了87次会议，将一个东京建筑法规计划转变为申请一部国家法律，以使之应用于所有城市区域并成为内务省警保局建筑工程的一个直接布置。[22] 这部法律最终在最大的六个城市及其周边区域，即法律中提到的"城市规划区域"施行。

---

[19] 日本建筑学会，《日本建筑学会住所姓名名录》（1930）；日本建筑学会，《昭和九年建筑学会会员姓名住所名录》（1934）。这一名单包含5所帝国大学、殖民地的学院和职业学校，以及帝国之外的19个机构。由于当时没有许可或认证制度，能够区分建筑师与业余者的唯有职业学院或大学的建筑学学位。

[20] 关于这两部法律的基本解释，以及对它们对于城市规划的影响的一些批判性评估，参见石田赖房，《日本现代都市计画の百年》，125—143。

[21] 藤森照信，《日本之现代建筑，下册》，125—126。

[22] 渡边俊一，《"都市计画"の诞生》，116—118。

　　为了保证法律的施行，社团内部规定所有新建筑的规划都必须提交给警察。由于建筑师了解政策法规，并受过大多工匠未曾受过的绘图培训，因此，这一法规为建筑师创造了作为工匠或客户的代理人的工作。一个将业主、工匠、建筑师、警察、内务省和建筑学界连在一起的环路由此诞生。设计和咨询公司在警察局周边如雨后春笋般出现，使得这里变成在工匠与国家之间制作文件的地方。[23] 如果说现代设计是乡村建造者使用具体材料的创造过程的抽象，那么它是通过这一环路，通过需要工作的青年建筑师，潜入乡土建造之中。想要弄清楚这些职业中间人在大多数建筑最终外观的确定上发挥了多大作用是不可能的。通常情况下，业主只需要委托他们画平面图和特殊构造剖面。然而，这一情况明显创造了机遇与激励，使他们可以将自己的设计或最新样式图书上的设计介绍给业主，以求应用他们新获得的知识并期待可以获得更大的业务委托。法律的影响在大阪尤其明显。在 1920 年代，大阪建筑设计的特征就是出现在长屋住宅上的"文化"标签。长屋是新旧街区的主要居住形式。大阪的市政章程要求建造者在建造超过 50 坪（约 165 平方米）的建筑时要提交立面、平面和剖面图。因此，同一屋脊之下建造的一组三套或以上的联排住宅需要提交立面图。法律颁布后不久，改良的长屋开始出现。首先是带有新的室内布置，之后是有独立的凸出入口以将每个单元从一排中区分开来，最后出现的是一系列受西方建筑和数寄屋影响的立面元素（图 8.4）。[24] 在东京，法律的影响逐步扩展到新郊区，最终仅在 1930 年就已经覆盖城市及其周边。同样，这一时机与白领在郊区的扩展和新建筑风格的相伴流行正好吻合。此外，视觉大胆的新样式图书在法律颁布

[23]　此种看待国家对建设的控制的方式得益于 Gregory Clancey。

[24]　大阪的建筑历史学家和田康由通过访谈和广泛的实地勘察，对这一时期内大阪排屋设计的变化进行了一项独一无二的研究。感谢他与我分享成果，并在我调研大阪战前街区时做我的向导。参见和田康由，《大阪における现代都市住宅成立に关する基础的研究》。

图 8.4　大阪联合住宅的"文化"标志。20 世纪早期建成的一排四单元住宅的沿街立面（上）。同一区域在 1920 年代末或 1930 年代建造的半独立住宅（下）。在新设计中，单元门从立面墙壁凸出。1920 年代末圆窗特别流行，反映了本土数寄屋风格与装饰艺术风格（Art-Deco）的方便结合。（和田康由 [Wada Yasuyoshi]，《关于大阪都市住宅形成过程的基础研究》）

之时开始大量出版。一些编写这些图书的建筑师还出版了法律指南。[25]

　　极端地说，这意味着与视觉效果明显、常被讽刺的文化住宅相关的设计潮流，一定程度上是因一部为了安全、合理的城市发展所制定的建筑法规而产生的。假如真是如此，内田祥三和佐野利器冒着职业风险表示建筑与装饰无关，就是极讽刺的一件事。佐野利器称装饰琐碎，只有女性才关注。[26] 但是这并不是完全令人吃惊的结论，因为国家法规在其他地方也导致了类似的事。由内田祥三制定的新防火规范，促使东京商业区震后重建中的立面设计发生了彻底改变。针对木结构的防火要求，

---

[25]　如铃川孙三郎，《誰にもわかる市街地建築物法圖解》（1924）。一些 1920 年以后的样式图书将这部法律作为附录。

[26]　近江荣、堀勇良，《日本の建築》，92。

产生了一种被藤森照信称为"单板建筑"的西方化乡土建筑。[27] 同样的
要求最后对郊区独立住宅的外观也产生了同样彻底的影响，使得独立住
宅未完成的护墙板为了防火而被水泥灰取代。砂浆和灰泥在 1930 年代流
行的"现代和式"和"西班牙式"中，被当作样式元素对待。

　　法律与新材料、新建筑技术的结合，还以其他方式影响了业主、设
计者和工匠的关系，其结果是贬低了工匠工作的审美重要性。对工匠来
说，细木工的标准，木材的品种、纹理和磨光，以及保持外露且不加涂
层是建筑质量的标志。而在文化住宅设计中这些都不是重点，文化住宅
设计的重要性在于总体布局和整体视觉印象。为了使木结构更加抗震，
《市街地建筑物法》要求使用金属螺栓加固接合处，这减少了对复杂细
木工的需求。虽然木匠以拥有传统技术而骄傲，但是现在可以规避他们
精确、劳动密集型技术以节省开支。进口木材、胶合板、油漆、纸模板
和墙纸，使得建造一座较少显露木结构、有吸引力的西式住宅变得更容
易。[28] 一战后，日本市场上美国松木开始取代国内木材。美国木材价格
仅为国内木材价格的一半。震后，木材需求剧增使得从美国进口木材数
量在 1925 年超过本土木材数量。[29] 利用便宜的进口木材并涂以油漆将

[27]　藤森照信，《日本之近代建筑》（下卷），133—135。关于《市街地建筑物法》对东京乡土
　　　建筑之影响的进一步讨论，参见江面嗣人，《現代の東京における庶民住居の発展に関す
　　　る研究現代》，64—75。一篇关于看板建筑的、有着迷人的插图且有趣的论文，参见藤森
　　　照信（文）、増田彰久（摄影），《看板建筑》。
[28]　关于细木工和新材料，参见坂本功，《日本の木造住宅の100年》，113—114，117—120，
　　　138—139。
[29]　1923—1928 年的数据来自今和次郎，《新版大东京案内》（上卷）（1929），157。美国松木
　　　与廉价文化住宅联系在一起，它因容易渗水而广受诟病。这是西方作为劣质物品而非高
　　　标准物品来源的一个重要实例。利用这一声名，小说《文化村の喜劇》有一幕描写新户主
　　　发现他们被黏在了文化住宅外露的柱子上。叙述者挖苦地评论："文化住宅不应该因为这
　　　种混乱而受到任何责备。这只是因为日本人不知道如何使用西式住宅。"参见佐々木邦，
　　　《文化村の喜劇》（1926），369。

其掩盖，使得西式住宅实际建造起来更便宜。一位文化住宅图书的作者鼓励读者自己选择木材，以免被木匠多收钱。[30] 这些因素结合在一起，不仅影响了木匠在建筑场地的自主性，扰乱了乡土生产的旧有交易纽带（木匠确实有可能占无知业主的便宜），还导致了要建造新住宅的业主与木匠之间的审美差异；这些业主受到"文化"标志的熏陶，而木匠们的手艺则源自对木材本身的理解。

　　除了拥有从西式技术教育获得的知识和画平面图以获得官方认可的能力之外，建筑师在 1920 年代找到一个合适的职业，因为他们能够被期许跟为了文化生活而建造住宅的客户有同样的审美品位。《中产阶级住宅模范设计》是由《主妇之友》杂志出版的家庭系列手册中的一本，它警告读者，请老木匠师傅建造一栋西式住宅，他可能会将学校与邮局的形象杂糅在一起。相反，年轻建筑师"认同我们的感受"，这使得同他们交流比较容易。然而，对资产阶级品位的基本认同，并不能让他们比木匠更让人信任。作者将兼任建造者代理人的当地建筑师描述为"刚走出校门的年轻人，三两结群，挂出建筑设计和建造监督的广告标识，但是实际上承担着像承包人一样的角色……因为这些年轻人通常很穷，因此有人担心建造过程可能会中途停止，而他们会弃工而逃。这一点必须谨慎对待"。[31] 读者被建议在同建筑师和木匠打交道时要制定尽可能具体详细的说明书，需用图画而不仅仅是用文字描述。绘图是掌控设计的不二法门。以书面形式表达事物的能力赋予业主在与建筑师、建造者打交道时的权力，就像其赋予建筑师与法律打交道的权力一样。"正如相亲或一张相亲照对婚配来说是必需的一样，在建筑中，重要的是绘图，而不是语言。"书中还举了一些例子作说明，其中一个例子是用一幅

---

[30]　菅野弓一，《三百円の家》（1923），17—19。

[31]　《主妇之友》社编辑局，《中流住宅の模範設計》（1927），22。

画展示窗户要做多高，另一个则画出设计结构来展示对角线支撑。与保冈胜也在《女性家庭图书馆》中鼓励读者所做的相比，《主妇之友》杂志的主编看起来为他们潜在的女性读者在设计方面预期了更大的角色。他们给出的两个例子同样值得注意，因为它们涉及建筑的垂直平面设计。窗户高度通常情况下是由木匠徒手丈量决定的（当然是在有窗户时，因为传统住宅仅有滑动门板）。斜撑是《市街地建筑物法》强制要求的抗震改进措施，建筑师提供的专业技术能知道它们的恰当位置，并绘出设计结构图进行说明。

文化住宅设计之源

　　这并不是说没有接受过正规训练的木匠就不能建造文化住宅。建造一种加利福尼亚小屋或为本土住宅外墙加上灰泥抹面和油漆护墙板所需的知识很容易获得。虽然只有接受过大学教育的建筑师具备设计和细致装饰正宗西方学院派风格大型公共建筑所需的更加晦涩的知识，但是可靠的小住宅立面装饰也可以即兴发挥。使技术学校毕业生不同于传统训练的木匠的是，处理建筑时是从绘图出发而非拇指丈量。他们已经通过课本和课堂讲座研究了日本和西方的结构，这一方法本质上就是将建筑描绘为一个应用结构和形式原则的过程，它将二维表现、数学公式和书写语言转译成空间与形式。因此设计住宅的年轻建筑师并不比拥有世俗素养的木匠具备更强的技术能力，而是在亲自建造实践之外获得的对建筑的理解和审美方面更胜一筹。

　　然而，技术学校广泛使用的课本十分保守，在吸收"西方将建筑视为一种艺术"这一观念方面进展缓慢。直到20世纪第一个十年，这些学校的主要目的依旧是培养工程师和通晓现代技术的木匠，而不是精通审美的建筑师。课程中的日本部分确实是理性化了的本土木工手艺教育。在相应课程中，工具的使用、精细木工和传统比例制度——学徒通过与匠师一起工作而"偷习"的这些技术，都是通过课本和课堂指导学习掌握的。在这一阶段，课本上的装饰来自和式样式图书雏形本。1904 年之前的标准课本并不认为决定建筑视觉特征构成的立面非常重要，且对有经验的建造者来说也并非是必要的。在两年的课程学习过程中，学生要建造一个由西式构架支撑着屋顶的木构架。伴随技术进步而获得的动手经验明显比视觉构成更加重要。希腊和罗马柱式绘图被纳入 1904 年的新课程大纲，但明显并没有期望学生能将这些知识运用到实践中，因为课本只包含三种设计：一个砖木结构、一个抗震农舍，以及一个"改良木住宅"。[32] 虽然课程明显将重心从工艺转移到技术，但是学习纯正西方学院派风格的练习同计划剩余部分对实践的强调之间的分离，揭示了审美仍旧被当成是习俗，而非创造性表达的基础。

虽然 1920 年代的课本仍旧强调技术多于审美，但是已经教授能融入新设计中的各类材料。1926 年，石川胜志（Ishikawa Katsushi）《日本建筑结构实用手册》一书修订版的新末章即与文化住宅相关，其中有一栋"以起居室为基础"的简单住宅的底色平面、立面和外部透视图，与上野样板住宅中的一栋很相似。[33] 这是这本书中唯一用透视图来表现的建筑。课本评价其西式平面布局非常经济，并注意到这座住宅在细部上表现出了日本品位。石川胜志编纂了一本相应的关于西式建筑的课本，其中包含新材料、新设备和新建造技术的相关信息；书中还有室内特征的介绍，

---

[32] 清水庆一，《明治期における初等、中等建筑教育の史的研究》，37—40。

[33] 石川胜志，《改定实用日本家屋构造》，174—177。上野の住宅中与吉田的文化住宅最相似的是钱高作太郎设计的"家族本位の品味の郊外向き住宅"。载于高桥仁编，《文化村住宅设计图说》（1922），58—62。

如西式楼梯的建造、木檐板，以及三种方格天花板。[34] 因此，当设计审美只是被保守地引入技术学校的正式教育之时，类似石川胜志课本这样的书既有助于本国与西方建筑在文化住宅中的融合，也提供了能融入文化住宅的西式元素的具体指导。

在课本之外，学生可以在其他一系列资源中寻找西方建筑风格知识，其中一些明确地为要进入这一职业底层的年轻人服务。大学建筑学院的成员为技术学校的学生做讲座、写书，将非精英建筑师暴露在曾经打动他们前辈的都市氛围之中。例如，早稻田大学一组研究居住形态的激进建筑师直接鼓励年轻同事进行风格方面的思考。由竹内芳太郎（Takeuchi Yoshitaro）、今和次郎（二人都毕业于早稻田大学）合开的一次"住宅建筑"的讲座及由帝国技术教育协会出版的一系列手册，都讲到了六种风格的文化住宅：平房式、分离派式、西班牙布道团式、新荷兰式、芝加哥式（弗兰克·劳埃德·赖特）和新法国式，每种风格都用一张照片或草图作说明。[35] 关于西式住宅内外的详细描述，技术学校的学生可以求助于由早稻田大学的学生编纂的一部图片集，书名十分直接——《现代西式住宅设计资料》，其中的图画和照片明显引自西方课本。这是一份印刷的现成建筑资料，包含从嵌线（"注意：使用宽的嵌线会使白墙看起来不牢固、比例不协调"）到花箱、凉棚、早餐壁橱和一张墨菲收纳床等各种图片。首页展示了一栋有大外廊的单层住宅的立面和平面图，可能是由早稻田组成员设计的。这个住宅很小，比多数上野住宅都要小，暗示这些建筑师渴望证明给读者看，西式设计也能在小资产阶级家庭的预算和空间限制内实现。[36]

---

[34] 石川胜志，《实用西洋家屋构造》。

[35] 竹内芳太郎、今和次郎，《住宅建筑》（未注明出版日期）。这一手册缺少进一步的出版信息，但是从其内容可以看出其出版于 1924—1928 年。

[36] 早稻田大学建筑学科，住宅研究室编辑，《现代西式住宅设计资料》（1924），目录，1—2。

设计信息的另一来源是一套建筑知识百科全书《大建筑学》，它是课本编写者的资料来源。其修订版出版于 1925 年，其中包含新艺术彩绘玻璃窗这样的视觉创新、螺旋楼梯的结构细节、透视和轴测图的数学图解，以及《市街地建筑物法》全文。这一范围广泛的出版物的作者是日本建筑学会的重要成员。它仅通过特殊预定渠道发行，但是经由技术学校，这些卷册将详细的技术和审美知识从现代建筑权威中心向设计领域更广大的中等阶层传播。[37]

一套名为《建筑写真类聚》的出版物在向学生、设计师、木匠和业主传播新建筑的视觉图像方面，发挥了重要作用。这一出版物从 1915 年开始每月出版，一直持续到 1943 年底，累计刊发了多达 1.3 万张当代建筑图像，这些建筑大多建在日本，但也有许多建在西方。订阅者每月付 1 日元就可以收到这些小册子，每册包含松散捆扎的 50 张图片或绘画，印在比明信片稍大的厚纸上，并以有限的图片说明提供少量信息。与木匠的传统雏形本一样，交流的模式几乎全部是视觉上的。它是以建筑特征或流派来分册，这一方式同样让人想起雏形本，以至于一些分册仅有门、入口或客房，以及其他一些对银行、公寓住宅的处理。然而，与传统工匠的样式书不同，这些图像并非参照标准细节绘制，而是现有建筑及其内容、环境的图像记录 (图 8.5)。[38]

1922—1926 年间，编辑们编纂了五卷本《文化住宅》，[39] 内容包括室内、室外照片和少数平面图，仅以所有者的名字加以区分（偶尔仅有姓

---

[37] 三桥四郎等编，《大建筑学》(1925)。关于 1904—1908 年之间发表的第一版的讨论，参见近江荣、堀勇良，《日本の建築》，97—100。

[38] 藤森照信等编，《失われた帝都東京》，4—5，336—337。这本书重印了从这系列中精选的照片。

[39] 以《文化住宅》为名印刷的图书持续的时间足以证明这一词语在建筑圈的长寿。在 1925 年后，同类的新住宅设计集以"新时代的住宅"和"东方品位新住宅"等名称替代。

图 8.5　《建筑写真类聚》系列中一栋文化住宅照片集中的几页。(《建筑写真类聚》刊行会,《建筑写真类聚》第 4 期第 22 回,《文化住宅》III, 1924) 这些照片提供了一次住宅旅行, 它对居住者的生活方式给予了与建筑同样多的关注。

氏或姓名的首字母），也有一些以设计师名字区分。书中并无其他文字。
这些住宅大多面积很大，有很多西式房间。不管是室内，还是室外，照
片都是以斜角拍摄，以尽可能多地展示住宅。室内摄影展现得干净、宜
居，反映出居住者在艺术、装饰和建筑设计上的品位。除了装饰主体外，
照片还展示了便携炉、火盆、台灯、随意摆放的垫子、茶具、烟灰缸、
图书、信件、拖鞋，以及随意混搭的椅子。照片还附带展示了住宅的服
务空间。除了幼童出现在少数几张照片中外，成年居住者通常不会出现。
总体而言，书中并未出现精心裁剪以消除背景和强调正式作用来突出特
点的痕迹，而在现代运动之后的建筑摄影中，这种痕迹很常见。与更现
代的建筑摄影对抽象组合的实验（这些实验当时便在日本期刊上出现，
同时创刊于 1925 年的《新建筑》和《国际建筑》杂志即是例证）相比，这
些照片毫无疑问是平凡、不做作、纪实的。[40]

　　《建筑写真类聚》对住宅市场的重要性就在于，其简单的纪实风格和
便捷的形式。这些相对不太艺术的照片提供了数百栋私人住宅的造型、
比例、装饰和内部的大量信息。单独的纸页很容易取下、详查、展示给
建造者，或者同其他分册中的纸页一起被铺在桌上。这一丛书的广告文
案使用了"建造者和业主必备"与"专业人士之友，学生之母，业余爱好
者之向导"等短语，重点强调了其通用方便和易获取的特点。[41] 编辑们
将照片用作最有利的交流媒体，而非艺术表现模式。照片还便于同顾客
"交谈"。对有兴趣学习可获取的材料、设计特征或者是富人品位的建筑

---

[40]　关于黑白照片和现代主义住宅，参见 Oshima, *Towards a Vision of the Real* 和 Oshima, *Media
　　　and Modernity in the Work of Yamada Mamoru*；也可参见 Colomina, *Privacy and Publicity*。虽然
　　　这些文化住宅图像与克伦米拿讨论的维也纳建筑照片一样，都为建筑转变为大众媒体产
　　　物做出了明确的贡献，虽然它们展现的方式使其变得抽象，但是至少在我看来，它们一
　　　点也不做作。

[41]　引自藤森照信等编，《失われた帝都東京》，5。

师来说，相机也是很好的辅助设备。

　　除去本国的文化住宅设计理念和图像来源外，西方建筑出版社可能也产生过特别的影响。这一丛书的引人注目必然使其成为备选的批评对象。在由日本国家建筑师协会（即建筑士会）西日本分会主办的一场会议中，本区域技术学校的指导者听到组织者抱怨学生最近好像在设计"展现古怪的新东西"，而不是首先对传统"风格"进行足够的"研究"（外来语"研究"［sutadei］和"风格"［sutairu］指通过西方学术方法获得的19世纪标准）。技校的指导者回应道，除了缺少教员，他们的机构缺少适合用于风格学习的材料，西方国家的学生"在城市外面漫步"就能找到历史风格的实例，而在日本这是绝无可能的。结果，"学生就受到最近的外国杂志尤其是德国杂志中出现的新建筑启发"。[42]

　　不管这些视觉材料是直接从欧洲出版物中而来，还是预先经过日本建筑师的消化，1920年代的建筑专业学生总是能找到它。令他们的某些老师和一些更加保守的建筑师感到悲哀的是，一战后随之到来的大众文化中的自由观念鼓励他们从这些丰富资料源中直接挪用，既定的专业等级制度也不再束缚他们的选择。

　　报纸上的两场住宅设计竞赛，一场由《报知新闻》在1916年主办，另一场是1929年由《朝日新闻》主办，界定了文化住宅的时代，并揭示了建筑界在一战后十年内的扩张（图8.6）。由报纸主办住宅设计竞赛这一现象本身就是建筑媒体大众化的例证。大赛向普通大众开放，而且报纸

---

[42]　渡边节，《现在の建築教育方針について》，《建築と社会》，第九辑第十二号，1926年12月，15—16。同年早些时候，早稻田大学建筑学教授佐藤功一也针对女性教育发出了类似的抱怨。佐藤写到地区女子高等学校的老师已经"受近期精美设计的西式杂志的影响"，并在她们的住宅指导中教授不必要的东西。佐藤提醒女子学校教育集中在住所的基本问题和家庭的维持上。参见佐藤功一，《地方高等女学校に於ける"住"の教育について》，《建築と社会》，第九辑第三号，1926年3月，7—8。

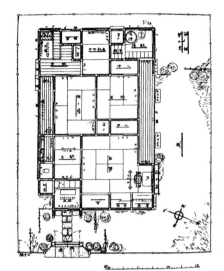

图 **8.6**　提交给由报纸主办的两场竞赛的住宅设计界定了文化住宅的时代。（上）1916 年的《报知新闻》竞赛。（佐藤功一 [Sato Koichi]，《〈报知新闻〉住宅设计竞赛图案》，1916）（下）1929 年的《朝日新闻》竞赛。（刀祢馆正雄 [Tonedate Masao] 编，《〈朝日新闻〉图案集》，1929）

的发行量保证了获奖者能获得极大关注。《朝日新闻》竞赛中的十六个获奖方案在成城学园郊区的模范村中建成并随之出售。[43] 在两个竞赛中，参赛作品都得以出版成书。[44] 然而，在视觉展现方面，这两本书对比反

[43]　酒井宪一，《成城·玉川学园住宅地》，244—248。

[44]　渡边节，《〈报知新闻〉住家设计图案》（1916）；刀祢馆正雄，《〈朝日新闻〉图案集》（1929）。《报知新闻》的集子直到 1928 年仍旧在出版，是第 16 版。

差非常大。《报知新闻》的参赛作品是平面布局,用黑墨硬线绘制,有些包括少数场地元素,很少一部分包含有立面。在图书编纂方面,这些参赛作品也都是匿名刊发,大多没有文字说明或描述。很多作品看起来是由业余人士绘制。与之相反,十三年后,由朝日出版的图集所收录的作品明显是出自经过专业训练的设计师之手。这本书是一个丰富集合,内容包括彩色透视图、建造细节的剖面图和轴测剖面图,其风格化的图表技巧显示着包豪斯或欧洲的影响。图纸都签有名字,建筑师还提供了长达一页的说明,包括关于他们设计意图的探讨。[45]这两本集子惊人的差异有力地表明了这十年间设计教育的飞速进步。住宅设计者作为形式和绘图技巧的熟练操作者,以一种前所未有的清晰形象出现在 1929 年的朝日竞赛中。他们的设计既是个人表达,也是对国内外当代建筑学领域的最新回应。[46]

一个本土文本的传统回应

新建筑知识大量涌入乡土建筑生产,最终迫使风水师予以回应。风水师是与住宅设计关系最密切的本土文本传统守护者。风水对住宅形式的推导源于一种不同的图画——家相图,它是宇宙学的一种。虽然现代建筑话语的霸权地位远没有覆盖全部,但是建筑师仍旧责难这些图解的合理性以及占卜者的实践。这一攻击要求维持风水合理性的新策略。有

---

[45] 报纸为一等奖提供了 2300 日元奖金,收到了 500 份参赛作品,其中有 85 份得以发表。(刀祢馆正雄,《〈朝日新闻〉图案集》,1919,前言)

[46] 住宅竞赛通常为新崛起的建筑师提供了一个获得认可的机会。1922 年为大船田园城市举行的一场竞赛收到了 300 份作品。

前瞻性的从业者判断，他们长期的利益不仅在于保持他们职业的传统地位，而且还在于与建筑师及其他中间人一起为都市大众提供现代的专业知识。这一策略有得也有失。

在两本大众图书中（用简单语言撰写，并附有假名注释），风水师高木乘（Takagi Jo）试图通过将风水描述与当代建筑设计的原理、修辞结合以重建住宅占卜的合法性。高木乘明显采用了直译英语，这显然是为了展示一种与读者预期相悖的世界主义。高木乘在书中断言，虽然占卜实践仅用于日式住宅，但占卜的目的实际上也正是现代建筑设计的目的。占卜者辨别住宅中"方便、卫生、舒适等在建筑上完美的方面"，以为吉利，而"在建筑上有缺陷的点"则是不吉利的。[47]

高木乘的第一本书抱怨了其他风水师，称他们像街上的顽童模仿电影演员"尾上松之助"一样"模仿古代人"。这些风水师落后于时代，是"零碎教条"的维护者，他们的占卜原理只能应付"文化停滞地区的人"。高木乘认为，他们失败的潜在原因在于"毫无建筑学知识"。他承诺将占卜原则变得明白，并且能利用建筑学的"合理推理"，取代所有伪科学。[48] 虽然这本书拆穿了一些关于场地有鬼魂或受诅咒的迷信，但是书的主干仍拥护标准的占卜实践，它依赖于阴阳和中国黄道思想来论证哪个住宅设计是吉利的。使这本书与它所代表的传统相分离的是其描述而非实践内容。高木乘声称有效的风水原则可以通过观察感应到。传统的套路是将特殊的房间布置、榻榻米的数量或者外墙凹凸的朝向等对主人命运造成的影响进行简单分类。而高木乘用一种个案研究的方法取代传统套路，他描述了由于住宅布置而获得兴盛或者遭遇不幸的家庭，还提到了住户的职业以及住宅所在的东京街区。之后他带着问题分析了住宅

[47]　高木乘，《家相宝典》（1928），3。

[48]　高木乘，《家相宝鉴全书》（1924），6，8，7，10。

设计以表明为何住户的命运变得更好或更坏，并给出了弥补措施。[49] 在给出详细分析的十二栋住宅中，有两栋是作者自己设计的文化住宅，一栋是夏季住宅，其设计是建立在一家由美国商店在轻井泽建成的住宅基础之上。书中将这些设计描述为吉利的，却没有提供太多占卜相关信息，而是集中描述了它们为现代生活提供的实际便利。作者提到，夏季住宅的极度紧凑使得为其设计一个既方便又符合风水原则的方案变得十分困难；但是鉴于这座住宅仅供短期住宿，所以还是可以忍受的。

在第二本书的前言中，高木乘将之前用于批评无知风水师的精力投到保卫风水免受建筑师的批评上。为了达到这个目的，他求助于本土审美。他解释是风水原则制造了本国住宅的"气氛"，并断言："住宅占卜……拥有许多审美的条件……这些审美应该是日本建筑的根基。"[50] 在"新设计中应该保存特殊的本土审美"这一点上，许多同时代的日本建筑师与高木乘观点相同，但是很少有人会将高木乘的科学放在如此中心的地位。在回应《建筑与社会》杂志调查的二十位建筑师中，仅有两位明确表达相信住宅占卜，十二位建筑师否定了住宅占卜，还有六位仅在其确保卫生原则的时候才会予以考虑。[51]

如果建筑师和其他人关于住宅设计的大批出版物令风水面临被排斥为只是一种迷信的威胁，那么建筑专业市场上的风水师所面对的问题就是，如何在占卜时不被认为只是一个占卜者。正如高木乘的辩护，这一传统可以与现代科学一致，或被称为是本国建筑美的一个根源。剩下的一个选择就是将其看成一种历史兴趣。松平英明（Matsudaira Hideaki）这位东京都厅官员就持此种态度，他和一位工程师合著了一本风水方面的书。在这本书的序言中，松平英明声明他对住宅占卜学的主要兴趣是以

[49] 作者对其认为是经验表征的强调，在本书的副标题——"实际现场测试"中表现得非常明显。

[50] 高木乘，《家相宝典》（1928），24。

[51] 《我が家を建てるには》1，《建築と社会》，第九辑第十一号，1925 年 11 月，174—179。

历史研究为目的，"而不是为了做所谓的解读"。在研究过程中，他发现前辈们所信奉的占卜原则"有一些有趣的共同点"。[52] 这本书展示了这些点并标明出处。但是在最后，他和合著者本间五郎（Honma Goro）不得不向读者提供了许多与高木乘提供的相同的东西。同高木乘一样，他们也提供了简单的实例研究，以表明风水原则掌控着不同住宅主人的命运。由于松平英明和本间五郎并非为自己的生存而辩护，所以他们的解读更具有怀疑性和实验性，不过他们试图表明占卜可应用于各种场地，包括文化住宅、农舍、乃木希典将军自杀于其中的西式住宅，以及东京市长办公室。松平英明和本间五郎提供了他们对新的半公共住宅权威同润会设计的一栋住宅的解读，他们称这栋住宅已经造成了多起不幸，并发现它的不足可以通过一些小的重建工作改进，包括添设一间太阳房（图 8.7）。

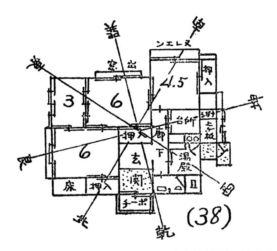

图 8.7　由住宅权威同润会建造的一栋现代住宅占卜分析图。（松平英明和本间五郎，《住宅风水故事》，1930，165）三间相邻的分别为 6、6、3 个榻榻米大的房间使得这一设计不吉利。作者的解决方法是将 6 榻榻米大的房间扩大到 8 榻榻米，并将 3 榻榻米大的房间中的榻榻米移走，将其改造为一间太阳房。

---

[52]　松平英明、本间五郎，《知らねばならぬ科学の家相の話》（1930），1。

作者解释道，"像许多不负责任的已建成的住宅一样"，这座住宅的设计起初就很糟糕，它"忽略了日本住宅的特殊审美，像个盒子，没有缘侧，令人感觉狭窄"。[53] 住宅改革提倡者已经将太阳房的主意变得流行，并取代狭窄的传统缘侧。他们同时提到太阳房和缘侧，表示他们并不认为受西方影响的住宅设计本身是不好的。书中结尾的例子是一座外观是西式但内部除一个房间外全是日式的住宅。这座由建筑师设计的住宅被称为"万幸"之源，因为建筑师结合了"科学的占卜"与经济的设计。[54]

　　一座吉利的住宅与一座卫生的住宅在物理形态上的一致出现在一些实例中。然而，风水的目的与这些现代建筑设计的目的终究是不同的，因为吉利的设计是期望居住者能得到繁荣，而不仅仅是使居住者获得最大限度的舒适，使家务工作更有效率，或更符合现代卫生原则。经过风水专家及追随者的努力，两者得以同时在市场上存在。但是，风水师的生存建立在接受西方建筑知识的普遍性诉求基础上，由此也将自己在制度和智识上置于建筑师之下的位置。

改变的生产领域

　　1922 年之后，住宅和文化生产领域作为一个整体牵涉到许多不同的游戏参与者和新的游戏规则。这一系列的原因始于战时繁荣，紧接着是日常生活改善运动、文化村和其他受新设计及建筑法规影响的媒体事件，所有这些都与接受过专业训练的设计师阶层的壮大密切相关，产生了大范围的住宅设计和设计图书。虽然改革的修辞变化甚少，但是参与倡导

---

[53]　松平英明、本间五郎，《知らねばならぬ科学の家相の話》（1930），164—167。

[54]　同上，217—222。

改革的人却增加了很多，每个参与塑造或寻求改变住宅空间的人现在都推广世界现代性的图像，或者感觉到被迫参与市场化，因为这才是当今规划、设计、建筑和占卜应该关注的。这些实践已经被从乡土建筑生产关系中移除了。

建筑师拥有绘图技能和法律知识，这使他们成为内务省新法规下的建造者不可或缺的代理人，他们不需要直接决定建筑设计的结果。他们与国内改革者、样式图书作者、警察和城市规划者一起参与到重组的住宅生产体系中，这一体系使得乡土建筑设计处于文本、抽象表达和官僚控制之中。当地木匠仍工作如旧，并没有被新的工业系统排挤出局。即使是风水师，也保住了自己的职位。但是受建筑师的专业知识掌控并与政府管理系统密切相关的生产模式已经诞生。

正如模范郊区一样，1920 年代电气住宅的设计既代表了乌托邦的社会幻想，也代表了一种建筑审美；因为设计师希望通过重新审视如何居住，来获取对日常生活中现代性的社会挑战和现代文化中本土与西方冲突的解决途径。作为建筑领域与制度化组织的现代运动（这些年也出现在日本）不同的路径，这一系列新居住形式的提议组成了可以被称为"家庭现代主义"的运动，虽然他们的关注点集中在私有住宅及其舒适性上，但是他们确实是现代主义者，因为其支持者和现代运动的成员一样，声称自己是对现代性状态做出回应的艺术家和社会空想家。在当代艺术和建筑的先锋世界里，文化住宅的设计者也和现代主义者分享着同样彻底的世界主义和对新事物的不停追逐。他们不同的地方在于，努力的地点以及他们同大众市场的关系。他们的另类现代主义将住宅彻底改造为一种视觉目标和一种个人审美表达，并鼓励消费者将拥有一座住宅变成自己的创造性行为。

日本建筑的盛期现代主义或建筑先锋派的标准历史，始于分离主义者组织即分离派的成立。其成立声明发表于 1920 年，它标志着日本建筑师首次兴起一个有组织的宣扬政治和审美目的的运动。另外几个组织紧随其后，包括 1927 年在京都成立的明显受到包豪斯影响的日本国际建筑协会。[1] 分离派和国际建筑协会的盛期现代主义者将自己集中在建筑师的公共角色上，而且通常远离乡村建筑市场。然而，日本的盛期现代主义者不反对家庭生活，这与他们的欧洲同行不同，欧洲的盛期现代主义者会对资产阶级家庭装饰和情感发起责难。一个新的、更加装饰化、充满感情的家庭形象的物质形式在日本刚刚成型，它们的新颖使其免于成为欧洲现代主义者所反对的资产阶级品位停滞积累的标志。[2] 分离派建筑师是浪漫的，而不是理性主义者，他们通过超越其他人的个人创造性引领潮流。他们将批评的矛头指向本国建筑界的普遍保守主义，而不是某个特定的建筑风格或装饰。[3] 鉴于在 1920 年代的日本有可能接受一个现代主义者（如果不是包豪斯纯粹主义者）的立场——不包括改革资产阶级的家庭生活，建筑师是可以在广阔的舞台上明确地表达至少与先锋派普遍精神一致的家庭现代主义。

　　家庭现代主义建筑表达的角色和模式同盛期现代主义有极大区别。盛期现代主义者在学院的地位（尤其是帝国大学）使得他们可以表达自己的审美理念而不受经济限制，而大多家庭现代主义者则被迫去推销自己。然而，除了社会地位与词汇的不同，家庭现代主义者与盛期现代主义者一样，都相信他们的角色是在新模式上重建日常生活。的确，在建筑师作为社会批评家和空想家的角色上，日本的家庭现代主义者领先于他们受过欧洲训练的精英同事。接下来的建筑史回顾地赋予了在国际式现代

---

[1]　Reynolds, *Maekawa Kunio and the Emergence of Japanese Modernist Architecture*，21—35。　对 1920 年代几次建筑运动的解释，参见稻垣荣三，《日本の現代建築》（下卷），291—325。

[2]　关于欧洲现代主义在艺术和建筑中的反家庭生活，参见 Christopher Reed, Introduction, 载于 Christopher Reed, *Not at Home*，7—17。

[3]　稻垣荣三，《日本の現代建築》（下卷），302—303。

主义运动中达到顶峰的精英运动以特权，而将其他现代主义称为不正统。然而，虽然其激进主义已经被湮没，其作者也已经被权威的建筑史所忽略，但在社会层面上，小小的文化住宅是这个时代最激进的建筑声明。

文化住宅的明显性

从 1920 年代中期东京消费者的优势来看，吸引人的新住宅图像在很多地方涌现，好像住宅本身是第一次被发现一样。从乡村生产的约束和社会植入的使用中解放出来后，住宅形式开始在视觉和空间效果上做出改变。在这一渗透中，乡土建筑表达绝不能被超越或遗弃，而是被当作图像、理念和技术的种子。一个持续变化的时尚周期已经开始，西方设计为其提供了原材料。

对在大学系统里接受训练的建筑师而言，寻找一种能够为建筑中可行的国家身份提供基础的和洋混合的元素，已经成为不止一代人的核心关注点。国家的意识与日本在国际体系中的地位正一起发生变化，而现代媒体的全球同时性每日都重塑着文化状况。1923 年的大地震使这个广泛的文化危机直接与本地相关联，给予了艺术家和建筑师去想象他们可以重造城市的出发点；并且首次出现了一个足够广阔的消费者基础——虽不富裕但是不受家庭、财产和社区的限制，从而为新设计提供了市场。他们所回应的文化生活宣传的形式比以往任何重塑日常生活的努力都更直接、更亲密、更有触觉和更具视觉激励性。以文化生活为标志的文化生产与消费发展的联合，将改革的民族原因与解放个人欲望连为一体。

新住宅设计使得独立住宅突然变得引人注目，并非仅仅因为其设计华丽或具有异域风情。文化住宅现象的一个关键要素，也恰恰是在展览最初的事件（ur-event）中具有标志性的，即住宅变成一个更明显、更引

图 9.1　"文化村像是一条郊外街区。观众们从一栋住宅到另外一栋住宅透过窗户窥探的场景，让人想起租客寻找供出租的普通住宅。这些年轻夫妇漫步、窃窃私语，让人想起在中野或代代幡周边时常见到的情景。在这令人烦恼的住宅短缺时期，可以说文化村不仅仅是一个建筑展览，还是当代都市生活状态的实景展览。"（前川千帆 [Maekawa Senpan] 所绘漫画，《中央美术》，1922 年 5 月）

人注目的物体。它以四种方式呈现。

首先，最明显的是文化村的住宅是用来看的。具有讽刺意味的是，人们并不能进入这些住宅，只有收到特殊邀请的参观者才能获允进入。[4] 这只会使它们变成更为纯粹的视觉目标（或窥私癖者的目标），因为寻常展会参观者对它们的体验感受仅限于通过门窗观看。在这里，独立住宅这种典型的私人建筑第一次专门为公共展示而建造（图 9.1）。

其次，形象风格使得文化住宅成为一个引人注目的对象。新建筑样式图集和文化生活指南中充斥的插图不仅展现了技术进步，而且展示了视觉表现的创新。作者将透视图、手绘的风格化彩色立面图及照片纳入书中，而此前他们在书中只使用平面图和少量硬线立面图。住宅明显地

---

[4]　内田青藏，《住宅展示場の原風景としての"文化村"》，359；斋藤荣，《东京博览会见物记》，《主妇之友》，1922.5：143。这篇文章注意到文化村的"锁国政策"损害了住宅的推广价值。

图 9.2　新表现形式：1920 年代杂志和样式图集上的住宅插图都在艺术上更加醒目且更倾向于吸引人。（左）中西义男（Nakanishi Yoshio）设计的郊区住宅，《住宅杂志》，1922。（右）"一栋简单的小住宅"，取自芹泽英二，《新日本住宅》，1924。文中提到这张插图"由作者绘制，是他会向认真的住宅热爱者郑重推荐的一座住宅的草图"。

被渲染为审美本体，单点透视尤其强调视觉，以制造诱惑力并具体表达占有欲强的个人主义观点（图 9.2）。[5]

　　再次，在展览会后的杂志广告和其他大众媒体中，住宅的形象变成了流行符号，被用来唤起进步和舒适的家庭生活。1922 年底，调味品制造商"味之素"，在报纸上做广告时使用了一栋陡屋顶半木构造风格住宅的图片和"适合文化之名"的广告词（图 9.3）。[6] 香皂公司、酱油制造商、巧克力制造商，以及其他家用产品制造商都使用了类似的图像。这些是日本最早将住宅开发为消费者满意的标志性广告。家庭是一个脱离于市场交换领域的地方，这一在 19 世纪晚期由家庭理论家发明的观念，此时深深植入大众意识之中。现在，它也获得了一个图像形式，允许广告从业者将它当作一个有真正价值的象征，其象征主义纯化了商品。[7]

---

[5]　这一短语来自 MacPherson，*The Political Theory of Possessive Individualism*。

[6]　复印自《新闻集录大正史》第十辑，518。

[7]　Jean Baudrillard 称，当商品在资本主义交换之外"找到自己的象征主义"时，"符号的市场"就出现了。（参见 Gail Faurschou，*Obsolescence and Desire*，239—240）

图 9.3 1920 年代早期"味之素"调味品的报纸广告。上面写着："适合文化之名：非常省时省力，美味营养，高效节约无匹。"正如这一时期的其他广告，代表"文化"的具有异域风情的西式住宅与被推广的产品之间，并无密切关联。

　　最后，文化住宅实际上是被渲染得引人注目的住宅，它是实体的，因为在当时郊外街区出现的新住宅更容易从附近街道上观察。文化住宅是景观中十分明显的附加之物 (图 9.4)，它们被低矮的篱笆环绕，而不是高墙或树篱，通常两层高，周边都是平房，三角山墙面向街道，老虎窗或阁楼窗户镶入山墙，而不是嵌在沉重坚固的屋瓦上（好像文化住宅的"眼睛"与本土住宅相比被放在脸部比较高的位置一样）。(图 9.4)

　　尽管没能建立一种用于改革的普遍模式，但上野文化村证明了住宅是一欲望所求之物，在这一点上，展览会无疑是成功的。在之后的几年里，任何与之前乡土建筑形式明显不同的住宅都被标记为"文化住宅"。标签和视觉呈现宣示其创新性，同时也低估了其商业地位。由建筑师、木匠和业余爱好者设计的非常不同的建筑有着明显创新的共同点，正如盛期现代主义建筑一样，它们享有雕塑般的重要地位，被设计出来吸引眼球。

图 9.4　从环境中突出的文化住宅，与隐藏在墙和树篱之后的传统独立都市住宅形成对比。面向街道的三角山墙和二楼的窗户更显其不同。（上）青森县弘前旧武士区的街道（宫泽智士 [Miyazawa Satoshi] 编，《日本的美术：町屋和街道》，至文堂，1980）。（中）东京小田急私有铁路沿线新建的住宅（《日本地理大系·大东京篇》，1929）。（下）选自文化住宅照片集的男爵东久世秀雄（Tokuse Hideo）的住宅。（《建筑写真类聚》刊行会，《建筑写真类聚》第四期第七回：《文化住宅》I，1923）

住宅自有与个人表达

在日本现代主义设计师和业余爱好者眼中，现在私有住宅为其拥有者的个人品位和生活方式提供了一个创造性表达的机会。在学院派建筑师之中，山本拙郎举例说明了住宅正在生产的浪漫是个人理想的实现，是容纳感情的器皿，也是一处亲密的空间。在一篇介绍他在《住宅》上主持的定期专栏的短文中，他将这种个人浪漫描述为启发他成为一个建筑师的灵感。这篇文章以回忆对朋友 K 的一次访问开始，当时他和 K 还都是学生。他发现 K 俯在一张平面图上说道：

> "客厅将会带有一点数寄屋风格，在这里还有一个圆窗，我会放一个壁炉到西式房间——而这将是放钢琴的地方。"他眼中闪着光，向我解释道。我很嫉妒 K，因为他可能有个会弹钢琴的女朋友。但是我更加被建造一栋想象的住宅吸引。我想这就是之后驱使我成为一名住宅建筑师的动力之一，虽然当时我对生物感兴趣……
>
> 规划和设计自己的住宅是一件令人着迷的事情，即使你完全没有必要建造它。你想象"我想要书房这样"，或"让我们在书架上摆上在银座橱窗里看到的那个可爱玩具"，或"在夏日的夜晚，让我们在阳台上摆一张铺有白桌布的藤桌，一起喝英国茶"。它为我们提供了一处开阔平原，想象可以自由驰骋其上。如果走在城里，你看到一张麦当娜的画像，为何不设想一下将它用于装饰你想象中的住宅？当然，你也可以自由想象一张有丽莲·吉许的特定场景的照片。有一天，你们两个有可能在高田贸易公司查看西屋公司电气灶的价格。当然，你不一定要买它。住宅所在的场所是什么样的呢？当你在郊区漫步的时候，甚至是你在火车上望向窗外之时，为何不注意

寻找一下洒满阳光的山坡呢？[8]

在山本拙郎看来，建筑师的任务就是帮助业主实现这些个人愿望。他关于自我角色的这一观念与国家建筑机构推动的公德心形成强烈对比。山本拙郎对家庭生活的描述也暗示了他对业主的不同理解，他在这里将其想象成一对夫妇。他们新建一栋住宅，不是因为国家生活的进步或者这个时代的社会规范要求他们这样做，而是因为它允许他们将自己的愿望转化成物质实体。山本拙郎不仅将他的客户理解为家庭亲密关系的热爱者，还把他们理解为生活是由消费者角色塑造的人。在这个故事中，假想的客户购买的物品和他们拥有一座住宅来放置这些物品的梦想，两者实际上被设定为一对夫妇。现代都市为他们的渴望提供了丰饶的象征。从购买橱窗里的玩具并将其带回家，到一起透过火车车窗消费郊区景观，他们在消费的私密行为中分享着个人选择的愉悦。

山本拙郎暗示，这种设计和选择物品的乐趣，即使仅仅是完全在想象的王国里享受它，也足够了。不言自明的是，至少曾经有一次，山本拙郎不认为使自己沉浸在无回报的渴望状态是无限愉悦的。他对梦想生活的支持包含充满感情领地和新消费耐久品的舒适住宅，同时也为他所供职的设计公司以及与公司有关联的新家用产品的生产商做广告，为正在幻想的读者做好消费准备打下基础。消费者可以通过拥有住宅来实现浪漫，也许是选择一个《住宅》杂志中的设计，假如不是要求美国商店公司为其造好的话。

然而，通过提高新住宅风格的日常性和可获得性，而不是兜售他们自己的专业知识，像山本拙郎一样的建筑师向希望提升设计能力的业余

---

[8] 山本拙郎，《空想の住宅》(1924)，引自山本拙郎，《拙先生绘日记》(1933)，192—193。关于山本拙郎，参见内田青藏，《日本の现代住宅》，148—172。

爱好者打开了一扇门。西方建筑知识大众化的合理极限，使建筑变成了一块建筑师失去特权地位的领域，在该领域任何人都可以建造属于自己的文化住宅，并撰写关于它的文章供人阅读。在女性杂志上，住宅拥有者向其他读者介绍他们的住宅或者讲解他们的住宅建造和居住经验——这些住宅是以同一本杂志先前发表的设计为基础的。《主妇之友》上的文章介绍低造价住宅、改造旧住宅以建造支付得起的文化住宅，以及重新利用旧木材的方法实例，还包括详细的建造预算。

一位业余爱好者在 1926 年发表的一篇文章很受欢迎。他设计了自己的两室住宅，并用与通常情况相比很少的 600 日元将其建造起来。这比著名的文化公寓中单间的年租金还便宜。文化公寓是日本第一个西式公寓，是震后不久由御木本幸吉（Morimoto Kokichi）在东京市区建造的。[9]这位作者骄傲地称他享受的是欧洲标准的一等小屋的所有奢华。他承认读者可能觉得如此小的住宅看起来像窝棚或车库，但是他有"与国王和贵族大宅邸相称"的高贵态度。他将金属薄板屋顶刷成墨绿色，隔板墙（窄窄的被称为"南京护墙板"的那种）刷成白色。他说虽然现在流行只用密封剂粉刷护墙板，但是白色粉刷看起来"更高级"。在室内，生活完全是西式的，有床、椅子和一间西式浴室。他说他们一家三口住在这个舒适的 7.5 坪（约 25 平方米）的住宅里没有任何不便。

作者曾亲自参与一些建造工作。他总结说，如果采用使用钉子的美国流行方式将结构架起来，而不是采用榫卯结构，那么在没有木匠帮忙的情况下完成所有木工也并不难。[10]这篇文章引起了大家足够的兴趣，以至于编辑在接下来一期中将作者请回来进一步提供关于家具和设备的

---

[9] 数据来自本间义人，《産業の昭和史》，83—84。

[10] 明和清守，《欧州航路の特别室より便利な七坪半の家を建てた经验》，《主妇之友》，第十期，第四号，1926.4：89—92。

详细信息。[11] 两年后，它似乎为关西杂志《建筑与社会》的一幅讽刺漫画提供了灵感。这幅漫画称"某女性杂志"发起了"600 日元住宅浪潮"。（图 9.5）[12] 同样谦卑甚至更便宜的业余爱好者的设计也出现在其他地方的出版物上，它们强调，即使是最小的避身之所也可以变得流行以表达个人品位之理念。

由于在 1920 年代的东京供出售而不出租的投机住宅建设尚不常见，所以与已经建成的住宅相比，杂志中此类住户所拥有的文化住宅更多的是根据住户或建筑师的要求来建造的。在东京，对住宅自有的大众追求更多来源于这种与私人住宅相关的浪漫（大阪阪急郊区所预想的），而不是将地产视为安全投资这一广泛传播的价值观。由于在 19 世纪晚期的东京即使是富有的商人和精英官僚通常也是居住在租来的住宅里，所以小文化住宅的拥有者通过生活方式选择煽动着一场习惯的标志性转变。[13] 既定的资产阶级家庭改革者可能已经发现新住户所拥有的文化住宅近乎荒唐地小。虽然文化住宅不能使其拥有者的地位稳定在有产阶级之列，但它们确实展示出其拥有者的现代品位和家庭理想。

拥有自己的小住宅的理想最终在流行歌曲及其他媒体对家庭舒适的召唤中得到了表达。1928 年首次发行的美国歌曲《我的蓝色天堂》的日

[11] 绳喜代寿，《金を掛けずに便利を主とした最小住宅の設備と家具》，《主妇之友》，第十期，第五号，1926.5：122—126。

[12] そぎゅ，《六百円の文化住宅》，《建築と社会》，11 辑，4 号，1928.4：12。

[13] 直到战后"我的家主义"时期，房产拥有者一直在郊区家庭总和中占据少数。文化住宅时期，住宅自有更多的是一种生活方式选择而不是经济选择，这以负面的意义暗示一个事实，即与 1960 年代相比，在 1920 年代和 1930 年代，实际工资更加支付得起住宅，但是二战前大多数白领东京人选择租房。只是到了 1960 年代，住宅自有才变成大多数人的标准，这很大程度上得益于国家刺激和大公司为其雇员提供的资金帮助。参见 Waswo，*Housing in Postwar Japan*，50—51，92—95。关于对国家推动住宅自有的强烈批判，参见盐田丸男，《住まいの戦後史》，63—71。

图 9.5　"一座 600 日元的文化住宅。""一座文化住宅所需要的：不可或缺的红色屋顶、小鸟、收音机、拖鞋，一两幅带框图画——即使是从报纸上剪下来的也可以，藤椅、咖啡器具，之后是一元选集丛书和书架——这些对新手来说足够了。如果你碰巧遇到一位学校教师或在一个脑力测试中被问及这个问题，说这么多就足够了。"

> "某女性杂志介绍了一种建造自行设计的便宜住宅的方法。结果在晃着便当盒的都市白领间掀起了一股 600 日元住宅建造热潮。"
>
> ……"因此，它就建造在这儿。有个门铃很有趣。"
>
> "好吧，你知道那是成为文化住宅的条件之一。"
>
> "在房间里打伞，很俏皮啊。如果芭蕉大师*还活着，他会非常高兴。"
>
> "在这样一个街区，你不能那么大声地讲这些话。"
>
> （Sogyu，《600 日元的文化住宅》，《建筑与社会》，1928 年 4 月 12 日）

---

*　指松尾芭蕉，日本江户时代俳谐大师，蕉风俳谐的创始人，"风雅说"的倡导者。

语版中，作词家堀内敬三（Horiuchi Keizo）在其中加入了新歌词"它虽小，但却是我幸福的家"。这首歌获得了巨大成功（被评为二战前最流行的爵士歌曲），这段歌词也成为常用语。[14]

---

[14]　"楽しい我家"这一词语看似像是英语"不管多么简陋……"，但是这些词语在原有歌曲的英文歌词里面没有出现。

乌托邦的日常生活

正如 1920 年代新住宅的外观让消费者和评论家为之一惊一样，研究住宅的建筑师和作家也同样对其内部感兴趣，因为他们正在寻找新的、更自然、更舒适的形式来收纳家庭生活。1920 年代早期的文化住宅倡导者用寻常材料让乌托邦理想变得流行。乌托邦主义为他们的新家庭生活提议增添了色彩，为他们反对虚荣的争辩增加了力度，为他们散文式的行文方式增加了吸引力。它简短、有力的发言，是他们在建筑中信奉的简单风格在语言中的映衬。虽然它蕴含着同样的历史时刻，有时与家庭改革的科学理性主义语言采用同样的文字，但是文化的乌托邦语言仍有清晰可辨的不同。

比如，在《文化住宅研究》(1922) 中，作者森口多里 (Moriguchi Tari) 和林小菊 (Hayashi Itoko) 穿插了一些具体说明，如厨房水槽的高度和储藏空间的建造，以及一些改善日常生活的建议。这些建议用急切的措辞表达，好像是将女性家庭生活的平凡一面看作诗歌的素材。这本书的一部分是由一系列想象的信构成。信是写给"我们亲爱的年轻姐妹"的：

> 你们想象过未来的生活吗？……你们未来的生活不仅仅是保持座敷干净、安静地弹日本筝……如果你也热爱你将来的生活，就不要将其想象成多彩的梦，还是将其想象成一些更实际的东西吧。这样，食物、衣服和住所的理想形式就会开始发芽……这一切都是真的。不能在对生活的爱中生发出来的既不是真正的改革，也不是真正的品位。[15]

---

[15] 森口多里、林小菊，《文化住宅研究》(1922)，20，23。值得注意的是本书是由一位男性与一位女性合著的，在前言中他们都称自己为业余爱好者。女性关于文化住宅的写作会在下面进一步探讨。

　　《文化住宅研究》中的插图描绘的建筑有华丽的宅邸（日本的和欧洲
的），也有改建的牛棚。它们大多互不相关，地址未知，但是全都远离典
型日本女性读者的经验。虽然森口多里和林小菊警告他们的读者不要做
白日梦，但是整本书其实就是一个做梦的邀请，它想象重建日常生活而
置社会和物质局限于不顾。

　　尤其是当并非明确是写给女性读者时，家庭现代主义者提出了一个
平淡无奇的理念，它建立在个人精神周围而非基于家庭工作实践和社会
关系之上。藤根大庭（Fujine Daitei）的《理想的文化住宅》（1923）以对
身体与灵魂之统一的反思开篇，阐释正如真正的身体美来自精神，居住
建筑之美也来自对居住者日常生活的外在表达。比例恰当的住宅会出现
在这一延伸的一个平衡点，它将是"供尊贵人类精神休息的幸福生活之
神殿"。[16] 建筑师能濑久一郎（Nose Kyuichiro）的样式书《可建的 30 坪改
良住宅》（1924）以更平实的语言和具体的形式提供了类似的思考。能濑
久一郎为他的住宅设计配上简单生活的赞歌和对社会上骄傲之情的谴责：
"文化生活是科学的生活。简单点说，它就是简单生活。要过简单生活，
必须居住在简单的住宅里。跳舞不是文化住宅的唯一内容。并非只有弹
奏钢琴和在合唱队中唱歌才算是过着文化生活。"[17] 这种生活简化的最终
目的是一座一间房间的住宅。"对我们的日常生活来说，一间大起居室
就足够了"，能濑久一郎说，"仅仅是生活在一栋大住宅里并不是文化生
活。"[18] 然而，这些声明更多的是理论层面的想法，是纯粹情形的一种表
达；在这一情形中没有什么外来的事物能够影响对个人立即需求的直接
满足，并且没有什么会因为形式的目的而被采用。能濑久一郎的住宅大

---

[16]　藤根大庭，《理想的文化住宅》（1923），3—6。

[17]　能濑久一郎，《可建的 30 坪改良住宅》（1923），41。

[18]　同上，50。

多是被设计成容纳家庭的，而且是以更加常规的术语来识别他们的需求。
与文中这些文字一同印刷的是四室或五室的住宅设计图，其中包括有小
书桌的儿童房。虽然能濑久一郎的争论暗示着简单生活并不需要能够弹
奏钢琴，但是他在一间起居室指着一个墙可以打开的空间建议道："假如
你赚到了钱，可以在这里放架钢琴。"[19] 实际上，他所推广的不铺张的住
宅和生活方式并非不能和这些端庄的资产阶级附属物相容。

　　自学成才的建筑师西村伊作（Nishimura Isaku）的工作特别清晰地将
家庭现代主义的价值观收纳其中。（图 9.6）1906 年，西村伊作从自己的美
国式平房起步，在 1919 年出版了深受欢迎的第一本书《幸福住宅》。西

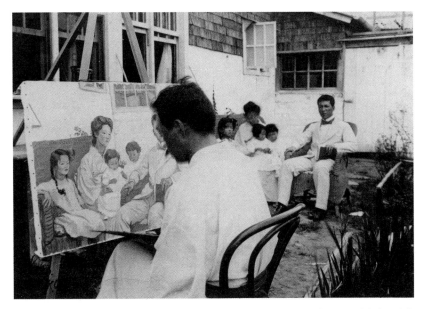

图 9.6　1913 年，新宫（三重县）家庭住宅的庭院中，西村伊作与家人坐在一起，艺术家石井柏
亭（Ishii Hakutei）正在为他们绘制《西村先生及其一家》。这是出现在文部省美术展览会上的最
早的家庭画像之一。（感谢文化基地提供照片）

---

[19]　能濑久一郎，《可建的 30 坪改良住宅》（1923），43。

村伊作也是一位先锋，他也许是第一个探索将社会理想主义融入住宅设计艺术之中可能性的日本设计师。家庭的富裕减轻了西村伊作谋生的需求，与其他大多数住宅建筑师相比，这使他能够更加自由地追随自己的兴趣。在书中，他的经验所占分量不同寻常，比那些以自传章节开始的书还要多。1907 年结婚之后，西村伊作致力于将其家庭生活的所有方面都建立在英美家庭生活模式的基础之上。他从《住宅与花园》之类的杂志上收集信息，并且直接从蒙哥马利 - 沃德公司[20]和其他海外邮购公司购买所需物品。他在故乡和歌山县新宫建造的"瑞士农舍"风格的住宅，不仅表达了他对西方家庭生活模式的迷恋，也展示出他完全透明、不受外界影响、注重个人愉悦的日常生活。住宅第一层是相连的餐厅和起居室，西村伊作也称它为"会谈室"。房间的尽头，壁炉边的周边的方孔被修成窗户大小（这里斟酌一下），面向宅子正面，一进门就能看见壁炉内部。这一设计试图规定一种更开放的生活方式："它（这一住宅）想鼓励在这样一栋住宅里生活所体现的精神——在这里，建有一间大而令人愉悦的起居室，它替代了入口玄关或门厅"，他写道，"在这间起居室，你可以透过窗户看到来访的朋友，在起身之前就用微笑向他们致意。"[21]西村伊作还从将餐饮区布置在客人可见的位置中发现社会含义。他提到将这两处空间结合，可能会被认为是在吃饭时有客人来访的不便之源，但是真的没有必要将被看到在吃饭看作一件丢脸的事。他认为，文明人不必将进餐看作"野兽"掩藏猎物。[22]

　　正如本村伊作的第二本书《生活艺术的制造》（1922）所明确表达的，他将其家庭生活看成是有教化意味的表演，是包含建筑、服装、饮

---

[20]　美国芝加哥的一家大百货公司。（译注）

[21]　引自加藤百合，《大正の夢の設計家》，91。

[22]　西村伊作，《楽しき住家》（1919），39。

食，以及朋友和家人作为合作同伴的一件总体艺术品。这一表演得到许多参观过新宫西村住宅的大正时期作家和艺术家的推崇，其暗含的理念使他们中的许多人印象深刻，这足以帮助西村开展数量相当可观的建筑实践——他在大阪和东京完成了五十多座私人住宅。而《幸福住宅》也多次重印。[23]

由业余爱好者建造的最小住宅，正如其处在文化住宅民粹主义的逻辑末端一般，也处在理想化简约生活状态的远极。地震前几个月，菅野弓一（Kanno Kyuichi）写了一篇文章，既是个人随笔，也是为业余爱好者写的实践指导。在论述日本乡村隐居的悠久历史时，作者讲述了两个故事，一个关于自家郊区小住宅，另一个是住在附近的一位艺术家朋友的类似故事。在菅野弓一的故事里，有一天两人在银座一间酒吧相约喝酒时，朋友吐露了想要一座乡间栖息小屋的愿望。在菅野弓一的印象中，这类似于当地著名诗人的巡回落脚点（itinerancy），以及隐士、茶师的简易居所。作者接着以一种使人想起鸭长明（Kamo no Chomei）在13世纪的经典之作《方丈记》的形式，叙述了过去五年中他在东京七个不同地方的居住经历，这最终使他决定建造一座两室住宅——一间是日式，一间是西式——它没有围墙，位于距离东京一小时车程的千叶市。[24]在那里，他种植蔬菜并"亲近土壤"，这给予了他关于生活意义的重要启示。不久之后，他的朋友也照做，并在附近建造了一座住宅。他朋友的住宅从外面看"像间茶室"，但室内却是一座"真正的西式住宅"。[25]

---

[23] 对于西村职业和生活哲学的深入分析，参见加藤百合，《大正の夢の設計家》；进一步关于其建筑设计及已知作品列表，参见田中修司，《西村伊作の楽しき住家》。

[24] 以一个有名的禅公案集之题目作为双关语，作者宣称自己信奉"无门"哲学；菅野弓一，《三百元住宅》（1923），16。

[25] 同上，附录3—5，17，24—32，33。第一次出版于1923年6月，这本书在9月初是第九次印刷，9月25日为第十次修订版。地震似乎促进了销售。

在他们的乌托邦田园生活中，菅野弓一和朋友的小住宅超越了简单生活的许诺，达到了作者声称的——用今天的流行话语来说——"将生活转化为艺术"。他的朋友告诉他，一座住宅是一件纯粹创造之物，比创作一部小说更加伟大。也确实如此，他的朋友只要在自己家中以自己喜欢的方式度过每一天，制造生活的艺术，他就没再想过绘画的事。为了将懒惰的艺术家与对退隐君子的传统想象相区分，菅野弓一指出他朋友的品位如其设计的住宅一般折中：他夜晚或是在缘侧上冥想庭院中的石佛，或是在踏板风琴上沉迷于圣诗。当两个人坐在户外藤椅上喝着可可饮料交谈时，作者以新近出现的令政治杂志变得生动的流行语取笑朋友："你还真资产阶级啊，不是吗？"艺术家承认了。这个标签是赞美之辞。无论生活条件多么艰苦，作者深思道，朋友的"内心都很富有"，他是一个"可爱的小资产阶级"。

这些"小资产阶级"男人的乌托邦与早先苦行者的隐居之所在另一个重要方面有所不同——它们是家庭住宅。艺术家的妻子奉上了可可饮料。自从菅野弓一将妻子和孩子带到千叶的住宅，所有与家庭改革者相关的日常事务都以简洁的形式运作，如他参与的厨房设计、抚养儿童和接待客人等问题。因此，作者以全书前三分之一的内容试图证明，对一种愉悦、恰当的资产阶级生活方式来说，他所设计的住宅是足够的。由于作者的目的是以最低的花费来达到这一目标，所以这本书详细描述了节约和减少雇木匠花费的技巧，如利用旧啤酒箱上的板条制作护墙板等。艺术家对隐士远离尘嚣的传统开了一个带有讽刺意味的玩笑，他将自己的住宅命名为"向往世俗的隐士居所"。与其所代表的"小资产阶级"生活方式相适应，作者自己住宅的名字至少在书名当中表明了其价值："三百元住宅"。(图 9.7) [26]

---

[26]　菅野弓一，《三百元住宅》(1923)，附录，13—14，15，19。

图 9.7　《三百元住宅》（菅野弓一，1923）的封面（左）与插图（右）。在缘侧沉思，在脚踏风琴边唱圣诗，在庭院藤椅上喝可可饮料："你真资产阶级啊，不是吗？"作者羡慕地向其郊区邻居说道。

　　不管是为自己还是为他人，家庭现代主义设计师都将所建造的住宅当成生活实验的典型。然而，与欧洲现代主义者不同的是，他们并未抨击资产阶级家庭生活；与之相反，资产阶级家庭生活正是他们所宣扬的。这些宣扬新生活方式的设计师以平实的语言和个人实例传达了一个共同使命——告诉大众实现资产阶级生活实际上很简单，大家都能做到。

　　基于家庭隐私、个人审美表达和神圣化了的"简单生活"日常经验，文化住宅可以被称为资产阶级乌托邦。虽然这一乌托邦所划定的街区狭小，但是这并没有使乌托邦居民减少，因为它是一个完美和谐的想象空间，其中不存在社会矛盾。在经济层面上，菅野弓一完全可以称一座三百元住宅是"无产阶级的"，但是这里并没有无产者——无论是对工厂劳动者的需求，还是支撑市中心商店老板的东京城市制度，都不能在对简单生活和郊区休闲的文化住宅幻想中找到存息之地。

东西交融

　　这种隐私的理想化和简单日常实践的高贵化有重要的设计含义。首先，这些理念要求建筑师重新考虑东西方在室内方面的既有区别，因为这些已经成为明治时期上层社会正式礼仪的基础。在年轻建筑师之间，设计的新语言逐渐变得不再呆板，而更加自然，与家庭现代主义者从习俗中解放的信息是一致的。自 1920 年代开始发表设计的一代设计师，采用了杂糅式样，这不仅代替了建筑形式，还代替了分离的西方和日本的画图投影，以及在建筑教育中曾一统天下的设计制度。他们的设计在松散的写意中融合了西方与日本的特点。在《建筑与社会》上报道技术学院教育困境的关西建筑师指出了手绘草图的具体海外源头：

　　　　在过去，绘制建筑立面用到五样东西：丁字尺、三角板、指南针、弹簧和手。但是当所谓的"分离派"出现后，指南针和弹簧消失了；此后，在门德尔松的爱因斯坦天文台出现一段时间后，甚至直角边也消失了，而且在完全徒手处理各种事情的学生中间，极端大胆的方法开始流行。[27]

　　因此，欧洲的先锋派潮流成为年轻日本建筑师与他们老师的正统相决裂的依凭，最初正是这些老师教导他们要向欧洲学习。对欧洲的借鉴也变得更加随意和零碎。与维也纳分离派相关的强烈线性和有角设计主题（此时和它在起源地的样子早已不同），混杂了高山形墙或复折式屋顶

---

[27]　渡边节，《現在の建築教育方針について》，《建築と社会》，9 辑，12 号，1926.12：15—16。1921 年于德国波茨坦建成的爱因斯坦塔（爱因斯坦天文台，译注），以其流线及弯曲的形式获得了广泛的国际关注；参见 Oshima, *Hijiribashi: Spanning Time and Crossing Place*。

和尖尖的屋顶装饰——其中一些取自德国和澳大利亚乡村住宅设计。这一组合既可以称为"德式"风格，也可以称为"分离派"风格。因此，在传播欧洲先锋主义者打破旧习的信息和设计的（也有不那么激进的）媒介之中，日本的年轻建筑师拾取适合他们的，并声称他们这样做是为了向本国学界发起挑战。[28]

这些家庭现代主义的理念、建筑形式和图像语言在一个设计竞赛的参赛作品中全部得到明确体现。这一设计竞赛是《建筑写真类聚》的出版商在 1925—1926 年发起的，要求设计一座建筑面积为 15—16 坪（46—56 平方米）的小住宅。在附注中，获奖者有意使用了与以往的分类不同的风格标签来标示他们的住宅，称它们为"本土化现代""现代德国风"或简单的"当代风格"等。一等奖得主称其设计应该"以'日本风'这个新词来命名"。设计者的文字强调简单生活和简朴的家庭闲暇之乐，如在夏日聆听虫音，或躺在藤躺椅上休息。一份带领读者进行穿越住宅之旅的说明以"一扇漂亮的白门静静地打开"开篇，接下来用戏剧化的方式描述了可能遇见的景象与声音 (图 9.8)。还有一些设计师的附注将小郊区住宅描绘成为工薪阶层向往之所，唤起人们浪漫的想象，比如，称其为每个男人的"梦想……在深绿色郊区的满足生活"，在那里有"爱的女神"在等着他。他们的室内设计则融合了推拉隔断、回转门、地毯、椅子和榻榻米垫，抛弃了洋间和本土座敷的刻板区别。而外部造型上，则从明显受到弗兰克·劳埃德·赖特建筑影响的低宽阔屋顶，到更加垂直、棱角鲜明的"德国"样式，应有尽有。徒手渲染主宰着透视图，在平面和立面图中也很普遍。引人注目的明暗法、风格化的字体和不平常的背

---

[28]　如前所注，分离派风格早已经影响家具、室内和图案设计超过十年。虽然最初的运动已经结束，但是这一词语在日本继续用于 1920 年代出现的更大范围的受德国和奥地利风格影响的建筑。

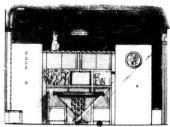

图 9.8　"一扇漂亮的白门静静地打开……"《建筑写真类聚》小住宅设计竞赛中一个获奖作品的前立面和室内立面，1925。

景述说着设计者与学院建筑习俗的脱离，以及他们与业余爱好者的简单图解的距离。[29]

材料隐喻

　　以一种异于大多数资深建筑师和木匠的方式，家庭现代主义者采取了现代艺术家的姿态追逐新奇的表达。然而，就在寻找不依赖于民族样式之正统的新建筑风格时，他们却发现自己的杂糅设计经常被观察者简单称为"西式的"。与设计竞赛一起，建筑评论自 1910 年代起就已成为建筑制度的重要组成部分；在专业和大众媒体上，不断涌现出对受西方主义感染的陈旧批判。与在社会其他领域中一样，在建筑中"美国主义"被当作一个懦弱屈从于文化帝国主义的标语。[30] 因此，寻找新的方法以调和东西方设计变成了住宅和公共建筑中艺术化表达的焦点。它不仅

---

[29]　建筑写真类聚刊行会，《建筑写真类聚》，第 5 期，第 21 号 (1926)。关于获奖竞赛者的描述，参见此书，第 1 期：1—4。

[30]　例如，1921 年，建筑师远藤矶写道，日本人应该为将从美国引进迅速建造的住宅称作"日常生活改善"而感到羞愧；参见其《建築は立体として取り扱わねばならぬ－アパートメントハウスの設計に当たって》，《家庭周报》，第 617 期 (1921.6)；引自远藤新生诞百年纪念事业委员会编，《建筑家远藤新作品集》(1991)，9。

仅是一个视觉外观问题，因为发现住宅可以当作表达乌托邦理念之地的建筑师，将家庭舒适和隐私问题看作是基本上与设计审美问题一致。正如每一个新设计都将自己放在与已建成或已发表的建筑相关的位置上，并试图展现一种有效的文化综合，住宅形式在一种审美对话中得以成型——这一审美是指在更广泛的意义上与身体感官的整体和其所处环境的关系。虽然这一审美对话更多依赖来自欧美的建筑词汇，但它主要发生在日本境内。在视觉表达和打造家庭空间两个层面上，"西方性"的问题都为形式从其他形式中显露出来并附带与其相关意义的内在过程提供了催化剂。[31]

这一东西方设计动态引导盛期现代主义建筑师进入对本土建筑形式持续的抽象之中，因为他们试图定义一种能够被纳入西方现代性的民族特征。[32] 在家庭现代主义中，它导致了对由舒适和审美愉悦的探索塑造的形式的不安把玩。假如在为将围绕更加亲密的家庭生活的住宅合理化和制造视觉吸引力上，西方形式都提供了材料，但这两个动机并不总是一致。在有些情况下，在实践意义上现代的外表不能传达现代，或者说不能传达正确的现代。文化住宅设计不是一件调和一系列稳定符号和指示物的事，而是调和一组材料暗喻的词组，其指示功能取决于情境。

在1920年代众多改革主义设计师眼中，美国式小木屋是通向现代性的最可以承担得起的工具。一战前，美国商店首次尝试引进美式小木屋时，遭到了日本市场的拒绝，这些体积小、长方形截面、布置简单、在

---

[31]　我"将风格的概念看作一种审美对话"的观点，松散地源自 Anne Hollander 在 *Sex and Suits* 中对欧洲时尚的解释。

[32]　参见 Reynolds, *Maekawa Kunio and the Emergence of Javanese Modernist Architecture*，196—221。关于对 1930 年代几位日本现代主义者作品的讨论及他们对民族样式问题的磋商，也可参见 Stewart, *The Making of a Modern Japanese Architecture*，124—146。在日本工作的建筑师中，关心定义"日本性"的不只是日本民族（建筑师）。捷克裔美国建筑师 Antonin Raymond 是这些现代主义者之中一个重要的人物。

美国住宅业中已经建成的产品，现在为日本郊区住宅提供了一种可承担
得起的模范。小木屋可以低价建造，这一点是毫无疑问的，还有一些人
甚至追随美国商店直接从美国进口小木屋。[33] 在平面上，文化村的几座
住宅和之后样式图书上的很多设计与典型的美国小木屋很相近：围绕着
一个大的餐饮起居区域，划分成主人卧房、儿童房，以及厨房。然而，
在视觉层面上，更趋近于日本乡村住宅的风格，对这深檐单层的小木屋
作为象征资本有潜在的负面影响。小木屋低矮朴素，与看起来更宏伟的
二层住宅相比，尤其是与 1910 年代在富人建造的住宅中十分普遍的德式、
英式房屋相比，缺少能够证明设计品质的元素。这些住宅更倾向于建造
尖尖的屋顶，屋檐下少有或没有阴凉。[34] 即使是在建筑学界厌倦了分离
派样式之后，坡度陡峭的屋顶仍旧有现代性符号的图像力量。曾经出版
几本设计集的近间佐吉（Chikama Sakichi），在一本租赁住宅设计书的前言
中对"居住问题"进行了解释，其中还提到日常生活改善同盟会提出的解
决办法。他赞同小木屋既是理想的郊区住宅，对投机者来说又有利可图。
前言结尾提到："这些小木屋式住宅在东京、横滨、大阪和神户的郊区已
到处都有建造，在东京的目黑和涩谷地区，它们甚至可供出租。它们的
价值已经得到广泛认可。"[35] 然而，在近间佐吉书中所涉及的 28 栋住宅中
并没有小木屋。近间佐吉的西式住宅建有尖屋顶和高而狭长的窗户，与
日本人所谓的德国或分离派样式有联系。毫无疑问，作者认识到，在样
式书市场上，新住宅的视觉修辞至少与它们将日常生活合理化的许诺一
样重要，而且分离派立面是最容易吸引当代读者眼球的西方模范。

　　然而，受人们喜爱的模型变化非常快。如果将朝日报纸设计竞赛

[33]　内田青藏，《日本の现代住宅》，168。

[34]　建筑写真类聚刊行会，《建筑写真类聚》，第 1 期，第 2 号（1915），第一卷。其中这种住
　　　宅的例子很明显，其特点是东京地区住宅的外部照片和未知西方来源的透视速写。

[35]　近间佐吉，《各種貸家建築図案及利廻の計算》（1924），40。

的住宅设计作品作为衡量标准，竞赛在近间佐吉的书出版之后的第五年（即1929年）启动，那么尖屋顶的生命期确实很短。在发表的85件朝日竞赛设计作品中，带有1920年代早期出版物中还十分普遍的陡坡屋顶的作品仅有两三件，其他新特征则更加明显。包豪斯现代主义和装饰艺术风格的元素与数寄屋设计特征同时出现，建筑师将它们融于一处。在发表的朝日竞赛设计作品中有39件使用了圆窗，还有大约相同数量的设计以横向窗栅和横向条纹为特征，或者用一种暗示装饰艺术流线外观的方式被渲染以强调平行窄条纹的目的。[36]

让人想起加利福尼亚艺术与工艺设计的宽阔人字形屋顶和凸出的屋檐，也作为一种流行方案在1929年的竞赛中出现。[37]发表的参赛作品中有19件采用了这种设计。由于它们凸出的屋檐，这些人字形屋顶被认为与本土传统一致，但是对木匠来说却是新的，因为此前几乎所有的日本城市独立住宅都是庑殿顶或歇山顶。人字形屋顶的设计对居住环境有很大的影响。首先，它使得室内更加明亮，因为山墙上有了更大的垂直面可供开窗；其次，它也使得建筑本身在台风中更容易发生渗漏和墙体损坏（图9.9）。[38]

从1920年代末期开始，尤其是在日本西部，"西班牙风格"已经成为新的流行趋势：白灰粉刷、红色半圆屋顶瓦，以及圆拱窗户和入口。正如通常所知，西班牙式不是来自西班牙，而是来自美国西海岸，这一

---

[36] 朝日新闻社，《〈朝日新闻〉图案集》(1929)。在榧野八束所著之《现代日本のデザイン文化史》中（第440页）已经注意到圆窗的大量运用，榧野的书是现代设计史的重要资料。与欧洲现代主义建筑师相比更接近家庭，由堀口舍己设计的一座著名住宅紫烟庄于1926年建成，有大大的圆窗。关于这一建筑，参见 Reynolds, *The Bunriha and the Problem of "Tradition"*, 239—242。

[37] 反过来，加利福尼亚艺术与工艺住宅在自然木材和暴露构架上经常被认为受到了日本乡土建筑的深刻影响。

[38] 感谢建筑师福滨义弘为我提供这一信息。

图 9.9　朝日样板住宅，第 3 号，大岛一雄（Oshima Kazuo）设计（朝日新闻社编，《〈朝日新闻〉图案集》，1929，15）。圆窗、横向条纹和屋檐凸出的人字形屋顶在当时很流行。

事实在其直译的英语名字中即有所体现，它持续了整个 1930 年代。1940 年，《国王》杂志的年度新闻词汇词典将其背景解释为："西班牙人的海外扩张导致了这一有着异域情调的建筑风格在美洲大陆的传播。它的东方特质得到我国人民的喜爱，被广泛运用于住宅和其他地方。"[39] 利用"情调"这一审美术语，这一通俗的定义将 17 世纪西班牙殖民地和 20 世纪美国"西班牙风格"复兴融合在了一起。因此，《国王》编辑们眼中的美国西班牙式既是一种时尚，又是一种民族建筑，他们赋予了它一段历史，但却是模糊的。在这段历史中，它与日本人民"东方"品位的一致使其至少自然地成为日本景观的一部分，正如它是美国景观中引进的一部分一样。

---

[39]　渊田忠良，《新語新問題早わかり》（1940），196。

《国王》的编辑们将西班牙式看作是没有历史的东西，确实也没有错，因为加利福尼亚的西班牙风格同样是一个现代发明。正如建筑师们已经不再认为风格是永久根植于特定国家的土壤，一战后的日本城市消费者，像洛杉矶的城市消费者一样，能够在审美吸引力的基础上，而不是严格限定的民族特征的基础上，接受新样式作为他们自己所有（图 9.10）。

将加利福尼亚"西班牙"风格翻译成西班牙式的过程中，美国人一柳米来留[40] 是重要的中间人。在 1905 年以基督教青年会传教士的身份来到日本后，一柳米来留继续将设计教会建筑和住宅作为自己的职业，并宣扬美国家庭住宅的优点。在 1925 年加利福尼亚住宅西班牙式复兴高峰期时转向这一风格之前，他建造了几座新英格兰殖民地风格住宅。1925—1939 年间，一柳米来留设计了十二座西班牙风格住宅，大多是关西的教会和公司住宅。他的学校和大学校园设计影响力尤其大。[41] 此外，他还用日语出版了两本住宅设计方面的流行书籍。

然而，在两次世界大战期间的日本，一个在海外没有名气的美国人享受不到前一代西方人曾经享受的待遇。确实如此，在 1920 年代，"美国"作为文化标签的价值日趋不稳。[42] 除了许多社会批评家关注福特汽车、好莱坞和"美国主义"其他方面的有害影响，1924 年美国的排亚法案则是连最热情的国际主义者都不能忽视的一大侮辱。此外，建筑专业

---

[40]　原名 William Merrell Vories，加入日本籍后，改名一柳米来留。

[41]　关于一柳米来留在日本的设计和职业，参见山形政昭，《ヴォーリズの住宅》。

[42]　Antonin Raymond 的例子在这一关联中是暗示性的。Raymond 是捷克人，但是当其在 1922 年开设东京事务所的时候，他挂出的标志用英语写着"美国建筑师事务所"。Raymond 对事务所名字的选择与更早时期的"アメリカ屋"相比，更加明显。"アメリカ屋"不但使用日文假名，还有后缀"一屋"，通过保持其地址在旧家具区给予这一商业明显的"城市中心"影射。虽然英语依然是一种有用的身份标识，但是 Raymond 加上"美国"的标签似乎是别有所图。在 1928 年，他将公司的名字改成简单的"安东尼·雷蒙德，美国建筑师协会会员"（ケン大岛个人通信）。"アメリカ屋"保持着它日渐不受欢迎的名字，直到 1941 年被要求修改。（内田青藏，《あめりか屋商品住宅》，239）

图 9.10　大阪地区两个西班牙式风格的例子。（上）大林组建筑公司（Obayashi）参加关西住宅改革展览的作品，1922 年建于大阪郊区樱井（照片摄于 1980 年代，由相原勋 [Aihara Isao] 提供）。棕榈树，如这栋住宅入口边上的两棵，是增加异域新建筑热带风情的流行手法。（下）《大阪每日新闻》在 1929 年举办的健康住宅设计竞赛的一件参赛作品的透视图。（大阪每日新闻社编，《健康住宅设计竞赛图案集》，1930，32）

知识也更容易获取，传播海外最新时尚信息的渠道更加广阔。一柳米来留的许多日本同行看着与他一样的杂志和样式图书，他们中的一些人甚至专门为看新住宅而前往加利福尼亚。西班牙式在日本住宅中的出现几乎与加利福尼亚的西班牙式风格同步这一事实表明，乡土建筑设计既不再依赖少数精英建筑作品的调和，也不再依赖于一个外国人的认可。[43]

　　通过与日本已有的形成对比，属于进口建筑样式的特定造型和材质拥有了独特的表达分量。1920 年代末的缓坡屋顶与早期流行的受德国影响的住宅上显眼且通常是拙劣模仿的尖屋顶形成对比。1920 年代末和1930 年代灰泥粉刷的"西班牙式"的坚硬和粗糙触感，则与 1920 年代文化住宅匆忙粉刷的单调、劣质外观和迅速老化的护墙板形成对比，正如1910 年代和 1920 年代的轻藤椅家具、轻织物与明治洋馆室内装饰中笨重的垫子和锦缎形成对比一样。

　　与带篱笆的花园和玻璃窗一起，基于西方模范的设计发展提供了重新理解日常生活的隐喻。1920 年代早期流行的尖屋顶即是一个明确的例子。在通俗叙述中，尖屋顶和狭长开窗方式成了文化住宅的简略表达方式。对建筑师和文化村评审员大熊喜邦来说，当代设计的纵向推力是时代的隐喻，它肯定了现代性本身是垂直导向这一感觉，并且现代性进入家庭意味着妇女也最终变得现代了："此前住宅是水平方向伸展，然而所谓的文化住宅却是纵向延伸。不是离地面高，而是立体的。今天妇女意识到立体的与住宅的纵向发展有关。现在的品位基本上都是立体的。"[44]

---

[43]　根据 Vincent Scully，西班牙复兴或加利福尼亚教会风格始于 1914 年的圣地亚哥博览会。Scully 认为这是有创造性的美国乡土传统最终堕落为"折中的混杂"的代表（*The Shingle Style and the Stick Style*，157）。山形政昭（《ヴォーリズの住宅》，103—111）写到，西班牙殖民地复兴风格于 1925 年左右在加利福尼亚城市中开始流行。他有可能是指在帕萨迪纳（Pasadena）等城镇中的大规模西班牙风格建筑的肇始。西班牙风格和西班牙教会风格之间有微妙的区别，但是一柳米来留和其他在日本的建筑师都没有保留这些区别。

[44]　大熊喜邦，《建筑二十讲》（1923），60—61。

大熊喜邦将住宅中的垂直与现代女性的"竖立"相结合的观点，是对此前建筑和日常生活实践变化的断言。椅子的引入——最先是在公共空间，随后是在西式会客厅和精英住宅的绅士书房，之后逐渐进入更激进的新住宅私人空间——帮助建立了一张将坐在地板上、本土传统（或落后）和女人气联系在一起的关系网。因此，在大熊喜邦眼中，新女性应该通过在一座"垂直"住宅中站立或者坐在椅子上来表达自己的现代。与此同时，大熊喜邦在此隐约提到的高屋顶和阁楼间的时尚不仅仅是暗喻，实际上还是对以往实践的彻底脱离，因为在此前大多数住宅中二楼都是边缘空间。除商业联立房屋和妓院外，大多数住宅是单层的，就算有二层，也是不得不通过攀爬直梯一般的楼梯才能达到的隐秘空间。[45]这一强烈对比使得将"垂直"住宅设计看作一个暗喻变得可能，这一暗喻的材料表达的实际影响，不仅在于人们的居住方式，还在于他们的思考方式和感觉方式。就像理想规划的郊区住宅小区一样，完美的两层住宅代表了空间的解放，它允许光明与开敞。

对风水师高木乘来说，垂直性通常是西式建筑的重要特征，也对他那通过决定其所谓的"水平稳定性"来运作的东方科学发起了最大挑战。高木乘认为大多数西式建筑，尤其是公寓建筑和其他多层构造物，超越了风水术的范围，因为它的稳定性（他所意指的是宇宙能量上的，而不是物理结构上的）是垂直的，而不是水平的。[46]因此，文化住宅设计在立面上倾注的更多注意力，似乎标志着曾经存在的设计原则的终结。无论是在像大熊喜邦一样的建筑师的激进观点中，还是在风水师更加保守的观点中，垂直性都承担着蕴含精神意义的材料隐喻作用。

对建筑形式的这些解读是日本独有的。在设计有尖顶和狭长高窗的

[45] 对明治时期小说中与二层相连的特殊意义的精彩分析，参见前田爱，《二階の下宿》，载于前田爱，《都市空間のなかの文学》，250—277。

[46] 高木乘，《家相宝典》（1928），16。

住宅时，德国或维也纳建筑师不太可能认为自己是在表达现代性的向上推力，更不用说是在创造一座含有与单层住宅所蕴含的能量相反的力量的住宅。与此同时，在英国、澳大利亚和北美的郊区，风格比喻则在向相反的方向发展，正如小木屋所呈现的与家庭是一处休闲之所的现代意识相一致的水平居住模式。[47]

本土风格

在现代主义者中，日本性变成了另一个风格源泉，而不是一个空间与实践的本土体系。建筑史家今日所谓的"近代日本风格"，在1890年代的公共建筑中就已经发展了一套完整的装饰和构造语汇。但这一术语本身直至1920年代晚期才开始得到较多应用，当时建筑师开始在更广泛的意义上定义审美意义上的日本性，并向运用老一套纪念性特征来将西方建筑日本化的做法发起挑战。"唐破风"，即经常建在富人宅邸入口之上，以及用来给明治时期公共建筑增加本土特征的笨重屋顶，被嘲笑为"棺材式建筑"。[48]在文化住宅流行前已经建造折中式宅邸的富人，现在则因其"将庙宇和宫殿的屋顶加在西式建筑上"[49]的庸俗虚荣而受到指责。

---

[47] King, *The Bungalow*，113。

[48] 初田亨，《现代和风建筑入门》，载于村松贞次郎、近江荣编，《现代和风建筑》，26—27。唐破风受责难不是因为被认为是自中国引进，而是因为被认为是过时的装饰。事实上，唐破风设计是日本的。William Coaldrake注意到，在日本工作的外国建筑师在日本建筑师拒绝唐破风时，依旧认为其是"东方的"特点并喜欢它（*Architecture and Authority in Japan*，232）。

[49] 藤根大庭，《理想の文化住宅》（1923），7。

为了寻找与现代品位更加一致的本土传统，建筑师将注意力转向了乡村住宅的特征和数寄屋传统。如东京大学毕业生堀口舍己（Horiguchi Sutemi），继在早期职业生涯迷恋奥地利分离派和当代荷兰建筑之后，沉浸于对数寄屋的研究之中，其影响在他 1920 年代开始的住宅设计中有清晰体现。同一时期，接替武田五一担任京都帝国大学工学部"住宅研究"指导的藤井厚二（Fujii Koji）和在东京开展私人业务的山田醇（Yamada Jun），对日本住宅与气候的关系进行了详尽研究。通过在自己设计并以传统方式建造的住宅中开展研究，他们得到了所预期的结论，即本土建筑能够更好地适应建筑师们自己生活和工作的本州岛中央区域的温度和湿度。[50] 在京都郊区地产上建造的实验住宅室内，藤井厚二巧妙地将座椅和榻榻米结合，并采用数寄屋的结构特征及受数寄屋启发设计出来的家具和轻便设备。[51] 在室外，墙体涂以灰泥而不是用当地更普遍的护墙板，并且用玻璃窗户代替滑动纸门。瓦屋顶是人字形的，且其坡度比绝大多数乡土建筑都平缓（图 9.11）。虽然外观依然明显是"日式"，却又与周边日式建筑都不同，因为这一设计经历了正规（亦即西式的）建筑教育的迂回才得以完成，这是一个展示抽象理解的本土传统之科学有效性的个人任务，也是一个将数寄屋审美可能性作为这一传统合适的具体表征的探索。

[50] 关于藤井和山田的讨论以及藤井厚二之听竹居的出色的照片，参见藤谷阳悦，《住宅作家の新和風》，载于初田亨等，《现代和风建筑》。关于藤井，也可参见 Wendelken, *The Culture of Tea and Modern Japanese Architecture in the Interwar Years*。

[51] 小能林宏城，《大山崎の光悦》，56。在 1920 年和 1927 年之间，藤井建造了四座实验住宅，之后他将第五个实验住宅的详细设计和照片，以两本奢华的日语手卷和一个更加简洁、以 *The Japanese Dwelling House* 为题的英文本的形式出版。内田青藏对藤井的科学途径进行评论说，"虽然他称之为科学，但是他从一开始就是为了确认他自己喜好的'日本风格'的正确性而精心准备"（《日本の现代住宅》，209）。Wendelken（*The Culture of Tea and Modern Japanese Architecture in the Interwar Years*）形容其日语手卷中附随的文字为"以科学功能主义的华丽辞藻将住宅表现为理性探究的产物，因此其本质上是现代的"。

图 9.11 听竹居——藤井厚二的第十五栋实验住宅：（左）外部；（右）有数寄屋细节的内部。（藤井厚二，《日本居住建筑》，1930）

后来的经过大学训练的建筑师和设计师继续追寻真正的本土建筑，要么通过材料、比例、装饰——或去掉装饰——和建造技术实验，要么通过创造使人联想到本土建筑的视觉效果。还有一些人通过撰写日本审美和空间相关内容的小册子，提出自己的解决办法。在这一对传统的追寻过程中，本土住宅扮演了特殊的角色，它象征着纯粹的本土环境，欧洲现代主义的建筑原则似乎在现代性之前就已经存在于这种环境中了。[52]

茶道大师和民俗学家预言了现代主义者对乡村住宅形式的借用。早在三百年前，普通日本乡村住宅不经抛光的柱子、茅草屋顶、深屋檐和开放炉灶的质朴美就启发了茶室的设计。明治时期的几个富裕鉴赏家完全照搬老生常谈的程式化乡土隐喻，并将实实在在的农舍搬到他们的城

[52] 关于现代主义者住宅设计中的本土语言，参见 Wendelken 的 *The Culture of Tea and Modern Japanese Architecture in the Interwar Years* 和 *Pan-Asianism and the Pure Japanese Thing*。

市地产上作为茶聚之用。根据文化历史学家熊仓功夫（Kumakura Isao）的说法，移植乡村住宅已经成为大正时期茶客的一种风尚。[53] 与此同时，民俗学家用浪漫语言重新评价了乡村住宅，将它们的设计与简单生活理想相联系。在对东京现代生活进行的著名研究之前，建筑师今和次郎就已是民俗学领域的一位先锋。1918—1921 年，还是早稻田大学建筑学院助理时，今和次郎就走遍了日本，详细记录了建筑、环境、材料内容和住宅中所有阶层人的生活习惯。他查考的成果《日本的民居》在 1922 年出版，该书创造并推广了"民居"（minka）这一术语，这本书还是乡村住宅研究新领域的奠基之作。[54] 对今和次郎来说，民居蕴含着如何在世界上栖居的秘密，这一理解为乡村建筑的改革做出了贡献。在他的眼中，这些乡村建筑在本质上是高贵美丽的——这通过他引用拉斯金的话和仔细丰富的住宅素描而变得清晰。[55]

　　在一些 1920 年代的文化住宅流行指南中，用美学术语对本土传统进行同样的重塑也很明显，这减轻了精英知识分子所背负的民族重负感（图9.12）。与当代批评家的观点相反，文化住宅设计师并不全部拒绝本土建筑形式。1920 年代和 1930 年代的样式书将日本乡土建筑视作一种有自身地位的风格，在传统农宅中寻找可供利用之物，现在则被审美化为"纯朴"

---

[53]　熊仓功夫，《现代数寄者的茶の汤》，203。熊仓也描述了 1895 年在六暗的一次集会，这也许是这些农宅样式寓所的开端。牛舍的墙作为床之间，在那里悬挂着只写着一个"鬼"字的卷轴。客人围坐在一个大的开放火炉四周，他们在火炉上烹饪自己的鸭子和荞麦面条（同上，77—78）。这暗示着对早期侘び茶（乡村茶）传统的乡村差异的解读。关于明治时期茶鉴赏家，也可参见 Guth，*Art, Tea and Industry*。

[54]　参见 Wendelken-Mortensen，*Living with the Past*。

[55]　今和次郎，《日本の民家》（1922），34—35。

图 9.12　"一座农民住宅转变成一座中产阶级住宅"，摘自《主妇之友》之《中产阶级西式和日本式住宅集》。(《主妇之友》编辑局，1929)

和"柔和"，或怀旧般地视为"拥有某种难舍弃的特质"。[56] 这与激发今和次郎进行民宅研究的情感相同，只是以更加私人的术语表达。文化住宅建筑师能濑久一郎在《住宅》上发表了改良农宅设计方案，将它们的坚固、朴素可爱同当时一些新建住宅的浅薄进行对比。随着受欧洲影响的折中住宅在东京郊区的半乡村景观中产生强烈的视觉反差，农民住宅在此时得到了应有的重视，本土建筑之坚固得到重新确认。大正时期的许多都市人都是刚刚进入城市，因此他们是在拥有茅草屋顶、未抛光的木材和开放炉灶的住宅中度过童年的。考虑到这一点，怀旧之情也就变得可以理解了。尽管如此，这些建筑师自由地将本土乡村住宅的特征融入世界主义的风格词汇中仍旧是十分惊人的，因为它强调了他们在如此短暂的时间内所穿越的广阔社会 (图 9.13)。

---

[56]　《百姓家を改造した中流住宅》，载于《主妇之友》，《中流和洋住宅集》，64。一些建筑师，像茶道狂热爱好者一样，在早期曾推崇乡村住宅。保冈胜也在《理想の住宅》(1915) 中收入了一座用茅草覆盖的日本农宅的照片，注释道"自然建造的屋顶与周边环境的和谐产生了一种美感"(第 22 页)。

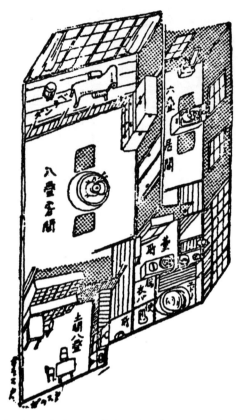

图 9.13 "一座新时代的理想乡村住宅"，摘自《主妇之友》（《主妇之友》5，1921.11，165）。住宅入口在图左下侧。注意顶部外廊上的躺椅。虽然建筑师在乡村建筑中绘制躺椅是出于审美意图，但是家庭现代主义者的乌托邦主义也启发了作者谴责大乡村住宅生活中的许多共同特点。《主妇之友》的记者介绍了一座"理想乡村住宅"，它只有两间榻榻米房间：一间是摆设有西式家具的泥地房间，一间是外廊。他认为大的旧住宅不"符合（新时代的）日常生活"，并且不能满足"提高工作效率"的需求。文章随后以责备态度提到这些住宅的主人："你为何不在以那块实榉木而骄傲之前更注重（引入）阳光？在责备女仆打磨长走廊地板的方法不当之前，清理掉厨房的蜘蛛网难道不是更加紧迫吗？你应该知道，我们已经脱离了为房子而生活的年代，现在必须进入为生活而建造住宅的年代。"大房子采光差、易生蜘蛛网，主人为昂贵材料、建造细节而骄傲，以及将住宅视为社会机构而不仅仅是居住之所的等级及保守主义等这些都属于过去的描述，对新都市一代来说都可以在地方上找到。与之形成对比的是新都市住宅：明亮、便捷、有品位，并且专为小家庭设计。《主妇之友》并非精英杂志，其读者更可能有在另一位女性的指挥下工作的经验，而非主宰一座乡村大宅的经验。对于这些女性，管理一座仅仅够一个小家庭使用的私人住宅的机会可能确实意味着解放。

普世主义和模仿作品

1920 年代早期，样式书的大量出版将流派和其代表的模式混杂到令人吃惊的程度。同一本书中既包含欧洲现代主义者的住宅外观设计，也展示有美国殖民地风格的室内、本土数寄屋及当代日本建筑师设计方案的插图和照片。除了展现文化生活的普世主义精神，混杂的图像还表达了文化的过剩：各种不同的图画和照片将建筑和室内作为世界现代性的诱人标志展示给读者，而不是作为字面上模仿的模范。比如，近间佐吉所著关于朴素的租赁住宅设计的图书，以一幅透视图和一座未明确身份的公寓建筑的平面图开篇，这些图与书中其他建筑或当时日本住宅市场上的其他建筑在规模上都相差甚远。[57]

当与旧洋馆刻板的顽固相比时，多种风格的任意使用暗示着在 1920 年代建造自家住宅的东京人已经在很大程度上从文化劣等的负担中解放出来，这一负担曾经令早期的资产阶级知识分子十分困扰。虽然在出版物中与西方的对比持续出现，反映出了许多知识分子继续将日本置于一个等级排列的国际社会空间之中，但是至少大众市场的一部分已经开始远离这些考虑。关于住宅的流行图书仍旧充斥着"持续增长的功效"或更老的"家庭集中"的讨论，但却摒弃了说教的口吻和中央集权论者日常生活改善的目标。也许最重要的是，多数仍供出租的东京小住宅的室内现在容纳了越来越多的家具、小摆设和现代设备，淹没了早期人们对西式空间和本土空间的理想划分。当今和次郎罗列一座由早稻田大学同事及其妻子拥有的有三间榻榻米房间的郊区小住宅的内容时，他发现主要的生活区域有一组购自三越百货的藤椅和沙发、两张同样购自百货公

---

[57]　近间佐吉，《各種貸家建築図案及利廻の計算》（1924），48。

司的桌子、一台留声机、几幅加了外框的画作，以及一些小的装饰物，外加一架钢琴。[58] 由藤椅、钢琴和榻榻米垫子组成的三件套组合也经常出现在样式图书和杂志中（图 9.14）。为了记录前一年银座主街流行的服装和发型，今和次郎在支配所有"日本的"和"西方的"二分法之下草拟了一系列复杂的分类。正如玛丽亚姆·西尔弗伯格所观察到的，这些服装类别中已经有很大程度的混杂。[59] 这一融合在今和次郎的郊区住宅调查中完全显现出来。在其调查中，今和次郎借助价格来标示目标而摒弃了和与洋的区分。

虽然文化住宅很容易因摒弃本土传统而受到批评，但是文化住宅设计最重要的关注点与文化生活讨论最重要的关注点一样，是通向现代性之路，而不是民族特征的表达。文化住宅设计师称自己是在世界上寻找日益现代，同时又与日本环境和谐、符合日本人习俗与品位的建筑形式。20 世纪的日本，作为第一个非欧洲殖民力量的政治地位，给予了日本建筑师和知识分子在某种程度上用自己的语言定义日本性的机会，同时也使他们在与仍旧处于主导地位的西方的关系中处于一个焦虑的位置。家庭现代主义的模仿作品就是现代世界中这一异常的文化定位的产物。这一模仿作品在两种层面上带有乌托邦主义，即它的众多倡导者都信奉单一世界文化理念，他们又都有家庭私密的理想概念。

可以肯定的是，这一文化住宅设计的风格实验的一部分——也许是相当大一部分——仅仅是发生在纸上。想要确定书中的异域样式到底有多少被实际建造出来是不可能的。与服装相比，乡村建筑不易受时尚兴衰影响，因为建筑的建造周期慢，而且住宅是大投资，一旦购买便不会轻易丢弃。家庭现代主义，不是被流行经济直接掌控，而是被风格的元

---

[58] 今和次郎，《新家庭の品物调查》，载于今和次郎、吉田谦吉，《モデルノロヂオ：考现學》。

[59] Silverberg, *Constructing the Japanese Ethnography of Modernity, Journal of Asian Studies* 51: 1 (February, 1992), 39.

图 9.14 和在欧洲、美国一样，钢琴成为日本资产阶级家庭的一个重要身份象征，钢琴课也成为年轻女性良好教养的标志。装饰有流苏蕾丝花边的立式钢琴被珍藏在许多文化住宅的客厅。1923—1924 年，钢琴销量骤增之时，报纸提到钢琴已经代替日本筝成为最受富裕家庭年轻女性喜爱的嫁妆。一份报纸还提到，即使没人会弹奏，钢琴也正在变成"文化生活"的一件重要装饰品（西原稔，[Nishihara Minoru]《钢琴的诞生》，246）。中村大三郎（Nakamura Daizaburo），《钢琴》(1926)。(上) 这幅描绘一位穿着时尚的少女弹奏钢琴的日本画风格的绘画出现在第七届帝国展览上。它引发了描绘资产阶级家庭的漂亮女儿沉迷于现代追求的绘画风尚（盐川京子 [Shiokawa Kyoko]，《现代风俗画：绘画讲述的世相史》，大日本绘画，1994，173，177）。有立式钢琴和藤椅的会客厅（《住宅》，1928.6）。(下) 当时立式钢琴价格在 650—1200 日元之间。虽然这一价格大多数家庭无法承受，但是它们却经常出现在如此图所绘的新的西式小室图像之中。

经济掌控。在风格的元经济中，设计与其他设计对话，但仅偶尔在市场上被检验。由于它们仅仅是纸上的图像，所以新设计的生产很便宜，住宅风格确实可能是符号交流过程中的临时商品，而不受真实建筑大量投资的限制。这一元经济可以相对脱离实际建造而繁荣，因为大多数出版样式书的建筑师都被另外雇佣；而且样式书不仅是设计信息的集合，它们是更大的世界主义幻想之文字生产的一部分。然而，在消费者购买样式书及建筑师同木匠、业主谈判时，风格的元经济与住宅市场相交。

我们应该避免将家庭现代主义和文化住宅认为是对西方产生的真正现代主义的肤浅复制。对设计师来说，这是在可能性与负担得起的条件下，对舒适与便利的追求。大众市场围绕并建构了这一实验场，恰如消费者对最有效的广告产生反应一样，建房者采用了最容易获取的可供使用的图像和技术。对世界现代性的追求，既产生了对更大舒适和更大便利的强制性需求，也产生了不断调节那些代表着对舒适和便利许诺的元素的不合理过剩。

第十章

文化生活作为竞争空间

文化的贬值

文化住宅繁荣有一个很难从样式图书中归纳出来的特征，即大多数郊区住宅的单一性。大众市场的悖论就是追求不同的结果却产生了相似性。若文化住宅是由主人建造，它有可能收获在目白文化村中所赞颂的那种多样性。但是新的市场也产生了投机的住宅建设——用最少的钱使住宅与早先常见的乡村住宅形式有所区别。与同时期成排布置的住家店屋和充斥这个国家大城市中心区的公寓相比，新区中依规建造的住宅仅仅通过将每栋住宅与邻居分开和重新调整山墙使其面向街道，就象征性地确定了一些自主性——如果不是个性的话（图 10.1）。然而，任何形式的更多变动都会超乎大多购买者或租住者的理解。在便宜的郊区，一大群消费者（购房者）正在寻找一些新的或稍有不同的住宅，但找到的却是当地投机建造商用少量资金迅速建造起来的成排的相同文化住宅。《东京精灵》上的一幅漫画展现了正遭遇这一讽刺的中产阶级消费者：一位酒醉的白领在晚上回家途中发现自己不能确定一排房屋当中哪一个才是自己

图 10.1　山墙面街、入口门廊凸出的大阪联排住宅。（和田康由 [Wada Yasuyoshi] 摄影，载于寺内诚 [Terauchi Makoto]，《大阪的长屋：现代的城市和住宅》，日本伊奈相册 7，1992）

的家。"呸！"他喊道，"为何这些住宅都这么文化呢？"（图 10.2）[1] 虽然便宜、大批量建造的新住宅是这一笑话的笑柄，但在更深层次上暗藏着由现代城市中身份的不确定性以及新住宅和物品所提供的空洞的安全性所唤醒的更广泛的焦虑。文化生活肯定意味着与仅仅是小资产阶级的虚荣心相比更加真实的东西，但是当欲望所求之物为了满足无数人的愿望而被大规模生产，这最终意味着什么呢？（图 10.3）"文化"，既意味着一种普遍价值尺度的错觉，也意味着对最新之物的渴求。它似乎在将日常生活投入一个制造欲望和肤浅差异的无尽过程之中。各类当代作家都以怀

---

[1]　《ちえ！何が文化住宅でえ！》，《东京顽童》，第 16 期，第 3 号（1923.05）：10。

图 10.2　"呸！为何这些住宅都这么文化呢？"宫尾しげを（Miyao Shigeo）绘制的卡通画。（《东京精灵》，1923.3）

图 10.3　北泽乐天（Kitazawa Rakuten）画笔下的现代消费者们——在一艘名为"虚荣号"的船上，这艘船正在经受他们过度渴求的新商品的威胁。（《时事漫画》，26 期，1921.8.7）（感谢埼玉市立漫画会馆供图）

疑和沮丧的态度看待这一过程。的确，在有关文化住宅和文化生活的写作中，讽刺和批评比热情的拥护更加容易找到。

在这个十年结束时的批评反思之中，柳田国男（Yanagita Kunio）发现"文化"一词已经被用来描述受传统习俗所束缚的人们缺少的任何东西，不论它多么廉价或者多么无用。文化的范围变得十分空洞，以至于它甚至令城里人感到难堪。与大宅壮一不同，柳田国男虽然对日常生活改善、文化生活和日本田园城市的诉求报以基本的同情，但是却对其将国家作为一个整体来对待的可能性变小而感到痛惜，因为它们依旧被享有优遇的城市人的"冲动"所驱动，而且最终将农村暴露于资本的掠夺之下。[2]

在大众新闻中，有关"文化"的问题经常简单地变成灵活善变的时

[2]　柳田国男，《都市と農村》（1929），92。

尚问题。到 1934 年，不具讽刺概念的真正的文化住宅全都成了历史。由
最畅销的《国王》杂志出版的一本当代语言手册，将文化住宅描述为"本
国一种过去的住宅形式，适当添加西式风格以适应现代生活"。这一条目
提及"看起来像巧克力（盒子）一样"成排的红、蓝屋顶住宅，批评它们
是不曾考虑日本人日常生活、一味"炫耀的建筑"，并得出结论，由于这
种"可怜的住宅"已经被到处建造，所以这一词语不再拥有原来的意思，
它现在更倾向于代表"一种假冒的受西方影响的住宅"，或"用油漆伪装
的木板住宅"。[3]

　　文化的贬值十分迅速。这一词语的修辞价值甚至在最初的文化村关
门之前就已经开始贬值。在上野博览会期间及之后，建筑出版社和大众
出版社的作家在模范村的每个方面都发现了可以批评的东西，有的集中
在审美特点，另外一些则集中在有关现实性的问题。[4] 然而，这些批评
不应该被解读为是公众拒绝新住宅设计的证据。真正在发生的是公众、
公众供应商和公众发言人的倍增，以及品位竞争的升级。正如玛丽亚
姆·西尔弗伯格所指出的，假如我们将 1920 年代这一讨论重置于当时的
媒体背景之中，就可能认识到"'大正文化'是由争论的文化组成"。引
发资产阶级改革内部争辩的则是大规模扩张的受过教育的阶层所引发的
更大的统一进步话语的破碎。[5]

　　对文化村的批评随后波及一般的文化住宅。风格的不断变化使得最
新的文化住宅总是有一些容易定型的外部特征。1920 年代初，这一典型的
式样是红瓦屋顶。"人们认为，有了红瓦屋顶，一座西式住宅才能算作新
的"，西村伊作在 1922 年不以为然地写道，"被称作'法国瓦'的红瓦太红
且造型呆板。我发现最令人厌恶的也是我看到最多的，是表面着以赭色的

---

[3]　渊田忠良，《新语新知识付常识辞典》（1934），205—206。

[4]　藤谷阳悦，《平和博·文化村出品住宅的世評について》。

[5]　Silverberg, *Changing Song*, 227.

图 10.4　"西式住宅的几种类型"（来自西村伊作，《装飾の遠慮》，1922）。图注如下："（1）这种屋顶在美国得到广泛应用，被称为复折屋顶，（2）近期在日本大量建造的尖屋顶，加上张贴窗户以使其看起来像半木结构，（3）日本人建造的西式住宅，（4）现代美国样式——殖民地样式的变形，（5）一座德式小屋，（6）一座美国西式平房，（7）芝加哥式（赖特），（8）现代英式，（9）新农宅样式平房，（10）普韦布洛式（土砖）——美国西南本土建筑样式。"

水泥瓦。"他进而批评尖屋顶、宽三角木板和油漆半木结构的风尚。他最后谴责"日本人认为新的东西总是西方已经过时的东西"。[6]西村伊作要求读者丢掉他们的德国样式图集（西村伊作对西式住宅的分类，参见图10.4）。

　　确实是急切的新文化消费者和文化生活共同招致了拙劣模仿。但是正如《朝日新闻》嘲弄日常生活改善同盟会的成员都是精英阶层的案例一样，使用同样的改革辞藻批评一个特殊消费者群体或拥护者群体并不难。在 1920 年代的许多批评中，其他人的日常生活改善或文化生活被判定为是错误的，而且"真正的文化生活"在别处。因此，文化生活的倡导者们写起了抨击文章，有意识地将他们的模范互相对立。用皮埃尔·布迪厄品味社会学术语来说，这是一种竞争策略；西村伊作对新住

[6]　西村伊作，《新住家の外観》，载于西村伊作，《装飾の遠慮》（1922），68—69，72。

宅样式的批评清晰表明，知识分子先驱发现，在市场上，自己对西方知识的垄断受到了文化资本不对等的暴发户的肤浅知识的威胁。样式书和杂志作者迅速接受了主流阶级审美特征，并以消费者自由主义的愉悦腔调进行推广。作为对这些游戏新玩家入侵的回应，更多血统纯正的品位制造者——包括既定的及新生的——都试图改变其基础。因此，精英建筑师和作家首先发现文化住宅概念变得"太离谱"，或无知建造商的"执行不全面"。而这变成了精英建筑师图书简介中的标准修辞，包括主持1922 年原文化村的建筑师。[7]

对文化住宅的批评暴露出有关维持资产阶级界限的新焦虑。批评目标各不相同：一些作家斥责新富们的粗俗，另外一些人嘲弄小资产阶级的无知，还有一些人则支持以本国乡间传统的稳定对抗过度西方化的城市生活方式。然而，大多数批评者都以吸引眼球的和容易复制的东西作为目标。[8] 如家庭之于上一代人一般，文化生活是资产阶级诉求的一种表达，但是比前者更加引人注目的是，这些诉求与大众市场的代表和阶级身份的要求纠缠在一起。

作为文化竞争之地的住宅设计

传播文化生活的新作家和设计师进入了一个已经被具有改革思想的资产阶级精英成员占据的生产领域，这些资产阶级精英自 19 世纪晚期掌控了高等教育及出版业。一个相对小的意识形态集团就控制了生产现代性图像的杂志及其他印刷媒介，并且在从新闻记者到建筑师等新文化职

[7]　大熊喜邦，《统说》，载于时事新报社，《家を住みよくする法》（1927），6。

[8]　这些情况在关西杂志《建築と社会》中表现得很明显。参见如南新，《嗨文化住宅》，《建築と社会》，第 10 期，第 1 号（1927 年 1 月）：61—62。

业中占据支配地位。直到第一次世界大战期间，主流杂志才开始发表其他声音。然而，老一辈资产阶级说客和新一代文化中介的区别不仅在于背景，还在于动机。明治时期，资产阶级说客在劝说各自听众时，怀有自己是为国家利益服务的信念，同时并不期望确保自己优越地位的阶级界限向所有人开放。这些人看到的是一个需要引导的国家，而享受更少优遇的新文化推动者看到的是一个多样、充满竞争的市场。

在建筑业，竞争出现在受过大学训练的建筑师和技术学校毕业生之间，前者大多数为国家及既定的资产阶级的需求服务，后者则多在等级较低的行政部门，受雇于建筑公司或开展私人业务。他们都针对迅速发展的文化住宅发表了市场设计。山田醇的《写给想建造住宅的人》（1928）和能濑久一郎的《可建的30坪改良住宅》都是为普通读者写的，但却表现出老牌建筑师与新文化中介之间的对比。（图 10.5）它们遵循共同的模式是：结合对日本中产阶级住宅现状的批判和作者自己的住宅设计与简述，捎带一小部分技术信息。两位作者都称自己的设计是"文化的"，而且都采用当时的常见修辞将住宅描述为科学、有效且卫生的。与此同时，他们都捍卫日本本土审美元素。但是他们所描述的其他方面及设计本身都明显不同。这两位建筑师的写作与设计，揭示了由从本土工艺和设计习俗中解放出来的文化住宅所引发的品位竞争中的两种不同策略。

社会的对比首先表现在这两本书所暗含的作者信息上。从山田醇的简介看，他是帝国理工大学的毕业生，并在1922年完成了众所周知的欧美大旅行。《写给想建造住宅的人》还包括赞美山田醇著作的两篇前言，第一篇是由早稻田大学建筑学教授佐藤功一（Sato Koichi）撰文。山田醇是在日本建筑学会会史上被详细记录的人物。他于1917年开始独立工作，并于1924年在富裕的郊区松涛开设东京事务所。[9] 与之相反，

---

[9]　有关山田事业的最详细的解释是内田青藏的《世田谷に见る住宅作家：山田醇》，也可参
　　见其《日本の现代住宅》，210—223。

图 **10.5** （左）山田醇《写给想建造住宅的人》（1928）和（右）能濑久一郎的《可建的 30 坪改良住宅》（1923）的封面插图。

能濑久一郎的作品中却没有太多作者的相关信息。《可建的 30 坪改良住宅》没有业内资深人士撰写的前言，而作者也没有什么学位或者头衔。从能濑久一郎后记的落款日期可知这本书完成于商业博览会前几个月。当时，"文化住宅"这一词语尚无人使用。然而，在 1926 年之前的某时，能濑久一郎创立了"文化住宅研究会"，并在此名义下以手册形式发表平面设计。[10]

这两本书在与读者的关系及在建筑交易中占据不同的位置。山田

---

[10] 《文化住宅图案百种》（1926）是这些手册的一个汇编。能濑久一郎的名字几乎完全不在学会的历史之中。1934 年建筑学会会员名册中列出其为兵库县立高等工业学校的毕业生，受雇于大藏省营缮课。我们还知道其曾经在 1920 年代短暂供职于美国商店。此外，他在《住宅》和其他建筑杂志上频繁发表文章，同时还为《主妇之友》的出版物撰稿（包括书和杂志）。在《主妇之友》中，《文化住宅图案百种》与能濑久一郎的名字一起出现。

醇捍卫建筑师职业的界限，他以对文化住宅大众经营的批判开始（这在1928年是公式化的），还有对无知建造商和未能给予建筑师充分设计权的客户的长篇谴责（甚至还提到他在建筑工地经历的暴力冲突）。与之相反，能濑久一郎是个民粹主义者，他的抨击指向那些不理解文化生活就是"简单生活"的人们。在山田醇强调专业人员角色的圣洁性之时，能濑久一郎却在教读者自己设计住宅。

两本书的插图、语言，以及房屋设计本身暴露出两种不同的文化住宅审美。能濑久一郎的书中只有草图，是技术学校中流行的风格化、不规则的徒手绘制；山田醇的书中则包含照片和硬线设计图，设备与家具绘有中心线。能濑久一郎采用草图，表达了一种被认为是现代的艺术自发性意识，它摆脱了早期建筑出版物中排版和硬线画的刻板。它还暗示读者，住宅的简洁及设计自己的住宅是很容易的。山田醇对插图尤其是照片的使用都是明确的现代，但他的现代是科学理性主义的现代性，图像在其中表达客观性。

能濑久一郎和山田醇在写作中倾向采用的修辞，进一步暴露出这两位建筑师定位自己的不同方式。能濑久一郎的审美侧重直接效果，用"简单""愉悦"和"有趣"等形容词来描述。山田醇的审美暗藏血统和典章，以"纯正"或"真正"及"和谐"等形容词来描述。对能濑久一郎来说，建筑样式的分类是模糊的，他的设计基本都是不确定的折中样式。山田醇的设计虽然也是风格上的折中主义，但是所混杂的元素却被谨慎区分；他的例子包含欧洲各地、美国和日本的住宅，并以设计师国籍和风格发源国家来区分。由此，山田醇在民族风格和时代的分类上表现出自己作为审美裁决人的专业能力，他在英国哥特复兴与"正宗"日本式的结合中发现了自己的审美解决方案。因此，山田醇的建筑策略揭示了在面对民众模仿者的挑战时，既定知识分子所占据的立场。在对作为所有先锋来源的西方知识发表所有权主张的同时，他也提倡已经被推崇为

"正宗的"精英本土样式，称其为所有传统的来源。[11]

正如在杂志中推崇乡间农宅的优点所反映出来的，能濑久一郎对本土的原真性有自己的理解。发表于 1926 年《主妇之友》杂志上的一幅新乡村住宅设计图中，他利用未抹灰泥的土墙和茅草屋顶来塑造一种"真正的日本风格"的外观。在建筑外观上，他鼓励读者采用他们地区的常见样式，因为地区样式是基于数代经验发展起来的。他着重提到，它们拥有额外的优点，即使那些从未接触过西式建筑的本地木匠也能建造。[12]这种地域本土审美与山田醇的有显著不同，山田醇本土审美的前提并不在于乡村的坚固性，而在于上层乡村独立住宅的精确工艺和建造，其根基在城堡城镇的武士区内。

能濑久一郎《可建的 30 坪改良住宅》中的设计提倡强调颜色，室外有红屋瓦和油漆的花盆，室内有油漆和墙纸，与山田醇设计中所保持的传统的木头的灰色、泥土的棕色，以及石膏的白色形成对比。花盆中的花朵及藤架上攀爬的绿藤是能濑久一郎的文化住宅最终强调的。明亮、毫无遮掩、生长迅速、直爽悦人，都是山田醇的传统标志日本庭园状况的对立物；山田醇的设计微妙、隐匿于外部视野，逐渐培育且以与个人修养相称的投入为前提条件。（图 10.6）[13]

---

[11] 保冈胜也的文化地位与山田相似，虽然他建造了更多的西式住宅，尤其是因欧洲的设计能够更好地与本土建筑相协调而倡导源于欧洲而不是美国的设计，但是他同时严厉贬斥平房为"非文化的"和"可笑的"（《日本化したる洋風小住宅》，1924，前言）

[12] 能濑久一郎，《新しい田園住宅の設計図》，《主妇之友》，第十辑，第 7 号（1926 年 7 月）。鉴于能濑第一部设计书没有包含类似的农舍设计，有可能是同一年出现的今和次郎的《日本の民家》（1922）或随后西村伊作的著作鼓励了其对农宅产生新的注意。能濑的乡村住宅设计，与其城市文化住宅设计一起，被重绘并与花费估算和新的解释文本一起展现在"主妇之友社编辑局"的《中流住宅の模範設計》（1927）中。

[13] 具有讽刺意味的是，山田并没有给出他认可的日本庭院的图片，而是在其住宅的照片上配上了对其业主所雇用的园艺师的批判性评论，称其毁掉了建筑的视觉效果。这暗指住宅和庭院应该是完全独立的艺术，在建筑师的指导下进行创作。

图 10.6　地域"文化"审美。(上)"一种新住宅样式",选自能濑久一郎《可建的 30 坪改良住宅》(1923)。能濑久一郎的审美重视直接效果、暗示自发性的表现风格,以及自己动手的简单性。(下)"一栋日式文化住宅",选自山田醇《写给想建造住宅的人》(1928)。用窗户来代替推拉门和四周走廊,加上不用院墙来表明这是一座"文化住宅"。

能濑久一郎以最容易获取、最容易复制的元素占用"西式"，让人想起皮埃尔·布迪厄对小资产阶级的描绘：投资"最小形式的合法文化商品"，试图让"他们的家或他们自己看起来比实际更好"。[14] 以一种不很凡勃伦式的（Veblenesque）方式来看，新颖、进步和进口商品的视觉魅力，更多是在那些在旧有、保守和本土商品上投入最少的人身上起作用，最直接的是在那些缺少或不关心知识分子区分真正先锋的模糊标准的人们身上起作用。

能濑久一郎是一个真正的普及者，但他仍旧是一位建筑师，其权威由他在西方及本土设计两方面的审美洞察力维持。虽然他在当前流行的西方设计中自由绘画，并拒绝风格化的正统，但是他也严厉指责使用低价和看起来廉价的材料。《可建的 30 坪改良住宅》中的大部分设计要求使用水泥、石头和未涂油漆的窄护墙板共同搭成的外墙。能濑久一郎反对使用涂油漆的护墙板，因为油漆容易剥落，且天然木材看起来更"高雅"。跟西村伊作一样，他对红漆水泥瓦的使用持批判态度。能濑久一郎审美的核心是一种自然又偶然地有意追求的效果——用粗糙的灰泥而不是光滑的熟石膏粉刷，基墙用不规则的砖块和石头搭成，"必须大小混杂、五颜六色"，不相配的瓦片，墙上大大小小的斑点，地板取材自有节子的美国松。[15] 刻意的质朴同时服务于紧随时代和真实面对传统的两种诉求——而且它是可以负担得起的。正是这一点，而不是对本土审美传统或外国风格标准的忠实维护，确保了能濑久一郎的建筑不被归入投机者匆忙建造的文化住宅之列。

---

[14]　Bourdieu, *Distinction*, 321.

[15]　这一品位让人想起 Gustav Stickley 的艺术与工艺平房建筑。

实用性的配置

　　这两本书中的住宅在社交之所的配置上，对比更加明显。这一对比暗示了他们的目标读者自身情况不同。山田醇的设计中有一间独立的会客厅，通常挨着玄关，且配有西式家具。能濑久一郎则创造了没有客厅或餐厅的开放设计，并断言：“那些称自己需要客厅和餐厅的人对文化生活一无所知。他们跟那些认为文化生活就是跳跳舞、弹弹钢琴的人是一样的。”[16] 这种对保守标准和过了时的时髦的批评，反映在经典的“高领”的成就之中。而“高领”的所得耗费了时间，唤起了对阶级标志的否定——这被皮埃尔·布迪厄描述为小资产阶级“幻想社会地位飞跃，不顾一切地违抗社会场域重力”的一部分。作为一个对抗社会等级的微妙举动，能濑久一郎在起居室一角布置了 L 形的长凳和椅子。这样的安排会给既定资产阶级绅士接待客人带来问题，因为它并未提供一个尊贵的席位。[17]

　　山田醇的接待室是对欧洲室内设计的学习变通，但是他指出家具的安排“考虑到了日本的常俗”。这似乎指的是在壁炉台前面放置一张小桌子，桌两侧相对摆放两把扶手椅，这种布置方法复制自传统精英接待行为中主客区分的家具摆放，壁炉则可以看作是床之间。在这一设计中的其他地方，山田醇在厨房到女仆室之间的走廊边上布置了两间相连的榻榻米房间，这遵循了保留连续榻榻米区域（座敷）供个人或正式场合使用的“室内走廊设计”的规则。在有产家庭住宅中，举行婚

[16]　能濑久一郎，《可建的 30 坪改良住宅》（1923），50。

[17]　像能濑久一郎这些 19、20 世纪之交的社会改革者，曾经用座位安排和桌子的形状来体现水平的社会关系。一群被称为理想主义者之帮的人，在 1902 年“不带任何正式座位秩序或等级”地聚集在一个 T 形的桌子边。能濑久一郎的设计采纳了这一激进改革者的反等级实践，并第一次将其市场化。参见 Ambaras, *Social Knowledge, Cultural Capital*。

图 10.7　文化住宅作为实用性配置理念的对比。（上）"一栋小的单层住宅（室内）"，摘
自能濑久一郎《可建的 30 坪改良住宅》（1923）。为了适应正式接待的空间需求，能濑
久一郎设计了一间有 L 形固定座位的起居室。（下）基于日本接待习俗设计的接待室，
"不失纯正的西式建筑特征"。选自山田醇《写给想建造住宅的人》（1928）。两个扶手椅
在垂直于壁炉的位置相对而设，正如床之间前面的主客位。

礼或葬礼等仪式时，大的座敷是必要的。能濑久一郎的房屋中没有大的连续榻榻米空间，因为他假设客户没有肩负传承的责任。此外，他的设计中很少有女仆室。（图10.7）

最后，两本书中的住宅在尺寸上明显不同。虽然随着一战后建筑师接触到更大的市场，样式书中的住宅设计也已经开始稳步缩小，但是能濑久一郎书中展示的一些住宅实在是太小了，与同时期出版的业余爱好者建造的最小住宅相差无几（能濑久一郎最小的例子是350平方英尺[18]）。虽然山田醇的图书反映了潮流总体趋向于更小住宅，但是他设计的住宅的大小依旧超出了当时住宅市场上的中等住宅。《写给想建造住宅的人》中还有房屋面积达2000平方英尺[19]，却依旧标记为"小住宅"的住宅。[20]

能濑久一郎也在保卫这一领域不受粗俗品位的入侵。对能濑久一郎来说，入侵者是建造便宜住宅的投机建造商，使用油漆护墙板、水泥瓦或金属薄板屋顶。当"文化住宅"这一词语从其理想主义起源中解脱时，它经常附属于这些木匠建造的住宅。虽然《可建的30坪改良住宅》中没有提及造价，但是却反复建议建造者恰当选择和使用新材料和进口材料，这反映了建筑师对新住宅中加入审美标准的关心。然而，更高的标准需要付出代价，造价大概是大多数人建造或购买第一栋住宅时首先考虑的问题，这对投机建造商来说也一样。

---

[18] 约32.5平方米。（校注）

[19] 约185.8平方米。（校注）

[20] 一个2000平方英尺的住宅，要比东京府社会局1922年"中产阶级"住宅调查中列出的任何职业的人所占有的住宅平均面积大得多。这一调查包含了月薪超过300日元的银行从业者（参见东京府学务部社会课，《東京市及び近接町村中等階級住宅調查》，1923，第45页表）

艺术家、改革者、文化中介

除了社会地位不同，山田醇、能濑久一郎与许多兼做文化生活作家的其他建筑师一样，共同担当着寻求听众的家庭现代主义改革者的角色。这使他们区别于精英建筑师的小圈子，这些精英建筑师设计住宅，既不必将才能用在大众市场的图书上，也不必向客户的愿望妥协。[21] 学术地位、独立财富或稳定的赞助，将盛期现代主义建筑师与大众市场隔离开来，他们能够自由地实验并享受如设计毕生作品一般构思自己设计的奢侈。"现代日本式"住宅的开创者藤井厚二富裕到能够在自己的地产上建造实验住宅。虽然弗兰克·劳埃德·赖特的门徒远藤新与家庭改革者保持长期联系，但是帝国大学毕业生与赖特学生的双重身份使他获得了稳定地位来扮演盛期现代主义者的角色。1924 年，他在羽仁元子的《妇人之友》特刊中发表自己的设计时，这些住宅呈现为一系列的正式类型及其变种，标注为"线性住宅""线性住宅变种""三间 [22] 宽的住宅""三间宽的住宅的变种""双屋顶住宅"等名称。[23] 他的建筑知识是直接来自西方资源，他还拥有有保证的赞助，远藤新将设计看作是统一的形式试验序列，而不是受限于不同业主品位与需求的分散努力的混合物。结果，其独特且自我的个人风格——这些特点界定了 20 世纪的权威建筑师——明确地将远藤新与文化住宅设计师区分开来。"文化住宅"的标签没有贴在远藤新任何一件作品上。

---

[21] 开业建筑师和新来者的对抗并不是绝对的。资深建筑师，如渡边节和大熊喜邦，也支持不是大学毕业生的设计文化住宅的年青一代建筑师。比如，武田五一为能濑稍晚一些的住宅设计集撰写了前言。

[22] "间"为日本传统长度单位，一间约合 1.82 米。（译注）

[23] 远藤新，《特别附录：住宅作品十五种》，《妇人之友》，1924.05：2—37（分别标有页码）。

　　山田醇虽然同样毕业于东京帝国大学，并且受惠于此教育背景而成为本土和西方建筑品位的裁决人，但是他缺少扮演艺术家的文化资本，故转而在其作品中表现为一位改革者。他的设计受制于客户的想法，导致他形成一种一致性，这种一致性反映出委托人的男性既有的资产阶级相对保守的品位，而不是建筑师一致的审美视角。能反映两人对自己占有和感知的不同社会地位的最简单证据，就是远藤新会在设计图上签名，山田醇则不会。远藤新发表在《妇人之友》上的住宅设计图是在程式化的框中徒手勾画的，底部带有文字说明，标注建筑师事务所的名字、业主名字、住宅地址和绘制日期。相比之下，山田醇书中的设计所用的商业化硬线绘画和照片仅以数字命名，并未表明宅屋地址和所有者姓名。与许多被尊为盛期现代主义者的"作品"不同的是，山田醇的客户经常要求隐去自己的姓名。[24] 在介绍住宅时，山田醇添加了说明："虽然其中两三栋住宅的设计根据客户要求做了较大改动，但是从整体上看，可以说它们是采用了我的原则和研究结果。"[25] 在不能将作品呈现为自主艺术的情况下，山田醇将自己定位为一位住宅形式科学家，并将其住宅看作是对日本资产阶级生活理性化工程的贡献。

　　然而，如果我们带着同样的问题来回顾能濑久一郎的设计图，乍看起来建筑师能濑久一郎好像超越了过去的精英建筑师中间人山田醇，而加入远藤新的自主艺术家之列。能濑久一郎不但发表程式化的手绘设计图，还用明显的黑体英文签名、标注日期。很明显，他将它们看作是艺术品。但是考虑到从西方挪用模式的程度，是在文化场域中的地位的显著衡量标准，能濑久一郎使用英语书写的选择（和他偶尔的英文拼写错误）将自己暴露了。远藤新基于弗兰克·劳埃德·赖特的签名风格，发

[24]　保冈胜也在其《日本化したる洋風小住宅》（1924）中采取了更大的防范措施，置客户的需求于不顾而忽略照片和场地测量。参见本书前言。

[25]　山田醇，《家を建てる人の為に》（1928），258。

展出一种日语正字法，而能濑久一郎则缺乏发展如此微妙和自信的融合体的经验，被迫采取了如只有少量工具在手的都市艺术家一般的姿态。与此相似，远藤新用来表示单一设计概念中的"变异"意味的"变化"（henka）一词，对能濑久一郎和更多如《主妇之友》等大众媒体的作家们来说，也只是简单意味着"多样"而已，因为在这些媒体中"多样"是具有视觉吸引力效果的通用词语。[26] 更重要的是，从职业角度来看，能濑久一郎不但难以承担创造一个统一习语的后果，而且从其折中主义的设计杂糅中甚至都搞不清楚他书中的住宅是否真正被建造。可能他一直在做的只是虚构幻想住宅来供其他梦想者消费。不管有多少住宅被实际建造出来，能濑久一郎似乎不曾有过私人工作室，而且作为一位建筑师，他也不是很有名。

因此，精英建筑师并不是先倾向于成为保守本土主义者，而是在表现本土权威方面投入了与西方样式一样多的精力。相比之下，小众建筑师则因为没有什么可以失去的，而获得了确定的艺术自由。能濑久一郎以小册子形式出版了他的住宅设计图，并在他东京西郊的家中印刷。他的设计图持续出现在女性杂志中。1929 年，他为《主妇之友》出版的名为《中产阶级的日本和西式住宅》的集子撰写了其中一章，指导如何画设计图和阅读设计图。[27] 另一名来自关西地区并得到武田五一认可的年轻建筑师登尾源一（Noborio Genichi），在收有他的设计图和朴素哲学文章的《日常生活和住宅设计》（1925）集子封底为自己的事务所打广告。广告称作者可以为所有类型的建筑、公园及花园城市提供设计或咨询，尤其擅长"设计适于日本新生活的住宅。我秉持一种理念——使世界生活方式成为可能，而又避免陷入双重生活——从欧洲本土住宅样式（农

---

[26] 如：能濑久一郎，《可建的 30 坪改良住宅》（1923），103；主妇之友社编辑局，《中流住宅の模範設計》（1927），4。

[27] 主妇之友社编辑局，《中流和洋住宅集》（1929）。

舍）、适于简单生活的单层平房及其他样式中，提取出特别适合日本人的东西，以迎合我们的品位"。[28] 由于不能成为日本建筑学会的正式会员，且接触不到资产阶级业主，这些创业的年轻建筑师为文化生活撰写指南并自由提供建筑风格，借此获得更广泛的读者群。

围绕文化住宅的话语和设计生产，由此大致按照皮埃尔·布迪厄的路线将自己归入以阶级为基础的位置。当受西方影响的小住宅变得普遍之时，为既定资产阶级服务的建筑师被定位成本土传统的捍卫者。这些人自称是兼备本土和国外知识的大师，并能恰当协调两者以决定品位。他们的客户已经拥有房产，而且通常是大的本土住宅。主要通过介绍西方最新潮流而获得声名的设计师先锋更倾向于拥护都市风格，并将自己定位为艺术家，超然于资产阶级的普通品位。与之相似，那些文化资本首要依赖西方知识的作家和其他知识分子批判起新日本"假冒"或肤浅的西方（西村伊作和作家永井荷风正是如此。永井荷风在 1920 年建造了虽然折中却是"真正西式"的住宅，地板上没铺榻榻米）。[29] 像能濑久一郎一类缺少精英训练与海外经历的建筑师，则通过使他们从主流文化中获取的知识变得通俗易懂来笼络小资产阶级读者。

与此同时，仅仅通过小的消费行为参与文化生活生产的受过教育的城市群众，正努力获得文化住宅及他们可以承受得起的任何其他具有主导阶级形式特征的商品。仅以白领职业和中等教育区分阶级地位的知识分子和工薪阶层，将成为具有更明显的西式风格倾向的住宅和相对无等

---

[28] 登尾源一，《生活と住宅の設計》(1925)，后记。

[29] Seidensticker, *Kafū the Scribbler*, 99。Seidensticker 提到虽然永井荷风以对西式审美的精确感觉而著称，但是从现存的照片中可以看出其住宅"并没有什么特别的"。仅仅从永井的绘画（引自 Seidensticker）来判断，它的特征更接近木匠设计的明治洋馆，而不是最近出现的文化住宅。永井的西式品位可能有一点过时，但是他确实曾经居住在西方并且广泛阅读了西方文学，这使得他有资格嘲笑他人西方知识的肤浅。

级区分设计的类型化小住宅的主要消费者；不很依赖世界主义知识资本的小地主和企业资本家则倾向于建造或购买在设计上更注重等级区分的住宅，以及建有内廊且附带洋间的保守的"和洋融合"住宅。因此，更激进的新文化住宅倾向于建造在东京上班族郊区，而建有内廊的较保守的住宅成为临近店主和小生意人长久居住之所的老街区的主导的现象，就不奇怪了。

文化生活的危险诱惑

虽然关于文化的竞争被围得更加密实，但是阶级之外的其他因素还是介入了其中。比如，虽然我们可以说能濑久一郎对"简单生活"的推动产生了一种必要的美德，且他对主流文化实践的批判为皮埃尔·布迪厄所谓小资产阶级"社会飞跃的梦想"提供了证明，但是由于仅由一个儿子继承的广泛实践使得第二个和第三个儿子没有财产，这使得能濑久一郎设计的许多小文化住宅的拥有者可能和山田醇那些更富裕的业主拥有相同的阶级和教育背景，甚至来自相同的家庭。要想接纳这种偶然性，需要拥有无数变化潜能的流动性强的社会阶级模式。[30]

由主流知识分子提供的文化住宅的消极形象，揭示了城市边缘的这

[30] 实际上，这是 Bourdieu 在 *Distinction* 一书中最终采用的一种模型，虽然他试图证明每一个社会部分都能基于经验判断而被定义。Bourdieu 将文化特性与社会地位相关联的能力或许反映了在其研究期间法国的一种不同寻常的文化等级。Mary Douglas 认为这一点使得这一模型本身尤其法国化。虽然大正时期的日本缺少布迪厄之现代法国的稳定的阶级区分，但是我相信其文化生产概念是由拥有不同社会和文化资本的人们的竞争塑造的，作为一个解释如大正时期的住宅市场般散乱无章的文化领域的模型，依旧有价值。在这个市场中，出生和财产与正式、非正式的教育一起，影响着个人动机。

些小住宅拥有者将自己定位在合法文化的边缘。但是我们一定要将"小资产阶级"消费者看作是皮埃尔·布迪厄所坚称的"资产阶级在所有方面的缩影"吗？或者他（她）会不会不是那么容易就能征服的目标？有迹象表明，文化生活消费者先锋所做的不仅仅是试图模仿没有幻想陷阱的精英生活方式。假如我们将注意力从阶级转移到性别，文化生活中心所涌现的则不是社会攀越而是社会越轨。事实上，新的小资产阶级夫妇在1920年代的东京郊区所追求的夫妻理想极大地挑战了家长制传统。

在1898年民法典实施前后的家庭生活讨论中，曾使有关家庭的争论在刚开始的1880年代变得异常活跃的同居与夫妻关系问题已经不再是中心问题了。明治晚期的家庭改革者更倾向聚焦于改变英美家庭概念以适应本土资产阶级家庭的情况。然而，在一战后，这些问题再次出现在官方、学术，以及大众的文化争论中。1919年，原敬（Hara Kei）政府成立了临时法制审议会，来评估夫妻和个人在被1898年法典中定为惯例的以血缘为基础的家庭模式的关系方面的法律状态。在随后六年中，委员会在一些问题上进行了慎重思考：父母是否有权决定或取消子女婚姻，丈夫的私生子女是否可以不经合法妻子同意就领回家抚养，男人的背叛可否成为离婚的合法依据，以及母权和女性财产权等。在这些问题上，委员会提出了折中方案，虽不平等，但依旧在民法中为女性带来了更多的权益。民法典修订使得官方将注意力重新放到家庭的定义：谁能成家，谁能掌控家，以及谁有权力解散家。这也在报纸和杂志上引起了与1890年代相比更加多变的有关家庭规范和社会中的家庭的新争论。[31]

1926年，正当这一法律评估接近尾声的时候，社会学家户田贞三（Toda Teizo）出版了一部具有开创性的作品，即基于1920年全国普查撰写的《家庭研究》一书。在这本书中，他试图以经验来判断大家庭和核

[31] Nagy, *How Shall We Live?*, 189—219.

心家庭各自的相对优势，以及什么样的家庭组合对国家更好；因为他断定对"国民生活的稳定性"来说，家庭的"亲密关系"最为重要。[32] 户田贞三相信，在对家庭的特殊情感方面，日本人与西方人不同，原因在于日本的生活在大家庭中的古老传统。[33] 然而，他发现，数据显示家庭的能力正在减弱，在大城市中尤其如此。他由此推断，这给国民生活带来了"一定的不安"。[34] 户田贞三从家庭组成的数据分析中为国家总结意义的努力，标志着将家庭单元作为一个社会空间并用数字来表示的新阶段。这一普查本身——日本第一次同时进行的全国人口数量普查——通过映射一个由同居和共同消费定义的家庭单元，而非以姓名或血缘定义的家庭组成的国家，将家庭这一新概念制度化了。[35]

与此同时，大众媒体充斥着关于婚姻关系的新闻和争论，慷慨地将特别注意力投在浪漫爱情和偶尔陷入的流言蜚语上。1921 年初，《东京日日新闻》连发 20 篇系列文章，重点介绍各路杰出人物对"离婚自由"的看法。[36] 同年晚些时候，《朝日新闻》连载"爱的现代观"系列文章，作者将浪漫的爱吹捧为人格的唯一完全实现。[37] 高调公开私奔将争论推向更高点。有两个事件完全公开，以至于简直无法与他们自己的出版物割裂。两者都有由女方写给丈夫的离婚信，并在报纸上全文刊登。所有

---

[32] 鹿野政直，《戦前・"家"の思想》，113。户田贞三，《家族の研究》(1926)，335。家庭社会学家经常区分"主干家庭"与大家庭。主干家庭是典型的日本模式，其中几代同居，但每代在结婚后只留一个孩子。而大家庭可能有几个成年兄弟姐妹。鉴于户田没有对此进行区分，且这对于当前背景也不重要，所以我选用了更熟悉的词语"大家庭"来指代任何比小家庭大的家庭。

[33] 户田贞三，《家族の研究》(1926)，281—282。

[34] 同上，373—374。

[35] 鹿野政直，《戦前・"家"の思想》，114。

[36] 川嶋良保，《婦人・家庭欄この始め》，183。

[37] 冈满男，《婦人雑誌ジャーナリズム》，135。

的女性杂志都针对这些丑闻发行了专刊。[38] 通过将合法的家庭与建立在爱情基础之上的家庭相对立，他们为夫妇生活作为大众想象中的争辩主题的再次兴起，做出了更深远的贡献。[39]

因此，夫妻家庭再次成为关注对象，但是这次"家庭"这一词语不带有任何特殊修辞意味，因为它已经失去自己的论争能力很久了，并且已经融入标准语言之中。而夫妻生活反而出现在"文化生活"的标志之下。对男性批评家来说，文化生活代表着夫妻二人从大家庭中分离，它有着令人不安的社会和色情暗示。如此一来，女性杂志和能濑久一郎作品那样的样式书中的小住宅设计就对传统权威造成了威胁，因为它们是为两人或最多三人设计的私人空间。从理论上说，如果所有的年轻夫妇都住这样的住宅，传统的家长制就失去了权力和传播之所。为报道震后情况从九州到东京的记者梦野久作（Yumeno Kyusaku）尖刻地指出，驱逐老人是文化生活的基本条件，并大声疾呼如果此势继续，"日本将何以为终"。他推测孩子们会追随此风，而年老和年幼一代会分别被图书和宠物代替。[40] 正如这一夸张的预测十分直白，梦野久作半开玩笑地发出了警告。虽然他对追求新生活方式的夫妇的谴责是出于真心，但是却伴有对城市中产阶级新成员的严重屈就。[41]

固定的墙和可以锁的门加重了男性批评家对文化住宅中的新家庭生

---

[38]　川嶋良保，《婦人・家庭欄この始め》，137。

[39]　关于家庭合理组成的一个最终问题，也是从这一角度着眼的最具争议性的问题，就是生育控制。Margaret Sanger 于 1922 年访问日本，但是受到当局阻挠未能进行演讲。《改造》杂志发表了其文章的摘要，这一主题引起广泛争议。即使是相对不关心政治的《主妇之友》也遭到审查，并受到一个右翼组织的威胁，不让其发表关于这一主题的文章（参见川嶋良保，《婦人・家庭欄この始め》，142—151）。

[40]　梦野久作，《街頭から見た新東京の裏面》（1924）。

[41]　梦野久作（《街頭から見た新東京の裏面》，[1924]，134—140）在这部讽刺文学作品中，将其目标人群称为"中产阶级及上层的便当搬运工"，并一语双关地提出，文化对这些人来说意味着廉价的资产阶级品位。

图 10.8　"什么是文化生活？"漫画家饭泽天羊（Iizawa Tenyo）绘制（1920 年代初期）的明信片。明信片右侧附文：妻子："再见。我不在的时候，你一定不能外出。假如有我的客人来访，请一定要礼貌接待他们。"丈夫："早点回来。"妻子："社会责任不允许这样。我想什么时候回来，就什么时候回来。"

活的焦虑。第一个担忧是这些东西会使女性从家庭中解放出来。由于通向外面的门更少，小西式住宅更容易被上锁和空置。女性杂志中的作家则强调这为主妇提供了便利，她们不必再整日待在家里看家。[42] 女性可以随意出入住宅的概念，打乱了旧有家长制家庭的规矩和保持在现代核心家庭中的男性主导——在其中，丈夫享有自由，而妻子只能在家等他回来。对一些男人来说，城市提供了他们艳遇的机会，而郊区住宅则保留了保证一夫一妻制的那一位妇女，妻子在城市中的行动暗示了一个危险的失控。（图 10.8）

　　进一步的色情推测可以认为一对单独生活的夫妇将陷入激情的深渊之中。谷崎润一郎涉及丑闻且极度流行的小说《痴人之爱》（1924），通过将文化住宅的亲密空间变成一个为女性色情占据的场所，清晰表达了对保守男性批判的无言补充。小说主人公河合让治的堕落，始于他对与

[42]　这在《安価で建てた便利な家》，《主妇之友》，第一期，第一号（1917.03）：36，被提及。

年轻的娜奥密单独过"简单生活"的渴望，不受传统陈设以及既定日本"家庭"（家庭在这里指代保守的家庭规范）责任的束缚。[43] 在小说中，可上锁的住宅承载了附加的威胁意义，娜奥密的秘密外遇慢慢地被河合让治察觉，是因为他发现了上锁的门以及给其他男人的钥匙。谷崎润一郎的文化住宅因此变成了一个有无限性爱可能的私人场所。

与榻榻米房间灵活的平面设计不同，房间有特定功能的小住宅设计与起居安排的物质载体的公用性存在冲突。在一栋铺有榻榻米的住宅里，任何房间都可以作为卧室，结果也使所有房间都不具备西方卧室或闺房那样特殊的性暗示。有西式卧室的夫妇占据隐藏自己而不被他人发现的特殊空间，它由固定的墙环绕。本土传统中为夫妻二人在家里创造私密空间的普遍缺失，只能使卧室和床的色情意味进一步提升。[44] 文化住宅指南中的大多数住宅都至少有一间房被标为"卧室"，虽然这些房间的室内很少在插图中展现，但通常在平面设计图中显示为一对毗邻的单人床。如果这可能是约定的沉默，那么双人床在房间中的出现则更加确定地实际声明了性关系、色情共鸣和禁忌。1920 年代晚期，当为寻求幽会场所的夫妻而服务的新旅馆（"爱情旅馆"的雏形）开始在东京出现时，他们宣传了三个物质特点：西式建造、带锁客房和双人床。到了 1932 年，警察已经禁止在广告中用"双人床"一词。[45]

虽然一些流行小说虚构了文化生活的反面乌托邦版本，但是其他一些著作灵活解决了小资产阶级憧憬的性焦虑。在五所平之助（Gosho Heinosuke）的喜剧电影《邻人的妻子和我的妻》（1930）中，作为威胁引诱男主角芝野新作的场所，一座西式的文化住宅与一座简陋的本土住宅形成

---

[43]　谷崎润一郎，《痴人之爱》（1985），10。

[44]　17、18 世纪一些农宅中称为"纳户"的封闭卧室可以被视为例外，但是这个屋子也被用于储藏粮食、生育孩子、病人居住和死亡（大河直躬，《住まいの人類学》，148—149）。

[45]　井上章一，《愛の空間》，224—225。

对比。电影也将文化住宅的角色演绎为影射之物。在影片开始，芝野新作漫步在人口稀疏的郊区开放地块上，这里的新房地产开发刚刚开始。芝野新作走近一位画家，画家坐在画架前，正研究远处两座房子。其中一座是当时典型的租赁住宅，另一座是粉刷白净的双层"西式"农舍——"文化"的典型象征。画家的画布上只画了西式住宅。在接下来的故事中，这两座住宅扮演的角色抓住了新的小资产阶级消费者与文化住宅之间的矛盾关系。芝野新作一家搬进了更加普通的那一栋，典型的家庭生活场景在此铺展开来。然而，这被隔壁的女人扰乱了，她是一名即兴伴奏爵士歌手。她的起居室变成了排练厅，她和一群男性乐师在屋里喝酒、抽烟、大声演奏。在鼓起勇气来到隔壁，并遭遇破坏其家庭平静的迷人女子之后，芝野新作家的和谐才最终得以重建。随着关键场景的展开，他穿起和服，站在西式住宅门厅，努力虚张声势却徒劳无获，不知道是否该脱掉脚上的木屐。爵士歌手出现了，强行把他拉进屋里，到了屋里他很快就屈服了，和她一起喝酒跳舞，令自己的妻子心生嫉妒。[46] 最终，歌曲《我的蓝色天堂》融合了伤风败俗的爵士乐曲和颂扬家庭之乐的歌词，象征性统一了两大领域，一是以文化住宅为代表的难以驯服的渴望领域，另外则是以主人公的陋室为代表的家庭责任领域。作为结尾，芝野新作与妻子和解，隔壁爵士乐队演奏起这首著名的旋律，一对夫妇随着歌唱起来。

女性品位与文化生活之争

并不是说文化住宅和文化生活总是意味着性解放或男人对女性性行为的担忧。男性批评家发现文化生活与许多形式的个人欲望放纵有关，

---

[46] 关于 1920 年代解放女性的威胁，参见 Silverberg, *Changing Song*。

包括和蔼的小资产阶级为了一己愉悦，而用新商品将自己包围。值得注意的有两点：谷崎润一郎笔下的河合让治最初幻想的是一个"玩具屋"，河合让治和娜奥密做的第一件事就是找一座文化住宅然后一起装修；在提到他们的双人舞舞台时，谷崎润一郎将"童话般的住宅"冠以引号。[47] 引号中的词语完全是字面意义，因为《主妇之友》之类的杂志在住宅设计专题中的通用语言会以相似词汇来鼓励幻想。像能濑久一郎《可建的 30 坪改良住宅》一样，女性杂志将他们所提供的新样式描述为"温馨""舒适""明亮"和"愉悦的"。为女性所写的文章以及一些由女性写就的文章，不仅仅将"家庭"具体化为养孩子和家庭劳作之所，并将其具体化为一项个人艺术工程。

因此，《主妇之友》展示出来的女性品位，向明治现代化过程中形成的性别区分发起了挑战，尽管是以比娜奥密放纵的淫乱更含蓄的方式。有关住宅样式和室内的文章对女性"消费者—读者"的定位超越了既定的"贤妻良母"界限，也超越了传统的只能为男性消费而装饰自己身体的审美权限。在这里，通过《主妇之友》及其他出版物等文化中介，女性可以在男性的建筑领域审视、选择。家庭生活的体制——家庭卫生、家庭经济和所有其他日常生活改善同盟会倡导的理性——都新赋予女性以现代家庭创造者的权力。大众市场的住宅投机现在也允许女性这种权力扩展及家庭环境审美方面。

《主妇之友》偶尔发表杂志社员工在访问新住宅基础上撰写的描述性文章，这些文章提供了深入探索家用建筑品位的机会。[48] 其中较

---

[47] 参见 Gerbert, *Space and Aesthetic Imagination in Some Taishō Writings*，70—90，对谷崎润一郎笔下的娜奥密和其他大正小说关于封闭空间的幻想进行了探讨。吉尔伯特提到几位作家都称其假想的室内布置为"仙境"。

[48] 《主妇之友》中几乎所有关于建筑的文章作者都是男性，至少在作者可知的情况下是这样。但是这本杂志确实有女性记者（主妇之友社，《主婦之友社の五十年》，174）。

早的一篇写于 1920 年（在"文化住宅"这一新词诞生之前），署名鹤子
(Tsuruko)。文章描写了在火车行至东京南部大船站附近时她看到的一
座"西式小住宅"。（图 10.9）[49] 她就像讲述一幕浪漫的情节一样描述与这
一住宅的邂逅，从她透过火车车窗第一眼看到它，到决心前往并请求
入内：

> 每周我都要途经此地两三次，每次我都会盯着这座房子看，直
> 到脖子都疼了，从未厌倦。最后，在上月十五号，一个晴朗的秋
> 日，我在大船站下车，在甚至不知道这是谁家住宅的情况下，请求
> 主人让我参观。[50]

在描述从远处遥望住宅的景致时，鹤子描绘了一幅神秘且具有视觉
诱惑的画面：

> 暮色中，夕阳缓缓落下，红色余晖映上白墙，映上种有花朵
> 的凸窗玻璃，青烟从青色烟囱中袅袅升起，人会被这童话般的哀
> 婉打动。清晨……屋顶红瓦沐浴在明媚阳光之中，窗帘拉开，一
> 天的景象开始变得美好而生动，仿佛有人透过放大镜观察它一
> 般。[51]

---

[49] 鹤子，《品味と実用を兼ねる小さな洋館》，《主妇之友》，1920.12：126—127。作者有可能
是松田鹤子（鹤治），这本杂志的第一位女性记者（主妇之友社，《主婦之友社の五十年》，
65，88）。这与两年后规划了田园城市的大船是一个地方。

[50] 这也是偶然相遇和突击访问的首个例子，这一策略在接下来的《主妇之友》中多次运用。
文章都以记者发现一个特别吸引人的住宅并决定直接去敲门开始。接下来，记者会描述
住宅男主人或女主人的第一反应，主人最终都答应参观。这类文章中有的还配有建造预
算和室内透视图。

[51] 鹤子，《品味と実用を兼ねる小さな洋館》，《主妇之友》，1920.12：126。

图 10.9 "正如钟情于研究中产阶级住宅的人一样，我感觉自己沉醉于这无可抗拒的诗意住宅。"一位女记者梦想住宅的插图，它坐落在东京郊区大船站附近。(《主妇之友》，1920.12)

　　这个关于发现的故事本身就表明了鹤子可以自由行动。但是，不仅限于此，通过用语言详尽描述的画面，她扮演了一个对当时的"家庭主妇"来说不平凡的角色，追逐并在视觉上占有了所渴望的东西。当然，在这一幻想中，并没有明显地打破禁忌，因为这样的家庭画面完全在女性欲望的合法范围之内。然而，她有窥私癖好、贪求般的描述让人想起小林一三早先为男性读者充满色情地描写郊区住宅和家庭生活所使用的语言，而由一位女性为女性读者所写的明显的表达，暗示了新角色正形成于私人住宅不断增加的公开浪漫背景之中。

　　即使是得到认可的，对手工艺（如针绣花边、蕾丝和针织品等小手工艺品）完全女性化的追求也打破了文化住宅中的性别界限。资产阶级住宅正屋的装饰主要由挑选壁龛壁炉和旁边的柜子组成，这在此前被认为是男性特权。[52] 文化住宅中呈现的新空间和墙面需要家具和装修。

---

[52] 参见 Sand, *Was Meiji Taste in Interiors Orientalist?*，648—649。

从《主妇之友》的广告中可以断定，该杂志的大多数女性读者在这一市场上的购买力有限。做广告的商品都非常小，如化妆品、药品等个人用品。食品和一些厨房电器也做广告，但是家具不会。相反，杂志的读者被鼓励凑合着用她们自己能制作的东西。在手工艺方面的作者为她们提供的专业知识寻求新应用时，他们要求女性读者用自己制作的小物件来装饰室内，以使其不至于太过简朴。使用织物包裹、覆盖、垂挂，外加选择更圆、更柔软的家具，如散放的垫子和无处不在的藤椅，造就了家庭触觉上的女性化。[53] 新的家用品在文化生活现代便利的表面附上温暖、舒适的含义。"对过着文化生活的人来说，垫子如供休闲所用的温暖衬垫一样熟悉"，一本关于如何在室内装修中使用刺绣和其他手工艺品的书解释道。这更加清晰地表明，这些外来装饰品能使家更舒适而且更国际化。[54]1926 年 6 月的《主妇之友》中，一篇关于装饰夏用座敷的匿名文章鼓励读者缝制印花棉布帘子，挂在橱柜和传统书院窗户前，把两块窄亚麻布呈十字铺在桌上，在电灯上挂上一个布罩，如果榻榻米垫子是旧的，则在上面铺些被叫作"台湾巴拿马"的东西。这篇文章的作者可能是男性，但假如真是如此，他也很少表现出旧有男性品位的标准，而更倾向于把这间屋子当作女性表达的机会。文中插图描摹了一个房间，房中有两名身穿和服的女子，其后有一个小男孩坐在藤椅上。（图 10.10）[55]

---

[53] 纺织生产与女性的关联几乎可以在新石器时代后的所有文化中发现，但我不是要强调柔软、温和与圆润是本质上的女性特点。恰恰相反，手工艺是通过关于建构了女性特质的西方言论所提供的词语来使室内空间女性化的。这种审美的发展并不能仅仅被归入性别或国家文化的两极——不同的文化变量持续表达彼此。

[54] 長椅子のクッション，《アルス婦人講座》(1927)，第 2 卷，图版。

[55] 《一变した夏の室内装飾》，《主妇之友》，第十辑，第 6 号，1926.06：33。该杂志的对女性的手工艺建议是由男性主导的。例如，在 1923 年《主妇之友》总部发起一个手工艺竞赛的时候，所有的评委都是男性（主妇之友社，《主妇之友社の五十年》，110—111）

图 10.10　"清凉的夏日室内装修"（《主妇之友》，1926.6）主妇根据季节用印花布和编制的垫子改造住宅。这些柔性材料是家庭内部表现新女性词汇的一部分。住宅中的男人恰当地没有出现在这一情景中。

随着大众报刊将女性与家庭生活的结合转换成女性的创造性角色，女性加入对理想住宅的寻求之中，有时甚至会对建筑师形成挑战。《Sunday 每日》，一份创刊于 1922 年的新闻周刊，以"业余设计"为题发表了一系列文章，撰写者小野道子（Ono Michiko）自称是一名家庭主妇。每期文章都是针对某个住宅改革问题，讨论作者的个人经验，并对他人住宅作评论。[56] 由于《Sunday 每日》自发行之日即明确目标为"检验文化生活"，这一主题涉及建筑师和主妇两个职业，所以在该杂志中出现也

---

[56]　小野道子，《素人設計：小住宅の研究》，《Sunday 每日》，第 1 辑，第 1—11 号（1922.04.02—1922.06.11）。

许是最早的女性写的建筑系列文章是十分恰当的。在第一篇文章中，小野道子向读者描述了居住在一栋设计糟糕的租赁住宅中的沮丧，以及这种沮丧是如何促使她开始考虑改善住宅设计的。设计住宅"最终成了我的消遣"，她用了一个主要代表男性愉悦的词语。[57] 但是，与设计的接触反映了一个几乎没有在建筑杂志上出现过的视角。在将写住宅设计的文章当作一种品位和一种业余爱好的同时，她从为不得不打扫住宅和做饭的人提供便利的角度出发来做规划。这些文章清晰表明这些工作大部分是她亲手做的。在几篇配有不带西式房间的设计的文章之后，小野道子写了一篇文章，开篇即"我迷失了"，向读者坦承自己遇到难题，不转而使用座椅就不能解决改善住宅的问题。她曾有客人停留家中，这种经历使她意识到有一间有桌椅的独立餐厅的优势，因为侍奉餐食的人可以不必不断从地上站起来为客人服务。她写道，她曾经认为餐厅是富人才有的，但是现在她认识到实际上大多数"小家庭，尤其是没有女仆的家庭"都需要它们。她认为，有桌椅的餐厅与在地板就座的房间不协调，因此，改变餐厅将迫使她改变住宅的其他部分。但是她喜欢在地板上就座的生活方式。她没有在建筑上为读者提供脱离此种窘境的方法，而是代之以批评当代谈论西方化的方式：

> 在最近对新住宅的各种评估之中，有人为了嘲笑（别人），提出了拥有西式住宅却不能以纯粹的西式生活方式生活的消极方面。我认为这种评论是没头没脑的吹毛求疵……假如在别人每每嘲笑"那会不西式"或者"这是不对的"时，我们都会担忧，那么，想建造西

---

[57] 小野道子，《素人設計：小住宅の研究》，《Sunday 每日》，第 1 辑，第 1 号（1922.04.02）：8。词语"道乐"表示嗜好或业余爱好。以动词形式且有后缀者，它带有明显的与男性放荡相关的意味。

式住宅并居住其中的所有人——男主人、女主人和女仆都将不得不到国外学习生活方式。我认为日式生活方式不至于一无是处到我们需要做那样的蠢事。[58]

之后，她总结道，我们将不得不建造一种新型住宅，融合本土经验和来自其他地方的优点。在最后一篇文章中，她从完全不同的方向寻求答案，提出了居住在为两个家庭设计的住宅中的半公共的居住方式；这两家共享入口、客厅、餐厅、浴室和厨房，主妇们可以合伙劳动。[59] 在日本很少有建筑师或女性教育者探索共同生活的问题，因为他们中的大多数都被深度笼罩在单一家庭家居生活的思想意识形态之中，不能允许这样的观念进入家庭理性化的讨论之中。[60] 即使没有这一大胆的解决方法，作为一种不同寻常的声音，小野道子的文章也会从 1920 年代有关日常生活改善和文化生活的讨论中凸显出来，它代表着一位独自持家的妇女的主观经历——感觉到当代租赁住宅的限制与不便，并为应对日常生活中出现的实际问题而摸索改善方法。甚至她的品位意味着什么的观念，也与美学一样明显深深根植在实践中。也就可以想象，哪种不同形式的家庭生活可能会从一个真正性别完整的建筑领域中涌现出来了。[61]

---

[58]　小野道子，《素人設計：私は迷っています、椅子と座布団の不調和》，《Sunday 每日》，（1922.05.21）：8。

[59]　小野道子，《素人設計：二家族の共同住宅》，《Sunday 每日》，（1922.06.11）：8。

[60]　这一立场与 Dolores Hayden 在其 *The Grand Domestic Revolution* 中检验的北美女权主义者的立场相对立。羽仁もと子在 1930 年发表了其为四口之家设计的公共住宅，但是我没有在日本发现更早的实例。

[61]　女性和男性共同参与建筑之中，直到最近才开始在日本获得家庭生活的基本再定义。特别参见女性主义社会学家上野千鹤子和建筑师山本理显在上野千鹤子的《家族を容れるハコ家族を越えるハコ》（平凡社，2002，132—155）一书中的对话。

《妇人之友》杂志的一个开始于 1923 年初的每月专栏中，一位匿名男建筑师评论起读者提交的住宅设计。这一系列文章结束于 9 月（东京大地震当月），最后一期有一封来自一位女性读者的长信，逐条反驳了建筑师此前的评论，并提出她自己的设计。[62] 女子高等学校中二十年的住宅设计教育及羽仁氏的杂志中提供的丰富实践信息，已经为读者的这般回复做好了准备。在一个女性公共权威数量极少，且建筑学术领域一名女性都没有的社会中，像这位读者一样的女性，在扩大的观念中承担着现代家庭建造者的重任，并将一个男性特长的领域重构为她们自己的领域。

新文化中介的自由伦理观允许男性化的建筑与女性化的装饰界线的模糊，前者是一种现代、西方化的公共追求，后者被认为是传统、本土、私人的。这种越轨虽然没有像女性可以自由离开家那样威胁社会秩序，但是也一定程度在总体上动摇了定义家庭内部与公共空间的既定、一致的分类。对于像山田醇一样的建筑师精英来说，女性杂志的读者自身没有太多合法文化资本，这体现了无鉴别力的中等消费者的出现，给理性资产阶级男性霸权带来了威胁。[63] 不管是在卫生和效率体制之外，或是在包含它们的住宅中，都有一种活泼有趣、宽容，而且在有些人眼中是违背道德的家庭生活。文化住宅既是一个现代女性可以离开之所，也是供其重造之所。

---

[62]　三越，《七月号揭载の设计を评す》，载于《住宅问答》，《妇人之友》，1923.09：113—122。

[63]　我从其他背景的学者那里借用了这一解释。Janice Radway 在分析中（"对中等消费者的性别分析和文化欺骗性女性的威胁的分析"）以批评者的态度对待每月一书俱乐部之类的中等文化机构的观点，与文学领域相似。也可参见 Huyssen，*After the Great Divide*。西川祐子（《男の家、女の家》，623）在提及战后时期日本男性建筑师时持有同样的观点。

成问题的日常生活

将"文化生活"解读为是遵从可预测的阶级划分还是更激进的东西，解决这一问题的方法是将家庭政治学放在日常生活实践的更大背景之中。佐藤功一在为山田醇著作撰写的前言中提到最近"日常生活的觉醒"。森本厚吉和其他一些人以同样的心境写到从"生存"到"生活"的转变。这里的"生活"可以被理解为仅仅是由现代资本主义产生的物质生活，一个新商品的世界。住宅显然是最大、最持久的商品。当住宅最基本的方面如日常生活的客观化被带到意识的表面而变得可流通、可交换时，将会发生什么呢？

日本的 1920 年代是一段住宅、家用物品和家庭空间被政治化操纵的时期，这不仅发生在"住房供给"的国家政治之中，也（实际上，更加广泛地）发生在大众市场的社会政治之中。国家支持的理性化运动，如日常生活改善同盟会和森本厚吉创办的文化生活研究会，试图将现代性的无序力量控制在资产阶级住宅的安全轨迹之内。然而，与文化生活先驱的意图相反，身份的流动性、不受约束的愉悦，以及现代大众社会对性别及辈分等级的不认可也开始在这里抬头。当然，大多数小资产阶级夫妻并未如谷崎润一郎笔下的娜奥密和河合让治那般生活堕落，而且遵照《主妇之友》中的有用提示来装饰住宅的女性也没有煽动革命，但是家庭作为浪漫爱情和消费的私人天堂的愉悦，与它作为一个理性化的国家单元的训导相冲突。在支离破碎的社会空间中，文化生活的话语不可能完全限制在规范之内，因为它许诺了两者相互交替：日常生活实践曝光于理性之光和隐秘的玩乐空间中追求秘密幻想。

结　论

发明日常生活

生活的场所

本书查考了日常生活私人领域的谱系。这一过程开始于一个被称为"家"或"家庭"的抽象空间的发明；随后，城市景观中的新家庭室内空间和外观使这一抽象空间物质化；最终，住宅本身被重新发明为时尚和消费的幻想之物。这一系列发展的产物不是一种住宅形式，而是一种关于日常生活的新的敏感性，以及随之而来的占据空间的一种新模式。即使是在工业城市发展重组资产阶级生活的社会现实之前，资产阶级的改革论争就已经发明了一些词语来构思一种脱离生产性劳作，而由消费选择塑造的日常生活。1890 年代开始成形的语言和物质词汇，到了 1920 年代已经被认为是理所当然的了，当时，所有关于日常生活改善和文化生活的讨论都假定生活的场所是单一家庭的家。

到了 1920 年代，日本的住宅被纳入家政科学和设计美学的连锁话语之中，它们的功能是以现代资产阶级家庭意识形态为基础的。对 19 世纪晚期的日本来说，正塑造着家庭环境的这些力量是新的。科学和美学的话语集合殖民并重塑了曾经管理家庭并建造城市的知识实践系统。因此，这些系统被允许生存，但是只能居于次位，或作为遗存。[1]"家庭""品位""建筑""卫生""便利"和"效率"或"风格"等词语的出现，与"住宅"和"家具"等词语的改良一起，不仅意味着现代专业技能领域规范的发展，还有日常生活本身的重塑。因为这每一个词语都伴有合乎规范的系统，包含这些系统的领域此前由许多当地传统塑成，与现在又不相同。因此，正如此前劳作与休闲等一般社会概念所做的那样，这些新的住宅组织原则为现代资产阶级生活奠定了基础。

是从霸权力量的角度，还是从本土反抗的小举动的角度，看待1920年代有关"生活"的活动范围和写作的井喷。即，这一私人领域被揭示为一个为国家服务而通过知识系统最终殖民化的产物，还是被揭示为一个相反之物，即与国家普遍性抗衡的首次尝试性反对行动，这取决于在哪里寻找案例。日常生活改善同盟会的"日常生活"，尤其是经文部省和内务省官员阐述的"日常生活"，自然符合福柯的现代制度概念，其力量通过不可见的渠道运作以制造温顺的主体。另一方面，西村伊作"生活像艺术"的表述，虽然从政治角度上完全在资产阶级进步主义的安全范围之内，却通过其华丽十足与清晰的艺术个性暗示，一个真正的现代主体不可能通过集体规则的无声内化而形成。

在他们使用的每个案例中，"生活改善"和"文化生活"这些词语都蕴含着阶级身份地位的变化。资产阶级意识形态始于森本厚吉将"文化"当作一副国际性面具，遮掩他们对以消费为中心的家庭和同质化郊区私人住宅的阶级文化理想的狭隘关注。通过将这些东西当作现代性的普遍成果来对待——即使这些成果是通过享有特权、推动了国家进步的少数

---

[1] 关于实践知识边缘化的理论探讨，参见 Certeau, *The Practice of Everyday Life*，尤其是第68—72页。

人获得的，他们能够在一个反复无常的时代自在、保守地对待实际的阶级冲突和政治动乱。女性消费者通过像《主妇之友》一样的中产阶级品位、将日常生活改善论争与对家庭的新态度（这一态度可以被视为对精英领导的西化进行反向重新审读的方式）良好组合在一起的媒体，努力提高自己的地位。男性文化批评家，与他们的西方同人一样，将得到解放的女性消费者视为现代大众社会危险的载体。但是，与西方批评家将这一威胁与大规模生产的商品的充斥和真实手工产品的消逝相关联不同，日本批评家将女性消费者的解放与文化住宅的混杂对国家分类纯粹性的威胁，或他们自己失去了国家文化对没有根基的城市新成员、主导阶级的新成员、公共话语中的新成员和非法掌权者的控制力联系在一起。在这一多方竞争中，不论是将特定姿态的政治定义为串通一气或是相互抵抗的尝试，都迅速导致大众社会中有关霸权结构和个体代理相对重要性的讨论走进死胡同。有一点可以肯定的是，1920 年代"生活"的争论本质代表着公共话语的新阶段，其中自上而下的改革和大众文化的产品变成了同样可以操纵的商品。

为基于消费实践的新私人生活服务的具体"物品"——住宅、藤制家具、钢琴、西式客厅接待客人所需的配置、现代厨房所需的燃气烹饪器具，等等——是话语、实践和物质世界之间持续交流形成的总和。例如，引进的家庭生活话语最初在多代同居的日本家庭现实中遭到抵制，他们仍旧需要整个家族用以集会的空间，这一遭遇导致了内廊平面设计这一物质形式的诞生。有关民族风格的争论将室内空间和家庭物体从既定实践背景中逐出，但这种解放是短暂的，因为为了生存，新商品不得不被重新插入现有的设置当中——要么通过将自己融入已有的实践，如以嫁妆的形式转移财富，要么通过与其他商品感官上的联系来获得自然外观，如藤椅与榻榻米的联系。物质实体具有多义性，在实践背景之间转化的实际过程中，允许较大自由度的重新阐释。这适用于本土物质形式，如榻榻米垫、缘侧，或卷轴画和古董，也适用于通过进口实体或模仿海外物品转化而来的商品。比如，平房的输入既未为单一意识形态服务，也未决定一种特殊的生活方式，而是为围绕家庭话语的详细阐述和家庭实践新方式的实验提供了材料。

在家庭私人空间内容纳生活，影响了住宅本身的商品属性。然而，住宅在明治和大正时期商品化的说法仅抓住了这一转变的一半。正如柳田国男所观察到的，住宅有两种民间风格传统，它们（以自己理想的典型形式）站在与市场交换相关的相反的两极。[2] 大的农舍是由其拥有者及他们的乡村邻居或当地工匠建造并维护的。它是以家庭在时间中延续的最明显、最不可转让的具体形象之一起作用的。相反，德川时期城市平民的住宅已经完全是一种可以交换的商品了。人们频繁地在几乎难以区分的出租房之间搬来搬去，他们的物质环境中的任何元素几乎都是可以转让的。实际上，除屋顶和支撑屋顶的梁柱外，住宅里的所有部件通常都是单独租赁的。许多租户还租赁寝具之类的家居必需品。

随着 1920 年代文化住宅的出现，住宅变成了可能是比一般商品还要多的商品，变成了唤醒消费欲望的标志。具有讽刺意味的是，这将使它们与过去的城市出租屋相比变得不那么容易转让，因为那一欲望的完全实现是自己拥有住宅——直白地说，即通过购买而不是租赁；而形象地说，即通过无数小的投资来将其个体化，使其"像个家"。新住宅市场中的城市住宅失去了它们从前具有的灵活性，变成了精心雕刻、巧妙处理、限定了界限的空间围场，单一化（因为每一栋新住宅都被想象为单一地适合其特定的主人）使其能在一个更加分化的市场中重新商品化。从乡村住宅（或其作为共同延续的具体形象的意识形态形式）的角度来看，这一短暂、个体化且完全世俗的新家庭生活，代表着一种令人失望的现代

[2]　柳田国男，《明治大正史·世相篇》（1931），70—72。

性，它缺乏寓所此前所具有的神性力量。从无特色的出租屋城市的角度来看；另一方面，无差异的寓所属于沉迷于引诱现代消费者的过多幻想的世界。[3]

由商品和实践建构的家庭生活

在西方史学中，"家庭生活"这一词语主要用来表达人们在现代时期真正开始感觉到的，或受到现代意识形态劝诫而感觉到的强烈的家庭情感。在英国和美国，家庭新概念的发展被认为与福音主义和基督教内的其他改革运动密切相关。[4]在日本，虽然最初的线索来自新教皈依者，但是家庭意识形态能够在几乎不涉及宗教的情况下发展。日本的家庭生活是建立在商品和实践之上的：家庭的仪式、主妇的家务和养儿育女的步骤，连同新住宅设计、家具和装修。

19世纪晚期的第一代资产阶级改革者，试图通过为家庭创造仪式和惯例来实现家庭道德，就像国家创造新仪式和惯例以团结稳定国家一般。旧的社区仪式和社会自由交换的日常实践同时被重构。通过将住宅限定在共同居住的家庭周围，改革者们拒绝曾经穿插在住宅内部的复杂社会功能。在西式客厅里，一处空间被用来与外人接触，一个恰当礼节被设计出来以维持社会差别，这种礼节是早期武士礼仪与当代维多利亚礼仪的混合。

---

[3]　正如 Walter Benjamin 所观察到的他称之为现代市场的"都市幻境"一般，新的不是商品化本身，而是将商品转化为符号，使之不再由使用价值和交换价值决定（Buck-Morss，*The Dialectics of Seeing*，81—82）。

[4]　参见如 Hall，*The Early Formation of Victorian Domestic Ideology*，9—14；Hall，*The Sweet Delights of Home* 以及 Stone，*The Family，Sex and Marriage in England*。

人们可以在这些仪式中感觉到试图锚定一艘已经拔锚的船只一般的努力。虽然家庭改革者很明显是受到了英美家庭生活图景的启发，但是他们的行为出发点同样来自一种需要稳固家庭团体以抵抗现代社会的离心力和熵力的感觉。无疑的是，新的礼仪设定试图在家庭中体现权力结构，虽然其本身变化不定。当核心家庭及其变体的数量和社会声望增长时，一些用于重设家庭的实践最初得到发展，如果被证明更有用，就会确立下来，另外一些则仅剩下文字线索来提醒我们早期改革者的关注所在。

虽然明治时期的住宅改革者已经满足于住宅设计中为容纳这些实践和区分而进行的本土改革，但是随之而来的是日益增多的对重新设计住宅功能的激进呼唤。到了1919年，一些住宅改革的倡导者已经开始将乡村住宅完全视为一个保持过时社会的工具。建筑师们分析了乡村住宅的各个部分，在缘侧走廊及其百叶门窗、在榻榻米垫子、在客厅的摆设或在不规则延伸的单层平面上建造住宅的常规实践等方面，寻找问题起因。这一分析在日常生活改善同盟会的提议和文化村的样板住宅中获得长足发展，并将理性的理念或明显功能逻辑的需求注入住宅设计中。然而，当时刚刚在欧洲出现的朴素功能主义美学未能成为主导，之后这种美学被称为国际主义风格。相反，日本建筑师、建造者及其客户将所有风格，如现代主义的和历史主义的，都看作是国际设计目录中可比较的商品形式。当设计的精力被重新指向解决东西方审美冲突时，资产阶级家庭意识形态中的关键部分就被心照不宣地以理性化的名义吸收进现代住宅的基础之中了。例如，在明治家庭中，曾经需要仪式表达的家庭圈对改革运动来说不再是一个明确问题，而是被保存和珍藏在改革的建筑设计中。

日本的许多现代家庭意识形态可以认为是在有意的引进和家庭宣传运动的过程中成型，这一事实强调了其内在的人为状态。在增加对住宅的感情和物质投入的时候，相信这一家庭意识形态的人们做了一个不寻常的选择；因为如果他们确实受到社区和家庭传统更少束缚的话，在按照他们自己意愿组建家庭时，将更少为维持永久的住宅以传给下一代或荣耀前代而担心。那么，与前人相比，这一代人为何要在住宅的获得和装修及各种家庭仪式的苦心经营上寻求更大的意义呢？

单纯从资金逻辑角度看，在住宅永久性上的投资并不明晰。新近有关日本家庭的女性主义研究已经强调了民族国家体制在定义现代家庭中的重要性。例如，西川祐子就颠覆了将现代家庭视为对单一的日本家体制和帝国中心的"家—国"的自由挑战的史学传统。她断言所有的现代民族国家都曾是家庭国家，因为它们都试图加强家庭意识形态，并利用其为统治服务。这对现代家庭内并不重要的性别动态学的社会理论来说是一个重要修正，但是它还不是一个完全的历史解释，因为它仍旧没有回答为何这样的霸权话语更多是从国家体制之外发展出来的这一问题。现代日本家庭意识形态塑造过程中的两个附加历史因素在这里是相关联的。第一个是女性杂志、女子高等学校和改革运动，其中改革运动是资产阶级家庭意识形态宣传阶级成员重要成分的首要路径。第二个是家庭意识形态激发了城市人享受新消费模式的胃口。在这一新消费模式中，选择和装饰住宅变成了一个个人表达的机会，或是依靠工作收入和乡村汇款生活的年轻夫妇的娱乐形式。这第二个因素在一战后表现得更加明显。

资产阶级国家的体制制造了空间划分，从而使住宅沦为社会残余。国家有明确的兴趣想看到这一社会残余以一种再造忠诚且健康的主体居民并维持父权的方式得到管理。然而，资产阶级的女人和男人并不仅仅同谋为国家生产家庭；他们还是其创造物的主要代表，负责使每一个家庭变成一处与社会不同的空间。他们将这一异质性带入商品，并通过消费实践对其进行阐述。当住宅之外的体制持续掌控商品和知识的生产时，家庭开始对意识形态的压力做出回应——或满足精神需求——通过家具和织物、小艺术品、食物、家用器具、厨具和小工具，以及模型、食谱和可从市场上得到的建议来组织生活方式，使一个独立的领域变得流行。

在一个文化领域内，家庭已经成为一个概念，满是关于家庭行为、家务劳动、室内品位和拥有住房的具体含义，1920 年代的小资产阶级"工薪族"及其妻子们秉承了这一理念，但是他们却根据自己的社会环境进行了调整。他们接受了以家庭为中心的住宅理念，却少有因为只是在形式上表达它而不安。新文化中介将对家庭的关注倾注在年轻夫妇身上，将夫妻之间的浪漫放在了私人居住空间意义之上。这一代的妇女第一次意识到了现代资产阶级家政的所有组成部分，因为有更多的女子高等学校毕业生做起自家家务，并穿上标志她们是全职工作者的制服。以独守家中、不雇女仆来重新确认优越地位，职业家庭主妇更可能将其阶级身份落实在那些标志其有别于工人阶级邻居，或与她同是出身农村的农民的条件和布置上。在对国家风格的关心上，大正时期的中产阶级消费者要少于资产阶级中的引领时尚者，后者在 19、20 世纪之交帮助建立百货商店文化，但是中产阶级消费者却涌入百货商店，将资产阶级信仰带回家——一座住宅的风格和室内装饰应该表达其拥有者的个性，并以肤浅的不同于其文化导师意图的方式进行阐释。资产阶级男性对拥有一座郊区住宅和一块宅基地的渴望，奠定了 1920 年代文化住宅梦的基础，而这早已在此前十年从小林一三那里获得了理论基础。1920 年代的世界主义乌托邦为"西方"提供了一个新角色，还向它提供了一种新关系，联结"西方"与增强这一欲望的西式物品，并且赋予其更广泛的文化合法性。总之，1920 年代，大众市场中家庭的进化使其成为加倍私人愉悦的场所，完成了上一辈就被介绍为"为国家进步服务的道德盔甲"的家庭理念的商品化过程。

作为文化资本的改革话语

从 1890—1920 年代，有关住宅改革的讨论和为其提供资料的家庭理念，被限制在受过教育的城市职业者之间。这一改革话语不但持续到 1920 年代晚期也几乎没有注意到农民的需求，而且还在很大程度上忽略了旧商人精英和城市工人阶级。东京大部分是由商店主的联排住宅组成这一事实，在日常生活改善同盟会的项目中完全见不到。20 世纪早期住宅改革的努力从不代表日本的广大群众，甚至不代表首都大多数人口。即使这限制了它们的重要性，它却将更巧妙的解脱带入这一努力之中以构成潜在改革努力之中的阶级身份。

改革修辞和新家庭实践是一种文化资本。一家人一起用餐，用餐时礼仪和交谈恰当；维持厨房的洁净；依烹饪书或报纸上的食谱烹饪（这容易涉及新设备，如平底锅或烤箱，以及新食材的实验）；打理一间西式客厅或一个折中的近似物；以合适的礼节接待客人；离家避暑；为孩子在住宅中准备一处独立空间，并监督他们的习惯——这些都使资产阶级家庭与众不同。对进步的世界主义理念、源自高等教育的实践，以及因教育得以接触到的自发性媒体的垄断，是这一优越地位的基础，也是使其区别于城市和乡村的劳动阶级的根源所在。

虽然在明治时期资产阶级文化话语形成的几个世纪前，城市居住者就将自己与乡民区分开了，但是现代条件以新的方式改变了城乡划分。一方面，各阶层的人涌入东京和大阪，意味着大多数城市人拥有关于乡村家庭的新近记忆。大正时期的许多新兴中产阶级，像谷崎润一郎小说中的男主人公河合让治一样，尚未切断连接他们与农村故乡的脐带。河合让治不仅从故乡得到金钱，还有家庭劳动力——当他和娜奥密建造住宅时，他母亲派了一名女仆为他们工作。另一方面，卫生学和优生学的话语及关于日常生活改善的总体城市偏见，更使资产阶级认为农民的生活和习俗野蛮而原始。1910 年，长塚节（Nagatsuka Takashi）出版了《土》，这篇描述佃户家庭辛苦劳动的小说是基于作者的故乡记忆写成的。一些城市批评家认为，对公共消费来说，这种写实主义的描述太过卑贱。即使是像夏目漱石这样敏感的知识分子——他对世界主义日本的脆弱之理解比同时代的大多数人都更加深刻——称赞了这本书的道德价值，却也仅能找到恐怖、反感之类的词语来描述书中农民的生存环境和行为。[5] 在村井弦斋的《食道乐》（1904）中，由于对文明城市习惯的无知及家庭习惯的低效，农村家庭成为讽刺的对象。为了唤起更多警觉，村井弦斋说他们因为对生育危险的无知而威胁种族进步。伴随着下层社会作为传染病携带者的威胁，改革话语以统一和同样的姿态共同将资产阶级展示为受威胁者，并重新强调了读者的资产阶级身份。

　　与此同时，由于德川时期武士家庭中的绝大部分不是拥有土地的上流人士，所以与他们的英美先驱不同，日本家庭意识形态和城市建造者缺少关于乡间邸宅或乡村家园的舒适神话。虽然大多数新城市阶层依旧来自农村，还有少数建筑师改造村宅审美特征，但是日本的资产阶级家庭生活将占整个国家大多数的农民的习俗和建筑放在黑暗、封建的过去。1920 年代，当新文化住宅在城郊铺展开来，文化的触角依旧指向城市，并从城市指向西方。

　　随着日本帝国的扩张，殖民地的他者为城乡文化等级增加了另外一层，虽然在都市生活中较少见到，但是仍旧能够以任意方式精准想象出来，这归因于东京与殖民地相隔较远。帝国主义将全部日本人，至少在名义上，放到文明与落后分界的占优一方，以允许更多的人进入资产阶

---

[5]　Ann Waswo，"译者简介"，载于长塚节，《土》，xvi。长塚也是用城市化的知识分子的眼光来看待乡村处境，因此他的小说不是对乡村情况的简单记录。它很明显意在同情地描述，然而叙述中也经常强调未开化行为的实例，尤其是农民对卫生的一无所知。

级文化的笼罩之中。1920 年代，流行杂志如《主妇之友》的读者可能对富有的本土精英怀有敌意，但是他们有同样一种自信，即既然日本人已经统治了太平洋岛民和其他"野蛮人"，那么国家的自我教化工程就已经大部分完成了。

但是只要进步的家庭习惯及其完全实现所需要的住宅和家具，仍被当作改革内容进行宣传，而不是简单地传达为传承，它们作为资本的价值就必然不安全。共享的改革主义是阶级身份的一个矛盾基础，因为它暗含一种变化的倾向，而不是追求一种稳定模式。随着中等教育的扩展，"中产阶级"逐渐象征起形成阶层的一系列群体，他们有不同的生活标准、经验和期望。在一战后的杂志和报纸中，扩大了的资产阶级中人数最多的较低一层，在此前被富人控制的一个话语领域内声音渐强。以他们可以得到的物质选择进行区分，1910 年代和 1920 年代各种各样的竞争者用同一种改革修辞来争取阶级身份。"日常生活改善""以家庭为基础的住宅"，以及其他惯用语，一旦流行起来，就会被每个人使用，而不论其社会地位。还有一个达成的共识是日常生活物质内容需要改革，包括住宅、家具，及其他家居物品、衣服和食物。于是，日常生活改善为抱有不同议题的不同"中产阶级"建立起一个论述空间，这是一个目标不变但队伍阵容和游戏策略已然改变了的游戏场所。

在住宅具备不同样式及不止一小部分精英能承担得起做这种选择之前，资产阶级文化事业内部的竞争不会在住宅样式的选择上自行暴露。文化住宅象征性贬值，代表着这一以阶级为基础的住宅审美分类法的开始。拥有最多文化资本的人将文化住宅描述为模仿产物以贬低"文化"，这反映出他们更为了解西方方式，及获取更好地建造住宅的方法。但是同时，"文化"售卖商品的事实暴露出它拥有更大的积极意义的群体。与拥有稳定、可模仿的资产阶级或贵族传统的国家相反，日本现代时期占主导地位的精英是通过拒绝旧的，并拥抱改革而开始其职业生涯的。其结果是当中产阶级扩张时，品位标准是有争议的。在这一背景之下，挣扎的小资产阶级倾向于全力接受异域的住宅样式，因为他们拥有最少的可舍弃的传统资本，这使得某种反传统主义成为可供追随的恰当准则。

文化中介

被日本大众市场重新包装的日本主流文化许多都是进口的这一事实，为处于解释和翻译地位的人提供了一种特殊角色，这为被我称之为"文化中介"的人打开了一个广阔的社会空间。在西方的现代家庭室内设计史中，推动新生活方式的建筑师、设计师、广告商和杂志编辑经常被认为是品位的评判者或流行引领者。[6] 为了描述新生活方式在日本的传播，其范畴必须从两方面来解释，首先把更多的职业人群种类列入在内，其次认识到这些人正在推动一个超越建筑或室内设计范畴的时尚的文化包装。为日常生活改善和有关中产阶级住宅外观的公共话语做出贡献的专家来自不同群体，包括众多政府部门的官员、政治家、医学界人士、教育家、小说家、艺术家和记者，还包括那些首要工作是设计住宅或向家庭推销物品的职业人士。

从 1890—1920 年代，日本的这一群体在性质和构成上也有明显转变。明治晚期的文化中介在阶层上更加单一，他们以家庭**文明使命**的名义，在既定的资产阶级的位置上演讲、写作及设计。即使在讨论用餐习惯的时候，国家目标也从未摆脱明治资产阶级文化说客的私人关注，他们的智识增长与民族国家的发展相一致。但从 19、20 世纪之交开始，这

---

[6]　参见如 Leora Auslander 的 *Taste and Power: Furnishing Modern France* 对法国家具的深入研究；或 Karen Haltunnen 的 *From Parlor to Living Room* 关于美国起居室的经典文章。

一群体越来越多地与一些新的进步知识分子分享共识，进一步脱离精英政治圈，且更依赖具体专业知识或个人经验的诉求。这些人使其职业成为向数量不断增长的知识大众——尤其是女性——提供源自精英的新生活方式的规范和形式，而且他们倾向于在这一游戏当中为国家服务的同时，维持自己的生活。此外，他们所代表的许多职业本身就是新的，而且很多是为了迎合商机而非满足国家需求而创造的，如住宅建筑师、室内设计师、家政学家、营养学家、女性杂志记者和自由撰稿人。因此他们进入这一领域反映了文化生产渠道的扩张，并且他们的大量出版物也暗示量大而分散的文化教养一般的读者群的成长远大于 19 世纪的鼓吹者。

因为新机构和新专门知识渠道传播了改革修辞，所以它所生产的外观反映的是这些机构和专家的需要。建筑师们需要设计问题作为他们的专业知识在文化领域占统治地位的一处空间。在建筑学缺少国家提供的职业权威的保障下，到那时为止，女性教育家更需要申明她们的活动范围。就衣食住而论，家政管理领域的定义在将居住定义为一种他们可以操纵的物质形态。

如果不能认识到思维模式是新制度和新职业的产物，且反之亦如此的话，就很难理解私人住宅布置上引发的所有关注。这里的问题不在于工人阶级的住宅，虽然其管理对国家和资本有明显的影响，也不在于量产住宅过程中的技术改变，虽然它们也具有直接而明显的制度上的重要性。问题在于在私人拥有或出租的单一家庭住宅设计上的空间改组。解决问题就会涉及待客、装修、家庭团聚、厨房工作、家具、行为举止等所有与国家发展的主要叙事表现出些许相关的事物。但是，众多建筑、教育及相关领域的专业人员都将这些事物看作对现代社会的产生来说十分重要。与改革话语或社会变化现实中的西方模式的力量十分不同的是，社会变化现实如受过教育的资产阶级的市场的成长，与居住问题相关的新职业的出现，其自身必须被认为是隐藏在公众对私人空间的关注之后的一个重要因素。对建筑师和家庭管理专家来说，住宅平面图是可以在其上设计和安排家庭生活的空舞台。起居反面的基本布置和服务空间被无数次变化组合：房间的次序、朝向和毗邻被用来标示日常生活的整个哲学。[7] 这种精心设计反映了以居住为中心的专业知识的详细阐述，或者更尖锐地说，是由认为住宅是新知识运用对象的专家所制造的必要性。这些专家的文化资本价值有赖于对改造住宅重要性的广泛社会认同。

借用的问题

自明治时期，日本知识分子就经常批评文化中介严重依赖进口文本和图像，将其视为盲目模仿或民族文化被西化腐蚀的证据。这是对纯粹主义污名引人注目的回应，这种纯粹主义扼要表达了日本和西方，并指向种种创造性方式；在这一方式中，随着日本日益融入全球时尚和思想潮流，一些特殊形式被认为是适宜的。然而，私自占有向来不那么容易。对西方事物的选择，有时看起来超越了所有其他评价标准，复制了权力的关系；这是因为对日本人来说，他们所能理解的构想社会和物质世界的模式，是由他们在政治世界的力量决定的。对改革者来说，内在逻辑似乎使每一次选西方模式而不选本土模式都是必要的。日常生活改善同盟会的田边淳吉承认，由内而外地改革住宅，其结果是外观上像"西

---

[7]　这一对于住宅设计细微差别的关注在西山卯三战争期间的作品中达到高峰。西山卯三发展了住宅计划或居住规划这一学科，在战后的日本建筑学院中得以保存。这也占据了近期居住史分析的主流，获得了相当多的成果。关于南向住宅设计的制度的系谱，参见内田，*The Issue of Southern Exposure in the Development of Modern Japanese Housing*。关于完全基于设计安排对单一家庭住宅形式的彻底分析，参见木村德国，《日本现代都市独立住宅》；青木正夫，《中流住宅の平面构成》。

式"，但是他解释说他的模型并非出自模仿，它只是"自然而然像一座西式住宅"而已。[8]田边淳吉的话或许可以令人相信——"西方"不可避免地在场，并不意味着日常生活改善的追求是出于对西方的喜爱或对日本的厌恶。相反，改革话语也并不必然由国家主义驱动，也试图通过文化仿效来推动日本的政治秩序。个体改革者则根据自身社会资本和文化能力来选择融合东西方的阶级策略。

西方势力强加给日本的不平等条约及作为回应的明治政府领导的快速现代化项目，共同使东京成为欧洲文化全球霸权中的一颗卫星或一个殖民偏远村落，并拥有与殖民长官相匹敌的现代化明治精英，以及脱离低层而又异于欧洲宗主国的社会阶层。许多新精英实际上只是国内上流社会和国际外交的新来者，他们一方面渴望在本土环境中证明自己的文化统治，另一方面他们为了西方人将自己西化；而同时，西方人又将他们视为西化对立面的劣等范例。

因此，即使在阶级文化竞争的家庭领域内——用皮埃尔·布迪厄的话说，即"分类斗争"——所有有关日本性和西方性的美学表达都有很多举措，但是这一领域反而却不可避免地套叠在不对等装配的国际文化领域内，在其中，品位规则的可比拟部署倾向于终结民族文化的竞争。日本在国际政治中处于不合常理的中间位置，打个比方，统治阶层的精英成员和在国内占主导地位的资产阶级，同欧洲地位相当的人相比，就像是拼命挣扎的小资产阶级。如果阶级文化竞争相互作用的方式可以转移到国际关系之中，那么皮埃尔·布迪厄对小资产阶级社会地位的描述，就贴合了不平等条约时期日本精英的文化境遇：

> 小资产阶级与社会阶级场的两极的距离相等……小资产阶级不

---

[8]　《住宅改善の根本方針》，载于日常生活改善同盟会，《文部省讲习会》（1922），104。

断碰到伦理的、审美的或政治的取舍，因而被迫将最普通的生存活动提到意识和策略选择的层次上。为了在他们渴望的空间里生存下来，他们被迫"过着入不敷出的生活"，并被迫不断地关注和在意他们提供的表象被别人接受的最细微迹象。[9]

用"帝国等级"或"国际秩序"之类的词语来代替"社会阶级场"，这段转换位置的文字中的"两极"则可看作殖民地人民的主导地位和西方势力的支配地位。介于两极之间的明治日本的政治地位限定了单个日本人可以选择的文化地位，并决定了他们的"化合价"。本土文化保护主义与占主导地位者结盟，而世界主义者则与处于支配地位的人结盟。

当然，问题的重点并不在于总体来看日本人都是小资产阶级，而是国内阶级竞争领域的地位受到日本在国际竞争领域地位的影响。[10]家庭社会领域的所有地位都由两方面决定：一是与其他日本人的关系，二是日本在列强中的地位。明治时期日本一小部分游历甚广的富裕大资产阶级，将自己的住宅装饰成一个自由的混成作品，东西方元素贴合了世界主义权威。但是指望西方模式的大多数明治资产阶级鼓吹者会不可避免地意识到，虽然在国内他们是社会精英，在国际社会中却处于更低的社会阶层。大正时期那一代在本土传统上投入较少，情愿冒更大的风险。他们在抛弃本土实践这条路上越走越远，不仅是因为他们只有较少的东西可以失去，还因为由于殖民帝国的所得及不平等条约的终结使得日本已经跻身各国之中占有更多利益的"阶层"。

在皮埃尔·布迪厄的叙述中，小资产阶级依赖为改善家庭而传播模

[9]　Bourdieu：*Distinction*，345。该部分译文参考皮埃尔·布尔迪厄著，刘晖译，《区分——判断力的社会批判》（下），商务印书馆，2015 年版，545—546。（校注）

[10]　激进知识分子高桥龟吉会声称 1930 年代的日本是一个"无产阶级的国家"（参见 Hoston，*Marxism and Japanese Expansionism*）。

型的媒体最多，为其出力也最多，因为它摒弃了社会下层的稳定准则，但缺少实际商品和文化资本的储备，而也正是这些东西，允许既定资产阶级家庭享有用手边的材料来表达自己的奢侈及成功的自信。从 19 世纪末期开始，许多日本进步精英选择了与皮埃尔·布迪厄的小资产阶级的相似策略，使自己区别于传统的过去，在其家庭环境中为审美而追求新模型，这种家庭环境正是利用他们负担得起的世界主义文化元素搭建而成。我们应该在这样的背景中审视明治晚期和大正时期日本的文化中介的声望和高度公开化的住宅现代化运动。

消费者教育

1920 年代中期，新的商品和技术在大大小小的资产阶级住宅中争抢空间。在今和次郎 1926 年的调查中，一对夫妇拥有钢琴、留声机和一整套三越藤制家具，还有各种各样精美的小装饰品。这对夫妻正在以上一代相同社会地位的人无法想象的方式消费，且不可能被当时的工人阶级家庭效仿。他们已经用反映个人品位的东西填满了新家，这些东西没有实际用途，只是增添愉悦，并向别人展示他们有文化。

然而，家具和只供短期使用的物品的堆积并不代表财富。这对夫妻的住宅仅有 9.75 坪（约 30 多平方米），并不比大多数工人阶级住宅大。厨房没有家用电器，仅有一个做饭用的燃油炉子。杂志、课本上展示的厨房、住宅与大多数读者的承受能力之间的差距，持续到 1960 年代的国家经济大发展之后。自从流行的《食道乐》向读者介绍了大隈重信伯爵那配有英国进口烤箱的厨房之后，理想厨房的图像让人得以一窥明亮的虚幻世界。在这虚幻世界中，卫生和效率所需的全部改革和丰富多样的家庭烹饪用具都已具备，所有想要的东西应有尽有。在这些图像展示出的说教背景中，习惯的改革与少数人才能负担得起的新商品或住宅相关联。紧跟受过良好教育的人口数量，日本最大的市场指向最能负担得起的商品——印刷品。在大众消费远超日本将近一个世纪的美国，是制造商在教导主妇如何成为中产阶级消费者；而在日本，女性更多是从教科书、报纸和杂志上学习。

大多数当代日本人认为现代厨房是 1960 年代的产物，但是它可能有很长一段所谓的"妊娠期"，因为从 19、20 世纪之交开始，女性杂志和女子学校教科书的读者就已经看到了模范厨房的图像。一些人还自行设计并将作品提交给杂志竞赛或进行公共展览。虽然很少有家庭实际拥有家用电器（在今天这是与消费主义的形成有关），但是大都努力地创造文化生活——一种以新商品搭建起来的现代性图像。因此，在日本，消费主义心态在购买力尚未发生任何革命之前就已经很明显了。日本人的消费主义源自知识丰富的文化，而非富足的文化。

对购买或建造文化住宅的人来说，一座文化住宅就像第一笔大物质投资，它远在汽车之前——在战前的日本，汽车为私人拥有还很少见，而且大概也不会一起购买大过一个电灯的任何家用电器。自明治维新，日本日常生活的形式就已经被西式的精英意识作为相对物来考虑。然而，这一问题由 1915 年家庭展览的报纸赞助方首先提出——我们的日常生活应该具备什么东西？——这就将对本土方式的反对与以外来方式建造和生活之间的窘境转移到消费者选择的不确定基础上。1920年代中期之前，本土和外国媒体共同将东京中产阶级浸入全球消费者文化之中。如果说他们参与的相当一部分是从他人经验间接获得的，那么大多数实在商品仍旧只在西方人手中的事实，只能让日本消费者的欲望更加强烈。

逐渐固定下来的现代形式

不仅是家庭意识形态，资产阶级家庭空间和日常生活的物质、实践用语在 1930 年代也有了固定形式。从社会意义上讲，具有象征意义的是，职业家庭主妇的地位最终在 1930 年代中期变成了可以实现的理想，就像白领男人的工资达到了满足普通家庭开支的水平。[11] 早在 1920 年代中期，许多女性就像男性一样在女子学校完成了中等教育，为了她们的新角色而以现代家政管理科学的工具武装自己。这些妇女不仅将课堂中的新技术知识带回家，还将一种审美鉴赏力带回家，这种审美鉴赏力强化了明治时期建筑师和改革者构想出的连接日本女性主义和传统建筑空间的关联。因此全职家庭主妇最终获得了稳定的地位，这使得她们可能定义中产阶级家庭个性的习惯和品位获得了与其角色本身一样长的稳定性。

茶艺曾是灌输本土品位乃是女性美德的重要渠道。茶文化的现代重塑为日常生活重组的过程提供了一个清晰的例子，这一过程肇始于对明治时期文化等级制度巨大破坏的回应，完成于 1920 年代和 1930 年代的大众文化之中。茶艺学校在明治维新之后遭受着灭绝的威胁，而能够保存下来部分原因在于宣扬了茶艺作为礼仪训练的价值。此后，茶艺教学逐渐融入女子高等学校的礼仪课程中。随着女子中等教育的内容在 20 世纪进入大众媒体，茶艺与女性自身修养的关系逐渐密切。据茶史学家熊仓功夫（Kumakura Isao）估计，1930 年代之前，每年由京都寺庙和茶艺学校赞助的采茶活动中，女性参与者占据绝大部分。这标志着茶艺完成了从男性主导、在特殊的室内空间进行的实践艺术，向以女性为中心、倾向于灌输可以应用于茶室之外礼仪的社会训练活动的巨大转变。[12] 此

---

[11] 千本晓子，《日本における性別役割分業の形成》，220—225。

[12] 熊仓功夫，《文化としてのマナー》，125—136；也可参见熊仓功夫，《现代の茶の湯》，84—85，223。

后茶艺继续作为女性礼仪学校的重要内容，通过茶艺向女性逐渐灌输一种与本土建筑空间密切相关的国家身份的意识，甚至在妇女不再将和服作为日常服装之后，依旧强化着本土空间和女性性别之间的关系。

与此同时，始于1920年代的建筑和室内设计审美新标准利用了与茶艺有关的数寄屋传统。因此建筑师将数寄屋重新放置在一个完全不同的框架中，使它成为与茶艺或其他社会实践脱节的本土建筑美学的原始资料集。这与茶艺作为本土礼节训练和女性婚姻财产的大众化一起，标志着富裕的数寄者[13]的边缘化。对数寄者来说，采茶、收集和室内设计曾经是一种单一的审美实践的组成部分。在1930年代晚期之前，曾是男性狂热爱好者领域的茶艺社会艺术已经消失了，其有用部分被用于国家文化和商业这两种不同目的。

在住宅建筑方面，1920年代中期纷呈的实验在1930年代让位于本土与西方特色更加柔和的混合。像美国商店的建筑师山本拙郎的那些在1920年代早期看起来还很前卫的和洋混杂的设计，在1930年代中期之前就成了标准。[14]虽然与国际现代主义的平屋顶、混凝土建筑相比，山本拙郎的设计看起来非常日本，但我们应该注意的是，由山本拙郎和与其相似的其他建筑师发展创造的和洋混杂的样式首次出现时，与更强劲的欧洲设计一样，也是创新的。为传统的现代建筑赢得一席之地的设计部分取自数寄屋，它们曾帮助定义了一种新的本土美学。当这一词语被充分采纳的时候，那些看起来前卫的东西开始变得传统。拥有封闭外观、榻榻米和椅子结合的室内空间，并以一些本土审美标记如外露的木柱、圆窗和未上釉的屋瓦等为特征的住宅，成了样式书和郊区中最常见的样式。

随着住宅形式方面实验的激增，以城市中产阶级为目标的文化改革

[13] 爱好茶道、和歌等事物的人被称为数寄者。（校注）
[14] 藤森照信，语出吉村顺三、池田武邦、藤森照信和内田青藏，《住宅作家の草分け、山本拙郎を語る》，载于山本拙郎，《拙先生絵日记》（1993），207。

主义浪潮在 1930 年代之前已经平静下来。1931 年，柳田国男创作其经典著作《明治大正史·世相篇》时，曾经伴随 1920 年日常生活改善运动和 1922 年文化村的热议，它们遭受的批评和接下来在"文化"标记下新住宅类型的激增，似乎已经属于更早的时代了。在题为"日常生活改善之目的"的结尾章节中，柳田国男断言在"日本不再模仿西方"这一事实中，可以看出这个时代的进步，"我们的文化事业必须向外国看齐的意识已经淡化了"，他在观察到日本人已经成熟并且变得自立时写道。[15]在 1923 年地震之后繁荣起来的"住宅样式出乎意料的混杂"之中，柳田国男看到了这一过程有益的一面："我们长久浸没的想象力开始浮上来，几乎到了缺乏约束的地步。我们有能力从前到后详细检查有关舒适的问题。"[16]柳田国男写道，日常生活改善的许多提议都出自精英主义、脱离贫穷的大多数日本人，然而"它本身就是一种改革"，因为人们已经学会了通过有组织的运动而非单纯的个人努力来寻求日常生活的改变，正如在"政治与我们的家庭直接相关"之处赋予了女性组织以领导角色。[17]无论是好是坏，这些东西的确是 1920 年代的遗产。

战后家庭

在柳田国男 1931 年的总结之后，住宅和家庭进化的方式是另外一本书的故事。我们不能跳过国家动员、战争和外国军队七年的占领，而认为随后的住宅完全源自 1920 年代绘制的蓝图，这实在过于肤浅。然

---

[15]　柳田国男，《明治大正史·世相篇》(1931)，335。这一结束章节与之前的怀旧叙述的口吻完全不同，这似乎很少被柳田研究者注意到。

[16]　同上，69。

[17]　同上，339。

而，不可否认的是，20世纪早期资产阶级思想家的许多文化发明得以延续，并在战争期间和战后找到了新的化身。最近有几位学者已经指出，在日本私人生活史上，1970年代中期是比1945年更重要的转折期。在一项国家人口统计学趋势的明晰研究中，落合惠美子（Ochiai Emiko）将在1955—1975年间运转的她所谓的"战后家庭系统"描述为是基于核心家庭理念的。关注家庭观念和住宅的西川祐子提出了一个"家庭文化的时代"的说法，它始于明治晚期，终于1970年代。正如西川祐子所指出的，1975年前后，大多数日本家庭的实际环境才得以匹配上很久以前就已经提供给他们的家庭模型。[18]

简而言之，建构日本资产阶级家庭的过程持续到证明它的商品的流通符合国家水平的大众社会为止。战后的人口统计趋势在这一大众化过程中扮演了关键角色，它将核心家庭从流行的观念转变为大部分日本新生代的现实。正如落合惠美子所展示的，紧随1947—1949年生育高峰的是生殖繁育的快速下跌，这是由堕胎法律的放宽和劳动力的城市化带来的。到1955年，一种高度统一、每对夫妇有两个孩子的模式出现了。随着战后婴儿潮那一代在1970年代达到适婚年龄，核心家庭的数量明显提升。到了1975年，核心家庭的数量是1955年的两倍，这使得人们产生一种认知，即"家体系"正在衰败，而日本社会整体是"核心化的"。事实上，调查数据显示，包括非核心亲属家庭根本就没有减少，这意味着形成家理念基础的习俗仍旧保留，即一个有继承权的男子在婚后仍与父母共同居住，而无继承权的孩子数量的增加正是核心家庭繁盛的原因。这一婴儿潮群体（在日本称为"团块世代"），因其数量和显著程度，是媒体关注和市场推广的天然目标。到1975年，核心家庭的数量达到最高峰值。家长制主干家庭和核心家庭之间的真正冲突在此之后才出现。[19]

---

[18]　西川祐子，《男の家，女の家》，628。

[19]　Ochiai Emiko（落合惠美子），*The Japanese Family System in Transition*, 38—45, 60—61.

除了规模的大众化之外，家庭进化的晚期阶段还有两个主要的结构差异。第一，从占领（日本）开始，美国就势不可挡地成为日本仿效的主要模型，虽然这部分是因为美国人在日本国土上出现及美国当局在塑造战后日本社会时采取的高压手段，但是更多可能是因为流行媒体上可以看到的美国家庭富足的生活方式的影响。第二，与资产阶级文化中介作为社会和政治先锋的时代不同，自 1950 年代晚期，公司制国家的所有结构——大企业、政府和金融机构——通过宏观规划和金融活动对资产阶级家庭的产生做出了重要贡献。[20]

正如西蒙·帕特纳（Simon Partner）所展示的，家用电器制造商在"明亮生活"的旗帜下引领着消费主义的战后复兴，这与 1920 年代大众市场中的"文化生活"十分相似。[21]与在 1920 年代日常生活改善运动中所做的一样，国家机构再次投入到"理性化"的推广中，并且鼓励需要新商品的生活方式做出改变，虽然这次的主要目标转移到了乡村。[22]由于日常生活改善作为一个资产阶级的阶级建构工程已经在数十年前建立了一系列协调的规范，所以改革话语不再围绕资产阶级家庭生活问题。例如，曾经被认为是重要公共事件的"双重生活的恶果"已经消失得无影无踪了。对战后的日本来说，家庭是消费的私人天堂的观念和家庭是国家为生产国民主体而掌控的场所的观念，有更充足的条件密切配合，因为最大的企业现在都依赖于为他们的产品创造家庭需求。[23]

---

[20]　三浦展，《"家族"と"幸福"の戦後史》。

[21]　Partner, *Assembled in Japan*，散见于第 137—192 页。

[22]　家庭推进官，最初由美国职业权威培训并由农业部 1950、1960、1970 年代派往日本乡村各地，去履行卫生和效率改进厨房的任务。到战后第四个十年时，任务已经大部分完成，这主要得益于财富的增加允许农村家庭安装煤气、自来水、不锈钢柜台和冰箱。当地政府部门依旧保留着一张农业部培训的女性家庭推进官——即所谓的"日常生活改进推动者"用的桌子。然而，她工作的重点已经转向地区文化助推者的活动，如帮助女性志愿者团体为旅游市场发展新产品。

[23]　Partner, *Assembled in Japan*, 184—185.

1960 年代的消费主义集中在家用电器的炫耀上面，但是随着这些东西在 1970 年代普及到所有人，市场推广的先锋转而用家庭的图像作为一个个人放纵的场所以推广奢侈品。室内杂志激增。广告描绘着以夫妻为中心的"新家庭"的平静快乐生活，其中丈夫和妻子通过共同消费，如亲密地饮酒和穿颜色搭配的衣服等行为，来展现他们的亲密。[24] 短时间里，媒体聚光灯转向了拥有双份工资和关系更加平等的年轻职业夫妇。落合惠美子观察到新家庭之新原来是一个市场推广神话，因为真正的人口统计趋势实际上朝向她所谓的"现代家庭"和我所谓的"现代资产阶级家庭"的实现：一个维持劳动标准划分的相配的核心家庭，其地位在一所颇有品位的私人住宅中得到保证。[25] 这些家庭区别于 1920 年代东京郊区家庭唯一的"新"东西，就是他们的数量。

1970 年代无疑是住宅拥有量猛增的年代，这得益于政府的激励和公司为员工提供的贷款项目。1966—1971 年之间，为新住宅提供资金的低息贷款增长十倍，1970 年代的后五年中又增长了五倍。为给"城市工人家庭"提供住房，日本住宅公团于 1955 年成立，并在 1976 年首次出现租赁住宅申请者短缺的情况之后，于 1977 年开始建造大量住宅单元供出售而非租赁。[26] 但是假如拥有一座住宅变成一种国家标准，工薪男性获取住房并支付费用的压力就大幅增加了，正如维持住房的职业家庭主妇所受的隔离压力一样。

而具有讽刺意味的是，1970 年代晚期，当郊区独立住宅最终变为大众财产的时候，媒体间却突然充斥了有关"家庭瓦解"的讨论。公众的注意力几乎都着了魔一般集中在几个令人震惊的家庭自杀事件上，社会批评家将这些自杀事件解读为暴露了许多人为之奋斗的家庭理想的空洞。

[24] 三浦展，《"家族"と"幸福"の戦後史》，14—16。

[25] Ochiai Emiko, *The Japanese Family System in Transition*, 104—111.

[26] 三浦展，《"家族"と"幸福"の戦後史》，139；西川祐子，《男の家，女の家》，628。

因此，随着资产阶级家庭从大众市场推广的幻想转变为大众社会现实，资产阶级话语的制造者再次转移阵地，从个人脱离家庭和家庭脱离城市社区中读到了令人担忧的趋势，正如前一代对核心家庭从大家庭中分离所表达的担忧一样。[27]

确实，正如许多记者和社会批评家所言，明治改革者的首要目标，即制造一个亲密的家庭圈，仍旧难以实现。20 世纪晚期，大众媒体继承了批评主义百年的旧腔调，继续哀叹可以保证同居家庭和谐的进餐礼仪在日本的缺失。抛开这一问题的社会学解释，如战后白领父亲工作过度而且心不在焉的趋势，失望表达的本身就表明了家庭话语的耐久性。到这个世纪末，从未实现的家庭理想继续为乌托邦幻想提供材料：在一些情形当中，这些幻想属于一种想象的"西方"的模型；而在其他情形当中，是战前日本人度过的黄金时代，当时家庭可能是完整的、关系密切的。对真正家庭单元的同样渴望也引发了反乌托邦的拙劣模仿。[28]

战后住宅

不管程度如何，自文化住宅提出以来的所有住宅都是文化住宅。"文化"从未特指一种具体风格，或任何流派建筑师的作品；更确切地说，它是对住宅鉴赏力的物化，并将住宅纳入现代设计层面。因此，它

---

[27]　这并不是说社会批评家自 1970 年代末开始哀叹的疏远的青年、恶化的婚姻和血缘支撑网络重要性的减少是假的。只是，新的重点表明大众媒体已经不再是资产阶级家庭生活的绝对推动者。他们在过去的许多年都一直扮演着这一角色，而且资产阶级家庭生活也是大多数国民尚待实现的目标。

[28]　关于战前家庭生活黄金时期乌托邦版本的一个实例，参见本间千枝子，《父のいる食卓》。同一时期在大众媒体中的一个最著名的家庭反乌托邦图像是电影《家族游戏》（导演：森田芳光；1983）。电影中的这个家庭一起吃饭，但是却坐成一排，面对摄像机，与家庭意识形态推崇的圆形形成一个具有讽刺意味的空间对立。

的影响不仅扩展到住宅外形，还有它们被描述、被讨论、被市场推广的方式。1970 年代以来建造的独立住宅中所谓的整体厨房反映了卫生学家和科学管理者的工作，中央起居室和儿童书房则反映了战前住宅改革运动的成果。当市场强大时，如 1980 年代，报纸上满是民族风格、混合风格的独立住宅的各色广告。在这些年变得流行的对盒子式、白色面板的美国式"奶油蛋糕住宅"的批评，回应了 1920 年代对粗俗"文化住宅"的大肆嘲弄。品位的阶级竞争在这些年重新显露，这种竞争或许是大正资产阶级文化的一方面，而大正资产阶级的遗产在战后经济膨胀的长轨中是可见的。虽然直到 1970 年代才有很多日本人负担得起这种住宅，但是当大范围的发展开始，有丰富的过去的模型可供设计师和批评家利用。

这个世纪早期的改革运动的另外一个重要成果是战后日本公共住房使用的布局方案——"nDK 布局"，即将两间或更多卧室与一间开放餐厅和厨房连在一起（"DK"是"dining kitchen"的缩略形式），这一方式源自战时建筑师、改革家西山卯三的调查。为了满足适用于最小住宅单元布局并作为一种"国民住宅"模型而需要采用的单一空间原则，西山卯三得出了区分饮食与睡眠空间的原则，作为"维持有序生活"的基本标准。[29] 尽管西山卯三声称这一原则是依据实验得出，但是这一优先确保独特就餐空间的做法也足以算是他自己安排住宅的产物，这最终寻根溯源到明治时期家庭圈的作用。nDK 方案虽然保留了榻榻米垫，但是将饮食布置在厨房餐间，而厨房餐间是为椅子设计的，因为西山卯三及其同事认为协调的家庭饮食需要单独的房间，不论住宅多小；而出于卫生方面的考虑，在同样用于睡觉的榻榻米垫子上吃饭是被禁止的。特别是从住宅入口直达的典型厨房餐间也不再有住宅内前沿与后沿的分别，而仆人和老一代已经离开，使得这一变动成为可能。按照 nDK 方式设计的住

[29]　布野修司，《西山卯三论序说》III，116。

宅，去掉了过去为客人准备的所有专门住所——封闭的玄关、接待室和座敷。[30] 不论是一般的还是正式的客人，接待都变得比较少见，而家庭成了独立核心家庭的与世隔绝之所。[31]

与此同时，住宅的旧有本土元素不可阻挡地从实践需求领域移到审美喜好领域——即使不是全部以同样的步伐。自明治维新后从禁止奢侈的限制中解放出来，装饰性壁龛和封闭的玄关前厅在城市独立住宅中变得十分普遍，而它在战后早期则被建筑师当作有害的"封建遗存"对待，并被驱逐出新住宅设计。[32] 从长远来看，这使它们成为自觉的传统"日本风格"的象征。在此后的普通住宅中，玄关被建造得尽可能小，并用单扇西式摇摆门来代替双扇的推拉门。床之间在小旅馆中被继续建造，并且在其他本土标记少有遗留的时候，它作为住宅里的传统象征而重获喜爱。1960 年代铝框玻璃门的传播，使房屋主人能够打开住宅的一面或更多完整侧面而到达室外的长缘侧并从城市住宅中消失；开放的庭院侧回廊也是如此，这成为"日式"小旅店与上层阶级住宅的区别之处。[33] 榻榻米垫子的寿命比多数大正时期进步人士所期待的更长。当男人和女人不再穿和服（且女性不再缝制和服），它们才能被最终去掉，且女性、和服和坐地板之间的实际联系，尽管不是意识形态联系，但也被打破。在更高阶级的独立住宅中，为接待偶尔来访的客人而保留的，配有榻榻

---

[30] 西川祐子，《男の家，女の家》，621。

[31] 在家中接待客人实际上已经变得非常不寻常，以至于家用电器制造商松下在 1958 年打出广告，要求消费者要更多地邀请客人到家里（目的大概是为了增加"攀比跟风"对比的机会）（参见 Partner, *Assembled in Japan*, 155—156）。虽然这一消息的背景和社会意义不同，且与明治晚期改革者的修辞并列，这些改革者担忧他们的听众会尽更大努力来通过与客人保持一定距离以保持家庭圈，但是这一运动展示了一个实例，其中家庭宣传在半个世纪内兜了个圈子，回到了原地。

[32] 对此的经典表达是建筑师濱口ミホ于 1949 年完成的具有影响力的著作《日本住宅の封建性》，参见大河直躬，《住まいの人類学》，195。

[33] 《日本の木造住宅の 100 年》，192。

米、床之间壁龛的正式"日本房间"（和室）与住宅其他部分的对比，强调了它的拘谨。[34] 今天，20 世纪早期那么重要的坐椅子与坐地板的区分看起来已经消散在不重要之中，但这很大程度上是以坐地板的习惯为代价的。正坐或"正式就座"，这种被认为尤其是女性坐在榻榻米垫子上时应该采用的正确姿势，为当代日本人广泛地厌恶；同时它还被当作次要的"传统成就"，与在茶艺学校做茶艺相近且相关。[35]

　　住宅现代模式的狭隘标准产生了大量作为其对照的相关的传统主义。在东京一些地区，1980 年代由经营店铺的旧有小资产阶级经营的街坊关系加强了传统仪式感，证明了街区自治和团结。正如西奥多·贝斯特[36] 的类似社区邻里的民族志研究所述，这些店主并没有表现出他们阶层固有的保守主义，而是精心打造了一种新传统主义的亚文化，来反对白领职业者的主流文化及商务楼和城郊住宅区的主流都市主义。[37] 市政府部门发现这一亚文化的有些方面现在可以被社会其他部分借鉴，并开始在东京旧城区推动本地节日活动和商业街以吸引游客。[38] 在建筑学方面，主流传统主义者对现代资产阶级住宅的回应是民宅或"民族住宅"范畴，它源自 1919 年今和次郎的调查。今和次郎的乡村调查方法和写作是由拉斯金浪漫主义、左翼进步分子对贫民生活的关心，以及民俗学者对农民创造力新旧结晶的倾慕共同维持的。二战后，在由文部省发起的系统分类、调查和保存的过程中，这些敏感性大量丢失，乡村住宅则被重构为与现代性毫无关联的民族过去的一部分。最古老和建造最好的住宅被修复为它们最早的可知形式，被作为民间风格产物和日常生活历史

---

[34]　关于向单一和室发展的长期演化的分析，参见大河直躬，《住まいの人類学》，163—192。

[35]　关于日本坐在地板上和椅子的现代史，参见泽田知子，《ユカ座・イス座》。

[36]　Theodore Bestor，哈佛大学人类学和日本研究教授。（译注）

[37]　Bestor, *Neighborhood Tokyo*, 261—265.

[38]　参见 Bestor, *The Shitamachi Revival*。

的空洞（且经常是无人居住的）能指保存下来。

1930 年代的民俗学者翻转了"文化生活"中的两个词语，创造出新词"生活文化"，将在民俗世界中经常被想象为永恒且不变的"生活"这一词语稳定化。[39] 在战后用语中，与更早的"文化生活"一词相比，这一词语的发展过程更加强而有力，这反映了尤其自 1970 年代以来，增长趋势将以文化独特性和与之同时存在的世界乌托邦主义的角度定义国家。然而，战后头二十年"文化生活"之梦依旧非常活跃。曾经象征 1920 年代中产阶级奋斗目标的流行话语被神圣地载入 1947 年宪法第 25 条，它保证了每一位日本公民都享有"健康的文化生活"的权利。[40]

整体来看，大多数日本人居住的住宅的样式在长达一个世纪的过程中完成了彻底转变，从一种由其占有者和附近社区为满足家庭和更大社区的功能而建造的人工制品，变成了由公司建造，由其他公司销售、出租，并为独立的核心家庭服务的商品。在这一过程中，它的异化是非常彻底的。1920—1960 年代中任意时间从乡村迁徙到东京的人都可能充分地经历了这整个转变。20 世纪前三十年中的资产阶级改革运动已经使住宅变成一个消费问题，这加速了民间风格的消亡，并且铸造出现代的模子。

---

[39]　关于生活文化和民俗哲学，参见 Harootunian, *Overcome by Modernity*，292—357；Brandt, *The Folk-Craft Movement in Early Shōwa Japan*，1925—1945。

[40]　第 25 条的日文写道："すべての国民は、健康で文化的な最低限度の生活を営む権利を有する。"井上京子据 Inoue Kyoko (*MacArthur's Japanese Constitution*，91)，关于一个"健康的和文化的生活"的"梦寐以求的条款"，在起草过程中由日本参与者添加。

译后记

《现代日本家与居》一书，是欧美学者研究日本近代文化的名作。作者乔丹·桑德是美国乔治城大学的日本近代史教授。他曾经在日本生活多年，20世纪80年代在东京大学获得建筑史硕士学位，后又在哥伦比亚大学获得近代日本史博士学位。《现代日本家与居》是他从博士时期开始从事的研究，也是奠定他日本史学术地位的巨著。2004年该书由哈佛大学出版社出版，翌年即囊获多项大奖，包括美国历史协会颁发给优秀东亚研究著作的费正清奖、亚洲研究协会颁发给最佳日韩研究专著的约翰·惠特尼·霍尔图书奖、建筑史学家协会颁发给建筑史杰出作品的爱丽丝·戴维斯·希区柯克图书奖，等等。

在近代史研究中，"家"是一个非常独特的角度。我们翻译此书的过程中，每每感到乔丹选择这一研究对象的妙处。19—20世纪之交，处于一个新旧交替的时代。东方与西方、传统与现代，不同的势力彼此交锋，错综复杂。新型社会阶层的兴起，加速了旧有社会结构的崩溃。在这一波澜壮阔的大时代中，"家"似乎是一个微不足道的主题，但同时也是最能令人见微知著、管窥一豹的绝妙切口。

　　"家"是古已有之的概念，是个人天然的归属地，也是国家的基本组成单位。"家"自然而然地联系起个人的日常生活与国家的社会机制。家的物质实体——"居所"，既包含建筑物的"住宅"，也包含家人所钟爱的家具、艺术品和个人物品，体现了家庭的品位和身份。进入现代时期，"家"的观念和物质实体都遭到前所未有的冲击。曾经习以为常的一切，或主动或被动地被新时代加以检视、挑选与改造。

　　全新的时代造就了对于"家庭"和"居所"的全新审美，家庭的革命就是家人的革命，进而成为社会的革命、国家的革命。革命的成果不仅造就了新时代东西融合的家居美学，而且塑造了以新生的布尔乔亚阶层为领导的现代资本主义日本帝国。

　　《现代日本家与居》将"现代化""现代性"等时代主题，与家庭日常生活实践及其空间容器相结合，敏锐地指出其发展历程与布尔乔亚阶层的崛起息息相关。新生的布尔乔亚阶层正是通过对自身居所和家庭文化的重塑，获得了国家的领导地位和话语权。

　　乔丹的建筑史学术背景，无疑为这一主题的研究提供了极大的助益。他对住宅、家具、室内装修、社区营造，以及城市景观和交通规划都展开了极具专业深度的讨论。这正是本书作为社会史研究专著，却能够获得建筑史图书大奖的原因；同时，也是促成我们两位译者承担此书翻译的因缘。

　　2010 年，北大出版社的梁勇编辑为此书寻找翻译，我们两人刚刚投入清华大学张复合老师门下，开始中国近代建筑史的研究。当时我们的目光仍囿于考察有实物留存的近代建筑本身。乔丹这部著作以住宅为着眼点，深入揭示了日本近代社会演变的大潮，引起我们的兴趣。就近代建筑史甚至近代史而言，中日两国的比较研究意义毋庸置疑。翻译本书的过程，也是我们不断深入学习与思考中国近代史的过程，我们的研究逐渐从近代建筑与城市本身，转向探讨其背后社会深层的推动力。

乔丹曾开玩笑地说，翻译此书是一项"大工程"。这部书的规模不小，作者行文严密，学术性极强。书中涉及大量日文词汇，包括人名、地名、专有名词，以及图书和文章的题目，等等。原书的日文为罗马音，需要经过乔丹译回日文，再翻译为中文，方可准确复原。书中所涉及的近代东西方文化的复杂性，也常常让我们遭遇困难。说来惭愧，我们用了整整五年时间，直到博士毕业前夕，方才交稿。此时梁勇编辑已经离开北大出版社，到故宫工作了。

后来得益于北大培文周彬老师的关照，王正磊、于铁红和张丽娉三位老师先后承担此书的编审工作，今年此书的中文版终于能够付梓出版。十年的光阴转瞬逝去，回想起来令我们唏嘘不已。

十年以前，我们两位译者还住在清华园的博士生宿舍，尚未成"家"，也未得"居"。十年后我们已成为家庭生活的参与者，开始一步步塑造自己的家居空间。身份的转换让我们更加深刻地体会到"家居"对于个人成长的意义。

在翻译此书的十年间，我们与乔丹先生结下了深厚的友谊。他不仅在翻译过程中给予我们极大的帮助，而且成为我们的良师益友。2014年我们曾到美国乔治城大学访问交流，一同探讨东西方近代社会的诸多问题。2019年乔丹来到中国讲学，我们协助他举办讲座，并一同考察北京和天津的近代建筑，极大地加深了彼此对于中日近代社会与城市的理解。

在交流中我们不断发现，中日近代史有诸多相似之处，然而其中的相异之处，更值得引起注意。近代是日本奠定国际地位的关键时刻。日本通过对自身的改造，从一个不起眼的落后岛国，成为足与西方列强争雄的亚洲强国。直到今天，仍然作为东方文化的重要代表，在国际上持续发挥影响力。日本是如何完成这一转变，当年中国曾错失过哪些机会，都是阅读此书时，值得我们深入思考的。

　　本书引言和第 1—5 章由刘珊珊翻译，第 6—10 章和结论由郑红彬翻译。由于译者水平所限，难免存在不少错漏和缺点，恳请读者不吝指正。此外，本书的出版还要感谢黄敏劼和黄晓两位老师，以及乔丹的夫人新川志保子女士，感谢他们提供的帮助。

刘珊珊、郑红彬

于同济大学和汕头大学，2021 年 5 月 17 日